Ludwig Hartmann

Biologische Abwasserreinigung

Dritte Auflage

Mit 144 Abbildungen

Springer-Verlag
Berlin Heidelberg NewYork
London Paris Tokyo
HongKong Barcelona Budapest

Dr. rer. nat. Ludwig Hartmann
o. Professor, Lehrstuhl für Ingenieurbiologie und
Biotechnologie des Abwassers
Universität Karlsruhe

W-7500 Karlsruhe

ISBN 3-540-55205-7 3. Aufl. Springer-Verlag Berlin Heidelberg NewYork

ISBN 3-540-50810-4 2. Aufl. Springer-Verlag Berlin Heidelberg NewYork
ISBN 0-387-50810-4 2nd ed. Springer-Verlag NewYork Berlin Heidelberg

CIP-Kurztitelaufnahme der Deutschen Bibliothek
Hartmann, Ludwig;
Biologische Abwasserreinigung / Ludwig Hartmann. - 3. Aufl. Berlin; Heidelberg; NewYork; London; Paris; Tokyo; HongKong; Barcelona; Budapest: Springer, 1992
ISBN 3-540-55205-7 (Berlin ...)

Druck: Zach, Berlin; Bindearbeiten: Lüderitz & Bauer, Berlin
2160/3020-5 4 3 2 1 0 - Gedruckt auf säurefreiem Papier

Für: Barbara
Agnes
Georgy
Shiu-Shien

Vorwort zur dritten Auflage

Ziel der ersten Auflagen dieses Buches war die mikrobiologischen, physikalischen und biologischen Grundlagen der biologischen Abwasserreinigung in ihrer Eigenstruktur darzustellen und, darauf aufbauend, diese zur Technologie und Technik zu integrieren. An dieser Auffassung hat sich nichts geändert. Es waren deshalb, in der kurzen Zeit seit Herausgabe der zweiten Auflage, auch keine grundsätzlichen Änderungen am Buch notwendig. Auch neue Techniken der Abwasserbehandlung und der Abfallwirtschaft in der Praxis, wie sie z. B. bei der Sanierung von Altlasten, bei der Behandlung von Sickerwässern, oder bei der Wäsche von Abluft entwickelt werden, sind in ihrer Grundstruktur nichts anderes als neue Variationen des alten Themas und lassen sich auf der Basis der hier vorgelegten Informationen verstehen.

Die Korrekturen in der hier nun vorliegenden dritten Auflage beschränken sich daher auf zwischenzeitlich veränderte Auffassungen in der Systematik der Mikroorganismen und der Biochemie des Stoffwechsels. Für Hinweise dazu danke ich Frau Dr. Ch. Kämpf.

Ich wünsche dieser dritten Auflage eine gleich gute Resonanz wie den beiden vorausgegangenen Auflagen.

Karlsruhe, im Januar 1992 L. Hartmann

Vorwort zur ersten Auflage

Am Anfang dieses Buches müssen zwei Warnungen stehen, nämlich: Erstens, dies ist kein Nachschlagwerk, und zweitens, der Leser darf nicht erwarten, daß er nach der Lektüre dieser Abhandlungen in der Lage sein wird, eine Kläranlage zu bemessen. Fünfundzwanzig Jahre Praxis in der Lehre haben dem Autor die Erfahrung gebracht, daß das Fach Biologische Abwasserreinigung nicht lehrbar ist, es ist nur aktiv erlernbar. Alles, was ein Lehrer vermitteln kann, sind Grundlagen und Denkansätze. Und sogar dabei bestehen große Schwierigkeiten, die aus der Natur des Faches resultieren.

Biologische Abwasserreinigung verlangt wie kaum ein anderes Fach, die Integration physikalischer, chemischer, biologischer und technologischer Gegebenheiten und führt je nach örtlicher ökologischer Situation und den wirtschaftlichen Möglichkeiten zu unterschiedlichen praktischen Lösungen.

Die Arbeit auf diesem Gebiet verlangt deshalb auch physikalisches, chemisches, biologisches und technologisches Rüstzeug, ganz gleich , ob man in der Praxis oder in der Forschung tätig ist. Zumindest jedoch muß die Fähigkeit zum Dialog mit den Gesprächspartnern anderer Fachgebiete gegeben sein. Dieser Leitlinie versucht der Autor zu folgen.

Grundlage für die Abhandlung ist eine Vorlesung, wie sie in Karlsruhe für Studenten des Bauingenieurwesens und des Chemieingenieurwesens gehalten wird.

Dem Umfang eines einführenden Buches sind naturgemäß enge Grenzen gesetzt, so daß vielleicht öfter als dies wünschenswert ist, der „Mut zur Lücke" gefordert wird. Es ist daher zu vermuten, daß die Leser unterschiedlicher Fachrichtungen oder unterschiedlicher Erfahrung manche Ausführungen vermissen werden. Der Autor bittet hier um Kritik und Rat.

Das Buch wendet sich in erster Linie an Studenten, aber auch an Fachleute, die ihre praktische Erfahrung theoretisch untermauern wollen.

An der Gestaltung dieses Buches haben viele mitgewirkt. Es sind dies zunächst die Studenten der vergangenen Jahre, die durch kritisches Nachfragen die Integration des Stoffes förderten; es sind dann die Diplomanden und Doktorranden, die mitgeholfen haben, Wissenslücken zu füllen. Natürlich sind hier auch die vielen Arbeiten von Kollegen anderer Institute zu erwähnen.

Namentlich danken für Unterstützung und Rat möchte der Autor seinem langjährigen Mitarbeiter und Kollegen, Herrn Prof. Dr. Ing. P. Wilderer, seinem Assistenten, Herrn Dipl. Ing. R. Jourdan für die Betreuung des Manuskriptes und seiner Sekretärin, Frau Brigitte Aßmann für ihre Geduld, den Text immer wieder umzuschreiben.

Dank auch dem Springer-Verlag, von dem die Anregung kam, das Skript zu einem Buch umzuarbeiten.

Der Autor hofft, daß es ihm mit diesem Buch gelungen ist, dem Interessierten den Einstieg in dieses sehr komplexe Fach zu erleichtern.

Karlsruhe, im November 1983 L. Hartmann

Vorwort zur zweiten Auflage

An der Grundtendenz dieses Buches hat sich nichts geändert. Nach wie vor soll es dem Leser den Einstieg in ein Fachgebiet ermöglichen, das auf sehr vielen Beinen steht. Die Auffassung über das, was Abwasser ist und was Abwasserreinigung sein soll, wie auch Erweiterungen der technologischen Möglichkeiten machten jedoch einige Änderungen bzw. Ergänzungen nötig.

Bei den Grundlagen wird viel stärker der Rohstoffcharakter des Abwassers betont, werden Möglichkeiten des Recyclings aufgezeigt. In der Technologie wurden ergänzende Möglichkeiten zweistufiger aerober Verfahren stärker betont. Bei den anaeroben Verfahren hat sich das Grundlagenwissen und die Anwendbarkeit so stark ausgeweitet, daß das entsprechende Kapitel fast völlig umzuschreiben war. Auch das Bildmaterial wurde erweitert und verbessert.

Wichtig erschien auch ein ergänzender Abschnitt zur Kinetik. Sowohl in der deutschen wie auch in der angelsächsischen Literatur hat die Verwendung der Monod-Kinetik stark zugenommen. Es mußte daher betont werden, daß der Ansatz von Monod zwar als Ergänzung der Michaelis-Menten-Kinetik ein glänzendes Instrument zum theoretischen Verständnis mikrobieller Systeme ist, daß eine Übertragung in die Praxis aber leider nicht möglich ist.

Meinen Mitarbeitern, Herrn Eberhard Kuhn und Herrn Boshou Pan, danke ich für die Anfertigung der neuen Darstellungen; meine Sekretärin, Frau Brigitte Aßmann, hat mit viel Fleiß die neuen Textteile umgeschrieben. Nicht zuletzt danke ich auch dem Springer-Verlag, daß er diese zweite Auflage herausgeben will.

Karlsruhe, im Mai 1989 L. Hartmann

Inhaltsverzeichnis

I Das Abwasserproblem, seine Ursachen und Ansätze zur Lösung

1 Einführung

Das Abwasserproblem ist Teil der gesamten Umweltproblematik und damit ein Ausdruck der Beziehung des Menschen zu seinem Lebensraum. Für den heutigen Menschen ist dies eine Binsenweisheit. Die Massenmedien, vor allem Fernsehen und Zeitung haben dazu die Voraussetzungen geschaffen. Worte wie Ökologie, Lebensraum und Umweltschutz gehören zum Sprachschatz eines jeden.

Es ist jedoch eine andere Frage, ob sich überall mit den Worten auch die richtigen Begriffe verbinden. Manches, was von der ökologischen Szene herüberklingt, läßt dies bezweifeln. Die Begriffe sind zumindest nicht klar: Umweltschutz und Naturschutz werden verwechselt, die „Ökologie" ist zu einer Bewegung geworden und verliert den Kontakt zur Natur und zur Wissenschaft; man übersieht, daß Ökonomie und Ökologie nicht Gegensätze sein müssen. Vor allem aber wird übersehen, daß der Mensch, wie jedes andere Wesen auch, der Natur gegenüber ein Nutzungsrecht hat, daß er als biologisches Wesen in seiner Grundkonzeption ebenfalls auf „unbeschränkte" Vermehrung angelegt ist, daß ihn von den anderen Formen nur die Fähigkeit unterscheidet, die natürlichen Kontrollmechanismen bis zu einem gewissen Grad zu überlisten. Dazu gehört auch seine Fähigkeit, sich immer neue Energien nutzbar zu machen.

Übersehen wird auch — und dies vor allem von den politisch agierenden Ökologen-, daß es lange vor ihnen einen praktischen Umweltschutz gegeben hat, daß Wissenschaft und Technologie seit mehr als 100 Jahren sich mit der Bewältigung der Probleme beschäftigt haben, und dies nicht ohne Erfolg. Und vergessen wird ebenfalls, daß es, zumindest für die nächste Zukunft, in der Welt, die so beschaffen ist wie wir sie heute kennen, keine naturverträumten, sondern nur technologische Lösungen geben kann. Es sind dies Lösungen, die die Gesamtheit der Naturgesetze als Grundlage, den gegenwärtigen wissenschaftlichen Kenntnisstand als Apparat und die gegebenen ökonomischen, vor allem energetischen Möglichkeiten als Rahmen haben.

Vor diesem gedanklichen Hintergrund soll im folgenden zunächst der eigentliche Kern des Abwasserproblems herausgearbeitet werden. Es gibt dazu sicher ganz verschiedene Ansatzmöglichkeiten. Hier soll von der Ökologie natürlicher Systeme ausgegangen werden. Ökologischen Betrachtungen wird eine Schlüsselrolle zum Verständnis der makroskopischen wie auch der mikroskopischen Umwelt zugewiesen. Beide Bereiche sind eng miteinander verknüpft. Daher sollen auch zuerst gesamtökologische Zusammenhänge besprochen werden, bevor auf die Ökologie mikrobieller Systeme im Abwasser, in den Kläranlagen und in Vorflutgewässern eingegangen werden kann.

2 Das ökologische Problem

2.1 Die Gesamtschau

Wenn wir einmal die Vielfalt der organismischen Welt vergessen und das Geschehen global betrachten, sehen wir als Summe folgendes: Pflanzliche Organismen nehmen aus ihrem Lebensraum mineralische Nährstoffe auf und machen daraus körpereigene Substanz, die wir als organische Stoffe bezeichnen. Dies ist den pflanzlichen Organismen möglich, weil sie über Einrichtungen verfügen, mit denen sie die Lichtenergie verwerten und in chemische Bindungsenergie überführen können. Aus energiearmen anorganischen Stoffen werden so durch Synthese energiereiche organische Stoffe (Abb. 1). Gäbe es nur diese pflanzliche Welt, würde sie sich innerhalb kurzer Zeit ihren eigenen Lebensraum vernichten. Daß sie weiter existieren kann, verdankt sie ihrem Antagonisten, der tierischen Welt, einschließlich der Bakterien und Pilze. Diese verwenden organische Substanz als Nahrung, decken damit ihren Bedarf an Baumaterial für ihre Körpersubstanz sowie an Energie dadurch, daß sie die organische Substanz wieder in ihre ursprünglichen Bausteine zerlegen. Ein Teil der in der organischen Substanz enthaltenen Energie wird dabei in Form von Wärme an die Umwelt abgegeben.

Global gesehen findet also folgendes statt: Lichtenergie wird für eine gewisse Zeit als chemische Bindungsenergie festgelegt und dann als Wärme freigesetzt. An diesem Vorgang sind zwei Organismengruppen beteiligt, solche die Lichtenergie fixieren und dazu aus anorganischen Stoffen organische bilden, und solche, die die organischen Stoffe wieder in ihre Bausteine zerlegen.

In der Bilanz wird demnach Lichtenergie nicht unmittelbar, sondern über einen biologischen Umweg in Wärme umgewandelt. Energetisch ist somit die Gesamtreaktion an beiden Seiten offen. Durch den Energiestrom wird der Kreislauf zwischen anorganischer und organischer Erscheinungsform chemischer Bausteine angeregt.

Wichtig ist in diesem Zusammenhang weiterhin, daß aufbauende und abbauende Kräfte, d. h. pflanzliche und tierische Aktivität (zumindest in kurzzeitiger Betrachtung) im Gleichgewicht stehen. Was aufgebaut wird, muß wieder abgebaut werden. Diese Forderung ist langfristig aber nicht erfüllt gewesen. Über die Erdgeschichte hinweg war der Aufbau größer als der Abbau. Um trotzdem wenigstens lokal ein Gleichgewicht zu erreichen, mußte ein Teil der Produkte des Aufbaus aus dem produzierenden System exportiert werden (Abb. 2).

In vereinfachter chemischer Schreibweise wird Aufbau und Abbau organischer Substanz durch die Assimilations-Dissimilations-Gleichung für Kohlendioxid dargestellt.

Für das gleichgewichtige System gilt:

$$\text{Kohlendioxid} + \text{Wasser} + \begin{matrix}\text{(Licht)}\\ \text{Energie}\\ \text{(Wärme)}\end{matrix} \underset{\text{Tiere}}{\overset{\text{Pflanzen}}{\rightleftharpoons}} \text{Traubenzucker} + \text{Sauerstoff}$$

$$6\,CO_2 + 6\,H_2O + 2880\ \text{kJ} \rightleftharpoons C_6H_{12}O_6 + 6\,O_2$$

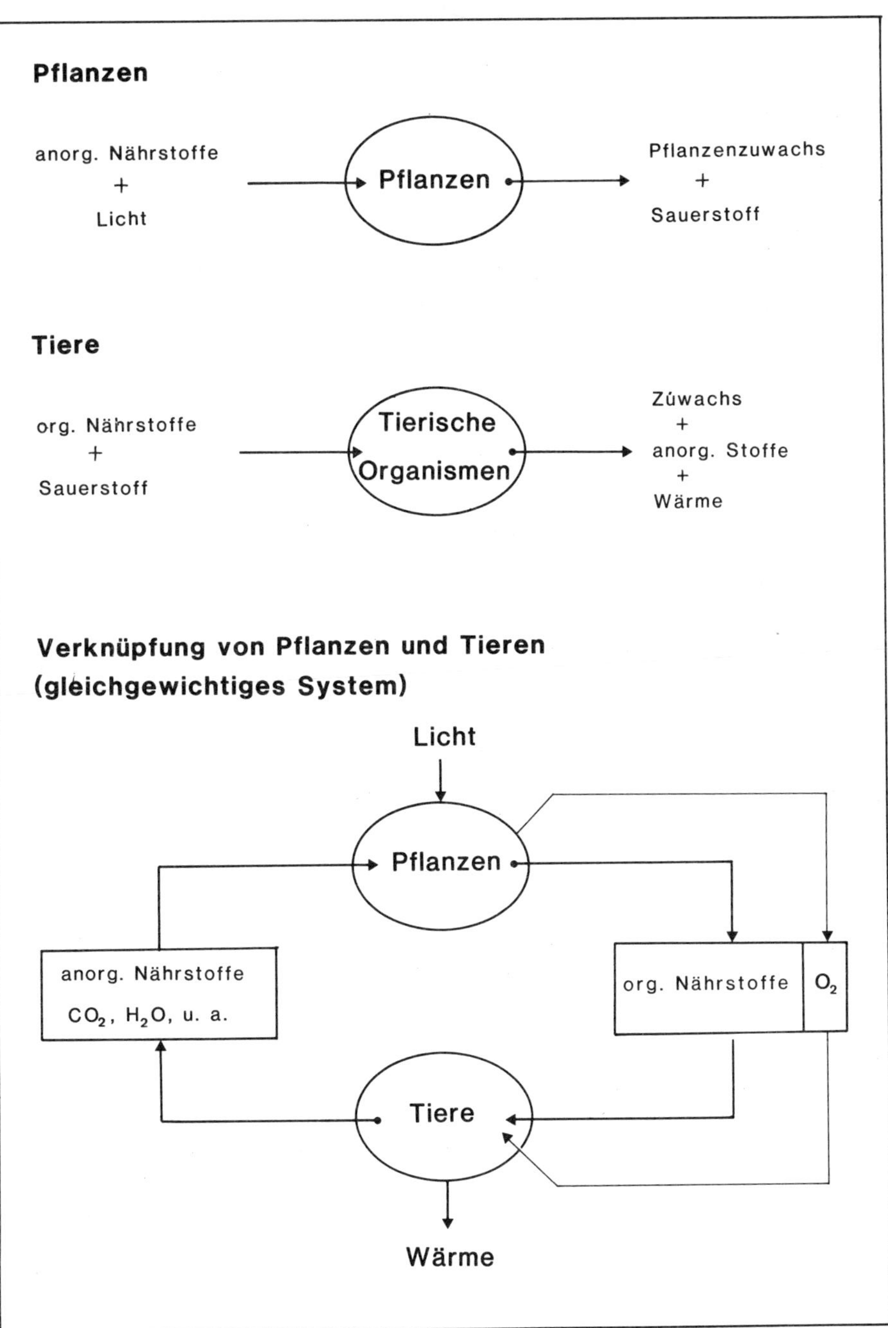

Abb. 1. Ernährung pflanzlicher und tierischer Organismen sowie ihre Verknüpfung zu einem Reaktionssystem

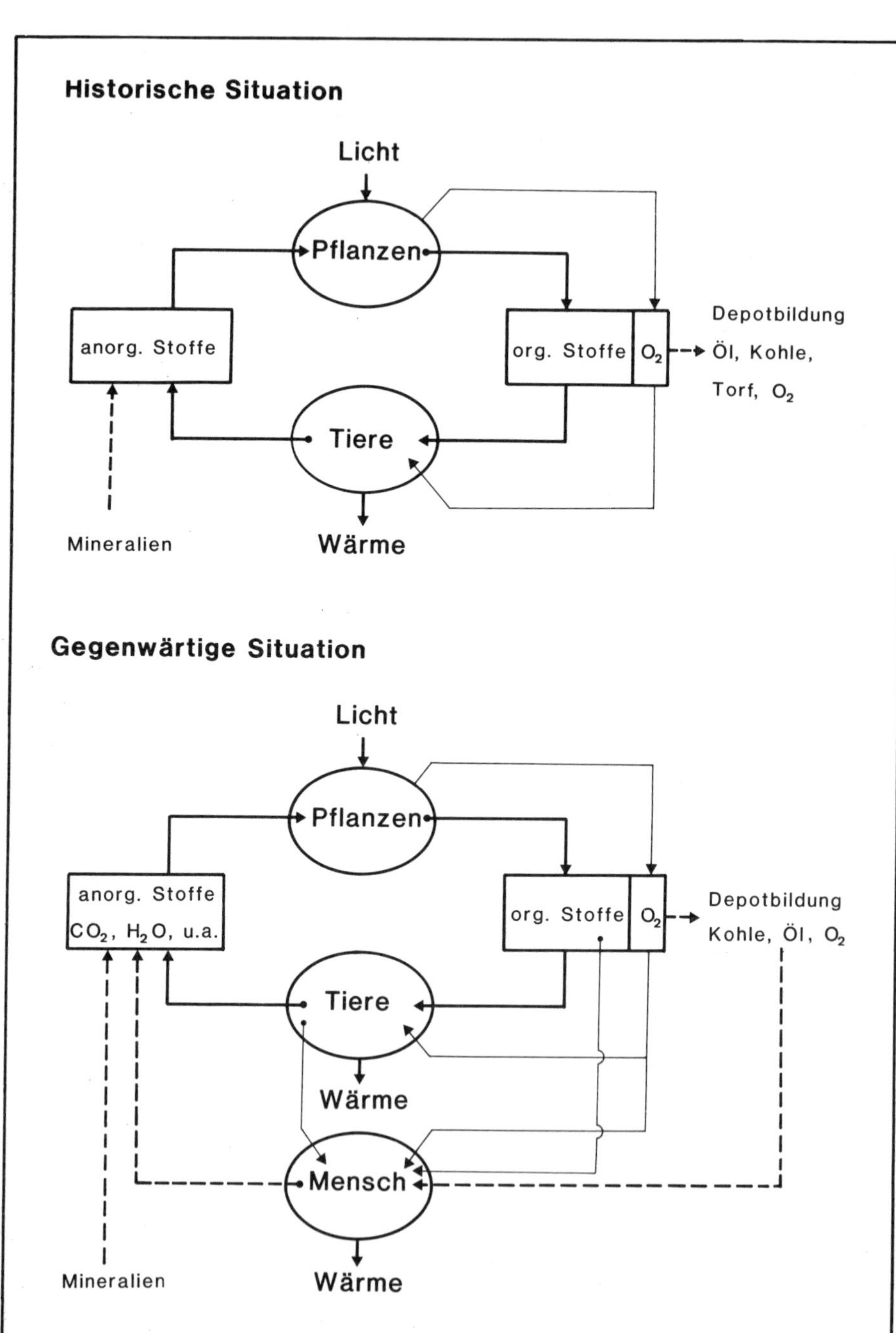

Abb. 2. Veränderung des Nährstoffkreislaufs in der historischen Entwicklung

In erdgeschichtlicher Dimension betrachtet gilt:

```
                                                      Bildung einer
                                                      Sauerstoffatmosphäre
                                                            ↑
Kohlendioxid + Wasser + Energie → organ. Substanz + Sauerstoff
                                          ↓
                                Deponie von Kohle und Öl
```

Das heißt, die „Überproduktion" an organischer Substanz ist in Form von Kohle, Öl, Torf, Humus usw. deponiert, eine entsprechende Menge des freigesetzten Sauerstoffs bildet ein wichtiges Element unserer Gashülle.

Die Deponie von Material ist natürlich auch nur dann möglich, wenn der Verbrauch an Material durch Import aus Muttergestein ausgeglichen wird. In der heutigen Situation muß die Rückführung fossiler Energie in die Reaktionen auf der Erdoberfläche auch mit einem Verlust an Sauerstoff und einer Anreicherung des Luftraumes mit Kohlendioxid bezahlt werden.

Damit ist ein Teil des ökologischen Rahmens abgesteckt. Für die weitere Herausarbeitung des Problemkerns ist das Raster zu verfeinern.

2.2 Unterschiede zwischen aquatischen und terrestrischen Produktionsräumen

Eine differenzierte Betrachtung soll zunächst die qualitativen Unterschiede zwischen den Lebensräumen Land und Wasser zeigen. Später soll auch eine quantitative Betrachtung eingeführt werden.

Ein ungestörter Lebensraum, z. B. ein Wald der gemäßigten nördlichen Breiten hat als produzierende Formen einjährige Gräser, mehrjährige Sträucher, langlebige Büsche und Bäume; als konsumierende Organismen sind eine Vielzahl von Primärfressern vorhanden, die von totem Material (Bakterien, Pilze, Insekten), von lebendem Material (Insekten, Nagetiere, Huftiere) oder auch als räuberische Sekundärfresser (Insekten, Vögel, Raubtiere) leben. Manche davon sind langlebig, andere kurzlebig. Die Fülle des gesamten chemischen Materials teilt sich auf in

- Muttergestein, das noch nicht beansprucht ist;
- anorganische Nährstoffe für Pflanzen im Milieu;
- organisches Material, kurzzeitig fixiert als einjährige Pflanzen, Blätter mehrjähriger Pflanzen, kurzlebige Tiere;
- organisches Material, langzeitig fixiert als Holz oder langlebige Tiere;
- totes organisches Material (noch nicht abgebaut).

Unter ungestörten Bedingungen ist das Gleichgewicht zwischen Aufbau und Abbau fast völlig gewährleistet. Bestimmte klimatische Verhältnisse führen dazu, daß sich totes organisches Material auf und im Boden als Humus anreichern kann. Damit ist aber nur ein winziger Bruchteil des gesamten Stoffkreislaufs erfaßt. Der Hauptanteil ist festgelegt in lebender Biomasse.

Tabelle 1. Ökologische Charakteristik einiger definierter Lebensräume

Lebensräume	Produktion von organ. Substanz g/m², Jahr	begrenzende Faktoren		besondere Charakteristik
		Produktion	Abbau	
trop. Regenwald	4000	Nährstoffmangel		Bodenauslaugung: Vernichtung des Bewuchses bedeutet Systemvernichtung
Savannen	3000	Nährstoffmangel saisonaler Wassermangel	saisonaler Mangel an Wasser	bedingt nutzbar; bei Wasser und Nährstoffangebot ganzjährige Nutzung
Wüsten	700	Nährstoffmangel Wassermangel	Mangel an Wasser	
Laubwälder außertrop. Gebiete	2500	kalte Jahreszeit	kalte Jahreszeit	Humusbildung, beste Gebiete für landwirtschaftliche Nutzung
landw. Nutzflächen	3000	kalte Jahreszeit Nährstoffmangel	kalte Jahreszeit	
offene Ozeane	200	Nährstoffmangel		wirtschaftlich nicht nutzbar
Küstengewässer	3000		ausgeglichen	nutzbar
Binnengewässer:				
oligotroph		Nährstoffmangel		Wasserreservoir
eutroph			Mangel an Sauerstoff	Schlammbildung → Kohle, Torf, Öl

Von wesentlicher Bedeutung ist, daß der Kreislauf (und auch eine mögliche Speicherung von totem Material als Humus) lokal erfolgt. Die horizontale Verlagerung von Material ist unbedeutend, ebenso der Export von Material durch wandernde Tiere. Stofftransport erfolgt nur durch Wasser bei starken Niederschlägen als Oberflächenabfluß, oder, in geringem Maße, durch die Einschwemmung von Material ins Grundwasser. Dieser erfaßt hauptsächlich anorganische Stoffe.

In allen terrestrischen Lebensräumen geht die Menge des Stoffexports mit der Höhe der biologischen Strukturierung zurück. Je vielfältiger die Lebensgemeinschaft ist, um so geringer sind die Materialverluste, um so geringer auch die Einlagerung von Material in das Humusdepot (Tab. 1). Den höchsten Entwicklungsstand natürlicher terrestrischer Lebensräume in dieser Hinsicht hat der tropische Regenwald erreicht. Bei ihm findet sich die überwiegende Menge an Nährstoffen zu jedem Zeitpunkt in der organischen Masse fixiert; der Urwaldboden enthält kaum Nährstoffe.

Bei aquatischen Lebensräumen sind zunächst fließende und stehende Gewässer zu unterscheiden.

Fließende Gewässer sind hinsichtlich ihrer Nährstoffe nicht autark. Unter ungestörten Bedingungen bekommen sie anorganische Nährstoffe aus dem Land, aus dem sie auch das Wasser erhalten. Sie sind somit in ihrem Chemismus ein Spiegel der geo-chemischen Verhältnisse des Einzugsgebietes. Ihr Produktionspotential ist in den Oberläufen noch gering, weil die Menge an importierten Nährstoffen noch gering ist. Damit ist die Besiedelung durch Produzenten und als Folge davon auch die Besiedelung durch Konsumenten gering.

Im Gegensatz zum Land sind Fließgewässer immer exportierende Lebensräume. Das produzierte Material wird mit dem Wasser abtransportiert. Im Unterlauf langsam fließender Flüsse kann es zwar zeitweise zu einer Deponie von organischem Material als Sediment kommen, bei Hochwässern werden diese aber wieder ausgeschwemmt und gelangen letztlich in die Ozeane.

Stehende Gewässer erhalten Nährstoffe, ebenso wie die Flüsse zunächst aus dem zuströmenden Grundwasser, ebenso wie die Flüsse zunächst aus dem zuströmenden Grundwasser oder aus Flüssen in mineralischer Form. Geringere Beträge kommen auch aus den Niederschlägen. In den belichteten oberen Wasserschichten bildet sich eine produzierende Lebensgemeinschaft aus. Ein Teil der Produkte wird dort auch wieder abgebaut; ein anderer Teil dagegen wird aus den oberen Wasserschichten in die lichtlosen, tieferen Schichten exportiert und dort entweder noch im Wasser auf dem Weg nach unten oder erst im Sediment mineralisiert. Durch periodisch wiederkehrende Wasserumwälzungen werden die anorganischen Stoffe wieder in die belichteten Produktionszonen zurückgebracht, so daß dort keine Verarmung entsteht.

Über lange historische Zeiträume gesehen, nimmt in abflußlosen Seen die Konzentration an Nährstoffen kontinuierlich zu. Es wird in den oberen Schichten immer mehr Biomasse produziert. Aus dem nährstoffarmen (oligotrophen) Gewässer wird so ein nährstoffreiches (eutrophes) Gewässer. Dies kann so weit gehen, daß der Sauerstoff in den tieferen Schichten nicht mehr ausreicht, um den beständigen Nahrungsimport abbauen zu können. Damit ändert der See seinen biologischen Charakter vollständig. Die Sedimentschicht wächst, und der See beginnt zu verlanden.

Für die offenen Ozeane besteht im Prinzip das gleiche Grundmuster. Nährstoffe werden von den Landzonen her durch Flüsse und Luft importiert. Je weiter man sich vom Land entfernt, um so geringer ist deshalb der Nährstoffgehalt, um so geringer auch die Produktion. Was produziert wird, verschwindet zum Teil in die Meerestiefen und ist somit für lange Zeiträume deponiert. Ein Nährstofftransport findet allenfalls durch die Meeresströmungen statt. In solchen Strömungen, im küstennahen Bereich sowie in Gebieten, wo nährstoffreiches Tiefenwasser wieder an die Oberfläche kommt (sog. upwellings) findet sich viel Leben. Die zentralen Gebiete der Meere sind dagegen arm an Leben.

2.3 Produktion und Abbau

Es wurde festgestellt, daß Produktion und Abbau in Lebensräumen bestimmter Prägung, zumindest kurzfristig gesehen, im Gleichgewicht stehen, und daß dort, wo Ungleichgewichte mit einem Übergewicht an Produktion bestehen, der Überschuß exportiert und anderswo deponiert wird. Wird das

Depot immer wieder in den Kreislauf miteinbezogen, kommt es zu Veränderungen des biologischen Systems.

Eine quantitative Betrachtung zeigt (Tab. 1), daß Lebensräume unterschiedlicher physikalischer und chemischer, vor allem klimatischer Prägung sehr unterschiedliche Mengen an biologischem Material produzieren. Limitierende Faktoren sind vor allem Verfügbarkeit an Nährstoffen, Verfügbarkeit an Wasser und Licht und die Temperaturverhältnisse.

In tropischen Regenwäldern wird die Produktion, obwohl sie hoch ist, limitiert durch den Mangel an Nährstoffen. In Savannen und Wüsten wirken periodische oder andauernde Trockenheit limitierend, gegen die Pole hin die saisonalen Veränderungen in Temperatur, Licht und Feuchtigkeit. Das bedeutet umgekehrt, daß bei Verbesserung der limitierenden Faktoren die Produktion gesteigert werden könnte, wie es die Landwirtschaft ja auch tut: durch mineralische Düngung, durch Beregnung, durch Gewächshäuser.

Der Abbau ist in erster Linie eine Folge der produzierten Masse, in zweiter Linie dann der physikalischen Faktoren wie Wärme und Feuchtigkeit. In aquatischen Lebensräumen sind die Verhältnisse ähnlich. Die Produktion kann je nach Gegebenheiten zwischen dem Ein- bis Tausendfachen schwanken. Der Abbau ist limitiert durch Temperatur und in vielen Fällen durch Mangel an Sauerstoff. Vor allem die Begrenzung des Abbaupotentials hat oft im Mangel an Sauerstoff ihre Ursache.

2.4 Die biocoenotische Differenzierung

Die bisherigen Betrachtungen waren auf eine pauschale Diskussion von Produktion und Abbau beschränkt, und die Differenzierung der Organismengesellschaften erschöpfte sich in der Unterscheidung von Produzenten und Konsumenten. Sowohl für die Herausarbeitung der Umweltproblematik als

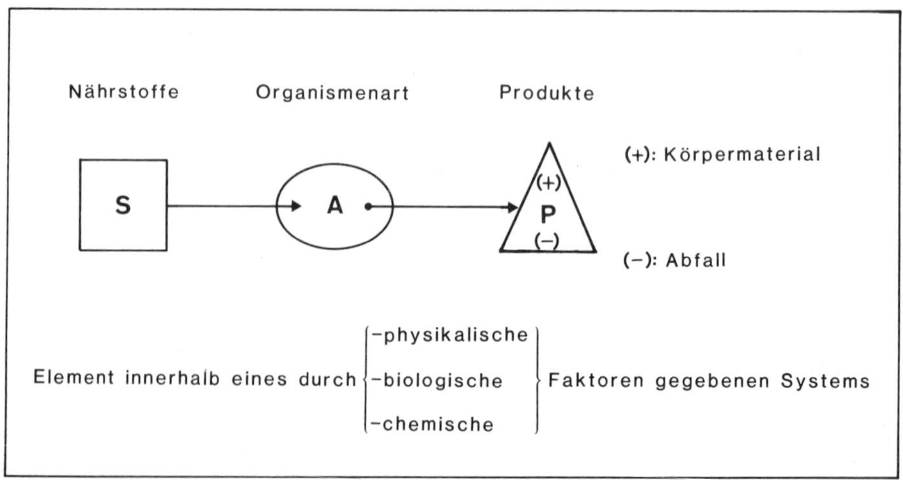

Abb. 3. Das biocoenotische Grundelement

auch für die Erarbeitung von Lösungsansätzen genügt dies nicht. Die Lebensgemeinschaft ist vielfältiger, und wir müssen hier unterstellen (wenn wir es in diesem Rahmen auch nicht behandeln können), daß diese Vielfältigkeit ihren letzten Sinn in der Stabilisierung von biologischen Systemen findet.

Wenn wir die Gesamtheit eines biologischen Systems in die kleinsten reagierenden Untereinheiten aufgliedern, kommen wir, ähnlich wie in der Chemie, zu Elementen. Diese „biologischen Elemente" sind die Organismenarten in ihrer Abhängigkeit und Verflechtung mit den für sie wichtigen Faktoren.

Alle diese Elemente funktionieren nach folgendem Prinzip (Abb. 3): Eine Organismenart (A) nimmt Nährstoffe (S) auf und verarbeitet diese in Produkte

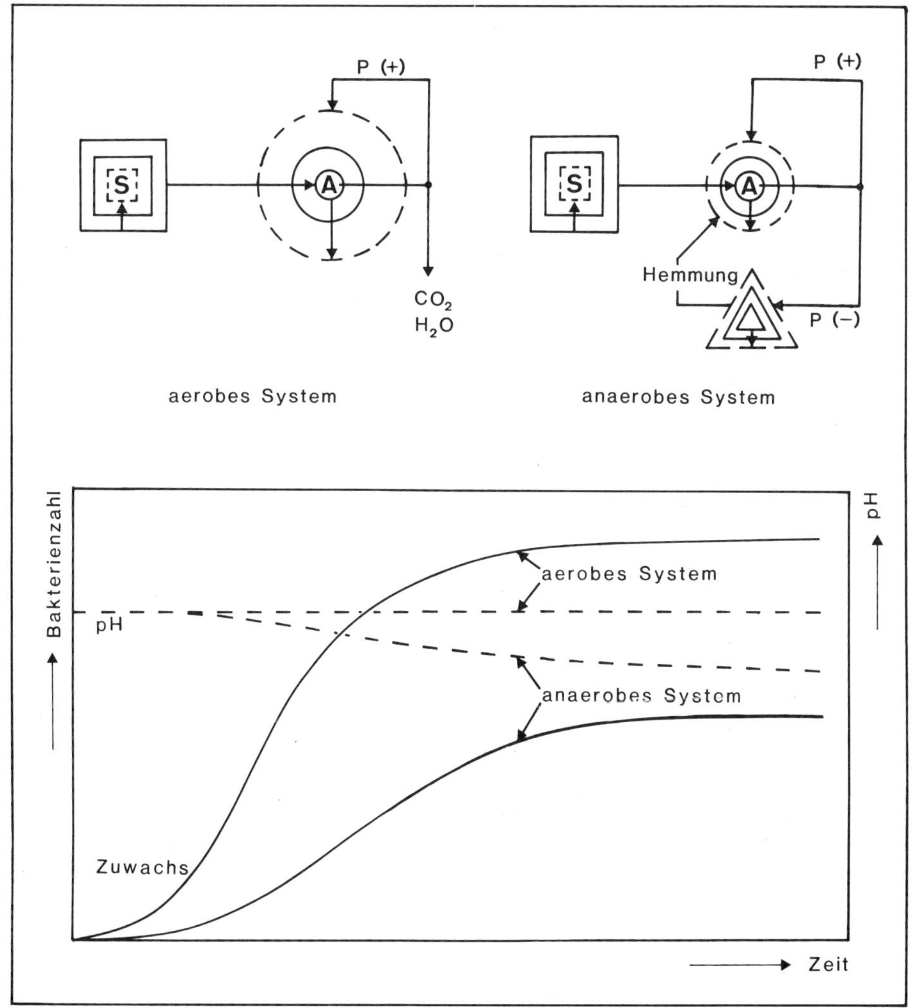

Abb. 4. Verwertung von Nährstoffen durch Bakterien unter aeroben und anaeroben Bedingungen

(P). Ein Teil der Produkte sind Körpermaterial (P+), ein Teil sind Abfallprodukte (P—). Dies alles geschieht innerhalb eines durch die Faktoren F_1 bis F_n gegebenen Lebensraumes. Diese Faktoren sind physikalischer, chemischer oder auch biologischer Natur. Sie bilden in ihrer Summe die „Nische", die die Organismenart ausfüllt (bzw. für sich nützt). Je nachdem, ob die Art eine große oder nur eine geringe Bandbreite der Faktoren erträgt, ist sie euryök bzw. stenök.

Betrachten wir eines dieser „Elemente" unter realen Bedingungen: Wir nehmen als Beispiel eine Bakterienart, die von organischer Substanz lebt und isolieren sie in einer Nährlösung unter günstigen Temperaturen und chemischen Bedingungen. Zur Vereinfachung des Verständnisses nehmen wir eine Bakterienart, die sowohl bei Gegenwart als auch in Abwesenheit von Sauerstoff leben kann, und setzen unter den genannten Bedingungen ein Gedankenexperiment an. Die Reaktion überprüfen wir, indem wir die Veränderung der Bakterienmenge (also das Produkt P+) sowie den pH-Wert beobachten.

Sowohl bei Gegenwart als auch bei Abwesenheit von Sauerstoff messen wir zunächst eine geometrische Zunahme der Bakterienzahl. Die Beschleunigung des Zuwachses an Bakterien wird jedoch unter Abschluß von Sauerstoff geringer sein, ebenso die Gesamtausbeute an Produkt (Abb. 4). Der pH-Wert wird sinken. Warum dies so ist, wird aus späteren Diskussionen hervorgehen.

Noch etwas werden wir feststellen: Bei dem Versuch mit Sauerstoff werden die Bakterien in ihrer Zahl zunehmen, solange Närstoffe vorhanden sind. Nachdem sie aufgebraucht sind, bricht das auf Wachstum ausgerichtete System zusammen; es stagniert zumindest.

Bei dem Versuch ohne Sauerstoff tritt dieser Zustand möglicherweise aber

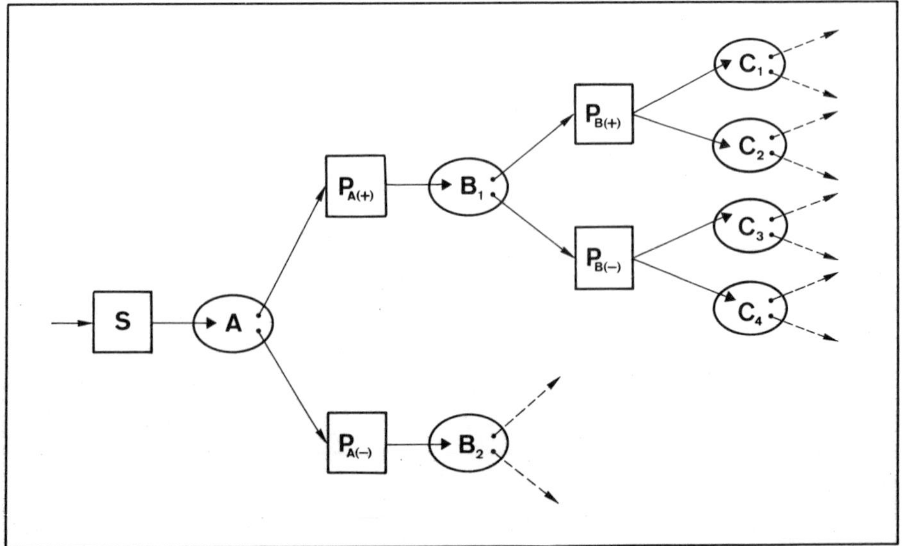

Abb. 5. Verknüpfung von biocoenotischen Elementen zu Reaktionsketten

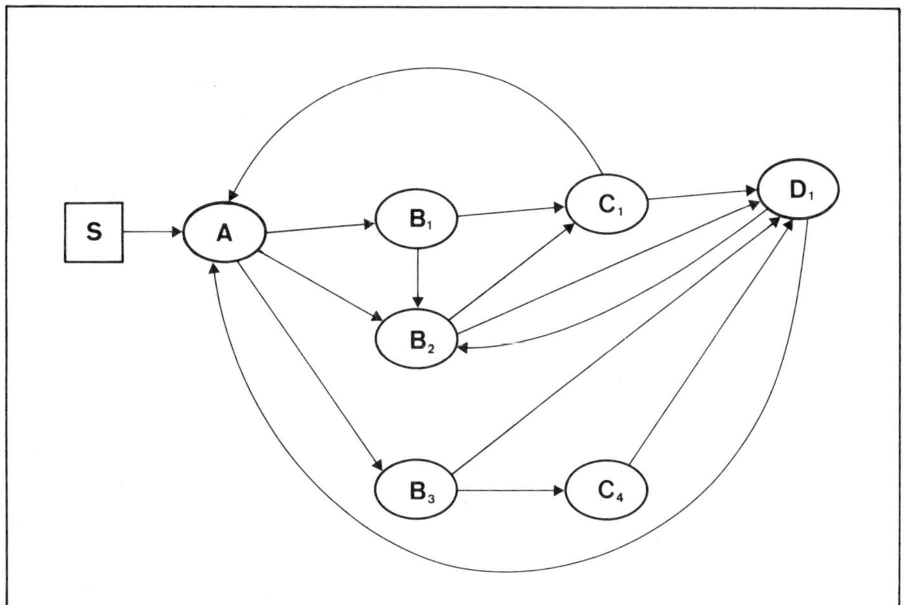

Abb. 6. Verknüpfung von Organismen zu Reaktionsnetzen

bereits früher ein, dann nämlich, wenn die den pH-Wert senkenden Substanzen in ihrer Konzentration so weit angestiegen sind, daß sie den Lebensraum vergiften. Das Beispiel macht klar, daß isolierte Systeme auf Dauer nicht existieren können. Jede Art ist auf den ständigen Zustrom von Nahrung und auf die Entfernung ihrer Stoffwechselendprodukte angewiesen. Das Leben existiert als Verbund von Organismenarten derart, daß jedes Produkt einer Art, sei es Organismenzuwachs oder Abfall, Nahrung für andere Arten ist. Es gibt in der Natur also keinen Abfall. So verbinden sich die Elemente zu einem System, dessen äußerer Rahmen und gleichzeitig dessen innere Vielfalt durch physikalische und chemische Umweltfaktoren bestimmt wird (Abb. 5).

Die Verflechtung der Elemente ist dabei nicht einfach linear (Abb. 6); die Stabilität wird verbessert durch eine Vernetzung derart, daß die einzelnen Formen nicht nur von einem Element, sondern von mehreren leben können. und daß auch sie Beute für mehrere Folgeelemente sind. Aus energetischen Gründen ist die Länge von Freßketten jedoch in der Regel auf maximal vier bis fünf Glieder beschränkt.

2.5 Der Mensch als Element der Biocoenose

Im organismischen Verbund war der Mensch, als Allesfresser, schon von Anfang an eine euryöke Art. Er war einerseits Endglied der Freßkette von tierischen Organismen und stand so im Wettbewerb mit Raubtieren. Als Verwerter

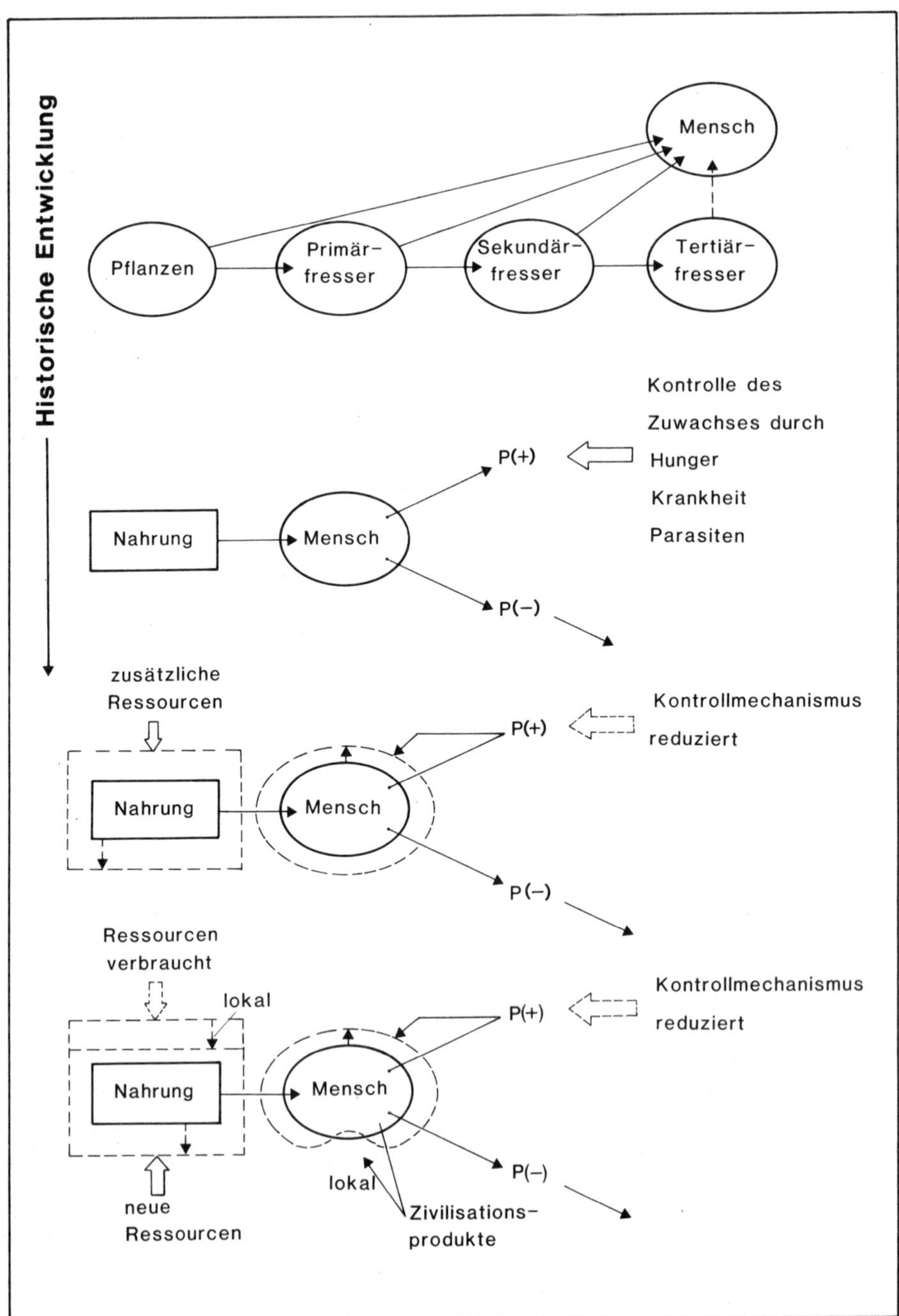

Abb. 7. Historische Entwicklung des „Elements Mensch“

pflanzlicher Nahrung aber war er gleichzeitig Primärfresser (Abb. 7). In seiner Populationsdichte wurde er kontrolliert durch Säuglingssterblichkeit, Infektionskrankheiten, Parasiten und dort, wo er sich über ein gesundes Maß hinaus auszubreiten versuchte, durch periodische Hungersnöte.

Sein erster wirklicher Fortschritt, die Fähigkeit Land zu bebauen, sicherte ihm die Ernährung, brachte ihn aber gleichzeitig in starke Konkurrenz mit anderen Pflanzenfressern. Die weitere Entwicklung und der heutige Zustand sind ökologisch zunächst gekennzeichnet durch die weitgehende Verdrängung anderer Primärfresser und durch die Vernichtung konkurrierender Endglieder der Freßkette, weiterhin durch die Fähigkeiten zur Euryökie, mit der er sich immer neue Ressourcen erschließt, vor allem immer wieder zusätzliche Energiequellen findet.

Aus dem Rahmen der übrigen Organismen fällt er durch nichtorganismische Luxusstrukturen heraus: er verwendet einen wesentlichen Teil seiner Ressourcen nicht zur Sicherung der Art, sondern zur „Verschönerung“ des Individuallebens.

Auf der Abfallseite wirkt er in unterschiedlicher Weise auf das Ökosystem: Seine Industrie scheidet Produkte aus, die nicht organismischer Natur sind und für Folgeelemente keinen Nährstoffcharakter haben. Sie werden folglich nicht in den Kreislauf der Nährstoffe zurückgeführt. Andere seiner Stoffwechselprodukte sind für die übrige lebende Welt schädlich und stören überall, wo sie anfallen, die natürlichen biologischen Prozesse. Und schließlich fallen selbst die natürlichen Abfallprodukte aufgrund der Konzentrierung des Menschen und seiner Industrie lokal in solchen Mengen an, daß sie, obwohl organismisch verwertbar, das Abbaupotential des örtlichen biologischen Systems übersteigen und zu starken Störungen, oft sogar Zerstörungen dieser Systeme führen. Diese Störungen bzw. Zerstörungen der natürlichen Systeme in Verbindung mit der Abgabe toxischer Stoffe gefährden heute die Lebensmöglichkeiten des Menschen selbst.

Global gesehen hat sich der Mensch sowohl auf der Ernährungsseite als auch auf der Produktseite in die Situation einer isolierten Bakterienkultur gebracht. An manchen Stellen der Erde, vor allem in den Entwicklungsländern, fehlen die Ressourcen, bzw. sind die natürlichen Produktionspotentiale durch Überbeanspruchung bis an die Grenzen ausgelastet oder schon zerstört, an den anderen Stellen, in den Industrieländern, ist der Lebensraum durch künstlich induzierte Überproduktion und durch das Abfallproblem gefährdet.

3 Das Abwasserproblem

3.1 Die quantitative Seite

Jeder Verbraucher produziert direkt und mittelbar Abfall. Die direkte Produktion stammt aus dem Haushalt. Sie enthält die Ausscheidungen des Körpers, Nahrungsmittelreste sowie sonstige mit der Haushaltsführung verbundenen Abfälle. In der Summe ergibt sich aus diesen Quellen je Mensch ein sog. „Einwohnergleichwert". Die mittelbare Produktion umfaßt den Abfall, der aus der Industrie und den übrigen für die Versorgung der Bewohner verantwortlichen Einrichtungen stammt. In hochindustrialisierten Ländern mit einem entsprechenden Lebensstandard entspricht die Menge des daraus entstehenden Abfalls, bezogen auf den Einwohner, etwa einem zusätzlichen „Einwohnergleichwert". In Ländern mit geringerem Lebensstandard ist dieser Wert reduziert.

Schließlich kommt als letzte mittelbare Quelle der Abfall hinzu, der von der Landwirtschaft als primärem Nahrungsmittelproduzenten erzeugt wird (Abb. 8). In Systemen mit gut organisierter oder auch noch ursprünglicher Landwirtschaft, werden die Abfälle aus diesem Wirtschaftszweig wieder in den natürlichen Kreislauf zurückgeführt. In Systemen mit stark indu-

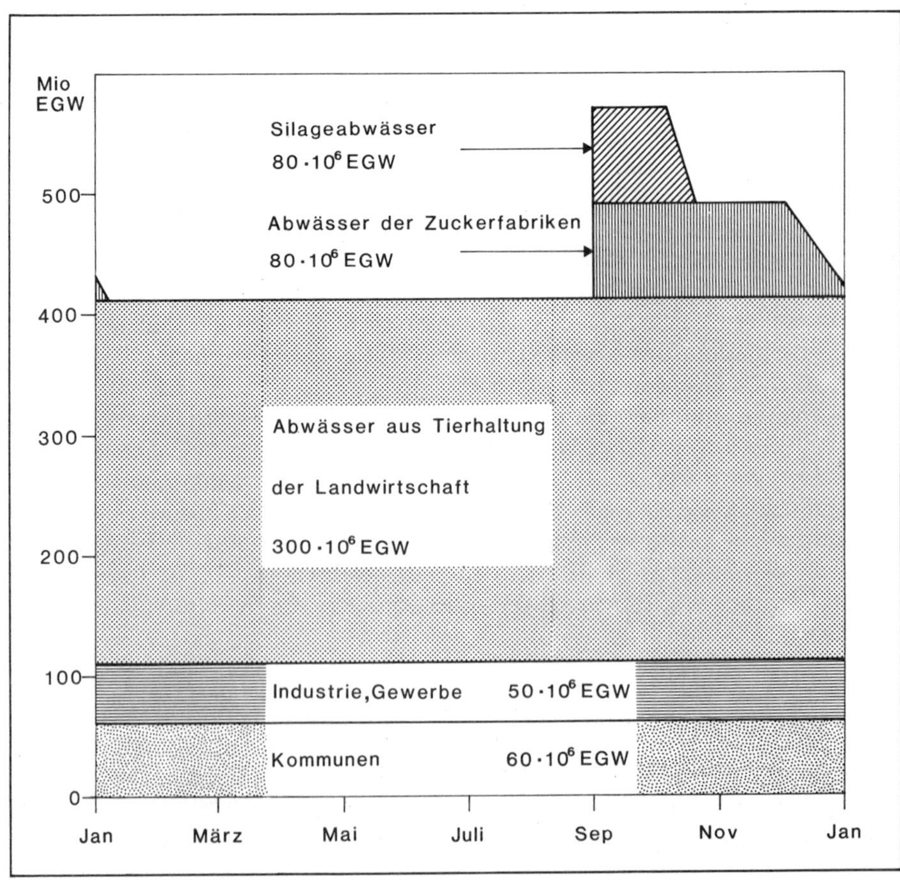

Abb. 8. Menge und Herkunft der Abwässer (in Einwohnergleichwerten: EGW) innerhalb der Bundesrepublik Deutschland (nach Angaben von Böhnke)

strialisierter Landwirtschaft (z. B. der Massenhaltung von Hühnern, oder der Massenmast von Rindern und Schweinen) entstehen lokal Probleme, die nur mit technologischen Ansätzen zu lösen sind. Ein großes saisonales Abfallpotential liegt auch in der Fermentation von Futtermitteln (Silage) und der saisonalen Verarbeitung von Nahrungsmitteln. Für die Bundesrepublik Deutschland ist hier vor allem die Zuckergewinnung zu nennen. In der Summe können also je Einwohner eines Landes zur Versorgung dieses Einwohners eine Vielzahl an „Einwohnergleichwerten“ als Verschmutzung anfallen.

Es muß Aufgabe und Sorge der Technologie sein, einen möglichst großen Anteil dieses Abfalls nicht mit Hilfe von Wasser aus den Siedlungen und Produktionsstätten abzuschwemmen, sondern ihn lokal zu halten und zu behandeln.

In unserem Land fallen je Einwohner — mit saisonalen Schwankungen — gegenwärtig etwa zwei bis drei Einwohnergleichwerte als flüssiger Abfall (Abwasser) an und sind zu behandeln. Die auf diese Art entstehende Ab-

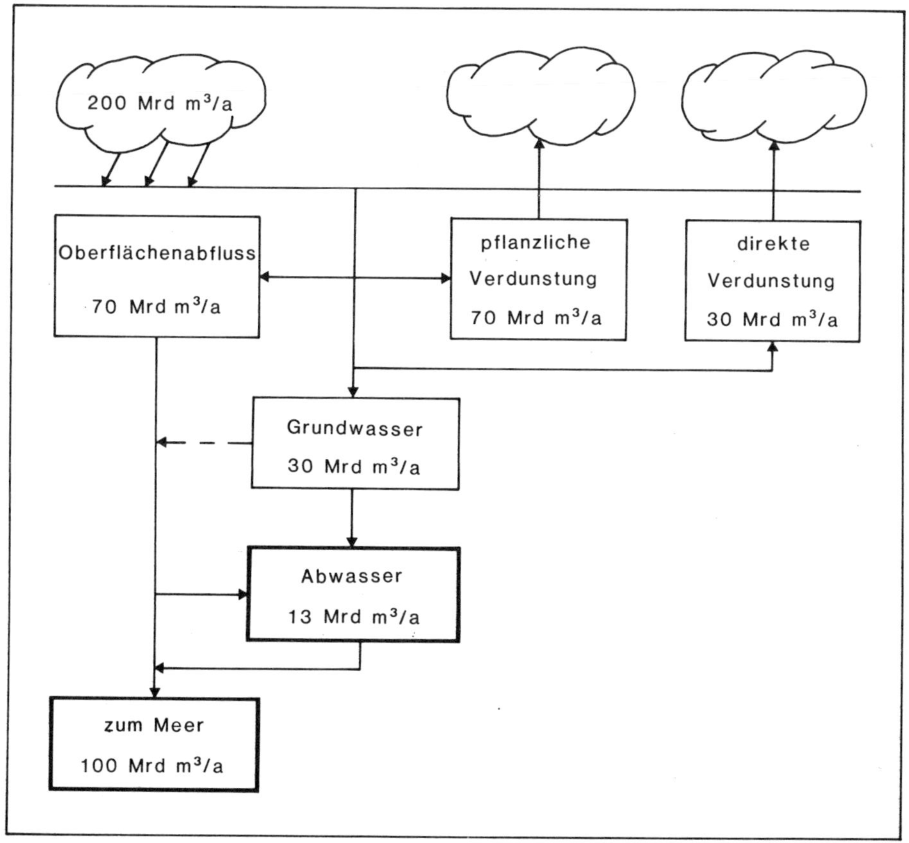

Abb. 9. Bilanz der Wassermengen in der Bundesrepublik Deutschland

wassermenge liegt je nach örtlicher Situation bei 200 bis 400 l je Einwohner und Tag und erreicht in der Summe etwa 13 Mrd. Kubikmeter Abwasser je Jahr. Vergleicht man diesen Wert mit dem Betrag an Wasser, das auf dem Gebiet der Bundesrepublik aus den Niederschlägen stammend über die Flüsse abfließt (etwa 70 bis 80 Mrd. Kubikmeter), so ist bei Einleitung des Abwassers in dieselben Flüsse statistisch gesehen etwa jeder siebente Wassertropfen ein Abwassertropfen (Abb. 9). Je nach Jahreszeit und lokaler Situation sind in manchen Flüssen in dicht besiedelten Gebieten bis zu einem Drittel des gesamten Flußwassers Abwasser und stammen aus den Kanalisationen der Städte. Dieses Flußwasser ist jedoch an vielen Plätzen gleichzeitig der Rohstoff der Wasserversorgung.

3.2 Die qualitative Seite

Was im vorherigen Abschnitt pauschal als „Einwohnergleichwert" bezeichnet wurde, bezieht sich auf Substanzen, die ihrer Natur nach den Abfällen aus dem Siedlungsbereich des Menschen (Ausscheidungsprodukte, Essenreste usw.) ähnlich sind und so im biologischen Stoffkreislauf verwertet werden können. Es sind dies Stoffe, die entweder selbst als Ergebnis biologischer Reaktionen entstanden sind oder aber als synthetische Produkte den charakteristischen Merkmalen natürlicher Substanzen doch entsprechen. Es handelt sich dabei vornehmlich um Fette, Kohlenhydrate, Eiweiße oder diesen verwandte Stoffe. Biologische Verfahren zur Abwasserreinigung sind ihrer Natur nach in der Lage, solche Substanzen umzuwandeln und sie so aus dem Abwasser abtrennbar zu machen.

Daneben gibt es eine Vielzahl synthetischer Substanzen, die von Organismen nicht oder nur schwer angegriffen werden. Manche wirken sogar auf Organismen toxisch. Neben organischen Stoffen liefert vor allem die Industrie anorganische Stoffe, unter denen vor allem die Schwermetalle toxische Effekte haben können. Solche Stoffe belasten biologische Reinigungsverfahren und schränken deren Wirksamkeit ein. Eine Strategie zum Schutz biologischer Reinigungsverfahren ist daher erforderlich.

4 Ansätze zur Lösung

Das Abwasserproblem ist das Ergebnis der Trennung des Menschen und seiner technischen Strukturen vom natürlichen Stoffkreislauf durch folgende Einzelaktionen:

- Überproduktion in terrestrischen Systemen und Export der Produkte in andere Systeme;
- Produktion neuer organischer Stoffe, die biologisch nicht abbaubar oder sogar toxisch sind;
- Vermengung toxischer Abfälle aus der Industrie mit abbaubaren Stoffen und
- Export solcher Stoffe und Stoffgemische in aquatische Lebensräume.

Tabelle 2. Abwasser, Herkunft, Verschmutzung und Verwendbarkeit

Abwasserart	Hauptsächliche Verschmutzung	Behandlung und Verwendung für
Kühlwässer (1)	erhöhte Temperatur	Wärmerückgewinnung; für Wasch- und Reinigungszwecke, Bewässerung und dgl.
Waschwässer (2) (landw. Prod.)	partikuläre anorganische Substanzen	Sedimentation; Bewässerung
Prozeßwässer (3) (landw. Prod.)	abbaubare organische Stoffe	Bewässerung; Produktion von „single cell protein", Methangärung oder andere organische Stoffe
Haushaltsabwässer (4)	fäulnisfähige organische Stoffe, Darmbakterien	biologische Umwandlung der fäulnisfähigen Stoffe in Bakterienmasse und anorganische Stoffe
industrielle Abwässer (5)	fäulnisfähige und nicht fäulnisfähige org. Stoffe, teilweise toxisch; anorganische Stoffe, Schwermetalle u. dgl.	Rückgewinnung von Stoffen; erst nach lokaler Vorbehandlung Zumischung zu kommunalem Abwasser
kommunale Abwässer (Mischung von 1 bis 5)	alle Veränderungen wie oben	mehrstufige Klärverfahren mit teilweiser Rückgewinnung von Rohstoffen stark eingeschränkte Verwertbarkeit

Die Ansätze zur Lösung ergeben sich aus der Umkehrung der zitierten Veränderungen. Für eine weitere Diskussion ist jedoch zunächst der Begriff Abwasser zu definieren.

Abwasser ist Wasser, das für einen bestimmten Zweck verwendet wurde und dabei solche Veränderungen in seinen physikalischen oder/und chemischen oder/und biologischen Eigenschaften erfahren hat, daß es für den gleichen Zweck nicht mehr verwendbar ist. So verschiedenartig die Verwendungsmöglichkeiten sind, so verschiedenartig sind auch die Abwässer. Je mehr unterschiedliche Abwässer dann zusammenkommen, umso geringer wird auch die Verwendbarkeit des Abwassergemisches. *Tabelle 2* gibt dazu einige Informationen.

Kühlwasser, um zunächst ein einfaches Beispiel herauszugreifen, erfährt als einzige Veränderung eine solche der Temperatur; es wird dadurch für die Kühlung unbrauchbar, ließe sich aber für eine Vielzahl anderer Zwecke verwenden.

Waschwässer aus der Verarbeitung landwirtschaftlicher Produkte erfahren eine Veränderung ihrer chemischen Beschaffenheit meist durch Anreicherung mit anorganischen Stoffen und, in geringem Maße, auch durch organische Stoffe, die aus dem Rohmaterial ausgelaugt werden. Solche ‚Abwässer' sind für Bewässerungszwecke natürlich weiterhin verwertbar.

Abwässer, die einen hohen Gehalt an abbaubaren organischen Stoffen haben wie sie bei der Verarbeitung landwirtschaftlicher Produkte anfallen, sind noch sehr vielfältig zu verwenden, nämlich für Bewässerung, für die Anzucht von Biomasse (Bakterien, Pilze), die selbst wieder als Dünger Verwendung finden können, als Viehfutter oder sogar als Rohstoff für die Gewinnung von Enzymen und anderer Zellinhaltsstoffe. Solche Abwässer können auch verschiedenen Fermentationen unterworfen und zur Gewinnung von organischer Säure, von Alkoholen oder von Methan dienen.

Schwieriger ist die Verwertung von Abwässern der chemischen Industrie. Sie enthalten oft toxische Stoffe organischer oder anorganischer Natur. Deshalb ist bei ihnen die Abtrennung der toxischen Stoffe in einer Vorbehandlung an ihrem Entstehungsort notwendig. Die Behandlung solcher Abfälle muß zukünftig als integraler Teil des Produktionsprozesses gesehen werden.

Die Mischung von Abwässern unterschiedlicher Herkunft, wie sie für kommunale Abwässer typisch ist, erschwert jegliche Behandlung und Wiederverwertung und erfordert Reaktionsketten aus mehreren Behandlungselementen.

Abwasserreinigung ist, wie diese wenigen Bemerkungen zeigen, heute also nicht mehr so sehr als „Vernichtung“ oder „Beseitigung“ eines unerwünschten Nebenproduktes der menschlichen Lebenstätigkeiten zu sehen. Abwasser ist Rohstoff oder enthält wertvolle Rohstoffe, die im Sinne einer Rückkehr zu ökologisch richtigem Verhalten in die Stoffkreisläufe der Wirtschaft oder der umgebenden ökologischen Systeme zurückzuführen sind. Nicht immer ist solches „recycling“ gewinnbringend. In vielen Fällen ermöglicht es jedoch eine Verbilligung im Vergleich zur herkömmlichen Abwasserbehandlung oder ist ökonomisch sinnvoll dadurch, daß es langfristig die Vergiftung des Lebensraumes verhindert.

Wie vielfältig die Wiederverwendung der organischen Stoffe im Abwasser sein kann, zeigt Abb. 10: Organische Stoffe erlauben eine breite Palette von Möglichkeiten.

Gemeinsam ist allen biologischen Verfahren dabei, daß es sich immer um Ausschnitte aus dem natürlichen Stoffkreislauf handelt und daß sie sich nur dadurch unterscheiden, daß durch technische Maßnahmen ein größerer oder kleinerer Teil der Reaktionsketten durchlaufen wird. Ist das Ziel der Verfahren die Umwandlung der gelösten organischen Stoffe in Bakterienmasse, wird die Reaktion dann abgebrochen, wenn abbaubare gelöste organische Substanz nicht mehr vorhanden ist. Sollen dagegen, um das andere Extrem aufzuzeigen, pflanzliche Organismen produziert werden, ist zwar eine volle Mineralisierung der organischen Substanz notwendig. Dies kann in einem natürlichen oder naturnahen terrestrischen System geschehen, also z. B. auf einer landwirtschaftlichen Nutzfläche. Sollen Fische produziert werden, ist die organische Substanz zuerst zu mineralisieren und auf dem Umweg über pflanzliche und tierische Reaktionsketten in Fischnahrung umzuwandeln.

Anaerobe Verfahren setzen die Abwesenheit von Sauerstoff voraus.

Abwasser ist zwar noch immer Abfallstoff aus Produktionsprozessen, ist aber, wie diese kurze Darstellung zeigt, gleichzeitig Rohstoff für andere Produktionsprozesse.

Die Lösung des Abwasserproblems geschieht daher zunehmend nicht

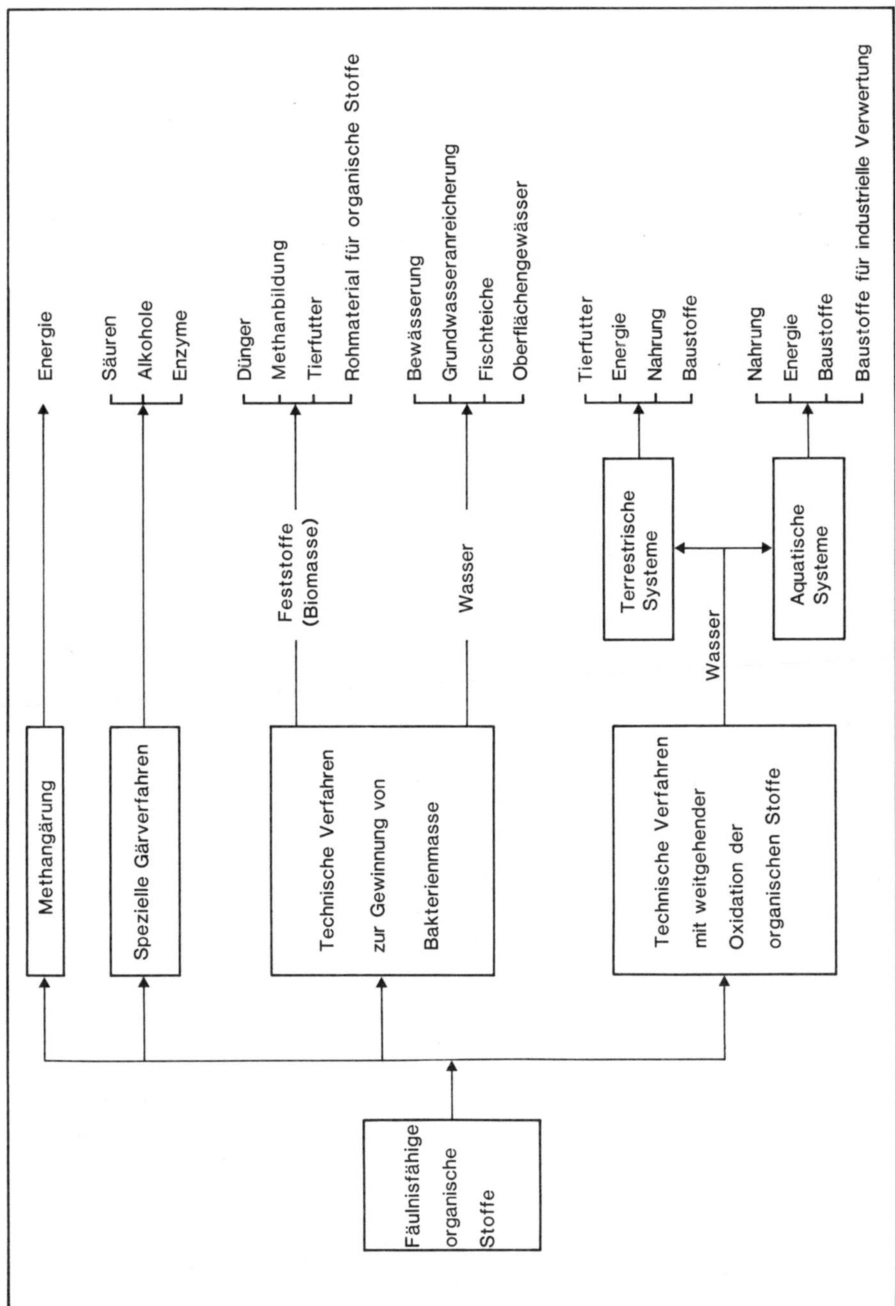

Abb. 10. Möglichkeiten für das Recycling organischer Stoffe im Abwasser

mehr in Kläranlagen herkömmlicher Art, sondern wird mehr und mehr zu einer eigenen Technologie mit wirtschaftlichem Hintergrund. Das Fachgebiet Abwasserreinigung erfordert daher ein breites, umfangreiches Wissen in den verschiedensten wissenschaftlichen Disziplinen und deren technischer Realisierung. Es sind erforderlich:

— Kenntnisse der industriellen Produktionsprozesse zu deren Verbesserung und dadurch zur Verminderung der Abwassermenge;
— Kenntnisse in physikalischer und chemischer Technologie zur Gestaltung spezifischer Behandlungsprozesse für die jeweiligen Produktionen mit dem Ziel der Rückgewinnung von Stoffen oder zumindest der Entgiftung des Abwassers;
— Kenntnisse der Organismenarten, die an den Stoffumwandlungsprozessen beteiligt sind;
— Kenntnisse der biochemischen Reaktionsabläufe, die zum Aufbau oder Abbau organischer Substanz führen;
— die Fähigkeiten, solche Reaktionen in ihrem zeitlichen Ablauf zu analysieren und zu beschreiben;
— die Fähigkeit, solche kinetischen Daten auf biologische Systeme, sowohl natürliche wie auch technische, zu übertragen, um damit die Leistungsfähigkeit solcher Systeme abzuschätzen;
— die Kenntnis landwirtschaftlicher und fischereiwirtschaftlicher Technologien und
— die Kenntnis von der Stabilität und Dynamik ökologischer Systeme.

Da kommunale Abwässer immer pathogene Keime enthalten sowie Dauerstadien von Eingeweidewürmern, ist auch ein Grundwissen in Hygiene erforderlich, um durch die Abwasserbehandlung ein ungefährliches Produkt zu erzeugen.

Viele der oben angeführten Möglichkeiten der Abwasserbehandlung sind wissenschaftlich weithin abgeklärt, lediglich die Technologien sind noch verbesserungsfähig.

Die Schwierigkeiten liegen heute darin, jeweils dasjenige Behandlungsziel und damit auch diejenige Technologie oder technologische Reaktionskette auszuwählen, die für die jeweilige Situation ökonomisch tragbar und ökologisch sinnvoll sind.

Deshalb gehören zu den Anforderungen an den Abwasseringenieur auch noch die Fähigkeit, wirtschaftlich denken und zukünftige Entwicklungen abschätzen zu können.

Dies bedeutet automatisch, daß die Planung von Abwasseranlagen heute nicht mehr Aufgabe einer einzigen Fachdisziplin sein kann, sondern daß nur ein Expertenteam aus verschiedenen Disziplinen eine optimale Lösung entwickeln kann.

Dieses Lehrbruch setzt sich zur Aufgabe, das Grundlagenwissen aus verschiedenen wissenschaftlichen Disziplinen in Technologien zu integrieren. Seine innere Struktur ist in Abb. 11 dargestellt.

Es setzt sich nach den einleitenden Abschnitten mit den für eine biologische Verarbeitung wesentlichen Organismen mit ihrem Stoffwechsel

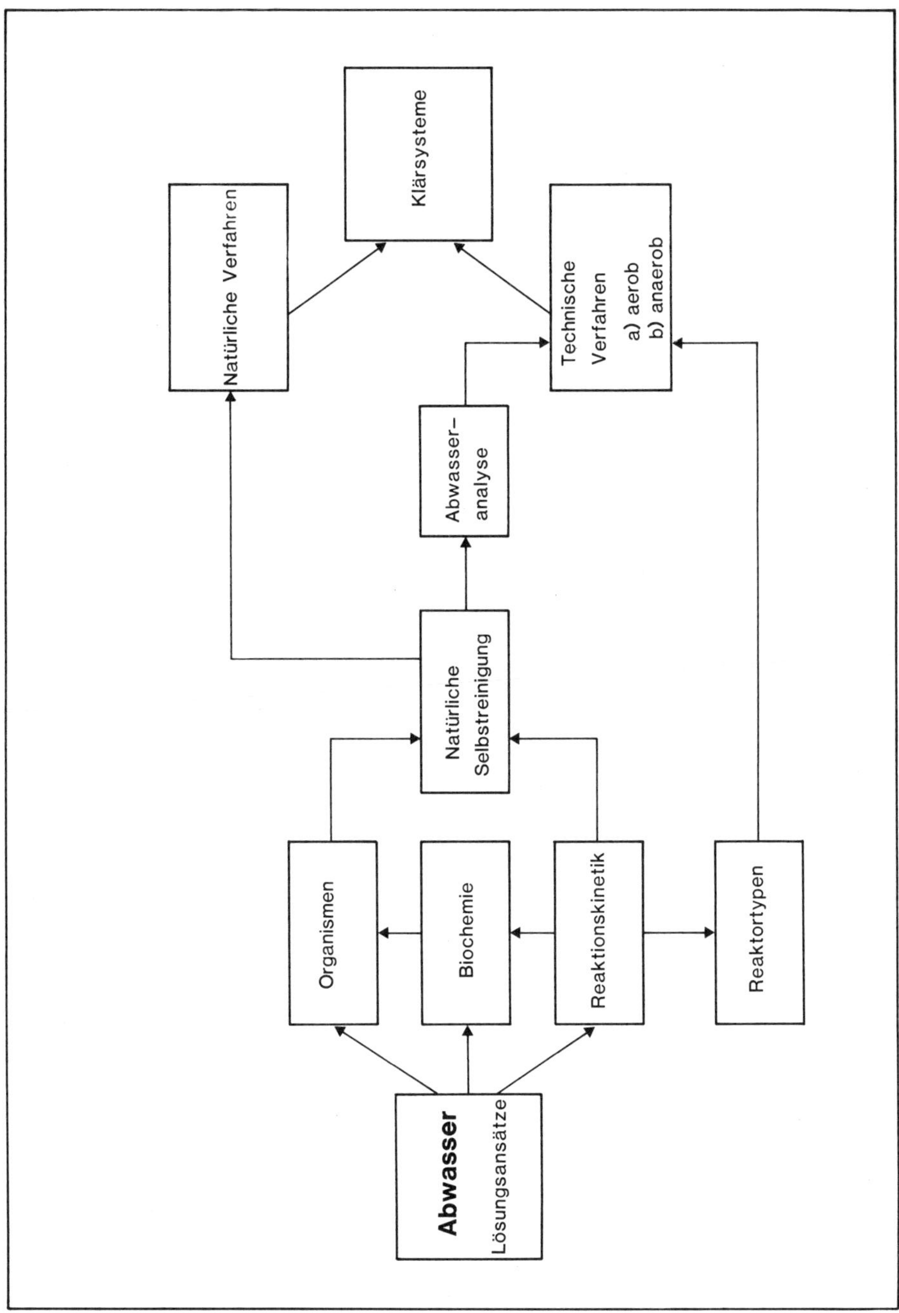

Abb. 11. Innere Struktur des Lehrbuchs

und der Kinetik des Stoffwechsels auseinander. Die Kenntnis der Kinetik ist Voraussetzung für ein neues Verständnis der Abwasseranalytik, außerdem lassen sich daraus Informationen für die Technologie ableiten. Die Integration von Organismen und ihrer Ernährungsweise ist außerdem die Grundlage für das Verständnis der in der Natur ablaufenden Prozesse zur Reintegration von Abfall in die Stoffkreisläufe und die Selbstheilung gestörter biologischer Systeme.

Aus der Fortentwicklung des Wissens der natürlichen Selbstreinigung lassen sich alle Verfahren der natürlichen Abwasserbehandlung ableiten. Die Integration von Reaktorsystemen und den wesentlichen Faktoren der natürlichen Selbstreinigung schließlich führen zu den technischen Verfahren der Abwasserbehandlung. Natürliche Verfahren und technische Verfahren lassen sich dann schließlich zu Klärsystemen integrieren.

II Organismen

1 Einführung

Jeder Lebensraum besitzt eine eigene ihn kennzeichnende Vergesellschaftung von Organismen. Diese ist lebender Ausdruck dessen, was vorliegt und geschieht und gleichzeitig Verursacher des Geschehens.

Eine einseitige, artenarme Lebensgemeinschaft von Organismen ist immer ein Zeichen extremer Bedingungen. Sind die wenigen Arten durch große Individuenzahlen vertreten, ist dies oft ein Ausdruck, daß hier ein System durch Außeneinflüsse zeitweise gestört ist und sich im Stadium einer Umformung befindet, die entweder wieder zum ursprünglichen Zustand zurückführt, oder einen neuen Zustand anstrebt. Ist die Gemeinschaft nur reich an niederen Formen, mit tierischer Ernährungsweise, vor allem an Bakterien, deutet dies auf ein Überangebot an organischen Nährstoffen im System hin. Ist die Lebensgemeinschaft aber reich an grünen Algen, liegt ein Überangebot an anorganischen Nährstoffen vor.

Da Organismen die Agenten der Stoffumsätze sind und in ihrer Vergesellschaftung zur Lebensgemeinschaft auch den Zustand des Lebensraumes erkennen lassen, ist die Kenntnis der Formen, ihrer physiologischen Fähigkeiten und ihrer Anforderungen an Umweltfaktoren eine notwendige Voraussetzung für das Verständnis der Vorgänge in Ökosystemen und für deren Verwendung zur Abwasserbehandlung.

Wie im vorhergehenden Kapitel bereits erwähnt, läßt sich die große Zahl der Lebensformen zunächst in zwei große Gruppen unterteilen, nämlich in diejenigen, die aus anorganischen Stoffen organische aufbauen (autotrophe Formen), und in solche, die von organischer Substanz leben (heterotrophe Formen). Innerhalb der heterotrophen Formen lassen sich weiter Unterteilungen treffen in solche, die von toter organischer Substanz leben (Destruenten), solche, die als erste Glieder einer Freßkette direkt von pflanzlichem Material leben (Primärfresser) und solche, die spätere Plätze der Freßkette einnehmen (Sekundärfresser und Räuber).

Die uns interessierenden Lebensformen gehören primär den Gruppen der Destruenten an (saprophytische Bakterien) sowie den niederen Formen produzierender Organismen (verschiedene Algenformen sowie autotrophe Bakterien). In vielen technischen Klärsystemen läßt sich die Lebensgemeinschaft jedoch nicht nur auf Bakterien beschränken. Bakterienfressende sowie räuberische Protozoen treten ebenfalls auf und sind wichtige Kennzeichner bestimmter Betriebszustände. Da sie von partikulärer, die Trübung des Wassers verursachenden Substanzen ernähren, tragen sie zur Klärung von Abwasser bei und sollen daher ebenfalls besprochen werden.

2 Bakterien

2.1 Allgemeines

Unter dem Begriff Bakterien wird eine nach Form, Physiologie und Umweltansprüchen äußerst vielgestaltige Gruppe von kleinen Lebewesen zusammengefaßt. Gemeinhin kennt man sie als Erreger einer Reihe von Krankheiten, die von der Halsentzündung bis zur Pest reichen. Pathogene Bakterien sind jedoch die Ausnahme. Der eigentliche Lebensraum sind Wasser und Boden, wo sie in der Mehrzahl als Verwerter toter organischer Substanz auftreten und diese in Zusammenarbeit mit Pilzen mineralisieren und damit wieder anorganische Nährstoffe freisetzen.

Allen gemeinsam ist, daß sie einen nassen Lebensraum brauchen, sei dies nur freies Wasser oder auch nur das Porenwasser in Böden. Neben den Pilzen sind es vornehmlich die Bakterien, die Massenansammlungen von toter organischer Substanz verarbeiten und deren Bausteine wieder in den Stoffkreislauf zurückführen.

2.2 Größe, Form und Zellaufbau

Bakterien sind äußerst kleine Lebewesen mit nur wenigen Tausendstel Millimeter Länge. Sie treten in Kugelform (einzeln oder in kleinen Kolonien) in Stäbchenform (gerade oder gekrümmt) und in Spiralform auf. Darüber hinaus gibt es Sondergruppen von gestielten Formen, von Scheidenbakterien, Strahlenpilzen (Actinomyceten) und solchen, die auch auf festen Unterlagen zur Ortsbewegung befähigt sind (gleitende Bakterien). Einiger dieser Spezialgruppen bilden eine nicht exakt trennbare Brücke zu den Pilzen.

Gemeinsam ist allen Bakterien eine Eigenheit im Zellaufbau, die sie nur mit den Blaualgen gemeinsam haben: das Fehlen einer differenzierten Trennung des genetischen Materials vom übrigen Zellinhalt. Wie bei allen übrigen Organismen ist zwar das Kernmaterial vorhanden, aber nicht durch eine Kernwand räumlich vom Rest des Zellinhalts getrennt. Solche Organismen werden als Prokaryonten bezeichnet. Im übrigen sind die Zellen jedoch hoch spezialisiert und strukturiert (Abb. 12). Im Zellplasma verteilt befinden sich Mikrostrukturen, in denen als Zentren der Enzymaktivität alle notwendigen biochemischen Reaktionen zum Aufbau von Körpermaterial oder zur Energiegewinnung ablaufen. Daneben gibt es Einschlüsse von Reservenährstoffen (z. B. Lipide, Polysaccharide oder auch Polyphosphate).

Im Plasma selbst sind Enzyme gelöst und befinden sich Stoffe auf dem Transportweg zwischen wichtigen Aktivitätszentren.

Nach außen hin wird das Plasma von der plasmatischen Membran begrenzt. Sie ist semipermeabel und somit ein wichtiges Organ für den selektiven Stoffaustausch zwischen innen und außen. An die plasmatische Membran schließt sich die Zellwand an, ein mehrschichtiges Gebilde aus Proteinen, Lipiden und Polysacchariden, die die Aufgabe eines Außenskeletts hat und der Zelle ihre spezifische Form gibt. Im Aufbau dieser mehrschichtigen Wand

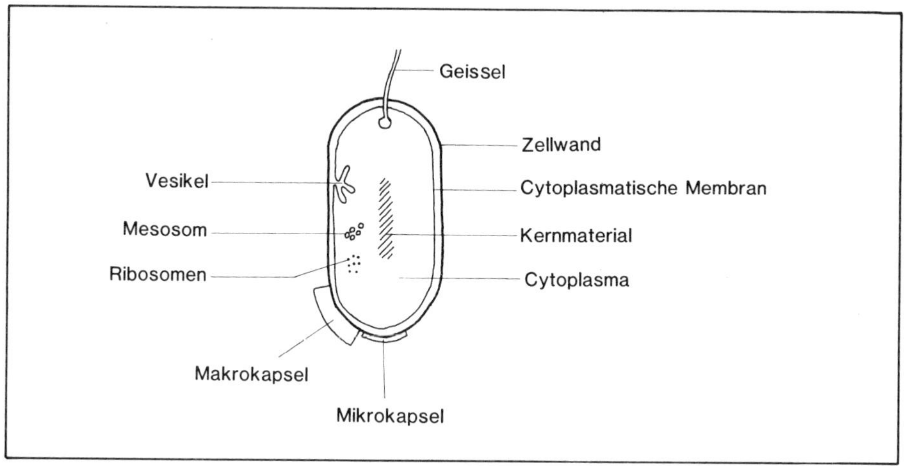

Abb. 12. Die Bakterienzelle

gibt es systematische Unterschiede. Auf die Zellwand aufgelagert ist eine je nach Art und Nährstoffreichtum unterschiedlich stark ausgebildete Schicht eines artspezifischen Polysaccharids, die als Schleimhülle oder Matrix bezeichnet wird. Dieses Material ist abwaschbar, ohne daß die Zelle dadurch geschädigt würde.

Als Sondereinrichtung kommen bei manchen Formen Geißeln vor, in Einzahl oder Mehrzahl, und befähigen zur aktiven Ortsveränderung. Je nach Zahl unterscheidet man zwischen monotrichen und polytrichen Formen; je nach Anordnung zwischen monopolar, bipolar und peritrich.

Eine weitere Sondereinrichtung ist die Fähigkeit mancher Bakterien, Dauerstadien (Sporen) auszubilden, um ungünstige Umweltbedingungen zu überstehen. Die wichtigsten Organellen werden dabei lokal zusammengefaßt und das Volumen durch Wasserabgabe konzentriert. Eine verstärkte Hülle sorgt für größere Unempfindlichkeit gegen Außeneinflüsse.

2.3 Vermehrung und Sexualität

Bakterien vermehren sich durch Teilung. Die Teilungsgeschwindigkeit ist von der Größe des Nährstoffangebots, dessen Verwertbarkeit und anderen Umweltfaktoren, vor allem von Temperatur und pH-Wert abhängig. Für einen Großteil der von organischer Substanz lebenden Formen beträgt – unter günstigen Bedingungen – der Abstand zwischen zwei Teilungsschritten weniger als eine Stunde. Bei anderen kann sie mehr als einen Tag betragen.

Sexualität ist bei Bakterien ebenfalls bekannt. Neben der wechselseitigen Übergabe von genetischem Material gibt es hier aber auch noch andere Möglichkeiten der Informationsübertragung, z. B. durch Kannibalismus, wie die Aufnahme von Desoxyribonucleinsäure (DNS) toter Bakterien, oder durch Übertragung mit Hilfe von Viren.

2.4 Physiologie

Die Mehrzahl der Bakterien lebt von toter organischer Substanz; ein Großteil baut bei Gegenwart von Sauerstoff diese im Rahmen des Energiestoffwechsels bis zu Kohlendioxid und Wasser ab. Stickstoff wird dabei in Form von Ammoniak abgegeben. Können solche Formen nur bei Gegenwart von Sauerstoff tätig sein, nennt man sie obligate Aerobier. Manche Formen sind zu einer solchen aeroben Lebensweise auch befähigt, indem sie, bei Abwesenheit von gelöstem Sauerstoff, diesen sauerstoffreichen Verbindungen entziehen (Nitrate und Sulfate).

Andere Bakterien schalten bei Abwesenheit von Sauerstoff auf anaeroben Stoffwechsel um; sie oxidieren die organischen Substanzen nicht mehr vollständig, sondern nur noch teilweise und scheiden Säuren oder Alkohole aus. Sie sind fakultative Anaerobier.

Daneben gibt es noch obligate Anaerobier, für die gelöster Sauerstoff toxisch wirkt, und die den Abbau organischer Substanz immer nur bis zu noch relativ energiereichen Säuren und Alkoholen vornehmen können.

Neben den Bakterien, die organische Substanzen als Nährstoffe benötigen, gibt es auch einige wenige, die ihren Energiebedarf wie die Pflanzen durch Verwertung von Lichtenergie decken können. Andere vermögen dies durch die Oxidation anorganischer Substanzen.

Zu diesen gehören die Nitrifikanten, die Ammoniak zu Nitrit und Nitrat oxidieren. Auch Schwefelwasserstoffoxidierer gibt es. Beide Gruppen haben eine Bedeutung für die Abwasserbehandlung.

2.5 Chemische Zusammensetzung

Bakterien bestehen zum größten Teil aus Wasser (etwa 80%); der Rest ist organische Substanz. Diese organische Substanz wieder besteht zu etwa 50% aus Eiweiß; zwischen 10 und 20% sind DNA, der Rest verteilt sich auf Fette, fettähnliche Substanzen und Polysaccharide in den Membranen und der Zellwand. Allein das Zellwandmaterial macht bis zu 20% der gesamten organischen Substanz aus.

Bei einer Analyse nach den Elementen überwiegt der Kohlenstoff, gefolgt von Sauerstoff, Stickstoff, Wasserstoff und Phosphor. Entsprechend den unterschiedlichen Atomgewichten folgt daraus eine Summenformel von $C_5H_7O_2N$.

2.6 Systematik

Um die Vielzahl der Bakterien in ein System einzuordnen, werden Form, Beweglichkeit, physiologische Fähigkeiten und das Verhalten gegenüber Farbstoffen als Kriterien herangezogen. Eine grobe Einteilung unterscheidet zunächst die Eubakterien (echte Bakterien) von anderen Gruppen, die als „gestielte Bakterien“ als „Scheidenbakterien“ als „gleitende Bakterien“, als „phototrophe Formen“ und als „Strahlenpilze“ bekannt sind.

Zu den Eubakterien gehören Kokken sowie gerade oder gekrümmte Stäbchen; sie leben teils aerob, teils anaerob, teils fakultativ. Zu ihnen gehört die Mehrzahl der bekannten Wasserbakterien, der Krankheitserreger und eine Vielzahl von Bodenbakterien. Unter letzteren finden sich die bekannten stickstoffbindenden Formen oder auch die Oxidierer von Ammoniak zu Nitrit und Nitrat. Das Eingeweidebakterium Escherichia coli zählt ebenfalls zu der Gruppe der Eubakterien wie auch die Erreger von Typhus und die Milchsäurebildner, die bei der Produktion von Sauerkraut oder Silofutter eine Rolle spielen. Auch bekannte Erreger von Wundinfektionen gehören dazu, wie der Erreger des Tetanus, der Pest und der Verwerfseuche bei Rindern.

Die Mehrzahl der Eubakterien aber ist für Mensch und Tier harmlos und spielt die bedeutende Rolle der Zersetzer von organischer Substanz, wo immer sie im Wasser oder Boden als totes Material anfällt.

Phototrophe Bakterien sind eine kleine Gruppe von Formen, die den Eubakterien sehr nahe steht; ihre Mitglieder decken ihren Energiebedarf durch Verwertung des Sonnenlichts. Zu ihnen gehören die Schwefelpurpurbakterien, die in H_2S-haltigen Gewässern auftreten, wenn gleichzeitig noch Licht vorhanden ist. Gestielte Bakterien sind ebenfalls Sonderformen. Zu ihnen gehört die Eisenbakterie Gallionella eine Form von der angenommen wird, daß sie ihren Energiebedarf durch die Oxidation von zweiwertigem zu dreiwertigem Eisen deckt. Man findet sie häufig in Trinkwasserleitungen, wo sie dicke Überzüge bildet. Scheidenbakterien ähneln in ihrem Auftreten oft Pilzen, weil die Einzelzellen sich nicht trennen, in der gemeinsamen Scheide bleiben und lange Fäden bilden. Unterscheiden lassen sie sich aber durch die geringere Dicke der Fäden, durch die Trennwände zwischen den Zellen und durch die „unechten" Verzweigungen. Actinomyceten (Strahlenpilze) bilden, fast wie echte Pilze, ein Luftmycel. Sie sind vornehmlich Bodenbewohner. Und durch die Fähigkeit, ein solches Mycel ausbilden zu können, sind sie in der Lage, relativ trockene Standorte im Boden als Lebensraum zu nutzen.

3 Protozoen

3.1 Allgemeines

Unter dem Begriff Protozoen sind alle tierischen Einzeller zusammengefaßt. Im Gegensatz zu den Bakterien besitzen sie einen echten Zellkern. Im Zellaufbau gibt es relativ einfache Gebilde, wie z. B. die Amöben, aber auch hochdifferenzierte Formen hinsichtlich des Kernaufbaus, der Einrichtungen zur Ausscheidung von Wasser, zur Fortbewegung, oder auch zur Reizerkennung und Reizleitung. Genau wie bei den Bakterien wäre es deshalb falsch, den Begriff „primitiv" im Sinne von niedriger Entwicklungsstufe zu gebrauchen.

Hinsichtlich der Zellgröße übertreffen sie die Bakterien beträchtlich, sind aber immer noch mikroskopisch klein. Die meisten aquatischen Formen sind unter einem Zehntel Millimeter lang. Manche bodenbewohnende Formen werden jedoch wesentlich größer und erreichen Größen, die sie fast für das Auge sichtbar machen.

3.2 Ernährung

Abgesehen von den parasitischen Formen und den grünen Geißeltierchen, leben die Protozoen von partikulärer organischer Substanz. Der Zustand dieser organischen Substanz kann äußerst verschieden sein, und verschieden ist auch die Art der Nahrungsaufnahme:

Amöben nehmen organische Partikel durch Umfließen auf. Bei den am höchsten spezialisierten Formen, den Wimpertierchen, finden wir eine Vielfalt des Nahrungserwerbs, in der Technik ganz analog zur Beutegewinnung höherer Tiere. Manche Arten haften an einer festen Unterlage und erzeugen mit ihren Wimpern einen Wasserstrudel, der ihnen Bakterien an die Mundöffnung bringt. Andere schwimmen wie ein offenes Sieb durch die bakterienreiche Flüssigkeit und nehmen alles wahllos auf, andere „weiden" einen Bakterienfilm ab, und wieder andere lauern ihrer Beute mit klebrigen Fangapparaten auf. Die Differenzierung geht so weit, daß es unter ihnen räuberische Formen gibt, die ihre Beute erjagen, ähnlich wie Beutegreifer unter den höheren Tieren.

3.3 Der Zellaufbau

Als Beispiel sei der Zellaufbau einer einfachen Amöbe und der eines differenzierten Ciliaten kurz dargestellt.

Eine einfache Amöbe ist ein Plasmaklümpchen mit einem Zellkern, dessen Lage nicht fixiert ist. Die Zelle bewegt sich fließend derart, daß an einer Stelle das dünnflüssige Endoplasma durch das härtere Ektoplasma durchbricht. Endoplasma wandelt sich an der Kontaktfläche mit Wasser in Ektoplasma um, wie sich auch nach innen verlagertes Ektoplasma in Endoplasma zurückverwandelt. An einer ebenfalls nicht fixierten Stelle befindet sich eine kontraktile Vacuole. Sie hat die Aufgabe, das aufgrund der Unterschiede im Salzgehalt ständig in die Zelle eindiffundierende Wasser wieder herauszupumpen.

Eine hochdifferenzierte Ciliatenzelle hat nicht nur einen, sondern zwei Zellkerne, von denen der Mikronukleus die genetische Information enthält und der Makronukleus das Steuerungszentrum für alle physiologischen Funktionen darstellt.

Kontraktile Vakuolen sind oft mehrfach vorhanden, wenn die Zellen groß sind und bestehen aus zwei Teilen, nämlich den Sammel- und Transportkanälen und der das Wasser nach außen pumpenden Vakuole. Zellmund und Zellafter befinden sich an fixierten Stellen. Die Nahrung wird in eine am Zellmund gebildete Vakuole aufgenommen, auf einem vorgegebenen Weg durch die Zelle geführt und dabei verdaut. Die Zellen sind bewimpert. Der Wimpernschlag ist koordiniert und ermöglicht eine Ortsveränderung. Über die gesamte Zelloberfläche sind Reizleitungsbahnen ausgebildet. Manche Organismen verfügen über ein Organell zur Unterscheidung von oben und unten.

3.4 Fortpflanzung und Sexualität

Der Normalfall der Fortpflanzung ist die Zweiteilung; die Zeitabstände zwischen den Teilungsschritten betragen unter optimalen Bedingungen bei kleineren Formen wenige Stunden, bei größeren bis zu mehreren Tagen. Sie ist im wesentlichen abhängig von der Art des Nahrungserwerbs und der aufgenommenen Nahrungsmenge. Jäger verbrauchen einen größeren Teil der aufgenommenen Nahrung zur Energieerzeugung als festsitzende Formen; es verbleibt deshalb ein kleinerer Anteil für die Umwandlung in Körpersubstanz und damit für die Teilung.

Im Durchschnitt verwenden Ciliaten etwa 90% der organischen Substanz zur Deckung des Energiebedarfs und nur 10% zum Wachstum.

Die Fortpflanzung selbst ist unabhängig von der Sexualität. Sexuelle Vorgänge werden jedoch bei allen Protozoenarten beobachtet. In den meisten Fällen verschmelzen zwei Individuen vorübergehend miteinander, und es finden dabei recht komplizierte Austauschvorgänge von Kernen statt. Eine morphologisch feststellbare geschlechtliche Differenzierung ist dabei nicht zu erkennen, wohl aber ist für manche Formen eine solche in einer Unterschiedlichkeit von chemischen Strukturen bekannt.

3.5 Systematik

Die Systematik differenziert hauptsächlich nach der Erscheinungsform. Es werden unterschieden: Wurzelfüßler, Geißeltierchen, Wimpertierchen und Sauginfusorien (Tab. 3; Abb. 13).

Tabelle 3. Systematik der Protozoen

Wurzelfüßler (Rhizopoden)	
Nacktamöben	undifferenzierte Plasmaklümpchen
beschalte Amöben	Gehäuse aus organischem Material oder aufgesammelten Erdpartikeln
Kämmerlinge (Foraminiferen)	gehäusebildende Formen
Sonnentierchen (Heliozoen)	Innenskelett mit starren Radien, sonnenartigem Aussehen
Geißeltierchen (Flagellaten)	mit Geißeln zur Fortbewegung
Zooflagellaten	ohne grünen Farbkörper
Phytoflagellaten	mit grünem Farbkörper
Wimpertierchen (Ciliaten)	mit Wimpern zur Fortbewegung
holotriche Formen	ganze Zelloberfläche gleichmäßige Wimpernform
heterotriche Formen	an der Mundöffnung Wimpern zu Cirren verschmolzen
hypotriche Formen	nur auf der Unterseite starke Cirren zum Laufen, Kriechen und Springen
peritriche Formen	—
Sauginfusorien	festsitzende, räuberische Formen

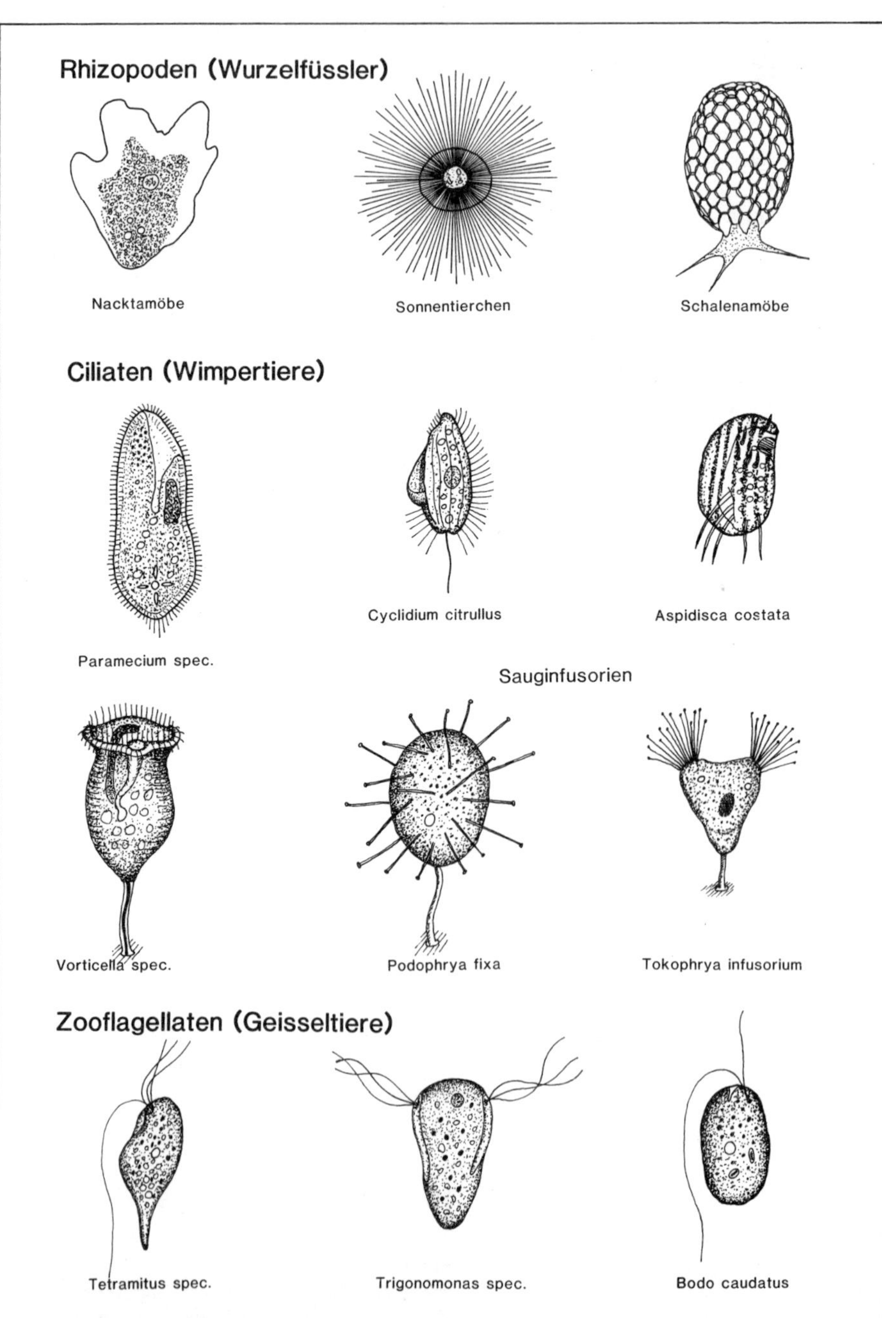
Rhizopoden (Wurzelfüssler)
Nacktamöbe
Sonnentierchen
Schalenamöbe
Ciliaten (Wimpertiere)
Paramecium spec.
Cyclidium citrullus
Aspidisca costata
Sauginfusorien
Vorticella spec.
Podophrya fixa
Tokophrya infusorium
Zooflagellaten (Geisseltiere)
Tetramitus spec.
Trigonomonas spec.
Bodo caudatus

Abb. 13. Protozoen

Die Wurzelfüßler (Rhizopoden) besitzen Pseudopodien, mit Hilfe derer sie sich bewegen oder die Nahrung aufnehmen. Ihre einfachsten Formen sind Nacktamöben, vornehmlich Bewohner von Wasser und Boden, wobei die wasserbewohnenden Formen auch nicht im freien Wasser leben, sondern auf toter organischer Substanz, also z. B. auf Pflanzenmaterial, das sich in Zersetzung befindet, oder im Schlamm. Etwas höher organisiert sind die beschalten Amöben (Thecamöben). Sie tragen ein Gehäuse aus anorganischem oder organischem Material, das vom Plasma gebildet wird.

Zu den Wurzelfüßlern zählen auch Foraminiferen, die ein Skelett aus Kieselsäure bilden und Sonnentierchen, deren Skelett aus organischem Material besteht.

Die Geißeltierchen (Flagellaten) sind durch eine feste Körperform und den Besitz von einer oder mehrerer Geißeln gekennzeichnet, die zur Fortbewegung dienen. Sie ernähren sich von partikulärer organischer Substanz. Es gibt jedoch auch Vertreter, die zur Photosynthese befähigt und daher als pflanzliche Geißeltierchen zu bezeichnen sind.

Wimpertierchen (Ciliaten) sind die formenreichste Gruppe und zeigen in Körperbau und Nahrungserwerb eine reiche Vielfalt von Analogieformen zu den höheren Tieren. Ihre Vielgestaltigkeit äußert sich in Formen, die zum freien Schwimmen und Jagen, zur sessilen Lebensweise, zu springender Ortsveränderung oder zum „Abweiden" von Bakterienbewuchs befähigt sind.

Sauginfusorien (Suctorien) sind festsitzende Formen die, mit Hilfe von Zellfortsätzen ihre Beute (Bakterien und Protozoen) einfangen, sie außerhalb der eigenen Zelle verflüssigen und dann durch Hohltentakel einsaugen. In wäßrigen Ökosystemen finden wir sie unter Bedingungen eines weit fortgeschrittenen Abbaus organischer Substanz.

4 Niedere Pflanzen

4.1 Allgemeines

Den niederen tierischen Formen stehen niedere einzellige Pflanzen gegenüber. Sie unterscheiden sich optisch von den tierischen Einzellern durch den Besitz von farbstoffhaltigen Strukturen (Chromatophoren) in der Zelle. Die Farbstoffe (Chlorophyll hauptsächlich, aber auch Phycocyanin, Phycoerythrin sowie Carotionoide) geben die Fähigkeit zum Einfangen von Lichtenergie und deren Umwandlung in chemische Bindungsenergie. Im Gegensatz zu den Mikroorganismen mit tierischer Ernährungsweise ist das Nährmaterial für pflanzliche Organismen wesentlich weniger differenziert; vor allem wird Kohlendioxid und Wasser benötigt. Das Kohlendioxid kann dabei in verschiedener Form aufgenommen werden, die Wahlmöglichkeiten sind jedoch beschränkt auf das gasförmige und das in Bicarbonat gebundene CO_2.

Die Auswahl der verwertbaren Stickstoff-, Schwefel- und Phosphorverbindungen ist ebenfalls gering. Trotzdem gibt es eine erstaunliche Vielzahl von verschiedenen niederen Pflanzen, die jede für sich nur bestimmte Umweltparameter ertragen können.

Die Selektion der Formen für verschiedene Lebensräume wird offensichtlich durch andere Parameter, wie z. B. Lichtintensität, dessen spektrale Zusammensetzung oder das Vorhandensein bzw. die Abwesenheit von chemischen Stoffen (z. B. NH_3; H_2S; organische Substanzen) bewirkt.

4.2 Systematik

Tabelle 4 gibt einen Überblick über die Gliederung der Algen. Blaualgen gehören, wie die Bakterien, zu den Prokaryonten (Abb. 4a). Ihre Farbstoffe (Chlorophyll; α-, β-Carotin; Phycocyanin und Phycoerythrin) sind an Membranen wie bei höheren Algen gebunden. Die „Zellen" können je nach Art in Schleimkapseln oder zu Ketten aufgereiht sein. Manche Zellfäden besitzen eine Haftscheibe, mit der sie sich an festen Flächen, an Steinen beispielsweise, festhalten, um von der Strömung nicht abgerchwemmt zu werden. Das Auftreten von Blaualgen ist häufig an eine hohe Nährstoffkonzentration gebunden, organische Nährstoffe miteingeschlossen.

Zu Massenvermehrungen kommt es so vor allem in verunreinigten stehenden Gewässern, auf der Bodenoberfläche im Frühjahr nach der Schneeschmelze und auf dem Grund flacher Gewässer. Ein derartiges Massenauftreten kann zu mikroskopisch sichtbaren Veränderungen der Wasserfarbe führen. Man bezeichnet dies als „Wasserblüte".

Phytoflagellaten (Abb. 14a) stehen den Geißeltierchen systematisch nahe, unterscheiden sich von diesen morphologisch aber durch einen grünen Farbkörper in der Zelle. Die Formen sind beweglich wie ihre tierischen Verwandten. Eine Gruppe, die Dinoflagellaten, zeichnet sich durch eine feste Außenhülle von Cellulose aus.

Diatomeen (Kieselalgen) sind ebenfalls eine äußerst vielgestaltige und durch eine besondere Außenhülle gekennzeichnete Gruppe (Abb. 14a). Die

Tabelle 4. Systematik der Algen

Blaualgen (Cyanophyceae)	Prokaryonten, einzellig oder fädige Kolonien
Geißelalgen (Phytoflagellatae)	
Euglenales	einzellig, grüner Farbkörper, Süßwasser
Chrysomonales	koloniebildend, Kalk- oder Kieselskelett
Dinoflagellatae	viele marine Formen, aber auch in Süßwasser, Celluloseskelett
Kieselalgen (Diatomeae)	einzellig, Kieselsäurepanzer, viele Süßwasserformen, bräunliche Farbkörper
Centrales	runde Formen
Pennales	längliche Formen, beweglich
Jochalgen (Conjugatae)	einzellig, grüner Farbkörper, vorwiegend Süßwasser, manche mit differenzierter Struktur
Grünalgen (Chlorophyceae)	einzellige bis vielzellige fädige Formen mit oft komplizierter Struktur des Farbkörpers
Armleuchtergewächse (Charophytae)	vielzellige, in ihrer Form an Schachtelhalme erinnernde Unterwasserformen, Süßwasser

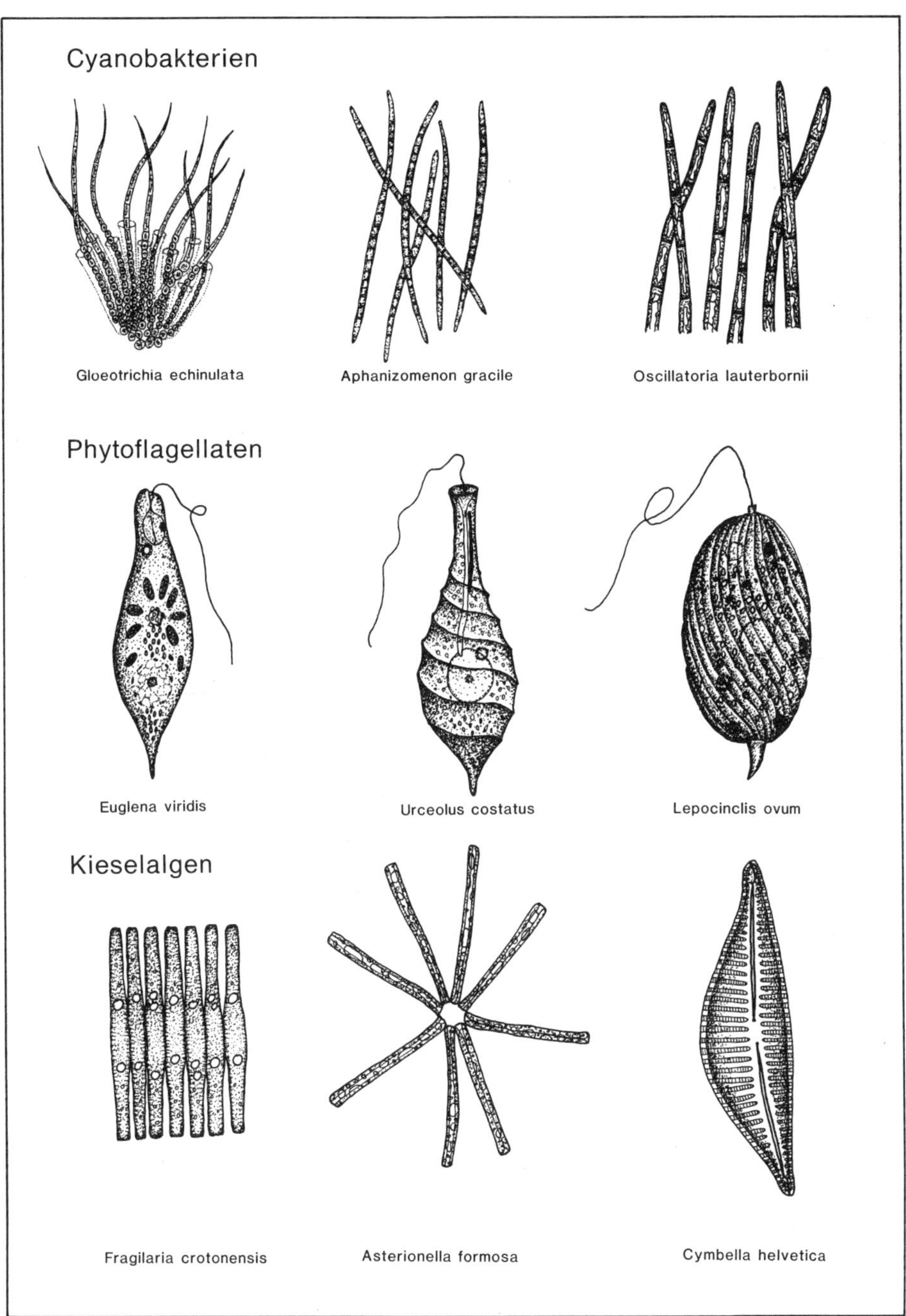

Abb. 14a. Cyanobakterien und pflanzliche Mikroorganismen

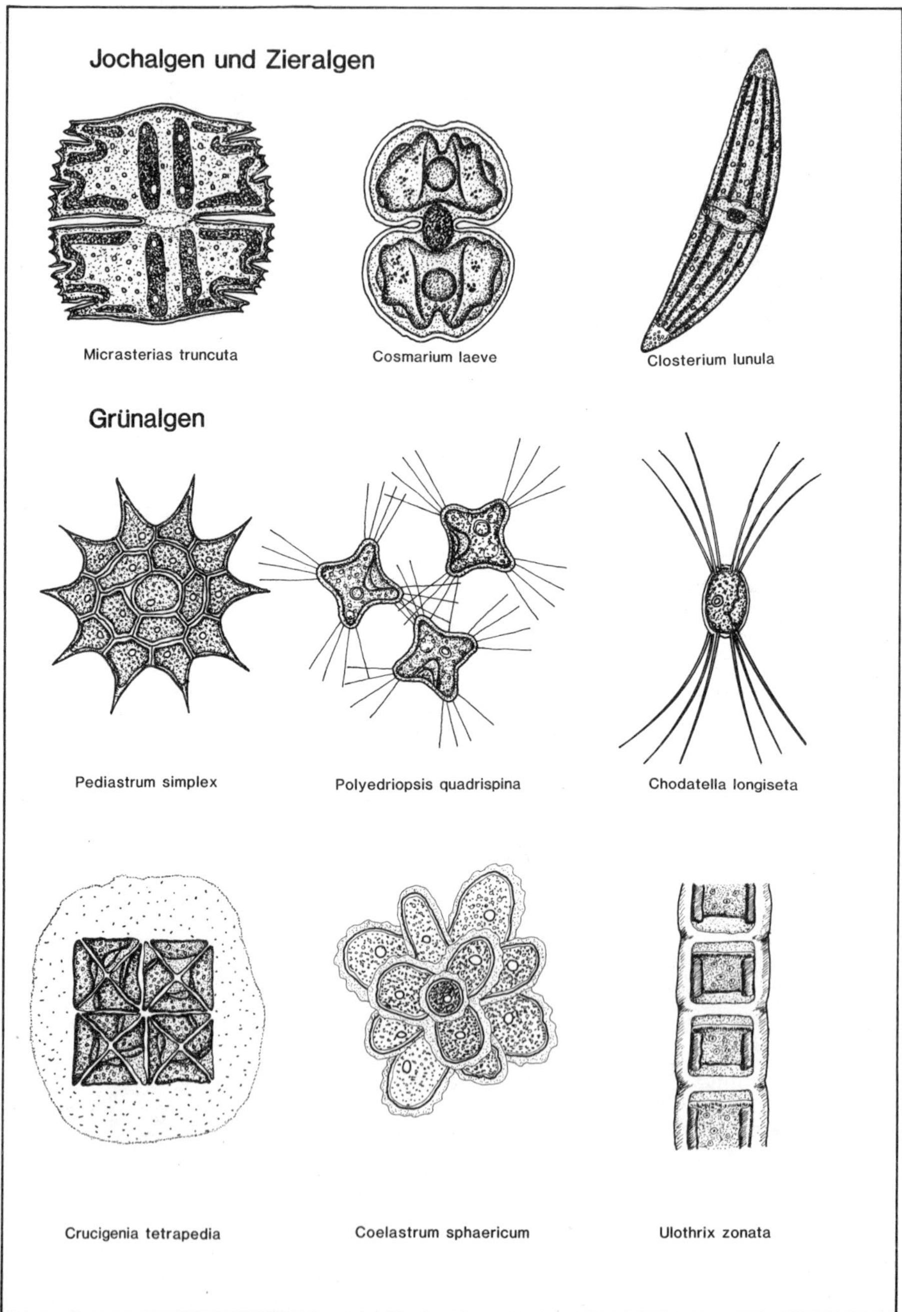

Abb. 14b. Pflanzliche Mikroorganismen (Forts.)

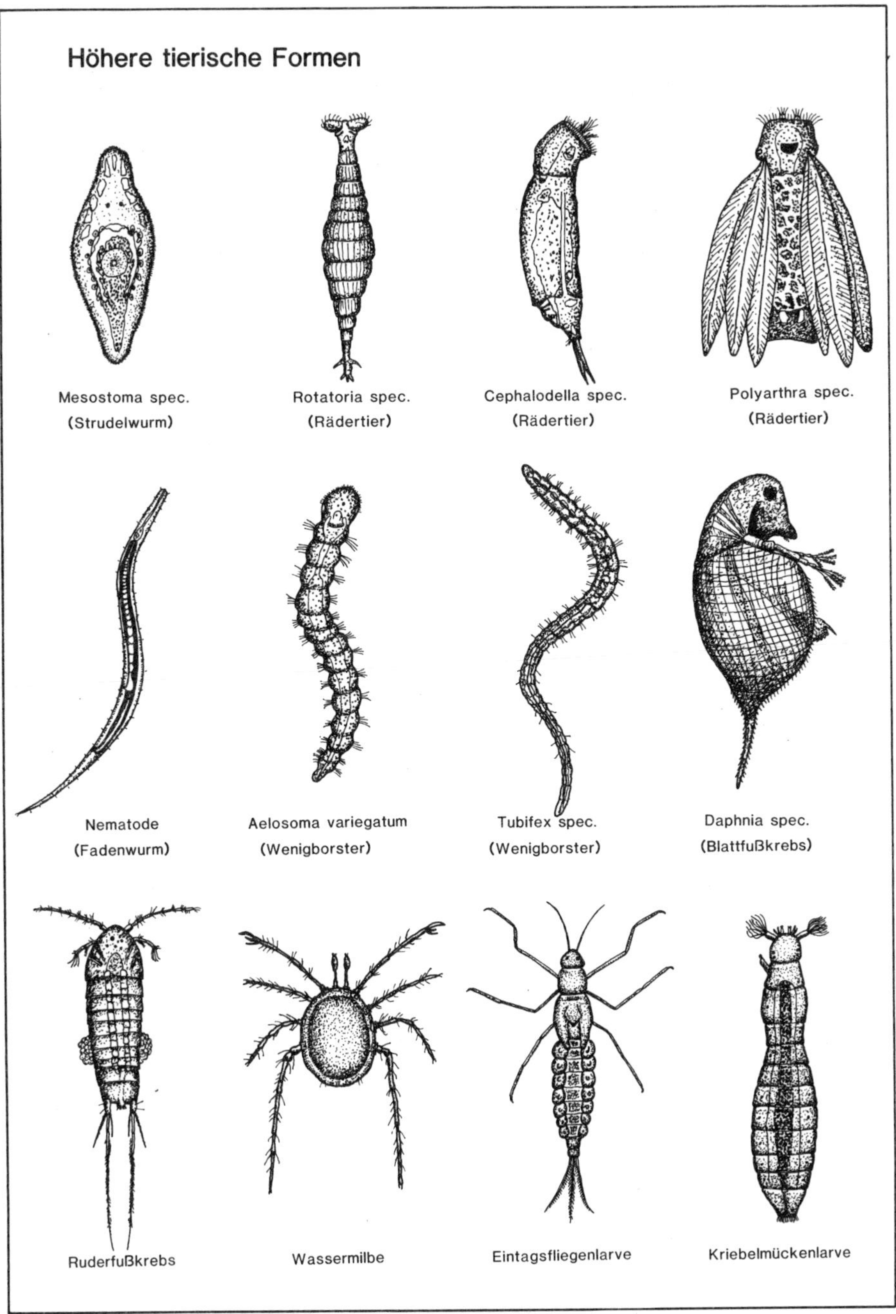

Abb. 15. Mehrzellige tierische Wasserbewohner

Einzelzelle ist schiffchen- oder nadelförmig, auch gekrümmt, oder hat die Form eines Diskus. Die äußere Hülle besteht aus einer Kieselsäureschale. Die Farbstoffe sind Carotinoide, deshalb überwiegt die Braunfärbung. Viele Diatomeen kommen auch noch mit Spuren von Licht aus. Sie sind daher auch in verschmutzten Gewässern zu finden.

Jochalgen und Zieralgen zeichnen sich durch eine äußerst grazile Form aus (Abb. 14b). Sie sind meist an relativ saubere, nährstoffarme Gewässer gebunden.

Grünalgen stellen die größte und formenreichste Gruppe der Algen dar. Ein geringer Teil tritt als Einzelzelle auf; die Mehrzahl jedoch bildet lange Zellketten, die makroskopisch zu dichten Algenwatten anwachsen können. Die Artunterschiede zeigen sich an der Gestalt und Lage des Chromatophors in der Zelle.

Characeen (Armleuchtergewächse) sind Algen, die in ihrem äußeren Erscheinungsbild auf den ersten Blick höheren Pflanzen ähnlich sind. Es gibt eine Differenzierung der Zellen in Haft-(Wurzel-), Stamm- und Blattzellen, dies aber noch auf einer sehr niedrigen Stufe.

5 Mehrzellige tierische und pflanzliche Formen

Am biologischen Geschehen sind alle pflanzlichen und tierischen Formen beteiligt. Je nach Art des gewählten Systems zur Abwasserbehandlung spielen auch höhere tierische oder pflanzliche Formen eine Rolle, sei es, daß sie einen Beitrag zur Abwasserreinigung liefern, sei es, daß sie technologische Ziele der Stoffumwandlung sind, oder sei es auch, daß sie von Technologen als Kennzeichner für eine ganz bestimmte ökologische Situation genutzt werden (Abb. 15).

Eine solche Rolle spielen unter den Tieren vor allem Würmer und Insekten (hauptsächlich wasserbewohnende Insektenlarven). Bei den Pflanzen sind es höhere Wasserpflanzen, die als Indikatoren des Gewässerzustandes dienen, oder als landwirtschaftliche Nutzpflanzen Produkte der Abwasserbehandlung sein können.

Unter den farblosen Pflanzen spielen Hefen und niedere Pilze eine große Rolle bei der Verwertung organischer Substanz in terrestrischen Systemen, also z. B. bei der Kompostierung und Humusbildung. Im Wasser sind sie im Vergleich zu Bakterien von untergeordneter Bedeutung.

III Nährstoffe und Stoffwechsel

In Kapitel I wurde dargestellt, daß Abwasser deshalb zu einem Problem wird, weil der Export von Nährstoffen aus einem terrestrischen System in ein aquatisches zu einer Überlastung des Abbaupotentials dieses aquatischen Systems führt. Das Abwasserproblem ist ein Problem der Verarbeitung dieser Nährstoffe und läßt sich daher auch nur unter diesem Gesichtswinkel lösen.

1 Sinn der Ernährung und Ernährungsweisen

Organismen ernähren sich, um ihren körperlichen Zustand zu erhalten und um den Fortbestand der Art durch Fortpflanzung zu sichern. Dazu ist es notwendig, Baumaterial (Nährstoffe) von außerhalb zu beziehen, es über biochemische Prozesse in körpereigene Stoffe umzuwandeln und einen Teil dieses Körpermaterials wieder als Fortpflanzungsprodukt abzugeben. Mit dieser Aufnahme und Abgabe von Substanzen sind auch energetische Probleme verbunden. Energie wird frei oder ist nötig bei jedem Stoffumsatz, der diesem Zweck dient. Energie ist aber auch nötig, um bestimmte allgemeine Lebensfunktionen zu ermöglichen, z. B. die Fortbewegung. Organismen benötigen also Bausteine für das Körpermaterial sowie Energie, die beide von außen bezogen werden müssen. Je nach Quelle der Bausteine und der Energie werden sie in eine von vier Gruppen eingeteilt (Tab. 5; Abb. 16).

Chemoorganotrophe Organismen nehmen als Nährstoffe organische Substanzen auf, die ihnen als Bausteine für körpereigenes Material sowie als Energiequelle dienen. Alle Tiere, sowie Pilze, Hefen und der Großteil der Bakterien

Tabelle 5. Ernährungsweisen von Organismen

Ernährungsweise	Energiequelle	C-Quelle	H-Quelle	Organismen
Chemoorganotrophie	org. Substanz	org. Substanz	org. Substanz	Tiere, Pilze, Bakterien
Photolithotrophie	Licht	CO_2	H_2O (H_2S)	grüne Pflanzen, Bakterien, Blaualgen
Photoorganotropie	Licht	CO_2	org. Substanz	einige Bakterien
Chemolithotropie	anorganische Substanz	CO_2	H_2O	einige Bakterien

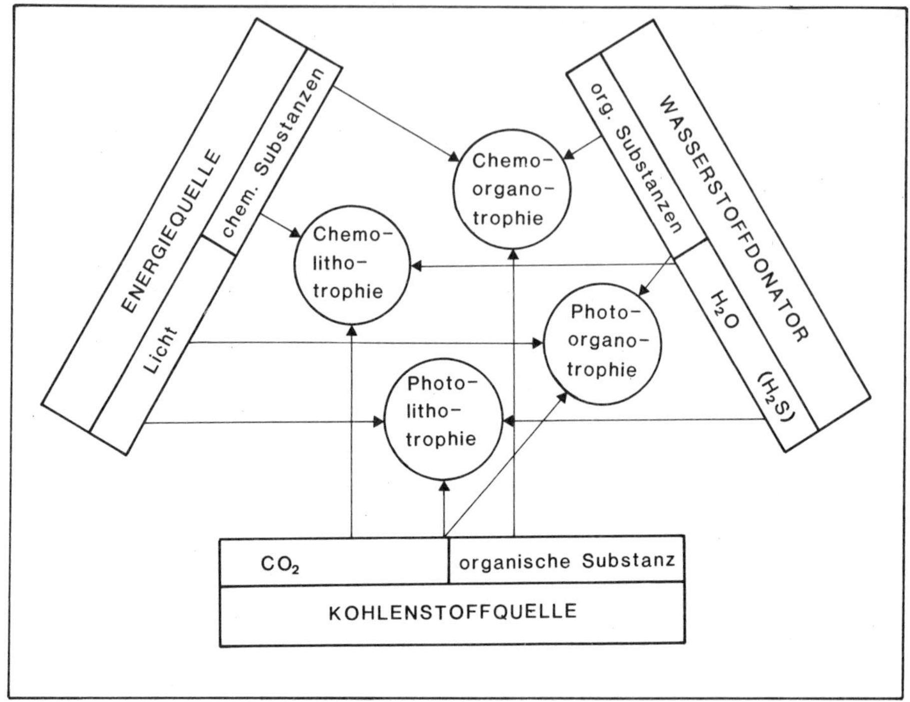

Abb. 16. Schematische Darstellung der Ernährungsweisen von Organismen

leben chemoorganotroph. Die Ernährungsweise wird oft auch als tierische Ernährungsweise bezeichnet oder vereinfacht als Heterophie.

Photolithotrophe Organismen nehmen als Bausteine anorganische Substanzen auf und verwenden als Energiequelle Licht. Dazu gehören alle grünen Pflanzen, Blaualgen und eine kleine Gruppe von Bakterien. Die Kohlenstoffquelle ist für alle diese Formen Kohlendioxid; als Wasserstoffquelle verwenden grüne Pflanzen und Blaualgen Wasser, photolithotrophe Bakterien jedoch Schwefelwasserstoff (H_2S).

Chemolithotrophe Organismen nehmen als Bausteine ebenfalls Wasser und Kohlendioxid auf. Ihre Energiequellen jedoch sind reduzierte chemische Verbindungen. Es befinden sich in dieser Gruppe nur einige hochspezialisierte Bakterien, so z. B. Oxidierer von Ammoniak zu Nitrit, oder von Nitrit zu Nitrat, oder von Schwefelwasserstoff zu Schwefel bzw. auch zu Schwefelsäure. Einer kleineren Gruppe wird auch die Fähigkeit zugesprochen, den Energiebedarf aus der Oxidation von zweiwertigem zu dreiwertigem Eisen zu decken.

Photoorganotrophe Organismen decken ihren Energiebedarf aus Licht, und ihren Bedarf an Bausteinen im wesentlichen aus organischen Stoffen. Zu dieser Lebensweise sind nur einige wenige Spezialisten unter den Bakterien befähigt.

Für die Fragestellung in der Abwasserreinigung ist zunächst die Chemoorganotrophie von Bedeutung, weil durch sie die organischen Stoffe im Abwasser eliminiert werden können. Die Photolithotrophie ist bedeutungsvoll, weil durch sie aus den Abbauprodukten der Abwasserreinigung in den Gewässern organische Substanz aufgebaut wird. Die Chemolithotrophie ist wichtig, weil sie zur Oxidation des Ammoniaks führt.

2 Die Chemoorganotrophie

2.1 Die Nährstoffe

Die Vielzahl der organischen Stoffe organismischer Herkunft kann in die drei Gruppen unterteilt werden:

— Kohlenhydrate,
— Fette,
— Eiweißstoffe.

Kohlenhydrate (Abb. 17, 18) bestehen aus den Elementen Wasserstoff, Sauerstoff und Kohlenstoff; ihren Namen haben sie davon, daß sie entsprechend der Summenformel $C_n(H_2O)_n$ ursprünglich als Verbindung von Kohlenstoff mit Wasser angesehen wurden. Heute reiht man in die Gruppe der Kohlenhydrate alle Substanzen ein, bei denen die freien Valenzen einer Kohlenstoffkette durch H- und OH-Gruppen abgesättigt sind.

Kohlenhydrate sind Zucker im weitesten Sinne. Man unterteilt sie je nach Molekülgröße in Monosaccharide (Kohlenstoffkette 5 bis 7 C-Atome), Oligosaccharide (Verknüpfung von 2 bis 3 Monosacchariden) und Polysaccharide (Verknüpfung bis zu vielen Tausenden Molekülen des Monosaccharides Glucose). Die Verknüpfung erfolgt zwischen den OH-Gruppen zweier Moleküle unter Wasserabspaltung. (Glykosidische Bindung: —C—O—C—). Beim Abbau solcher Substanzen muß zunächst wieder die glykosidische Bindung durch Hydrolyse aufgespalten werden (Glykolyse).

Die bekanntesten Monosaccharide sind Glucose und Fructose. Die bekanntesten Oligosaccharide sind Lactose, Saccharose und Maltose. Zu den Polysacchariden gehören die leicht abbaubaren Formen tierischer und pflanzlicher Stärke. Andere Polysaccharide finden als Stützmaterial von Pflanzen (Cellulose, Lignin) und als Außenskelett von Insekten (Chitin) Verwendung. Diese Substanzen sind in der Natur nur schwer abbaubar.

Fette (Abb. 19) sind chemische Substanzen, die aus der Verbindung von Fettsäuren mit dem dreiwertigen Alkohol Glycerin entstehen. Es handelt sich rein chemisch betrachtet um Verbindungen von Säure und Lauge, also um Salze. Die Verknüpfung erfolgt zwischen der Säuregruppe der Säuren und der Hydroxylgruppe des Alkohols Glycerin unter Wasserabspaltung (Esterbindung). Die Aufspaltung dieser Verbindung erfolgt durch Hydrolyse.

Die langkettigen Fettsäuren können als Verknüpfung der kurzkettigen Fettsäuren wie z. B. Essigsäure (CH_3COOH) verstanden werden. Der Abbau dieser Moleküle erfolgt umgekehrt durch schrittweise Abspaltung von Essigsäure.

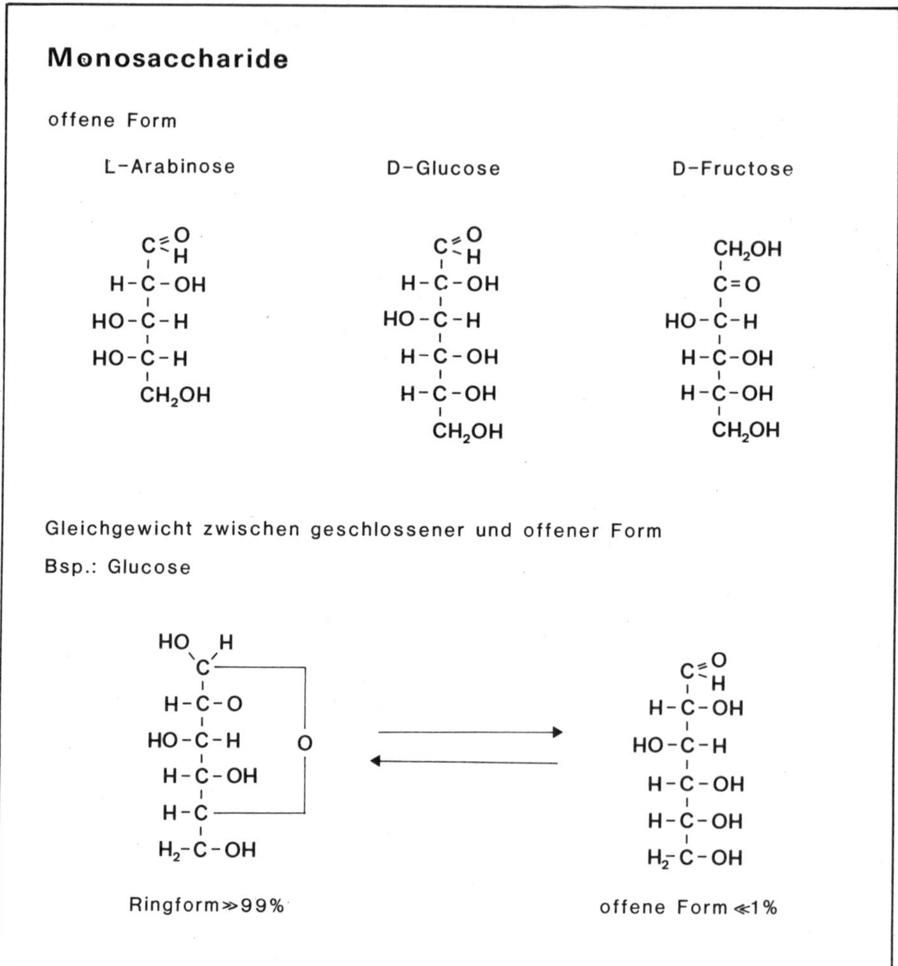

Abb. 17. Beispiele für Aufbau und Struktur von Monosacchariden

Eiweiße (Abb. 20) sind hochmolekulare Substanzen, die durch peptidische Verknüpfung von Aminosäuren entstehen. Diese sind organische Säuren, die einfachsten davon den niederen Fettsäuren ähnlich, mit dem Unterschied, daß neben der Säuregruppe (—COOH) zumindest noch eine alkalische NH_2-Gruppe vorhanden ist. Die Verknüpfung erfolgt zwischen der sauren Gruppe einer und der alkalischen Gruppe einer anderen Säure unter Wasserabspaltung (peptidische Bindung).

Es gibt etwa 20 verschiedene Aminosäuren mit unterschiedlicher Molekülstruktur; einige von ihnen besitzen auch SH-Gruppen oder enthalten einen cyclischen Baustein (aromatische Aminosäuren). Andere besitzen zwei Säuregruppen oder alkalische Gruppen.

Die Vielzahl der Aminosäuren erlaubt den Aufbau einer großen Zahl ver-

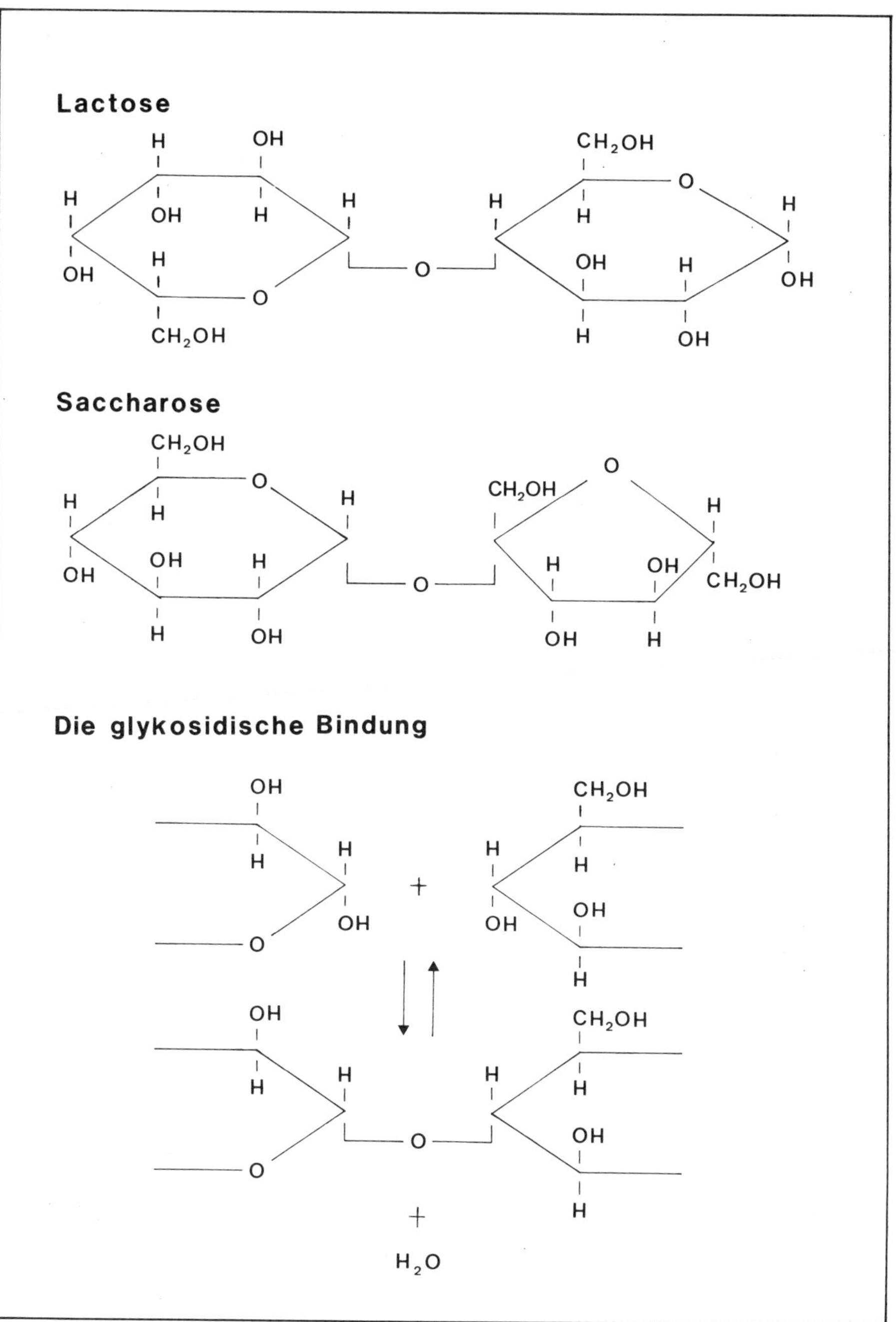

Abb. 18. Beispiele für Oligosaccharide und die glykosidische Bindung

Fettsäuren

a) gesättigte Fettsäuren

Buttersäure	$CH_3-CH_2-CH_2-COOH$
Capronsäure	$CH_3-(CH_2)_4-COOH$
⋮	⋮
Palmitinsäure	$CH_3-(CH_2)_{14}-COOH$
Stearinsäure	$CH_3-(CH_2)_{16}-COOH$

b) ungesättigte Fettsäuren

Ölsäure	$CH_3-(CH_2)_7-CH{=}CH-(CH_2)_7-COOH$
Linolsäure	$CH_3-(CH_2)_4-CH{=}CH-CH_2-CH{=}CH-(CH_2)_7-COOH$

Glycerin

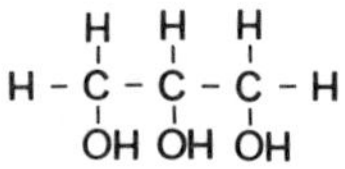

```
    H    H    H
    |    |    |
H - C  - C  - C  - H
    |    |    |
    OH   OH   OH
```

Esterbindung

```
   H    H    H                    HO      H
   |    |    |                      \     |
H- C  - C  - C - H       +           C  - C - ···
   |    |    |                      //    |
   OH   OH   OH                    O      H

                     ↓   ↑

       H    H    H           H
       |    |    |           |
   H - C  - C  - C - O - C - C - ···     +    H2O
       |    |    |       ||  |
       OH   OH   H       O   H
```

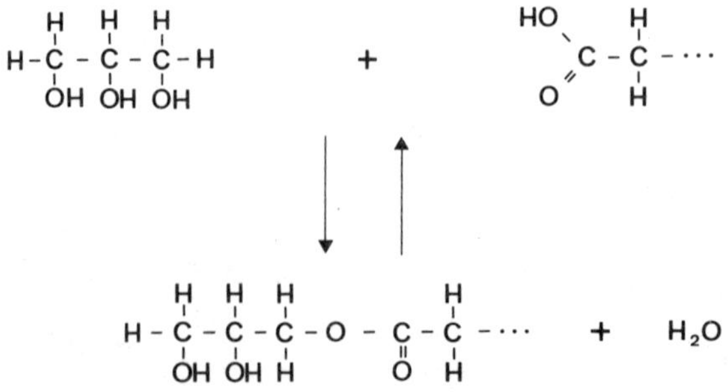

Abb. 19. Bestandteile von Fetten und Bildung der Esterbindung

Aminosäuren

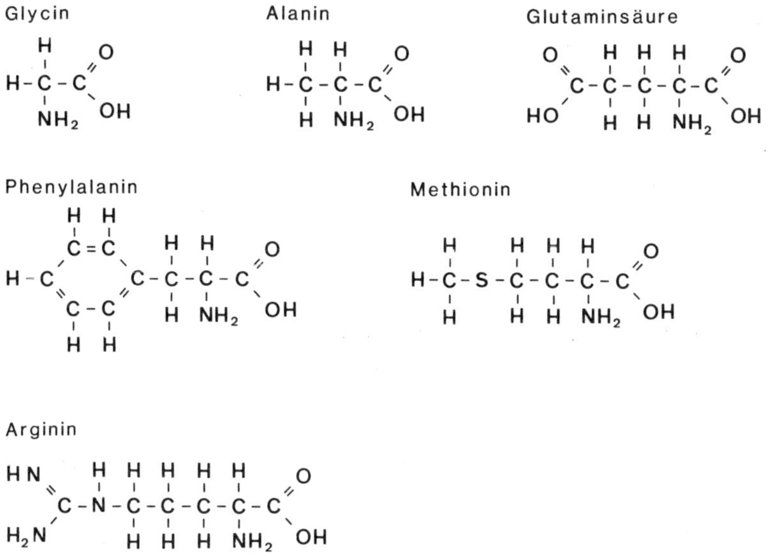

Glycin

Alanin

Glutaminsäure

Phenylalanin

Methionin

Arginin

Ionisierung von Aminosäuren oder randständiger Gruppen des Eiweissmoleküls

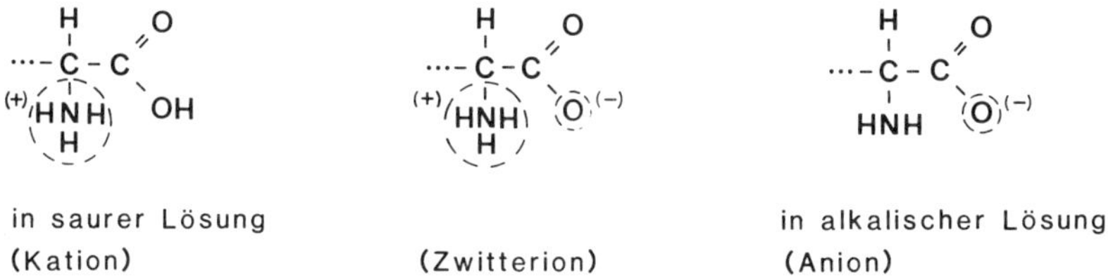

in saurer Lösung
(Kation)

(Zwitterion)

in alkalischer Lösung
(Anion)

Die Peptidbindung

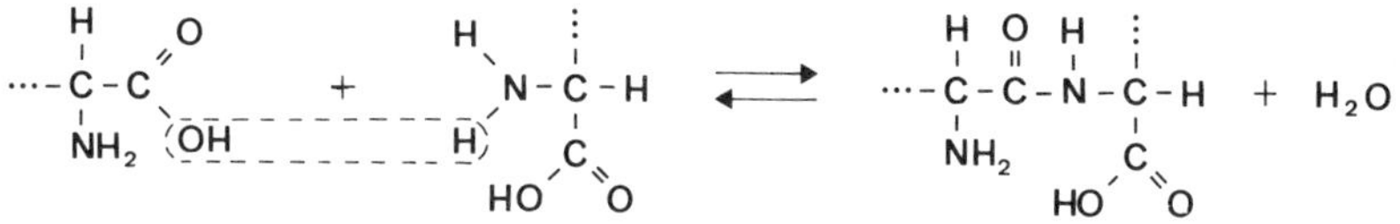

$$\cdots\text{-CH(NH}_2\text{)-COOH} + \text{H-NH-CH(COOH)-}\cdots \rightleftarrows \cdots\text{-CH(NH}_2\text{)-CO-NH-CH(COOH)-}\cdots + H_2O$$

Abb. 20. Beispiele für Aminosäuren sowie Peptidbindung

schiedener hochmolekularer Strukturen. So kommt es, daß jede Organismenart ihr artspezifisches Eiweiß besitzt.

Eiweiße werden im Körpermaterial hauptsächlich als strukturbildende Substanzen verwendet, aber auch als Stoffwechselkatalysatoren (Enzyme). Das Vorhandensein von freien randständigen, alkalischen und sauren Gruppen eines Eiweißmoleküls ist die Ursache für den amphoteren Charakter dieser Substanzen; je nach pH-Wert haben sie Säuren- oder Laugencharakter. Bei einem je nach Eiweißart typischen pH-Wert (isoelektrischer Punkt) sind sie neutral.

Neben den organischen Stoffen sind auch eine Fülle anorganischer Stoffe für die Organismen erforderlich, z. B. Calcium, Natrium, Kalium oder in ganz geringen Mengen auch die sog. „Spurenelemente". Sie werden oft in

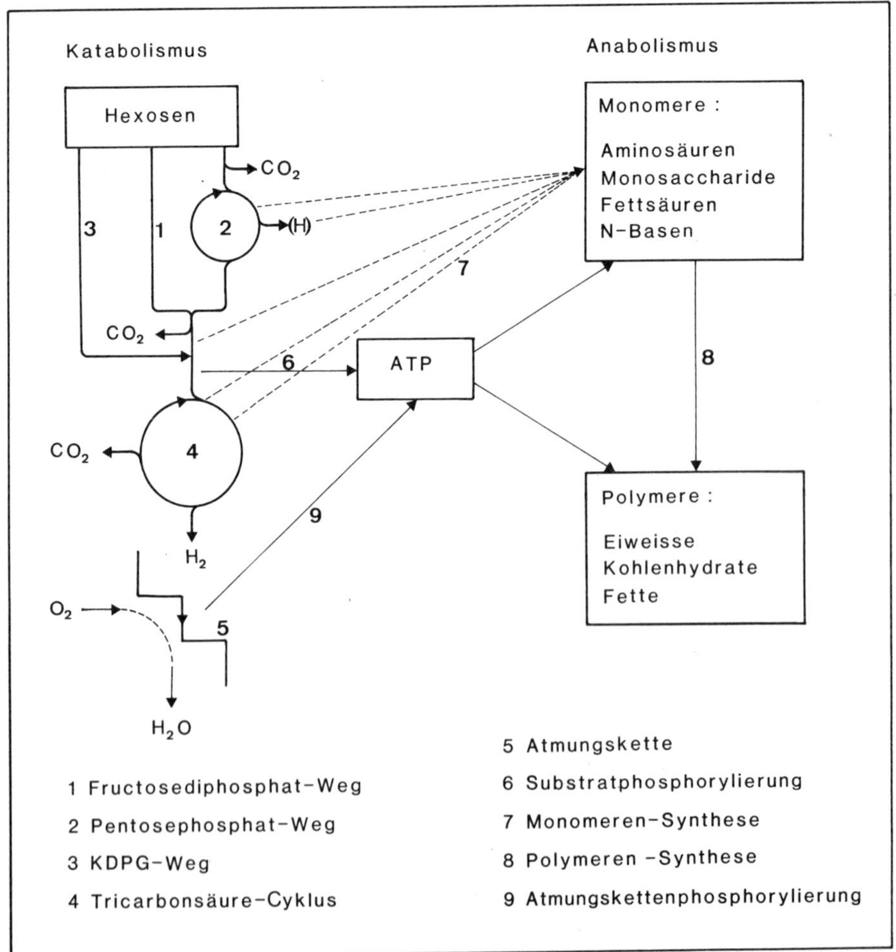

Abb. 21. Verbindung katabolischer und anabolischer Reaktionen (nach Schlegel, vereinfacht)

Verbindung mit der Aufnahme organischer Nährstoffe oder aus dem flüssigen Milieu gewonnen.

2.2 Die Nutzung der Nährstoffe

Organotrophe Organismen müssen aus der organischen Nährsubstanz sowohl die Bausteine zum Aufbau körpereigener Substanz gewinnen, als auch ihren Energiebedarf daraus decken. Jedes aufgenommene Molekül kann je nach Bedarf dem einen oder anderen Zweck dienen. Baustoffwechsel (Anabolismus) und Energiestoffwechsel (Katabolismus) sind miteinander verknüpft (Abb. 21).

2.2.1 Abbaureaktionen

Da die Organismen körpereigene Substanzen aufbauen müssen, sind die Nährstoffe (die ja nichts anderes sind als die körpereigene Substanz anderer Organismen) zunächst in ihre Grundbausteine zu zerlegen.

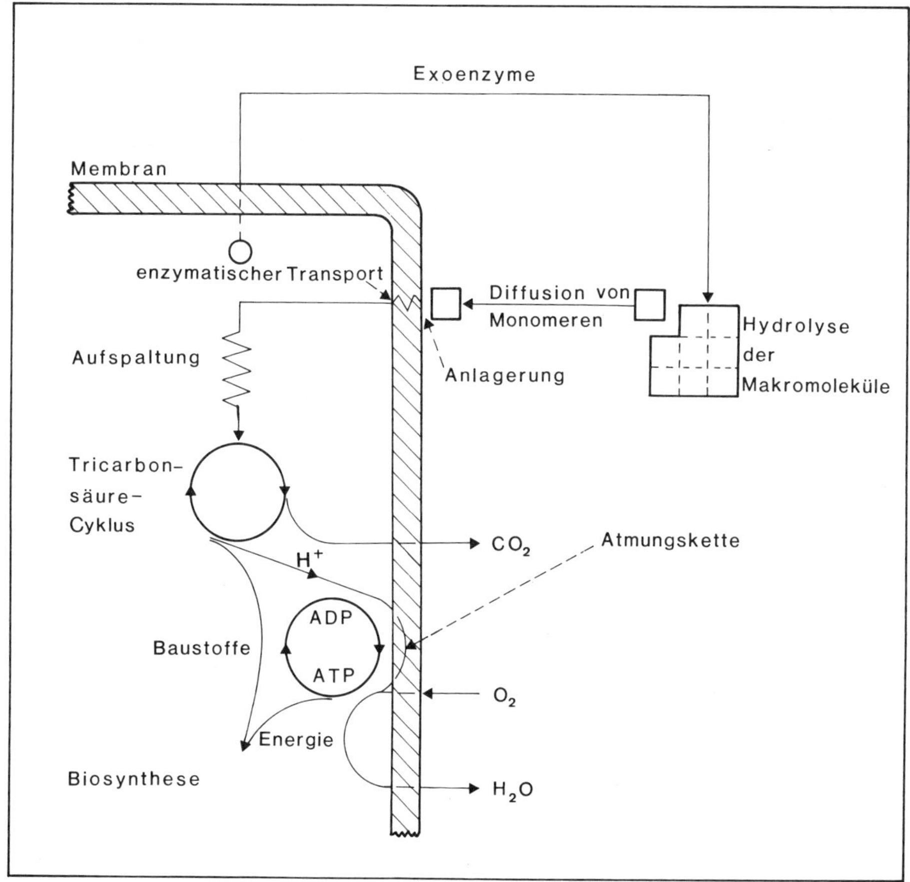

Abb. 22. Teilreaktionen der Nährstoffaufnahme und Verarbeitung in der Zelle

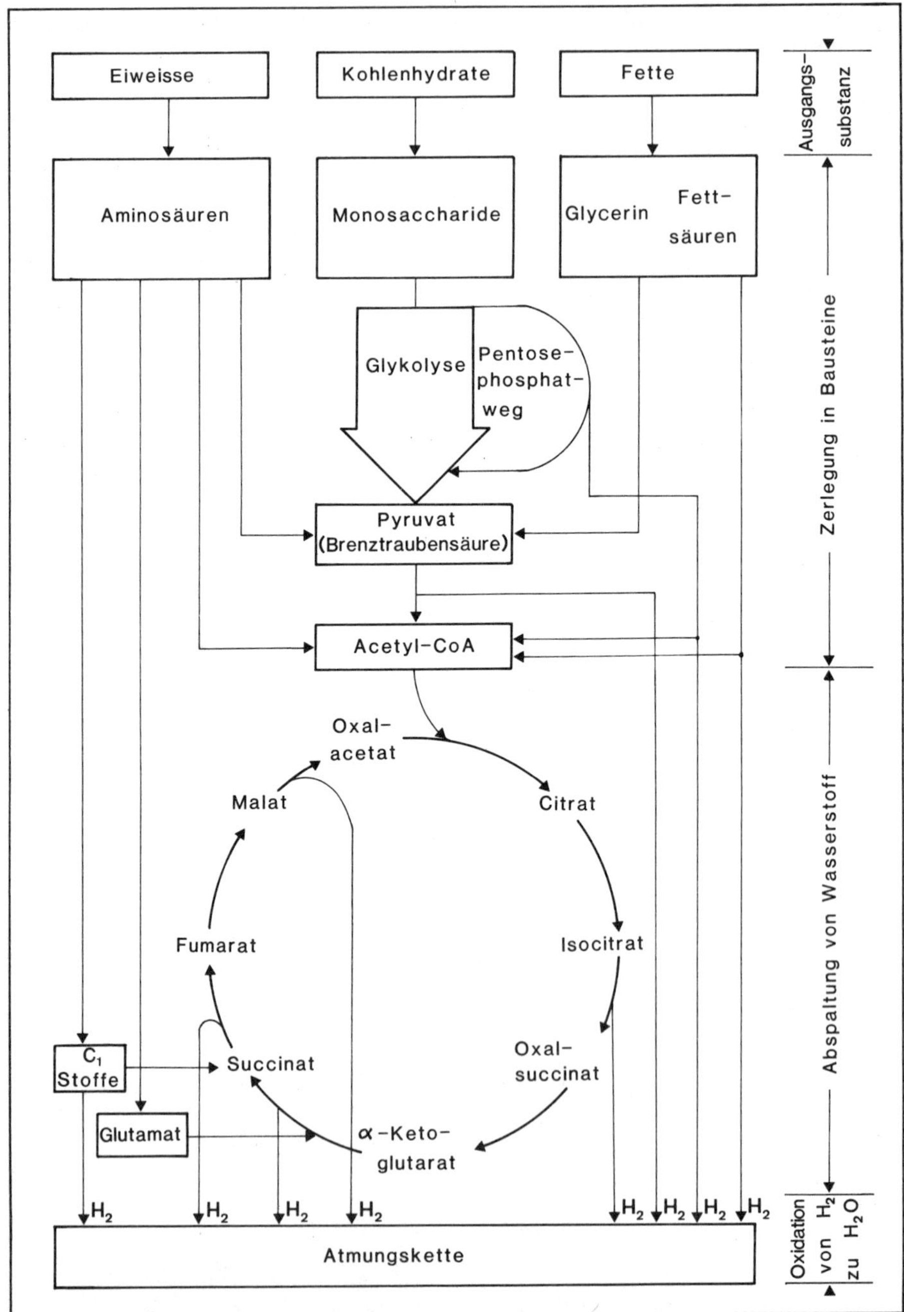

Abb. 23. Einschleusung der Nährstoffe in den Citronensäurecyclus

Die Polysaccharide, Fette und Eiweiße werden zunächst außerhalb der Zellen durch Glykolyse, Lipolyse bzw. Proteolyse mit Hilfe von Enzymen in Monosaccharide, Fettsäuren, Glycerin und Aminosäuren zerlegt und dann durch enzymatischen Transport in das Zellinnere aufgenommen (Abb. 22).

Im weiteren Verlauf ist die Einschleusung in ein kompliziertes Netzwerk von enzymatischen Reaktionen erforderlich. Diese Einschleusung erfolgt für die verschiedenen Grundbausteine an unterschiedlichen Stellen (Abb. 23). Eine zentrale Stelle nimmt dabei das Pyruvat (Brenztraubensäure) ein, weil von hier aus sowohl eine Vielzahl von Aufbaureaktionen möglich ist, wie auch die Einführung in einen Reaktionscyclus, dem Citronensäurecyclus, in dem das Pyruvat vollständig abgebaut werden kann und über den die Verbindung zum Energiestoffwechsel erfolgt.

Vom Pyruvat her, oder auch in geringerem Maße von den Elementen des Citronensäurecyclus, beginnt der Aufbau körpereigener Substanz (Anabolismus), wobei zunächst monomere Bausteine entstehen, die dann wieder zu polymeren Strukturen zusammengefügt werden.

Es ist wichtig zu verstehen, daß die hier erwähnten Vorgänge für alle chemoorganotrophen Organismen im wesentlichen gleich sind. Es gibt keine grundsätzlichen Unterschiede zwischen dem, was in einer Bakterienzelle und dem, was in den Zellen eines Säugetieres vorgeht. Unterschiede bestehen nur darin, daß eine Reihe von Organismen nicht alle Aminosäuren selbst aus den Bausteinen synthetisieren können, sondern in der Nahrung als solche vorfinden müssen (essentielle Aminosäuren), und daß diese für verschiedene Arten unterschiedlich sind.

2.2.2 Der Energiestoffwechsel

Chemoorganotrophe Organismen decken ihren Energiebedarf aus der Oxidation organischer Stoffe. Die Reaktionen und Reaktionsketten, die zur Energiefreisetzung führen, sind dabei über weite Bereiche mit den katabolischen Reaktionen identisch.

Die erste Freisetzung von Energie erfolgt beim Abbau der Makromoleküle in die Monomeren schon außerhalb der Zelle. Diese Energie, im Gesamt-

Tabelle 6. Elemente und Redoxpotentiale innerhalb der Atmungskette

Komponenten der Atmungskette	E_0'	Differenz	$-\Delta G_0'$
	V	V	kJ/mol
H_2	−0,42		
NAD	−0,32	0,10	19,3
Flavoprotein	−0,08	0,24	46,4
Cytochrom b	−0,04	0,04	7,7
Cytochrom c	+0,27	0,31	59,8
Cytochrom a	+0,29	0,02	3,9
O_2	+0,81	0,52	100,3

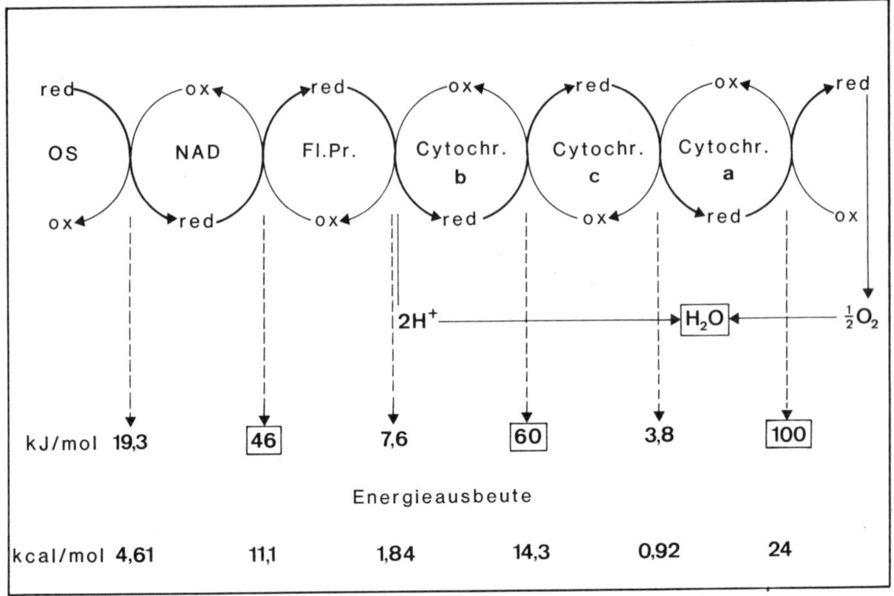

Abb. 24. Atmungskette und Energieausbeute

betrag etwa 3% der potentiell freizusetzenden Energie, ist für die Organismen direkt nicht verwertbar.

Die Reaktionen zwischen den einzelnen organischen Substanzen innerhalb der Zelle setzen ca. 30% der Energie frei. Der Großteil der Energie wird jedoch im Anschluß an und in Verbindung mit den Vorgängen im Citronensäurecycklus frei.

Im Citronensäurecyclus wird dem eingeschleusten Acetatmolekül enzymatisch der Wasserstoff entzogen (Dehydrogenisierung) und anschließend in der Atmungskette (Cytochromkette) zu Wasser oxidiert.

Die Potentialdifferenz zwischen Wasserstoff auf der einen und Sauerstoff auf der anderen Seite von 1200 mV wird dabei durch Redoxreaktionen stufenweise abgebaut (Tab. 6; Abb. 24). Der Sauerstoff tritt erst in der letzten Teilreaktion in den Reaktionsablauf ein.

Im einzelnen setzt sich die Atmungskette aus folgenden Teilreaktionen zusammen:

- Bindung des im Citronensäurecyclus freigesetzten Wasserstoffs an das Co-Enzym NAD unter Bildung von NAD-H_2. Der freigesetzte Energiebetrag von 19,3 kJ/mol geht als Wärme verloren.
- Reaktion des NAD-H_2 mit Flavoprotein und Übertragung des Wasserstoffs. Da die Potentialdifferenz zwischen den Reaktionspartnern sehr groß ist (0,24 V), ist auch der Betrag an freigesetzter Energie sehr groß (46 kJ/mol).
- Reaktion des Flavoproteins mit Cytochrom b. Es wird hier nicht mehr

der Wasserstoff übertragen, sondern nur noch die Elektronen; diese reduzieren das Zentralatom. Der Wasserstoff wird als Proton in die Zellflüssigkeit abgegeben. Da die Potentialdifferenz sehr klein ist, ist auch die freigesetzte Energie gering.

— Oxidation des Cytochrom b durch Übertragung der Elektronen auf Cytochrom c. Die Energieausbeute dieser Teilreaktion ist mit 60 kJ/mol sehr groß.
— Oxidation des Cytochroms c durch Übertragung der Elektronen auf Cytochrom a.
— Schließlich Oxidation des Cytochroms a durch Übertragung der Elektronen auf den Sauerstoff. Diese Reaktion setzt mit 100 kJ/mol den größten Energiebetrag frei.

In der Summe wird bei den insgesamt sechs Teilreaktionen die gesamte Potentialdifferenz zwischen Wasserstoff und Sauerstoff von 1,2 V abgebaut und es werden dabei je Mol Wasserstoff 239 kJ freigesetzt. Die Energie der drei Teilreaktionen mit den geringsten Beträgen geht dabei als Wärme verloren. Bei den drei Teilreaktionen mit den hohen Energiebeträgen wird die Energie zur Bildung von Adenosintriphosphat verwendet (ADP + P + Energie → ATP). Je Molekül Wasserstoff, das in die Atmungskette eingeschleust wird, kommt es zur Bildung von drei Molekülen ATP. Im ATP ist die Energie dann gespeichert und für Aufbaureaktionen oder für andere Zwecke abrufbar.

Die hier geschilderten Vorgänge sind typisch für die sog. aeroben Organismen, also für solche, die den Wasserstoff bis zu seinem höchsten Oxidationsgrad, dem Wasser, oxidieren können.

Was geschieht nun, wenn kein gasförmiger oder in Wasser gelöster Sauerstoff zur Verfügung steht? Es gibt eine Reihe von niederen Organismen, die auch dann noch zu leben vermögen.

Manche Bakterien sind in der Lage, den im Nitrat enthaltenen Sauerstoff als Wasserstoffakzeptor zu verwenden. Der Vorgang der Wasserstoffoxidation verläuft genau wie unter aeroben Verhältnissen über die Cytochromkette. Der Sauerstoffträger wird dabei reduziert. Dieser als Denitrifikation bezeichnete Prozeß wird in der Abwasserreinigung zur Eliminiation von Stickstoff benutzt.

Sulfat wird von anderen Organismen unter den gleichen Bedinigungen zu Schwefelwasserstoff reduziert. Kohlendioxid kann durch einige Spezialisten in Methan umgewandelt werden. Ist auch kein gebundener Sauerstoff vorhanden, stellen manche Bakterien ihren Stoffwechsel um, so daß nur noch die Reaktionen vor der Atmungskette ablaufen. Dadurch wird natürlich die Energieausbeute aus den aufgenommenen Nährstoffen gering; die nicht vollständig oxidierten Substanzen werden als Metaboliten in das Milieu abgegeben, z. B. in Form von Alkoholen oder Säuren. Die Metaboliten sind dabei artspezifisch (z. B. Äthylalkohol bei den Hefen).

Organismen, die sowohl mit als auch ohne Sauerstoff leben können, werden als fakultative Anaerobier bezeichnet. Schließlich gibt es noch Formen, die keine Atmungskette besitzen und die deshalb ihre Nährstoffe nie vollständig oxidieren können. Sauerstoff kann für sie toxisch wirken. Sie werden als obligate Anaerobier bezeichnet. Ihre Stoffwechselendprodukte sind organische Stoffe und haben noch einen beträchtlichen Energieinhalt.

2.2.3 Gärungen und Methanbildung

Anaerobe Prozesse mit Abgabe von organischen Endprodukten an das Milieu werden als Gärung bezeichnet. Da kein Sauerstoff zur Verfügung steht, kann der Wasserstoff nur auf andere organische Substanzen übertragen werden. Die Energie wird also nur aus Redoxreaktionen zwischen organischen Substanzen freigesetzt. Der Energiegewinn ist dabei etwa ein Drittel des Vergleichswertes bei vollständiger Oxidation.

Die Zusammensetzung der von Bakterien freigesetzten organischen Substanzen, die nicht weiter oxidiert werden können, also das Gärungsprodukt, ist artspezifisch. Entsprechend diesem Produkt werden Gärungen auch definiert, man unterscheidet danach:

- Alkoholische Gärung,
- Milchsäuregärung,
- Propionsäuregärung,
- Ameisensäuregärung,
- Essigsäuregärung,
- Buttersäuregärung,
- Methanbildung

Alle diese Prozesse treten auch bei Lagerung von Abwasser unter Sauerstoffabschluß auf. Einige von ihnen sind wichtige Teilprozesse bei der Technologie der anaeroben Verarbeitung von Abwässern und Abwasserschlamm, die hauptsächlich mit dem Ziel der Methanbildung betrieben wird. Sie spielen auch bei der Produktion oder Konservierung von Lebens- und Futtermitteln eine Rolle, z. B. die alkoholische Gärung, die Milchsäuregärung für die Produktion von Getränken und für die Konservierung von Lebensmitteln (Sauerkraut, Mixed Pickles, Silage), die Propionsäuregärung für die Herstellung von Käse.

Tabelle 7. Produkte der Glucosevergärung durch E. coli und A. aerogenes

Produkte		Mole pro 100 Mole Glucose	
		E. coli	A. aerogenes
Butylenglykol	$CH_3-CHOH-CHOH-CH_3$	0	66,5
Äthanol	CH_3-CH_2-OH	42	70
Bernsteinsäure	$COOH-CH_2-CH_2-COOH$	29	0
Milchsäure	$CH_3-CHOH-COOH$	84	3
Essigsäure	CH_3-COOH	44	0,5
Ameisensäure	$HCOOH$	2	18
Wasserstoff	H_2	43	36
Kohlendioxid	CO_2	44	172

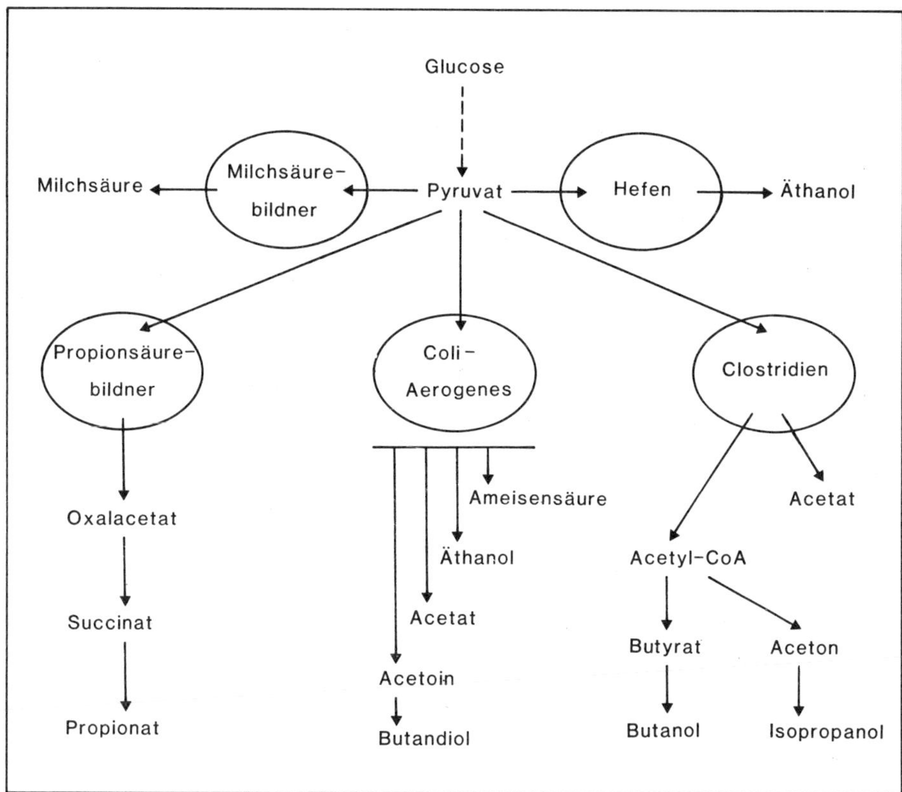

Abb. 25. Systematik der Gärungsreaktionen

Nicht alle Gärungen führen zu einem Reinprodukt. Viele zur anaeroben Lebensweise befähigten Mikroorganismen verursachen eine Mischgärung, wobei verschiedene Alkohole und Säuren ausgeschieden werden (Tab. 7). Wie beim aeroben Stoffwechsel nimmt auch hier das Pyruvat eine zentrale Stelle im biochemischen Geschehen ein (Abb. 25).

3 Die Photolithotrophie

Grüne Pflanzen sind Primärproduzenten, d. h. sie produzieren organische Substanz, indem sie anorganische Bausteine ihrer Körpersubstanz angleichen (Assimilation). Diese anorganischen Bausteine beziehen sie aus dem Lebensraum; es handelt sich dabei vornehmlich um Salze, in denen Stickstoff, Phosphor, Schwefel, Kalium und Natrium enthalten sind. Der wesentliche Vorgang ist aber die Reduktion des energiearmen Kohlendioxids zu energiereichen, organischen Kohlenstoffverbindungen. Die dazu nötige Energie entstammt dem Sonnenlicht. Der Vorgang wird als Photosynthese bezeichnet; er entspricht in seinem Gesamtbild der Umkehrung des Dissimilations-

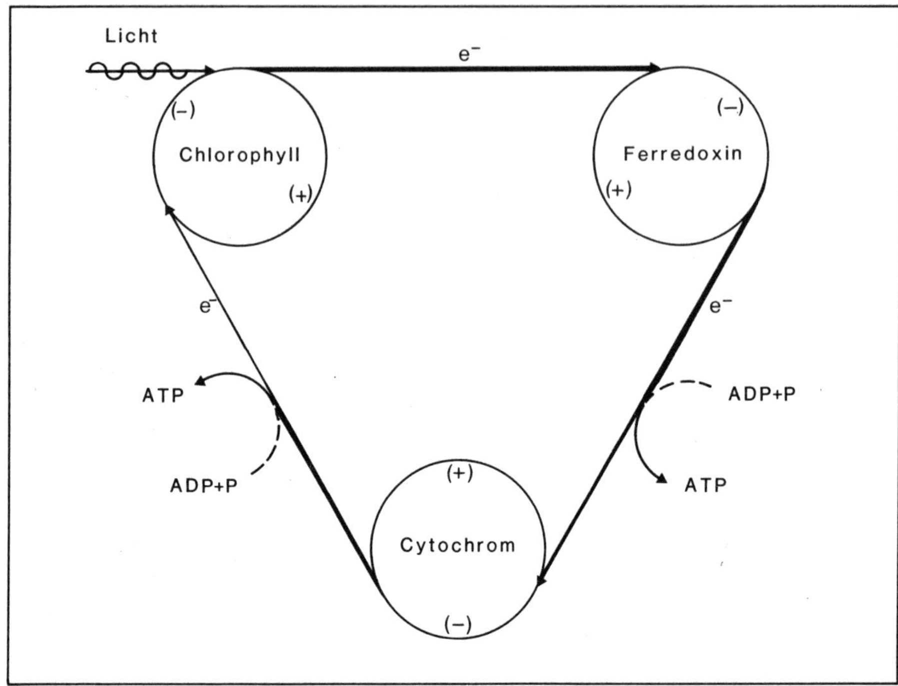

Abb. 26. Hellreaktion bei Bakterien

vorganges, der den chemoorganotrophen Organismen zur Energiegewinnung dient

$$6\,CO_2 + 6\,H_2O + \text{Lichtenergie} \rightarrow C_6H_{12}O_6 + 6\,O_2\,.$$

Der Gesamtvorgang gliedert sich in zwei Reaktionsteile, der „Hellreaktion" und der „Dunkelreaktion".

Bei der *Hellreaktion* werden zunächst die Elektronen des Zentralatoms in Chlorophyll durch Licht angeregt und auf ein höheres Energieniveau angehoben. In Fortführung geben diese Elektronen ihre Energie an chemische Verbindungen ab.

Bei Bakterien ist das Gesamtsystem einfacher als bei Blaualgen, grünen Algen und höheren grünen Pflanzen. Bei Bakterien liegt nur eine Chlorophyllart vor. Das vom Chlorophyllmolekül abgegebene energiereiche Elektron wird in einen Reaktionscyclus eingebracht, und gibt bei zwei Redoxreaktionen jeweils einen Teilbetrag der Energie ab, bis es wieder in den Ausgangszustand zurückkommt. Die freiwerdende Energie wird zur Bildung von ATP verwendet, das hier, genau wie bei chemoorganotrophen Organismen als Energiespeicher dient (Abb. 26).

Bei den übrigen photolithotrophen Organismen liegen zwei Chlorophyllformen vor, und es ist ein cyclischer Vorgang mit einem nichtcyclischen verbunden. Stark vereinfacht geschieht folgendes (Abb. 27):

— Im Pigmentsystem 1 wird ein Teil der vom Chlorophyll abgegebenen Elektronen zunächst auf Ferredoxin übertragen und dient dann der Reduktion von Nicotinsäureamid ($NADPH + H^+ \leftrightarrows NADPH_2$); die benötigten Protonen entstammen der Photolyse des Wassers aus Reaktion 2. Ein Teil der Elektronen kommt also nicht zum Chlorophyll 1 zurück.

— Im Pigmentsystem 2 wird zunächst Wasser photolytisch gespalten ($H_2O \rightarrow OH^- + H^+$). Die Protonen werden an das System 1 abgegeben. Die Hydroxylionen werden in der Folge durch eine Lichtreaktion oxidiert ($2\,OH^- \rightarrow H_2O + 1/2\,O_2 + 2e^-$). Der Sauerstoff wird als Gas freigesetzt, die Elektronen dienen dem Ersatz der im System 1 nicht an das Chlorophyll zurückgekommenen Elektronen.

Bei der *Dunkelreaktion* wird die bei der Hellreaktion gewonnene Energie dazu verwendet, Kohlendioxid zu reduzieren. Das CO_2 wird dabei mit einer C_5-Verbindung zur Reaktion gebracht und die Energie aus dem ATP sowie das NADPH verwendet, um den Wasserstoff zu übertragen.

Die entstehende C_6-Verbindung wird sofort wieder in zwei phosphorylierte C_3-Verbindungen (Triose-3-Phosphat) aufgebrochen. Diese Substanz dient nun als elementarer Baustein, unter Zwischenschaltung von Glucose, zur Bildung aller weiteren chemischen Verbindungen der Pflanze.

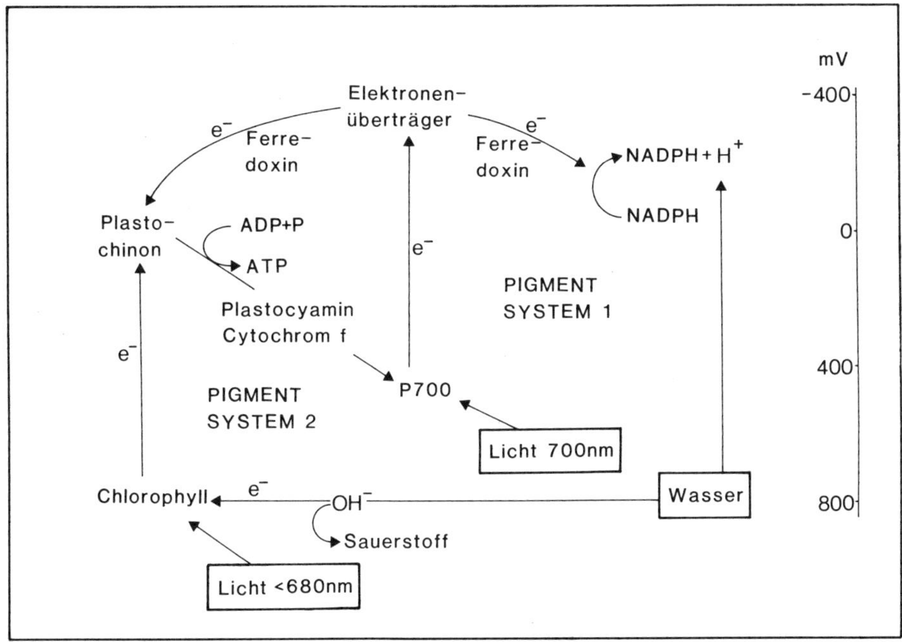

Abb. 27. Photosynthese bei Blaualgen und grünen Pflanzen (nach Schlegel)

4 Die Chemolithotrophie

Eine Reihe von Spezialisten unter den Bakterien ist dazu befähigt, ebenfalls aus anorganischen Bausteinen, organische Substanz aufzubauen, verwendet dazu aber nicht Lichtenergie, sondern die Energie aus der Oxidation reduzierter anorganischer Verbindungen. Die Wirkmechanismen dabei sind noch weitgehend unbekannt.

Nitrifikanten sind Bakterien, die reduzierte Stickstoffverbindungen oxidieren können. Nitritbildner oxidieren dabei zunächst Ammoniak zu Nitrit.

$$NH_4^+ + 1{,}5\,O_2 \rightarrow NO_2^- + 2\,H^+ + H_2O + 352\ \text{kJ}\,,$$

der dann von Nitratbildnern zu Nitrat weiteroxidiert wird.

$$NO_2^- + 1/2\,O_2 \rightarrow NO_3^- + 73\ \text{kJ}\,.$$

Die Energieausbeute der Nitritbildung ist dabei viel größer als die der Nitratbildung. Die Energie wird beide Male in ATP gespeichert und dann zur Assimilation abgerufen.

Die Nitrifikation spielt in der Abwasserreinigung eine große Rolle, weil sie die einzige Möglichkeit bietet, den aus dem Eiweißabbau stammenden Ammoniak in die für tierische Organismen ungiftige oxidierte Form umzuwandeln.

Die Kenntnis der ökologischen Ansprüche der Nitrifizierer ist von Bedeutung, weil Nitrifizierer aufgrund der geringen Energieausbeute eine im Vergleich zu den organotrophen Bakterien äußerst geringe Vermehrungsgeschwindigkeit haben. Sie sind von der Ammoniumproduktion der organo-

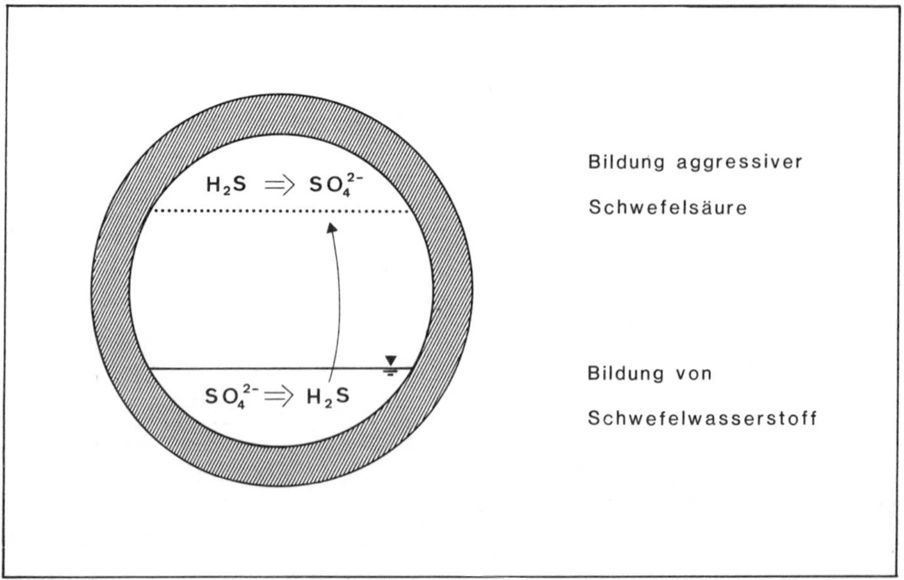

Abb. 28. Bildung aggressiver Schwefelsäure in Kanalisationsrohren

trophen Bakterien abhängig und haben eher einen noch höheren Sauerstoffbedarf als diese. Zusammengenommen bedeutet dies, daß Nitrifizierer in der Natur erst dann in Erscheinung treten, wenn der Großteil der organischen Nährstoffe im System bereits abgebaut ist. Nitrifizierer und die zum Abbau der organischen Substanzen notwendigen Bakterien in einem technischen System zu halten, führt damit automatisch zu einer schlechten Ausnutzung der Leistungsfähigkeit der chemoorganotrophen Bakterien und damit zu unwirtschaftlichen Betriebsbedingungen.

Sulfurikanten sind Bakterien (Gattung Thiobacillus), die zur Energiegewinnung reduzierte Schwefelverbindungen oxidieren. Von besonderem Interesse für die Abwasserproblematik ist dabei die Oxidation von Schwefelwasserstoff zu Schwefelsäure ($S^{2-} + 2\,O_2 \rightarrow SO_4^{2-}$). Für die Bildung von Schwefelwasserstoff gibt es zwei Quellen, nämlich seine anaerobe Freisetzung aus Eiweiß, oder die Reduktion von Sulfaten.

Dieser Vorgang ist die Ursache für die Zerstörung von Zementrohren in der Kanalisation. Ist das Abwasser sauerstofflos, wird beim Abbau der Eiweißstoffe Schwefelwasserstoff gebildet. Dieser kann in die Atmosphäre entweichen und reichert sich im Kondenswasser an. Dort findet dann die Oxidation unter Bildung von Schwefelsäure statt, die den Zement angreift (Abb. 28). Quelle des Schwefels im Kanalrohr können Eiweißstoffe, aber auch die Sulfate im Abwasser sein; daher sind für die Sulfatkonzentrationen im Abwasser Grenzwerte festgelegt.

Eisenbakterien sind eine kleinere Gruppe von Bakterien, denen die Fähigkeit zugesprochen wird, zweiwertiges zu dreiwertigem Eisen zu oxidieren und die dabei frei werdende Energie zu gewinnen. Einer anderen Gruppe wird diese Fähigkeit für Mangan zugeschrieben.

Methanoxidierer. Das bei anaeroben Prozessen entstehende Methan kann von anderen zu CO_2 und H_2O oxidiert werden.

5 Das Gemeinsame der Ernährungsweisen

Gemeinsam ist all den geschilderten Ernährungsweisen das Grundkonzept. In allen Fällen — mag die Energiequelle auch noch so unterschiedlich sein — wird die Energie in einem reagierenden System zunächst in Form von ATP

Tabelle 8. Vergleich von Photo- und Chemosynthesen

Energiequelle	Energieliefernde Reaktion	Wasserstoffdonator	Organismen
Licht	$Chl^+ \rightarrow Chl$	$H_2O \rightarrow 1/2\,O_2$	grüne Pflanzen
Licht	$Chl^+ \rightarrow Chl^-$	$H_2S \rightarrow S$	rote/grüne Bakterien
Schwefelwasserstoff	$H_2S \rightarrow SO_4^{2-}$	$H_2O \rightarrow 1/2\,O_2$	Schwefelbakterien
Ammonium	$NH_4^+ \rightarrow NO_2^-$	$H_2O \rightarrow 1/2\,O_2$	Nitritbildner
Nitrit	$NO_2^- \rightarrow NO_3^-$	$H_2O \rightarrow 1/2\,O_2$	Nitratbildner
Eisen II	$Fe^{2+} \rightarrow Fe^{3+}$	$H_2O \rightarrow 1/2\,O_2$	Eisenbakterien
org. Substanz	org. $Subst._{ox}$ $\rightarrow$ org. $Subst._{red}$	org. Subst. $\rightarrow H_2O$	Chemoorganotrophie

Chl: Chlorophyll

gebunden. In einer zweiten Reaktionskette wird Energie dazu verwendet, um entweder organische Substanz, oder Wasser, oder Schwefelwasserstoff aufzuspalten und Wasserstoffionen an Nicotinsäureamid zu binden. Die im ATP gespeicherte Energie, und der am NADP angeheftete Wasserstoff dienen dann dazu, CO_2 zu reduzieren. Auch dieser Vorgang ist universell; lediglich den chemoorganotrophen Organismen ist es möglich, auf höhere Bausteine zurückzugreifen (Tab. 7).

6 Die Energieverwertung

Energie dient zum Aufbau körpereigener Substanz und zur Sicherung der übrigen Lebensfunktionen. Primär ist die Physiologie von Organismen darauf abgestimmt, die Arterhaltung zu sichern und dies durch Erzeugung von möglichst vielen Fortpflanzungsprodukten. Bei den niederen, einzelligen Organismen dient die ganze Zelle der Fortpflanzung. Bei höheren, vor allem tierischen Organismen wird der größte Teil der Energie zunächst dazu verwendet, den Träger der Fortpflanzung, also das Individuum, am Leben zu erhalten. Mit zunehmender Organisationshöhe bleibt daher bei den Formen mit chemoorganotropher Ernährungsweise ein immer geringerer Prozentsatz der Energie für die Vermehrung übrig: Daraus erklärt es sich, daß chemoorganotrophe Bakterien unter günstigen Bedingungen bis zu 50% der Nährstoffe in Körpermasse umwandeln können, während dies bei Ziliaten nur noch 5 bis 10% sind. Bei höheren tierischen Organismen sinkt der Ausnutzungsgrad oft weit unter 1%.

Die Konsequenz für die biologische Abwasserbehandlung daraus lautet, daß bei Zufuhr von Abwasser in ein biologisches System, das nur aus chemoorganotrophen Bakterien besteht, auch etwa 50% der gelösten organischen Nährstoffe in Bakterienmasse umgewandelt werden könnten. Unter Bedingungen, die auch tierischen Organismen Lebensmöglichkeiten geben, sinkt dieser Prozentsatz jedoch sehr rasch auf geringere Werte und wird mit fortschreitender Differenzierung der Lebensgemeinschaft immer kleiner. Eine Umkehr tritt erst dann ein, wenn auch photolithotrophe Organismen im biologischen System auftreten und wieder anorganische Substanzen zu organischen umwandeln.

IV Kinetik des Stoffwechsels

1 Das System und die Faktoren

Für das Funktionieren natürlicher biologischer Systeme ist nicht nur eine qualitative und quantitative Regulation der Beziehungen zwischen den einzelnen Organismen Voraussetzung, sondern auch eine Ordnung innerhalb der jeweiligen Geschwindigkeitskomponenten, denn der Stoffumsatz jeder Organismenart innerhalb einer Reaktionskette wird durch den Stoffumsatz der vorausgehenden Organismenart bestimmt. Und da alle Organismenarten in einem Netzwerk von Reaktionen zusammengefaßt sind, ist jede Art gleichzeitig Anfang und Ende einer Reaktionskette.

In technologisch gestalteten und betriebenen biologischen Systemen ist die Kenntnis dieser Zusammenhänge Voraussetzung für ihre Bemessung und ihren Betrieb.

Im folgenden werden die Grundlagen und die den Stoffumsatz limitierenden Faktoren und Meßmethoden sowohl für einfache als auch für komplexere biologische Systeme besprochen.

In Kapitel I wurde bereits dargestellt, wie ein einfaches biologisches System, als Reaktionssystem, bestehend aus reagierenden Elementen (den Organismen) und Nährstoffen modellhaft beschrieben werden kann. Zur Vereinfachung wird im weiteren für das biologische Element beispielhaft eine Bakterie innerhalb eines Nährmediums angenommen (Abb. 29). In diesem System liegen nun Nährstoffmoleküle und Bakterien nebeneinander vor, beide zunächst angenommen gleichmäßig verteilt über den gesamten Reaktionsraum.

Damit eine Reaktion stattfinden kann, müssen folgende Bedingungen erfüllt werden:

- Es muß zu einem Kontakt zwischen Bakterie und Nährstoffmolekül kommen.
- Das Nährstoffmolekül muß an der Oberfläche der Bakterie aufgenommen werden.
- Das Nährstoffmolekül muß in das Innere der Zelle gelangen und im Inneren der Zelle die in Kapitel III dargestellten biochemischen Reaktionen durchlaufen.

Bei dem ersten Vorgang handelt es sich um das Ergebnis einer Diffusion sowie — im bewegten Medium — eines Transports, beides physikalische Vorgänge. Diffusionsvorgänge laufen auch noch innerhalb der Zelle ab. Beim zweiten Vorgang ist die Deutung komplizierter: Anlagerungsvorgänge an Oberflächen können auf der Basis von Oberflächenkräften (physikalische Adsorption) oder über chemische Bindungen erfolgen (Chemosorption). Der Teilschritt drei ist für Nährstoffe als enzymatischer Transport gegen ein

Einfaches System : Freie Bakterien

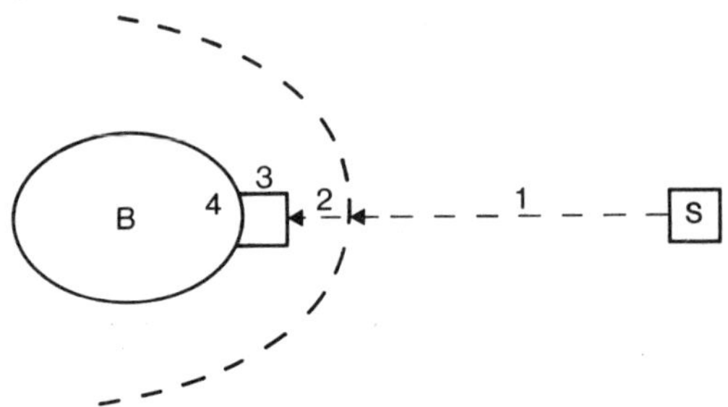

Bakterienfilm

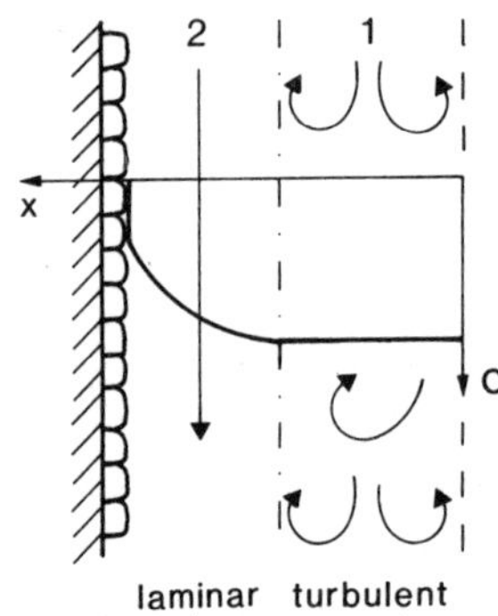

Frei suspendierte Bakterienkolonien

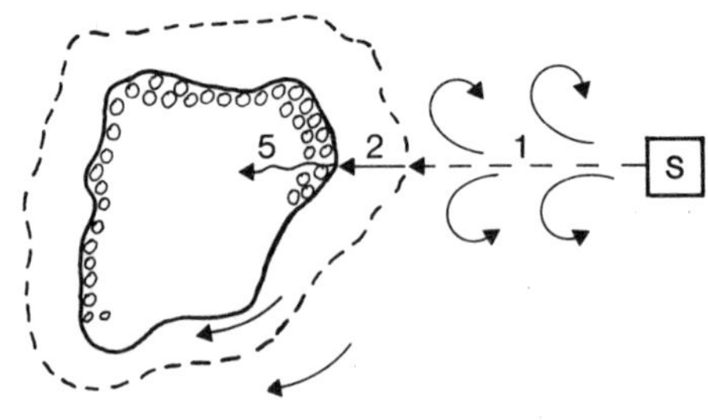

S: Nährstoff

B: Bakterien

C: Nährstoffkonzentration

1: turbulenter Transport

2: Diffusion

3: Sorption

4: Diffusion und enzymatische Reaktionen innerhalb der Zelle

5: Diffusion in das Innere einer Kolonie

X: Koordinate

Abb. 29. Mechanismen des Stofftransports

Konzentrationsgefälle zu verstehen. Innerhalb der Bakterien sind enzymatische Reaktionen und Diffusionsvorgänge maßgebend.
In grober Einreihung sind es also

— die Diffusion,
— die Sorption,
— enzymatische Prozesse,

die theoretisch geschwindigkeitsbestimmend für die Gesamtreaktion sein können.

Liegen die Bakterien in Kolonieform vor, kommt als neue Komponente der Transport von Nährstoffmolekülen in das Innere der Kolonie hinzu. Auch dies ist ein Diffusionsmechanismus, der aber im Gegensatz zu den Vorgängen im Wasser durch Turbulenz nicht beeinflußt werden kann. Zu tieferen Schichten der Kolonie hin wird die Versorgung der Organismen mit Nährstoffen zunehmend ungünstiger. Dies kann zu einer Schichtung führen, beispielsweise in aerobe Rand- und anaerobe Kernzonen.

Durch Adsorption kann eine Elimination von Substanzen aus dem Wasser vorgetäuscht werden. Dies gilt für adsorbierbare, biologisch aber nicht verwertbare Substanzen in besonderem Maße. In diese Kategorie fallen aber auch Substanzen, die zwar verwertbar sind, dies aber nur von einer speziellen Organismengruppe im System. In diesem Fall ist eine direkte Verwertung des Nährstoffmoleküls möglich. Das Molekül kann aber auch für einige Zeit an andere Partikel angelagert sein, auch an Organismen, die jedoch die Substanz selbst nicht verwerten können. Erst später, nachdem die Konzentration im Milieu weit genug abgenommen hat, wird die Substanz desorbiert und nachfolgend durch die entsprechenden Organismen abgebaut. Dies bedeutet, daß die Messung von Stoffumsatzvorgängen zu ganz unterschiedlichen Ergebnissen führt je nachdem, was und wie gemessen wird.

Die Beobachtung der Abnahme von Substanzen (S) in einem System führt zu anderen Ergebnissen als die Beobachtung der Produktzunahme (P); denn die Beobachtung von S schließt neben der biologischen auch die nichtbiologischen Reaktionen ein, während die Zunahme von P nur Ergebnis biologischer Reaktionen sein kann. Unter aeroben Bedingungen kann die Beobachtung von P durch die Beobachtung des Verbrauchs an Sauerstoff ersetzt werden. In der Praxis der Abwasserreinigung und der Abwasseranalyse beschränkt man sich oft auf die Beobachtung dieses Sauerstoffverbrauchs, um die Systeme zu analysieren und zu beschreiben.

Damit ist aber noch nicht geklärt, welche Teilprozesse im Gesamtsystem die Reaktionsgeschwindigkeit bestimmen. Nach dem oben Gesagten könnten es sein:

— Der Transport des Substrats zur Zelle (entweder durch Turbulenz oder durch Diffusion),
— die Sorption an die Zelloberfläche bzw. die dafür verantwortlichen Mechanismen;
— die Vorgänge, die im Innern der Zelle ablaufen, also enzymatische Reaktionen.

Im folgenden werden diese Möglichkeiten diskutiert.

2 Die Diffusion

Die Ausbreitung (Diffusion) und gleichmäßige Verteilung eines Stoffes S in einen anderen Stoff oder Stoffgemisch resultiert aus der den Einzelmolekülen innewohnenden kinetischen Energie. Die Bewegung ist prinzipiell ungerichtet; sie vollzieht sich von jedem Punkt aus in sämtliche Richtungen des Raumes. Eine gerichtete Diffusion ist das Ergebnis von Konzentrationsunterschieden; sie erfolgt entlang dem Konzentrationsgefälle. Die Diffusion kommt scheinbar zum Stillstand, wenn der Stoff gleichmäßig über das Medium verteilt ist. In Wirklichkeit bedeutet dies jedoch, daß die Häufigkeit der Bewegung von jedem Punkt aus zu jedem anderen Punkt gleich ist.

Werden dagegen an einem Punkt dieses Systems die Moleküle der Substanz S durch eine chemische oder biologische Reaktion verbraucht, stellt sich zu diesem Punkt hin ein Konzentrationsgefälle ein und die Diffusion wird bevorzugt in diese Richtung ablaufen.

Die Diffusionsgeschwindigkeit einer Substanz S ist zunächst abhängig von der Größe des Moleküls (kleine Moleküle diffundieren schneller) und von der Dichte des Mediums (je dichter das Medium, um so kürzer ist die freie Wegstrecke für das Molekül, bis es zu einem Zusammenstoß mit einem Molekül des Trägermediums kommt, und um so geringer deswegen die Geschwindigkeit).

Da die Bewegungen des Moleküls ein Ausdruck des Energiegehalts ist, kann diese durch Erhöhung derselben, also durch Erhöhung der Temperatur vergrößert werden.

Für ein biologisches System leiten sich daraus folgende Erkenntnisse ab:

In einem unbewegten System, sei dies ein Bakterienfilm an dem eine Nährlösung ruht, oder ein System in dem Einzelbakterien oder Bakterienkolonien frei in Schwebe sind, bildet sich als Ergebnis der Stoffwechseltätigkeit der Organismen um die Organismen selbst ein Feld mit geringerer Nährstoffkonzentration aus, in das, durch Diffusion, der Nährstofftransport erfolgt. Mag zunächst zum Zeitpunkt Null die Geschwindigkeit des Gesamtgeschehens durch die Mechanismen im Inneren der Zelle bestimmt gewesen sein, so wird sich bald eine Situation ergeben, in der der Transport der Nährstoffmoleküle zu den Zellen hin die Gesamtgeschwindigkeit bestimmt.

Handelt es sich bei dem biochemischen Vorgang um aeroben Abbau, bildet sich nicht nur für den Nährstoff S ein solches diffusionskontrolliertes System, sondern auch für den Zusatznährstoff Sauerstoff, und beide müssen in entsprechender Menge nachdiffundieren; jeder von beiden kann die Geschwindigkeit des Systems limitieren.

Eine Erhöhung der Temperatur und damit eine Erhöhung der Diffusionsgeschwindigkeit wird das System in seinem Charakter nicht verändern; denn wenn auch die Temperaturerhöhung eine Erhöhung des Stofftransports bewirkt, so würde gleichzeitig auch die Geschwindigkeit der Reaktionen in der Zelle erhöht. Die Diffusion bleibt damit weiterhin der geschwindigkeitsbestimmende Schritt bis zu der Temperatur, bei der biochemische Reaktionen

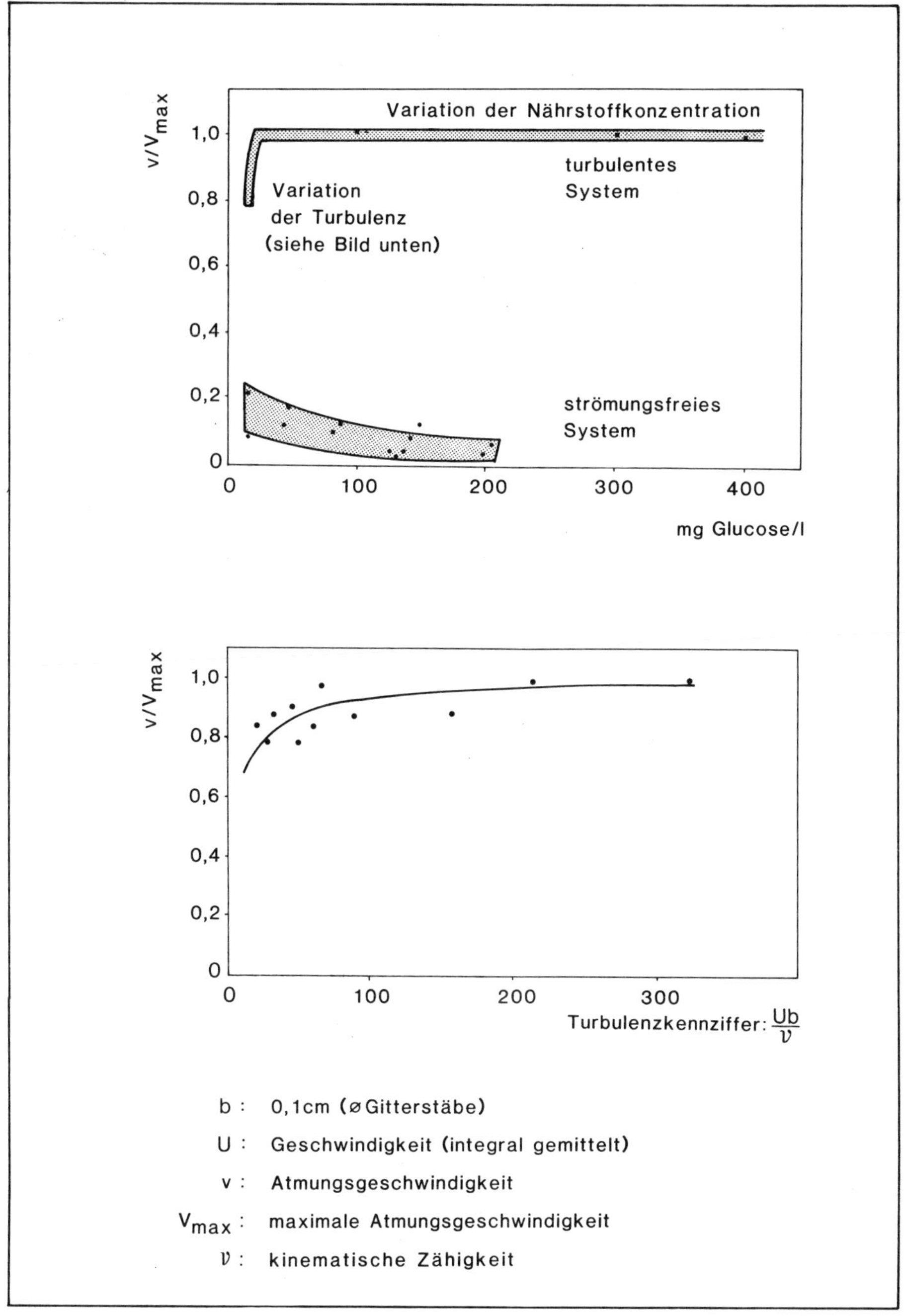

Abb. 30. Einfluß der Turbulenz und der Nährstoffkonzentration auf die Stoffumsatzgeschwindigkeit im System „E. coli — Glucose“

ihre Maximalgeschwindigkeit erreichen (T_{opt}), und eine weitere Erhöhung zu einer Zerstörung des Zelleiweißes führt.

Das System kann nur dadurch in seinem Charakter verändert werden, daß die Grenzkonzentration von S an der Bakterienzelle erhöht wird. Dies geschieht durch Verringerung der Diffusionsgrenzschicht, sei es durch Erzeugung einer laminaren Strömung im System oder, noch mehr, durch Erzeugung turbulenter Strömungsverhältnisse (Abb. 30).

Für die tieferen Schichten eines Biofilms oder das Innere einer Bakterienkolonie bleibt jedoch die Diffusion der begrenzende Faktor, dies vor allem für die Versorgung mit Sauerstoff. Daraus ergeben sich wichtige Konsequenzen für die Biologie und Technologie mikrobieller Systeme.

3 Sorptionsvorgänge

Unter „Adsorption" versteht man die Anlagerung und lose Bindung von Molekülen oder kleinen Partikeln an Oberflächen, verursacht durch physikalisch definierte Oberflächenladungen. Als „Chemosorption" bezeichnet man eine Erscheinung, bei der die angelagerten Moleküle durch chemische Bindungskräfte (also z. B. durch Elektronenübergang) gehalten werden.

Unter „Absorption" versteht man die Aufnahme von Molekülen in das Innere von anderen Körpern. Der Begriff ist jedoch nicht klar definiert. Die Aufnahme von Molekülen in das Innere von Aktivkohle müßte nach dieser Definition beispielsweise eine Absorption sein. Sie läßt sich aber nicht von der Adsorption trennen.

Adsorption und Chemosorption bedeuten demnach eine lokale Verdichtung einer Substanz an äußeren oder inneren Oberflächen. Sie können als Mechanismen für sich allein stehen oder Teilmechanismen von Reaktionen oder Reaktionsketten sein. So beruht die Wirkung vieler Katalysatoren der anorganischen Chemie auf der Adsorptionswirkung des Katalysators; enzymatische Reaktionen haben als Voraussetzung den kurzzeitigen chemischen Verbund mit dem Enzym.

Die Geschwindigkeit des Adsorptionsvorganges ist sehr hoch. Sie ist bei gleichmäßiger Verteilung des Adsorptivs und des Adsorbenten dann, wenn die Diffusionswege nur kurz sind, in Sekunden abgeschlossen. Die innere Adsorption verläuft langsamer.

Adsorptionssysteme lassen sich mit Hilfe der Gleichung von Freundlich beschreiben (Abb. 31). Hohe Adsorptionskraft drückt sich durch einen großen A_0-Wert aus. Die Charakteristik des Adsorbats zeigt sich in der Steigerung der Isotherme. .

Abbildung 31 zeigt deutlich, wie hoch die Adsorptionskraft von Aktivkohle einem Tensid gegenüber ist, im Vergleich zu feinverteilter Kieselerde oder Tonerde. Sie zeigt ebenfalls den Unterschied zur Sorptionskraft von biologischem Material sowie zwischen unterschiedlichen biologischen Materialien. Die Bindung an die grampositive Bakterie Bacillus subtilis ist wesentlich höher als die gegenüber der gramnegativen Escherichia coli oder oder gegenüber Belebtschlamm. Bei dieser Reaktion mit biologischem Ma-

Adsorptionsgleichung nach Freundlich

$$A = A_0 \cdot C^{1/n}$$

A : adsorbierte Menge in mg/g

A_0, 1/n: Adsorptionskenngrössen

C : Gleichgewichtskonzentration in mg/l

Versuchsdaten

Adsorbens	pH	°C	A_0	1/n
1 Aktivkohle	7,0	10	78,60	0,27
2 Kieselerde	7,0	10	0,33	0,62
3 Tonerde	7,0	10	0,18	0,61
4 Aluminiumhydroxid	7,0	10	0,27	0,73
5 Bacillus subtilis	7,0	25	8,92	0,68
6 Belebtschlamm	7,0	25	0,89	0,96
7 E. coli	7,0	25	1,28	0,80

Adsorptionsisothermen

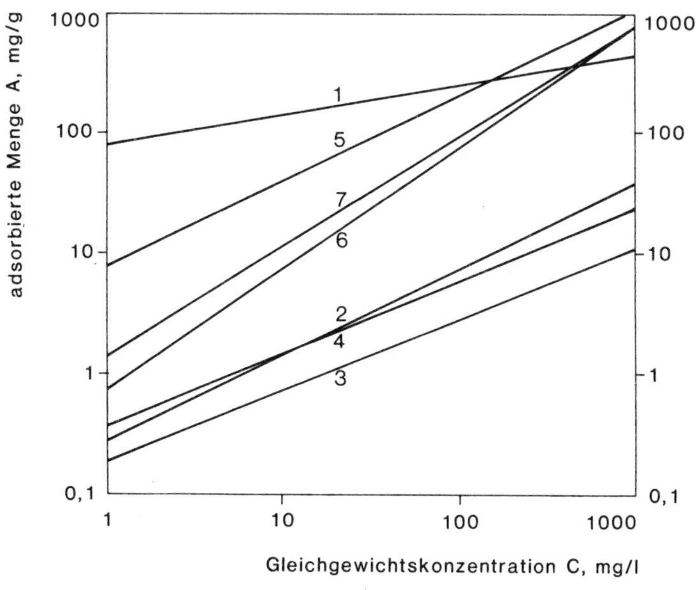

Abb. 31. Beispiel für die Adsorption des Tensids Alkylarylsulfonat an verschiedene Adsorbenzien

terial sind oft auch chemische Bindungskräfte beteiligt. Sie äußern sich sogar gelegentlich toxisch.

Der Adsorptionsvorgang endet mit einem Gleichgewichtszustand zwischen freiem und gebundenem Adsorbat, der abhängig ist von Temperatur und pH-Wert. Für jedes System gibt es einen optimalen pH-Wert; mit steigender Temperatur geht die Adsorption zurück als Ergebnis des höheren inneren Energiegehalts der Teilchen.

4 Enzymatische Reaktionen

4.1 Grundlagen

Enzyme sind die Katalysatoren des Stoffwechsels. Sie bestehen aus komplex gebauten Eiweißkörpern, die eine reversible Bindung mit dem Substrat eingehen ($S + E \rightleftarrows ES$). Der ES-Komplex hat dabei einen höheren Energieinhalt als S; er zerfällt in das Enzym und das Produkt P.

Die Bedeutung des Enzyms liegt darin, die Energieschwelle, die für die Umwandlung in das Produkt zu überwinden ist, zu reduzieren.

Enzyme können, wie andere Katalysatoren auch, nur exergone Reaktionen beschleunigen. Die Reaktion kann deshalb nur in eine Richtung erfolgen, bei der die Produkte einen geringeren Energieinhalt haben als die Ausgangssubstanz. Die Gesamtmenge des Energiebetrages, der frei wird, (Verände-

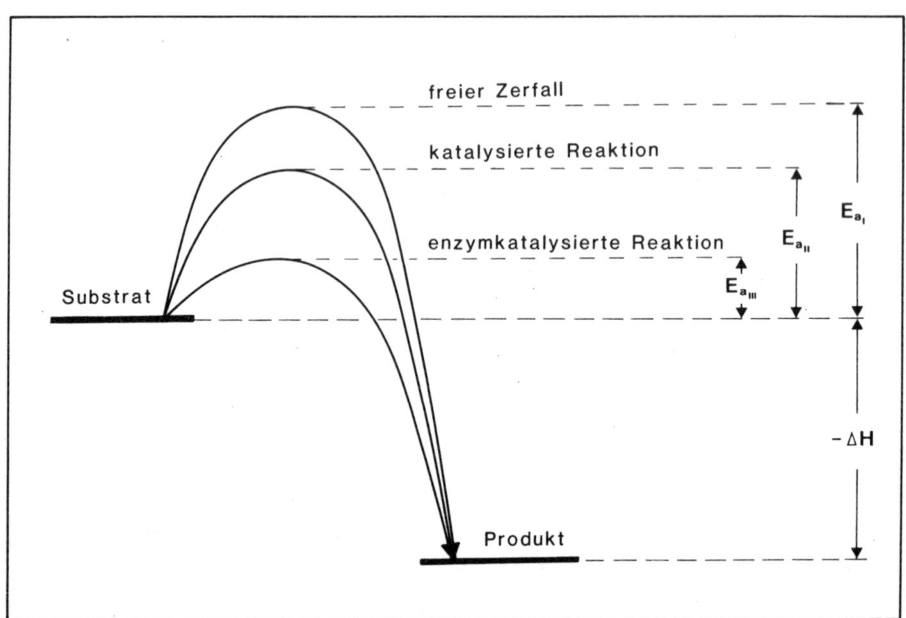

Abb. 32. Energiediagramm katalytisch beschleunigter Reaktionen

rung der freien Energie = $-\Delta G$) wird durch die Gegenwart des Katalysators oder Enzyms nicht beeinflußt. Die Darstellung in Abb. 37 ist stark vereinfacht. In Wirklichkeit laufen die Reaktionen über mehrere Zwischenstufen.

Für die Gesamtgeschwindigkeit der enzymatischen Reaktion sind neben der Enzymmenge auch die Substratkonzentration, die Temperatur, sowie der pH-Wert verantwortlich.

Enzyme werden nach der Art von ihnen katalysierten Reaktion bezeichnet. Die Bezeichnungen tragen die Endung -ase. Nach ihrer Wirkungsweise lassen sie sich in verschiedene Gruppen einordnen:

- Hydrolasen greifen Ester-, Peptid- und Glykosylbindungen an. Bekannte Hydrolasen sind die Esterasen (Fettspaltung), Proteasen (Eiweißspaltung), Amylasen (Verzuckerung von Stärke).
- Transferasen katalysieren die Übertragung ganzer Gruppen, z. B. Amino-, Carboxyl-, Phosphatgruppen.
- Lyasen katalysieren Eliminierungsreaktionen unter Ausbildung einer Doppelbindung (Carboxylasen, Aldehydlyasen, Hydrolyasen).
- Permeasen katalysieren den Transport von Substraten in die Zelle.
- Oxidoreductasen katalysieren Redoxvorgänge, wie sie z. B. in der Atmungskette zur Energiegewinnung ablaufen.

4.2 Die Grundreaktion

Grundlage für die Beschreibung enzymatischer Reaktionen ist eine von Michaelis und Menten aufgestellte und später von Briggs und Haldane erweiterte Theorie (Abb. 33).

Danach läuft die Reaktion in zwei Schritten ab. Zunächst reagiert das Substrat (S) mit dem Enzym (E) unter Bildung eines Enzym-Substrat-Komplexes (ES).

$$E + S \underset{k_2}{\overset{k_1}{\rightleftarrows}} ES\,.$$

Zwischen Ausgangsstoffen und Produkt stellt sich ein Gleichgewicht ein:

$$\frac{[E_t] \cdot [S]}{[ES]} = \frac{k_2}{k_1}\,,$$

wobei k_1 und k_2 die Reaktionskonstanten der entsprechenden Reaktion sind. Die Menge an freiem Enzym (E_t) ist dabei zu jedem Zeitpunkt der Reaktion gleich der Differenz aus Enzymmenge zu Beginn der Reaktion (E_0) und dem in ES festgelegten Enzym:

$$E_t = E_0 - ES\,.$$

Für die weitere Reaktion wird der Zerfall des ES-Komplexes in das Produkt unter Freisetzung des Enzyms als der geschwindigkeitsbestimmende Schritt angesehen

$$ES \xrightarrow{k_3} E + P\,, \qquad \text{wobei} \quad k_3 \ll k_1, k_2\,.$$

Theorie von MICHAELIS und MENTEN

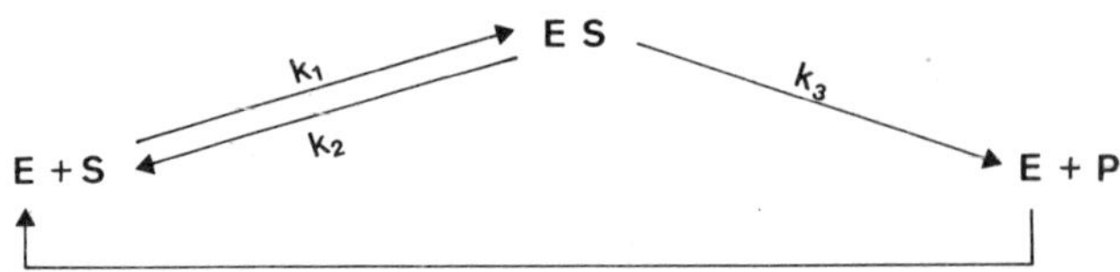

Enzym + Substrat $\rightleftharpoons$ Enzym-Substrat-Komplex $\longrightarrow$ Enzym + Produkt

Modell

$$E + S \underset{k_2}{\overset{k_1}{\rightleftharpoons}} ES \xrightarrow{k_3} E + P$$

Affinitätskonstante zwischen E und S

Ansatz von MICHAELIS und MENTEN für den Gleichgewichtszustand

$$\frac{k_2}{k_1} = \frac{[E] \cdot [S]}{[ES]} = Km$$

Ansatz von BRIGGS und HALDANE für das Fliessgleichgewicht

$$\frac{k_2 + k_3}{k_1} = Km \qquad k_3 \ll k_1$$

MICHAELIS / MENTEN - Beziehung

$$v = V_{max} \cdot \frac{S}{Km + S}$$

Abb. 33. Die enzymkatalysierte Reaktion

Die Geschwindigkeit der Gesamtreaktion v wird demnach bestimmt durch k_3 und durch die Konzentration des ES-Komplexes:

$$v = k_3 \cdot ES\,.$$

Ist alles Enzym im ES-Komplex gebunden, wird $E_0 = ES$; es liegt Maximalgeschwindigkeit V_{max} vor:

$$V_{max} = k_3 \cdot E_0\,.$$

Durch mathematische Umformung läßt sich daraus die Michaelis/Menten-Beziehung ableiten, wonach die Geschwindigkeit von der Substratkonzentration abhängig ist:

$$v = -\frac{dS}{dt} = V_{max} \cdot \frac{S}{Km + S}\,,$$

wobei die Michaelis-Konstante Km die Zusammenfassung der Reaktionskonstanten k_1, k_2 und k_3 ist.
Wird S betragsmäßig zu Km, lautet die Gleichung:

$$v = V_{max} \cdot \frac{Km}{Km + Km}\,,$$

d. h. die Geschwindigkeit v wird zu

$$v = \frac{1}{2} \cdot V_{max}\,.$$

Km erhält somit seine neue Bedeutung als Halbwertskonstante, die nur noch dann mit der ursprünglichen Affinitätskonstanten übereinstimmt, wenn k_3 in seiner Größe wirklich unbedeutend wird; für die Mehrzahl der bekannten Reaktionen ist diese Bedingung auch erfüllt.

Für das Verständnis des Reaktionsablaufs wichtig ist die Grenzbetrachtung (Abb. 34):

a) Ist die Substratkonzentration wesentlich größer als Km, so gilt:
$\lim v = V_{max}\,.$

Die Reaktion nähert sich also mit steigender Substratkonzentration einer sogenannten „Reaktion nullter Ordnung", d. h. die Reaktionsgeschwindigkeit wird unabhängig von der Substratkonzentration.

b) Ist die Substratkonzentration kleiner als Km, gilt:

$$\lim v = \frac{V_{max}}{Km} \cdot S\,.$$

Die Reaktionsgeschwindigkeit wird linear abhängig von der Substratkonzentration; die Reaktion läßt sich als „Reaktion erster Ordnung" charakterisieren.

Beim Ablauf einer Reaktion wird deshalb, von hohen Substratkonzentrationen ausgehend, die „Reaktion nullter Ordnung" in eine „Reaktion erster

Sonderfälle der MICHAELIS / MENTEN-Beziehung

für S = Km : $v = V_{max} \cdot \frac{Km}{Km+Km} = \frac{V_{max}}{2}$

Grenzwertbetrachtung

für S >> Km : $v \approx V_{max}$ (R.0.Ordnung)

für S << Km : $v \approx \frac{V_{max}}{Km} \cdot S$ (R.1.Ordnung)

Graphische Darstellung

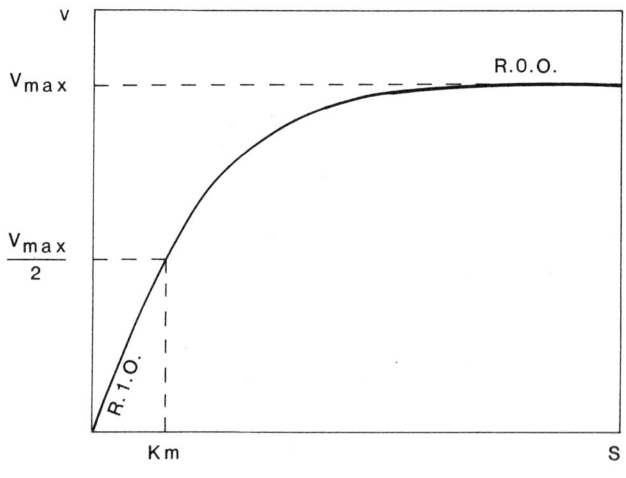

Abb. 34. Sonderfälle der Michaelis/Menten-Reaktion

Ordnung" übergehen. Dies geschieht um so später, je kleiner Km ist. Da in der Praxis die Km-Werte jedoch fast immer niedrig sind, ist die Geschwindigkeit des Reaktionsablaufs über große Strecken phänotypisch gleich der einer „Reaktion nullter Ordnung".

Die o. a. Michaelis/Menten-Beziehung ist eine Differentialgleichung. Für die Anfangsbedingungen: $t = 0$ und $S = S_0$ lautet ihre Lösung

$$V_{max} \cdot t = Km \cdot \ln \frac{S_0}{S} + (S_0 - S)\,.$$

Diese Gleichung ist als Henri-Gleichung bekannt geworden.

4.3 Die Bestimmung der Reaktionsparameter

Aus den vorhergehenden Erläuterungen ist ersichtlich, daß der Km-Wert seiner Bedeutung nach eine Halbwertskonstante darstellt. Auch V_{max} ist so lange eine Konstante, wie sich die Enzymkonzentration nicht ändert. Mit Hilfe von V_{max} und Km läßt sich deshalb eine enzymatische Reaktion zahlenmäßig charakterisieren.

Zur Bestimmung der genannten Parameter ist der zeitliche Verlauf der Reaktion zu beobachten und dieser mathematisch auszuwerten. Es gibt dabei verschiedene Möglichkeiten. Für die Untersuchung selbst ist es gleichgültig, ob die Abnahme des Substrats S oder die Zunahme des Produkts P gemessen wird (Abb. 35).

Methode nach Lineweaver und Burk. Beobachtet wird die Anfangsgeschwindigkeit der Reaktion bei unveränderter Enzymkonzentration, aber unterschiedlicher Substratkonzentration. Entsprechend der reziproken Form der Michaelis/Menten-Gleichung

$$\frac{1}{v} = \frac{Km}{V_{max}} \cdot \frac{1}{S} + \frac{1}{V_{max}}$$

wird bei der Auftragung der Reziprokwerte der Geschwindigkeit gegen die Reziprokwerte der Substratkonzentration eine Gerade erhalten, deren Schnittpunkt mit der Ordinate den Reziprokwert für V_{max} und deren Schnittpunkt mit der negativen Abszisse den Reziprokwert für Km ergibt.

Methode nach Eadie. Durch Division der Michaelis/Menten-Gleichung mit der Substratkonzentration erhält man

$$\frac{v}{S} = -\frac{1}{Km} \cdot v + \frac{V_{max}}{Km}.$$

Bei Auftragung von v/S gegen v erhält man als Schnittpunkt mit der Abszisse den Wert V_{max} und aus der Steigerung der Geraden den Wert für Km.

Methode nach Walker. Bei dieser Methode geht man von dem zeitlichen Ablauf der Gesamtreaktion aus bzw. von der Henri-Gleichung zur mathematischen Beschreibung dieser Reaktion. Multipliziert man beide Seiten der Henri-Gleichung mit dem Faktor 1/t, entsteht die Gleichung

$$\frac{S_0 - S}{t} = V_{max} - Km \cdot \frac{1}{t} \cdot \ln \frac{S_0}{S}.$$

Bei Auftragung von $(S_0 - S)/t$ gegen $1/t \cdot \ln S_0/S$ erhält man eine Gerade, deren Schnittpunkt mit der Ordinate den Wert V_{max} und deren Steigung den Wert Km ergibt.

Zeit - Umsatz - Kurven

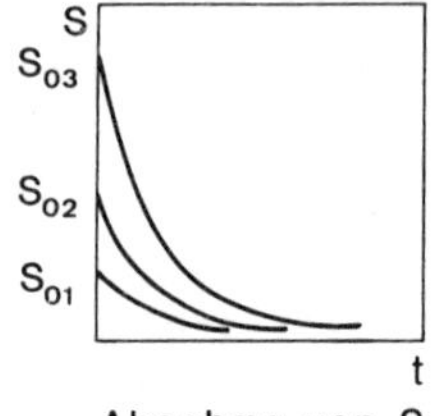

Abnahme von S

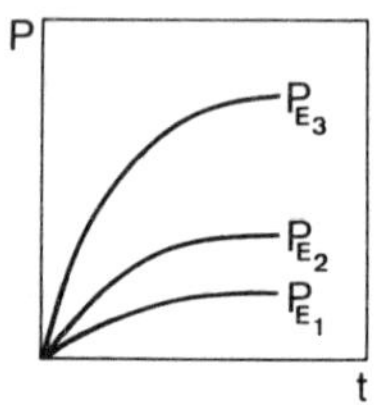

Bildung von P

Darstellung

nach

Lineweaver/Burk

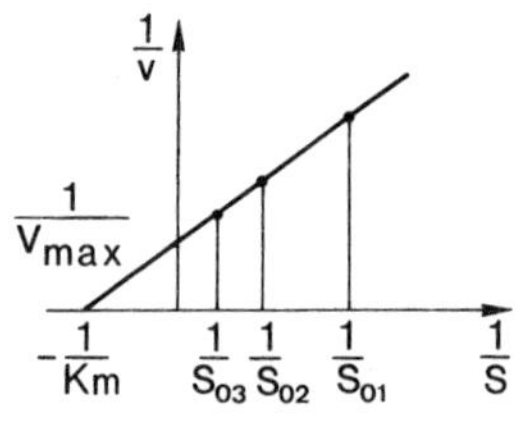

$$\frac{1}{v} = \frac{Km}{V_{max}} \cdot \frac{1}{S} + \frac{1}{V_{max}}$$

Eadie

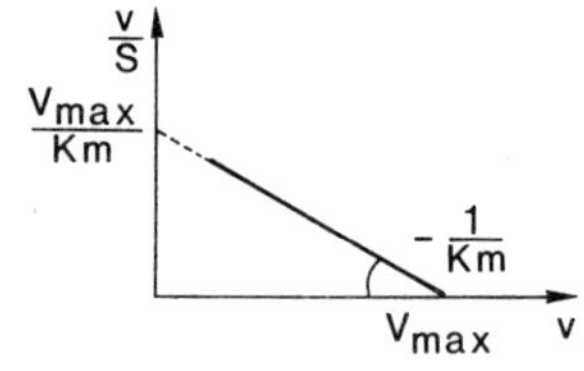

$$\frac{v}{S} = -\frac{v}{Km} + \frac{V_{max}}{Km}$$

Walker

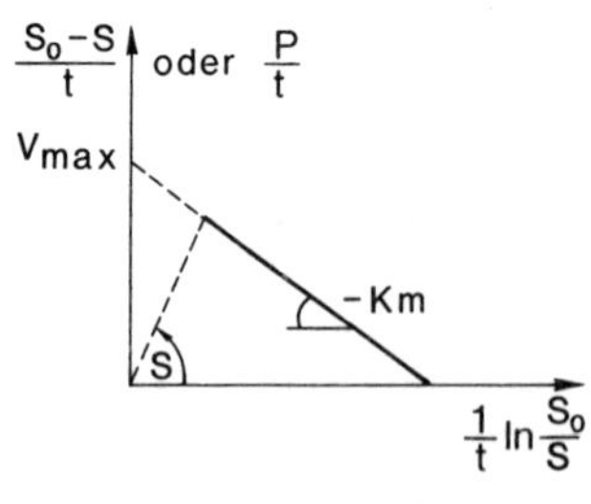

$$\frac{S_0 - S}{t} = -Km \cdot \frac{1}{t} \ln \frac{S_0}{S} + V_{max}$$ für S - Abnahme

oder

$$\frac{P}{t} = -Km \cdot \frac{1}{t} \ln \frac{P_E}{P_E - P} + V_{max}$$ für P - Zunahme

Abb. 35. Bestimmung der Reaktionsparameter

4.4 Einfluß des pH-Wertes

Es wurde bereits früher darauf hingewiesen, daß der pH-Wert die Geschwindigkeit enzymatischer Reaktionen beeinflussen kann. Dies folgt zwangsläufig aus der Eiweißnatur der Enzyme. Als Ergebnis einer pH-Wert-Änderung verändert sich die Dissoziation der funktionellen Gruppen am Eiweißmolekül. Übertragen auf Enzyme bedeutet dies eine Veränderung der wirksamen Enzymkonzentration. Wird darüber hinaus auch noch das

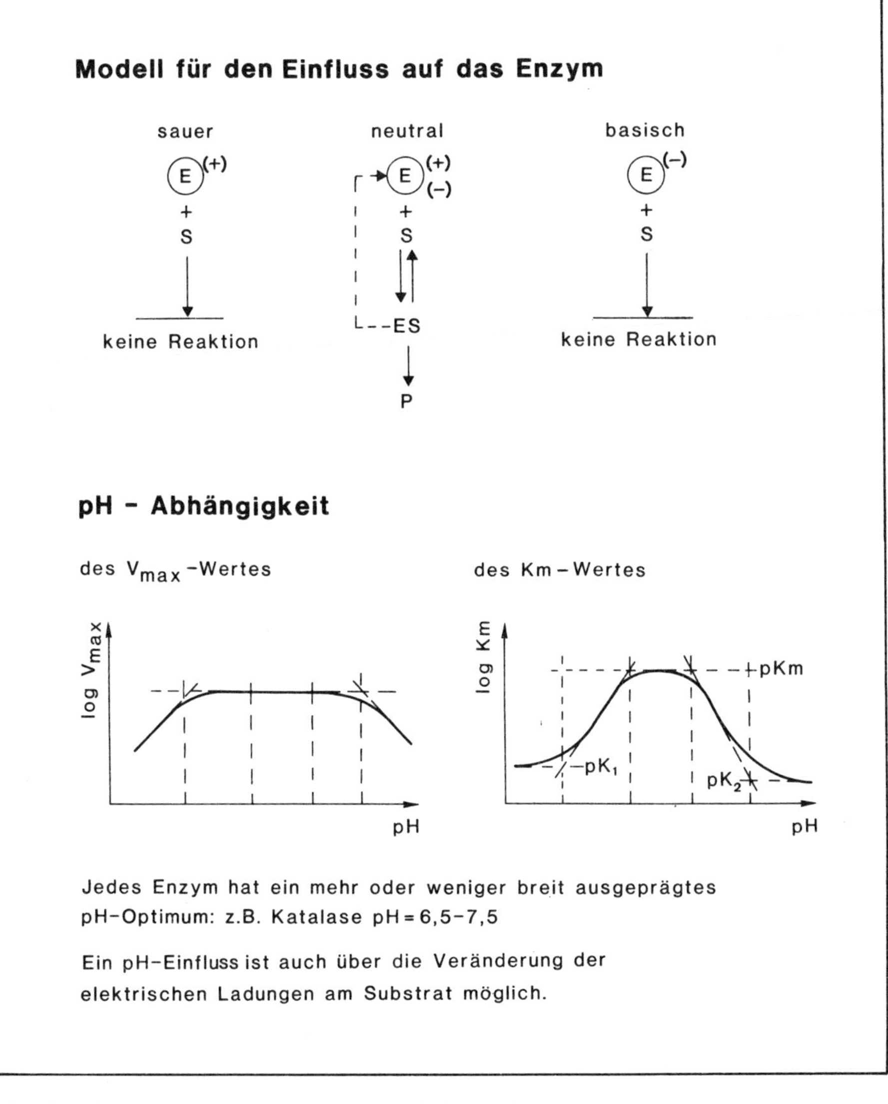

Abb. 36. Einfluß des pH-Wertes auf enzymatische Reaktionen

Substratmolekül oder das Produkt durch den pH-Wert beeinflußt, sind auch von dieser Seite her Einflüsse zu erwarten (Abb. 36).

Es ergibt dabei reversible Veränderungen, oder auch, wenn durch extreme pH-Werte die Eiweißnatur stark geschädigt wird, irreversible Veränderungen.

Für die Praxis ist bedeutungsvoll, daß es für jede enzymatische Reaktion einen optimalen pH-Wert gibt. In der bildlichen Darstellung der Abhängigkeit der Maximalgeschwindigkeit äußert sich dies als Glockenkurve.

Aber nicht nur der V_{max}-Wert, sondern auch der Km-Wert wird beeinflußt, da

$$Km = \frac{k_2 + k_3}{k_1}$$

und da die Bildung oder der Zerfall des ES-Komplexes von dem jeweiligen Ladungszustand der Moleküle abhängen.

4.5 Einfluß der Temperatur

Die Temperatur hat einen doppelten Einfluß auf die Kinetik enzymchemischer Reaktionen. Zunächst unterliegen diese den gleichen thermodynamischen Gesetzmäßigkeiten wie andere chemische Reaktionen auch: Eine Er-

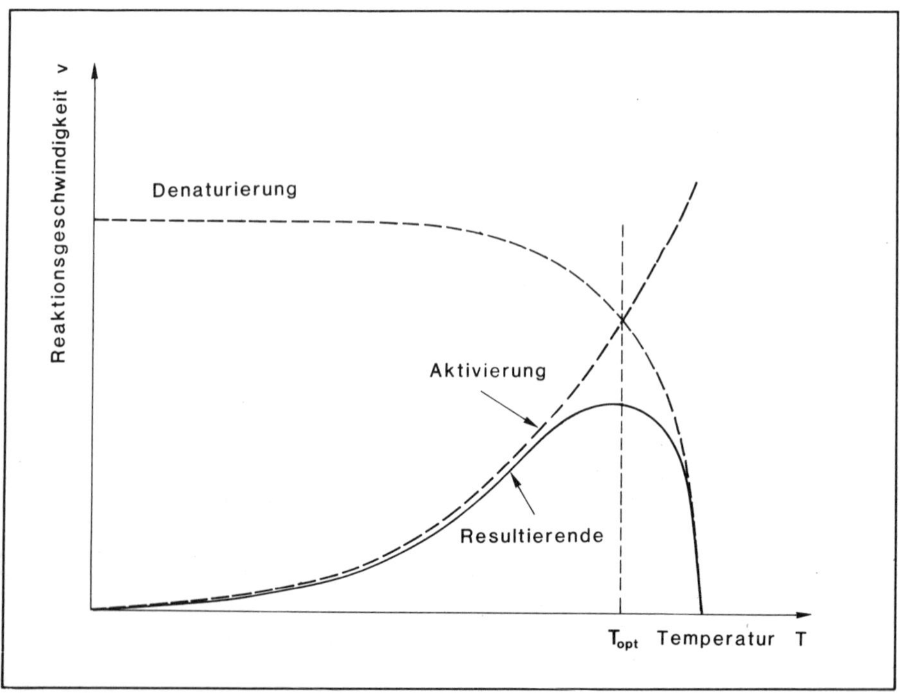

Abb. 37. Einfluß der Temperatur auf enzymatische Reaktionen

höhung der Temperatur im System führt zu einer Erhöhung der Energieinhalte der Reaktionspartner und damit zu einer Beschleunigung in der Bildung und des Zerfalls von ES. Die Reaktionsgeschwindigkeit steigt exponentiell an. Diese Gesetzmäßigkeit ist bekannt als van't Hoffsche Regel. Der Anstieg ist jedoch nicht unbegrenzt. Ab einem für das Enzym typischen Temperaturwert nimmt die Reaktionsgeschwindigkeit wieder ab, weil die Temperaturerhöhung vermehrt zur Lockerung von Bindungen innerhalb des Enzyms führt und so auch seine räumliche Struktur beeinflußt. Das Enzym wird zuerst reversibel verändert und in der Folge irreversibel denaturiert. Dies führt dazu, daß innerhalb eines engen Temperaturintervalls seine Leistung auf Null zurückgeht (Abb. 37).

Das Auftreten eines Temperaturoptimums neben anderen Kriterien erlaubt eine sichere Entscheidung darüber, ob in einem biologischen System

Tabelle 9. Einfluß von Umweltparametern auf Reaktionsmechanismen

Reaktions-mechanismus	Parameter			
	Temperatur-erhöhung	pH-Wert	Konzentra-tionerhöhung	andere Stoffe
Diffusion	beschleunigend	ohne Wirkung	beschleunigend	ohne Wirkung
Adsorption	reduzierend	Optimum	erhöhend	neutral oder hemmend
enzymatische Reaktion	Optimum	Optimum	erhöhend	neutral, hemmend oder beschleunigend

Tabelle 10. Thermodynamik enzymatischer Reaktionen

1. Standardgleichung: $\Delta G = \Delta H - T \cdot \Delta s$
2. Gleichung für chemische Reaktionen: $\Delta G = -R \cdot T \cdot \ln K$
3. van't Hoffsche Reaktionstherme: $\frac{d(\ln K)}{dT} = \frac{\Delta H}{R \cdot T^2}$
4. Ermittlung der Aktivierungsenergie: E_a: $-\frac{E_a}{R} = \frac{\Delta(\ln V_{max})}{\Delta(1/T)}$
5. Ermittlung der Veränderung der freien Energie ΔG für die Temperatur T: $\Delta G = -R \cdot T \cdot \ln K$ bzw. für die enzymatischen Reaktionen: $\Delta G = -R \cdot T \cdot \ln \frac{1}{Km}$
6. Ermittlung der Veränderung der Reaktionsenthalpie ΔH im betrachteten Temperaturintervall: $\frac{\Delta H}{R} = \frac{\Delta(\ln Km)}{\Delta(1/T)}$
7. Ermittlung der Veränderung der Entropie: $\Delta s = \frac{\Delta H - \Delta G}{T}$

T Temperatur in Kelvin; R allgemeine Gaskonstante; K Reaktionskonstante (= 1/Km)

die Gesamtgeschwindigkeit durch physikalische, chemische oder biochemische Mechanismen bestimmt wird (Tab. 9).

Die Beobachtung von V_{max} und Km über einen größeren Temperaturbereich ermöglicht die Ermittlung der Größe der Aktivierungsenergie sowie der Reaktionsenthalpie (Tab. 10). Die „Veränderung der freien Energie" läßt sich bei Kenntnis von Km errechnen. Mit den so gewonnenen Werten läßt sich schließlich auch noch die Veränderung der Entropie ermitteln.

Diese Daten sind natürlich nicht für einen bestimmten definierbaren enzymchemischen Schritt innerhalb der ganzen Reaktionskette gültig, sondern beschreiben das Gesamtsystem.

5 Gehemmte enzymatische Reaktionen

Es gibt zahlreiche Substanzen, die durch Bindung an das Enzym die Kinetik der Reaktion negativ beeinflussen. Man bezeichnet solche Erscheinungen als „Hemmung" und unterscheidet im wesentlichen drei Hemmtypen, nämlich

- die kompetitive Hemmung mit dem Sonderfall: Produkthemmung,
- die nichtkompetitive Hemmung mit dem Sonderfall: Substratüberschußhemmung,
- die unkompetitive Hemmung.

Die kompetitive Hemmung

Bei der kompetitiven Hemmung tritt eine zusätzliche Substanz, der Inhibitor (I), mit dem Substrat in Wettbewerb um die aktiven Stellen des Enzyms. Neben dem ES-Komplex wird auch ein EI-Komplex gebildet, der in einem folgenden Teilschritt nicht zu E + P zerfallen kann (Abb. 38).

Eine kompetitive Hemmung läßt sich daran erkennen, daß V_{max} nicht verändert wird, die Halbwertskonstante Km aber scheinbar zunimmt. In der Lineweaver/Burk-Darstellung liegt der Schnittpunkt der Geraden für unterschiedliche Inhibitorkonzentrationen auf der Ordinate. Genauso treffen sich die Geraden unterschiedlicher Neigung im Walker-Diagramm in einem gemeinsamen Schnittpunkt auf der Ordinate.

Zur Bestimmung der Hemmkonstanten K_i bedient man sich der Dixon-Darstellung. In diesem Fall wird 1/v auf der Ordinate gegen I auf der Abszisse aufgetragen. Die Geraden für unterschiedliche Substratkonzentrationen treffen sich in einem Schnittpunkt im linken oberen Quadranten des Koordinatensystems. Der Abszissenwert des Schnittpunktes gibt den Wert $-\frac{1}{K_i}$ an. Der Ordinatenwert entspricht V_{max}.

Eine kompetitive Hemmung läßt sich vermindern durch Erhöhung der Substratkonzentration.

Die nichtkompetitive Hemmung

Bei der nichtkompetitiven Hemmung greift der Hemmstoff entweder direkt am Enzym oder am Enzym-Substrat-Komplex an. Dieser Hemmtyp ist da-

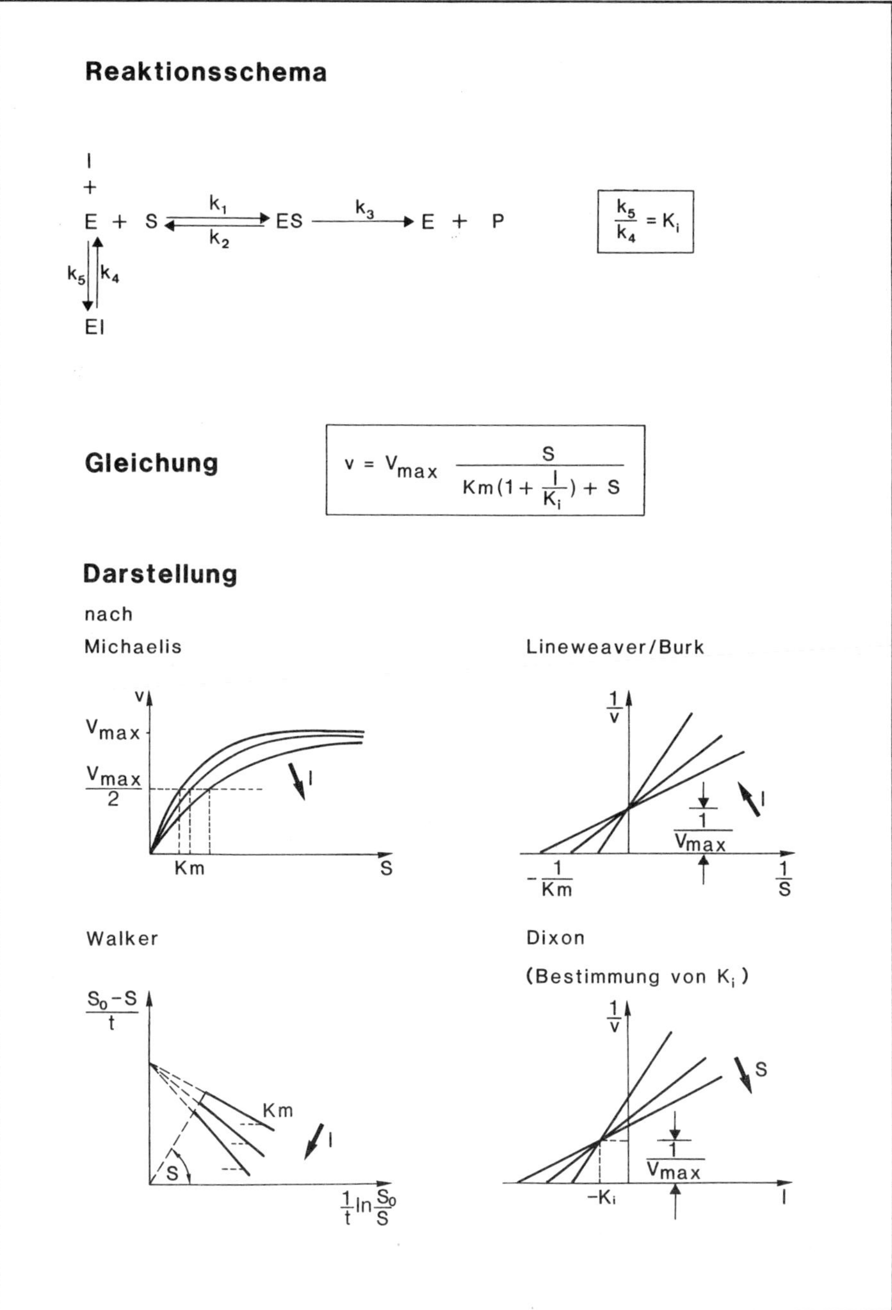

Abb. 38. Die kompetitive Hemmung

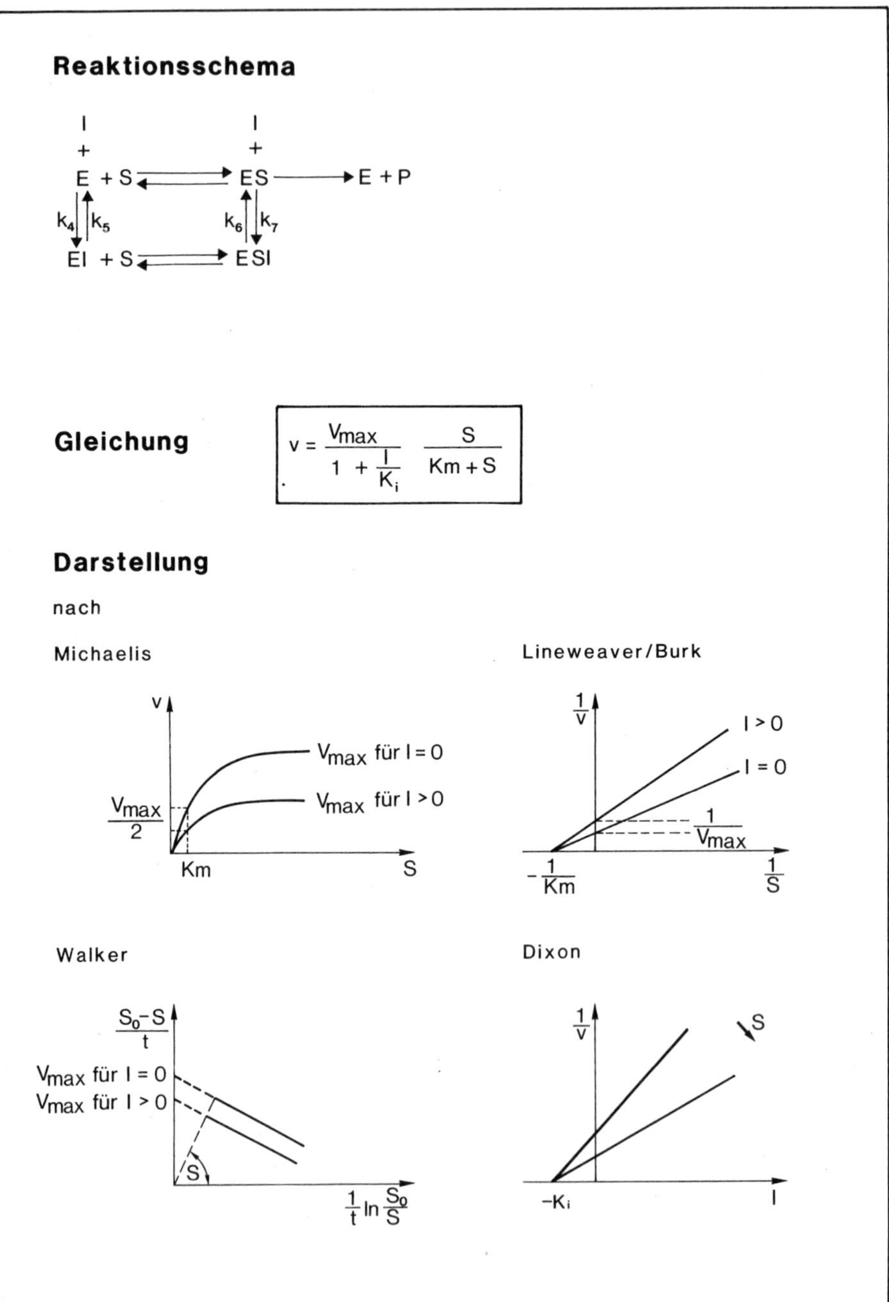

Abb. 39. Die nicht kompetitive Hemmung

Reaktionsschema

$$\begin{array}{c} I \\ + \\ E + S \underset{k_2}{\overset{k_1}{\rightleftarrows}} ES \xrightarrow{k_3} E + P \\ k_4 \downarrow\uparrow k_5 \\ ESI \end{array}$$

Gleichung

$$v = \frac{V_{max}}{1 + \frac{I}{K_i}} \cdot \frac{S}{\frac{Km}{1 + \frac{I}{K_i}} + S}$$

Darstellung

nach

Michaelis

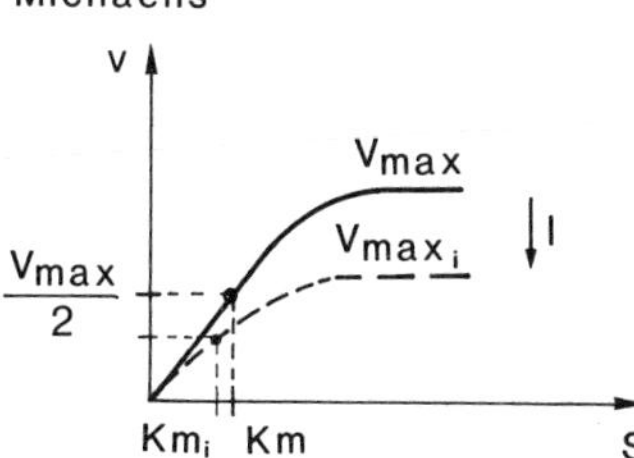

Lineweaver/Burk

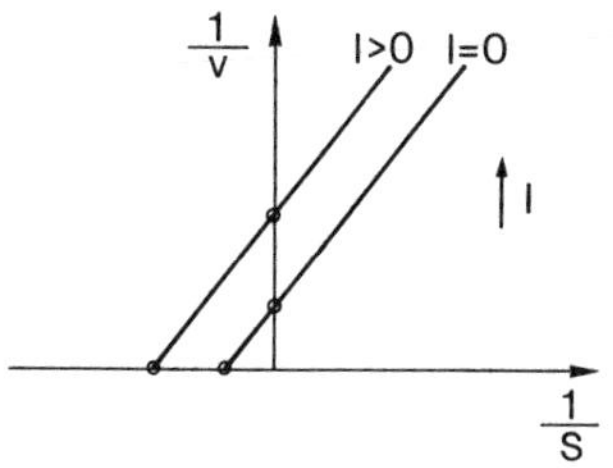

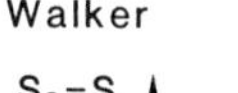

Walker

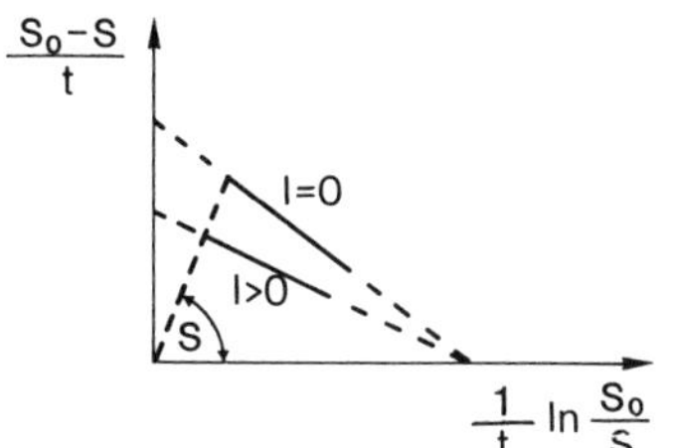

Dixon

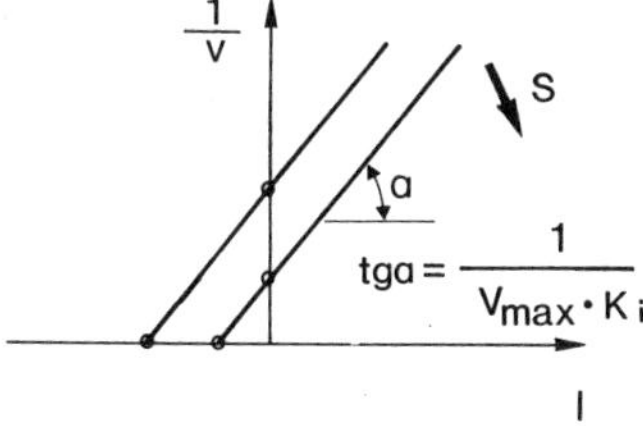

Abb. 40. Die unkompetitive Hemmung

Reaktionsschema

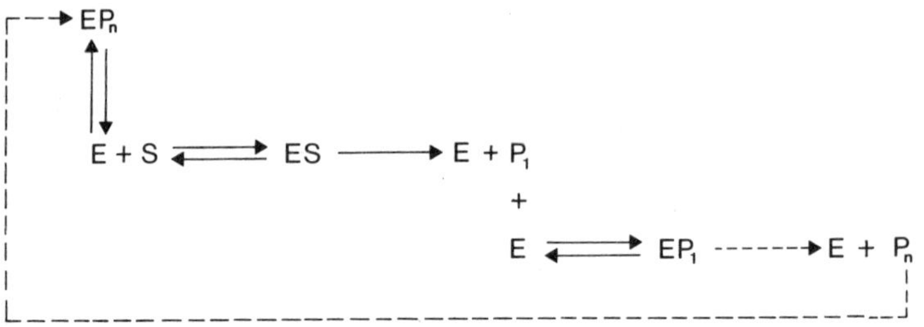

$$E + S \rightleftharpoons ES \longrightarrow E + P_1$$

$$+$$

$$E \rightleftharpoons EP_1 \dashrightarrow E + P_n$$

$$E + S \rightleftharpoons EP_n \quad (P_n \dashrightarrow EP_n)$$

Das Produkt der Reaktion wirkt auf das Enzym zurück und verdrängt das Substrat von der aktiven Stelle des Enzyms.

Gleichung

$$v = V_{max} \frac{S}{Km \cdot \left(1 + \frac{S_0 - S}{K_i}\right) + S}$$

Darstellung

nach

Walker

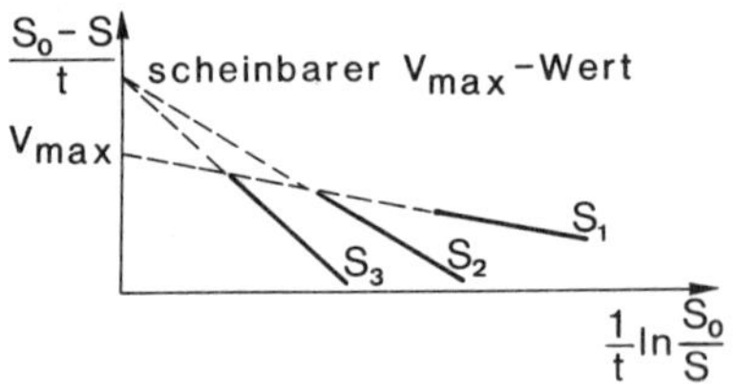

Abb. 41. Die Produkthemmung

durch gekennzeichnet, daß Km gleich bleibt, die beobachtete Maximalgeschwindigkeit sich jedoch verringert (Abb. 39).

In der Lineweaver/Burk-Darstellung erhält man demnach für verschiedene Inhibitorkonzentrationen Geraden, deren Schnittpunkte auf der negativen Abszisse liegen.

Bei der Walker-Darstellung erhält man Parallelen mit unterschiedlichen Schnittpunkten auf der Ordinate. Bei der Dixon-Darstellung ergibt sich die Hemmkonstante K_i aus dem Schnittpunkt auf der negativen Abszisse.

Die unkompetitive Hemmung

Die unkompetitive Hemmung ist ein Spezialfall der nichtkompetitiven und dadurch gekennzeichnet, daß I nur mit dem ES-Komplex reagiert. In diesem Fall werden die phänotypischen Werte für V_{max} und Km verkleinert (Abb. 40).

Hemmung durch Substratüberschuß

Auch ein Überschuß von Substratmolekülen kann zur Hemmung der enzymatischen Reaktion führen. Es kommt zu Fehlbildungen des ES-Komplexes beispielweise dadurch, daß sich zwei Substratmoleküle mit dem Enzym verbinden (SES-Komplex). Solche Komplexbildung sind reversibel, zerfallen aber nicht in Enzym und Produkt. Dieser Hemmtyp kann daher ebenfalls als Spezialfall der nichtkompetitiven Hemmung charakterisiert werden. Im Verlauf der Reaktion kann die Hemmung dann wieder zurückgehen, wenn die Substratkonzentration sich verringert.

Substrathemmung ist bereits in der Zeit-Umsatz-Kurve zu erkennen, da mit Steigerung der Anfangskonzentration die Geschwindigkeit nicht erhöht, sondern reduziert wird. Entsprechend deutliche Erscheinungsbilder zeigen sich auch in der Lineweaver/Burk-Darstellung, sowie im Walker-Diagramm.

Produkthemmung

In Reaktionsketten, bei denen mehrere Enzyme beteiligt sind, kann es vorkommen, daß beim Aufstau eines Produkts P_n dieses auf ein in der Kette weiter vorne liegendes Enzym als Inhibitor wirkt. Das Produkt P_n tritt dann, z. B. mit dem Produkt P_1 der ersten Reaktion, in Wettbewerb um das Enzym E_1 (Abb. 41).

6 Die Wirkung der Aktivatoren

Im Gegensatz zu den Inhibitoren gibt es auch Substanzen, sog. Aktivatoren, die enzymatische Reaktionen beschleunigen. Wie die Inhibitoren können sie an unterschiedlichen Stellen angreifen; sie können entweder mit dem Enzym, dem Substrat oder dem Enzym-Substrat-Komplex eine Verbindung eingehen.

Bei der Aktivierung des Enzyms liegt dabei die Umkehrung einer kompetitiven Hemmung vor; d. h. der V_{max}-Wert wird nicht verändert, der Km-Wert wird verringert.

Die Erscheinung läßt sich in den Diagrammen nach Lineweaver und Burk, Dixon sowie Walker erkennen.

Bei der Reaktion des Aktivators mit dem Substrat erhält man in der Lineweaver/Burk-Darstellung keine Gerade.

7 Allosterische Enzyme

Bei manchen enzymatischen Reaktionen ergeben sich Widersprüche zu den oben geschilderten Gesetzmäßigkeiten. In vielen Fällen lassen sich dabei mit den genannten Linearisierungsmethoden keine Geraden gewinnen und deshalb macht auch die Bestimmung der biochemischen Parameter Schwierigkeiten.

Die Ursache dafür liegt bei Enzymen, die einen gesonderten Aufbau besitzen und die in ihrer Wirkung durch Effektoren beeinflußt werden. Diese Enzyme heißen allosterische Enzyme. Die Effektoren können eine positive oder negative Wirkung auf die Geschwindigkeit ausüben, also Aktivatoren oder Inhibitoren sein; sie werden auch Liganden genannt. Sie verbinden sich außerhalb des aktiven Zentrums mit dem Enzym und verursachen eine Konformationsänderung desselben.

Allosterische Enzyme sind nach Monod vor allem dadurch charakterisiert, daß sie

- eine sigmoide Kinetik haben,
- eine zusätzliche Bindungsstelle außerhalb des aktiven Zentrums besitzen
- im Stoffwechsel von Organismen an Verzweigungsstellen der Reaktionswege sitzen.

Ihre physiologische Bedeutung besteht oft darin, daß sie regulatorische Funktionen ausüben, indem sie durch das Produkt einer weiter entfernten Reaktion durch „feed back" gehemmt werden können. Damit wird eine Überproduktion verhindert.

Die allosterischen Enzyme sind aus Untereinheiten aufgebaut und haben eine molekulare Symmetrie.

8 Methoden der kinetischen Analyse und Bestimmung der geschwindigkeitsbestimmenden Reaktion

Die bisherigen Darstellungen geben ein genügend großes und sicheres Instrumentarium, um in einem mikrobiellen System die Natur des geschwindigkeitsbestimmenden Schrittes zu erkennen. Als die wichtigsten Kriterien können der Einfluß von Temperatur, pH-Wert und Substratkonzentration herangezogen werden.

Es ist deshalb notwendig, die drei Parameter zu variieren und die Ergebnisse zu bewerten. Zusätzlich gibt es noch die Möglichkeit, durch Zugabe anderer Stoffe weitere Kriterien einzufügen und charakteristische Reaktionen zu erkennen. Einige werden im nächsten Kapitel im Detail besprochen.

V Kinetik mikrobieller Systeme

1 Einführung

Die Anwendung der in Kapitel IV dargestellten Grundlagen zur Analyse und Beschreibung der Kinetik mikrobieller Systeme verlangt zusätzliche Informationen. Dazu gehört die Substitution der in den theoretischen Ansätzen enthaltenen Kenngrößen und Variablen durch praktisch meßbare Größen.

In den enzymatischen Gleichungen muß beispielsweise die Enzymkonzentration, da sie in dem komplexen Gesamtsystem kaum meßbar ist, durch die Organismenkonzentration ersetzt werden (Tab. 11). Als praktisch gut meßbare Größe hierfür bietet sich der Gehalt an organischem Stickstoff der biologischen Systemkomponente an. Aus dem gleichen Grund ist auch die Substratkonzentration zu ersetzen. In aeroben Systemen eignet sich dazu der biochemische Sauerstoffbedarf (BSB), der durch bewährte manometrische oder elektrometrische Verfahren gemessen werden kann. Zur Ergänzung und Kontrolle kann die Abnahme der Nährstoffkonzentration im Milieu auch durch Messung des gelösten organischen Kohlenstoffs (DOC = Dissolved organic

Tabelle 11. Kinetik mikrobieller Systeme

Ableitung der Geschwindigkeitsfunktionen

1. Enzymkinetik $$-\frac{dS}{dt} = v = k_3 \cdot E \cdot \frac{S}{Km + S} \quad \text{wobei } k_3 \cdot E = V_{max}$$

2. Übergang auf mikrobielle Systeme

$E \mathrel{\hat{=}} X$ (g org. N/l)

$S \mathrel{\hat{=}} C$ (mg org. C/l)

$C \cdot SSB = BSB$ (mg O_2/l)

3. Vereinbarungen $k_3 \mathrel{\hat{=}} V^*_{max}$ (mg .../g org. N, min)

4. Kinetik mikrobieller Systeme

$$-\frac{dC}{dt} = v = V^*_{max} \cdot X \cdot \frac{C}{Km + C}$$

V^*_{max} in mg C/g N, min; Km in mg C/l

$$-\frac{dBSB}{dt} = v = V^*_{max} \cdot X \cdot \frac{BSB}{Km + BSB}$$

V^*_{max} in mg O_2/g N, min; Km in mg O_2/l

X: Organismenkonzentration
C: Nährstoffkonzentration
v: Reaktionsgeschwindigkeit
V^*_{max}: spezifische Maximalgeschwindigkeit
Km: Michaelis-Konstante
SSB: spezifischer Sauerstoffbedarf
BSB: biochemischer Sauerstoffbedarf

carbon) erfaßt werden. In Verbindung mit der Messung des Sauerstoffverbrauchs lassen sich daraus auch Schlüsse über die Verwertung ziehen. Eine Aussage darüber gibt der Vergleich des gemessenen Sauerstoffverbrauchs für eine Nährsubstanz mit dem theoretisch notwendigen Sauerstoffverbrauch für eine volle Oxidation (CSB = chemischer Sauerstoffbedarf). Dieser Wert ist besonders wichtig für Nährsubstrate, bei denen ein Wachstum der Organismen möglich ist und geschieht.

Dies führt schließlich zur letzten Ergänzung bezüglich der theoretischen Grundlagen: Während bei reinen enzymatischen Systemen im Labor immer eine konstante Enzymmenge vorliegt, ist eine solche in natürlichen mikrobiellen Systemen die Ausnahme. Bakterien verwerten ihre Nährstoffe mit dem Ziel der Vermehrung. Da die Reaktionsgeschwindigkeit aber — wie oben angedeutet — von der Zahl der Organismen abhängt, wird sich die Gesamtenzymmenge im System mit der Vermehrung laufend vergrößern. Das bedeutet, daß für solche Systeme die mathematische Formulierung für die Reaktionsgeschwindigkeit diesen anderen Bedingungen angepaßt werden muß.

Darüber hinaus gibt es auch noch Systeme, in denen durch Vergrößerung der für eine bestimmte Nährstoffart notwendigen Enzymmenge während der Reaktion, ohne eine Vermehrung der Bakterien, eine Erhöhung der Reaktionsgeschwindigkeit erfolgt. Darauf wurde bereits im vorangegangenen Kapitel hingewiesen.

Ein anderer Fragenkomplex ist die Messung der Wirkung toxischer Substanzen und die Einführung verfahrenstechnischer Fragestellungen zur Nutzung mikrobieller Systeme.

In den folgenden Abschnitten sollen beispielhaft Informationen zu diesen Fragestellungen vermittelt werden.

2 Einfache Einstoffsysteme ohne Organismenzuwachs

An einem System, das aus einer Bakterienreinkultur und einem Reinsubstrat gebildet wird, lassen sich bei Veränderung der Nährstoffkonzentration, des pH-Wertes und der Temperatur, schnell die Brauchbarkeit der enzymatischen Ansätze für die Kinetik überprüfen. Die entsprechenden Ansätze sind in Tab. 12 zusammengestellt.

Tabelle 12. Kinetik mikrobieller Systeme: keine Vermehrung möglich

Geschwindigkeitsgleichung

$$-\frac{dC}{dt} = V^*_{max} \cdot X \cdot \frac{C}{Km + C}$$

Randbedingungen $X = const$

$t = 0, C = C_0$

Zeit — Umsatz — Gleichung

$$V^*_{max} \cdot X \cdot t = Km \cdot \ln \frac{C_0}{C} + (C_0 - C)$$

Entsprechend den bereits im Kapitel I erläuterten Zusammenhängen (Abb. 3) wird eine Nährsubstanz unter gleichzeitigem Verbrauch an Sauerstoff (biochemischer Sauerstoffverbrauch = BSV) zum Teil in körpereigene Substanz umgewandelt, zum Teil oxidiert. Der Anfangswert an Substrat (S_0) entspricht einem für das System gültigen Betrag an biochemischem Sauerstoffbedarf. Während der Reaktion wird Sauerstoff verbraucht; am Ende der Reaktion entspricht die Menge an verbrauchtem Sauerstoff dem anfänglichen Sauerstoffbedarf (Abb. 42).

Der Reaktionsfortschritt entspricht der BSB-Abnahme bzw. der BSV-Zunahme. Die Geschwindigkeit der Reaktion wird auf die Menge an Bakterienstickstoff (Maß für die Bakterienmenge) bezogen; desgleichen die später zu errechnende Maximalgeschwindigkcit.

Sowohl V_{max} als auch Km beziehen sich auf den Sauerstoffverbrauch und werden daher in dieser Dimension angegeben. Der Km-Wert hat die Bedeutung eines „noch vorhandenen BSB-Wertes" bei $v = V_{max}/2$.

Als praktisches Beispiel sei das System: „Sporosarcina ureae — Alanin" angeführt (Abb. 43). Die Zeit-Umsatz-Diagramme für den Sauerstoffver-

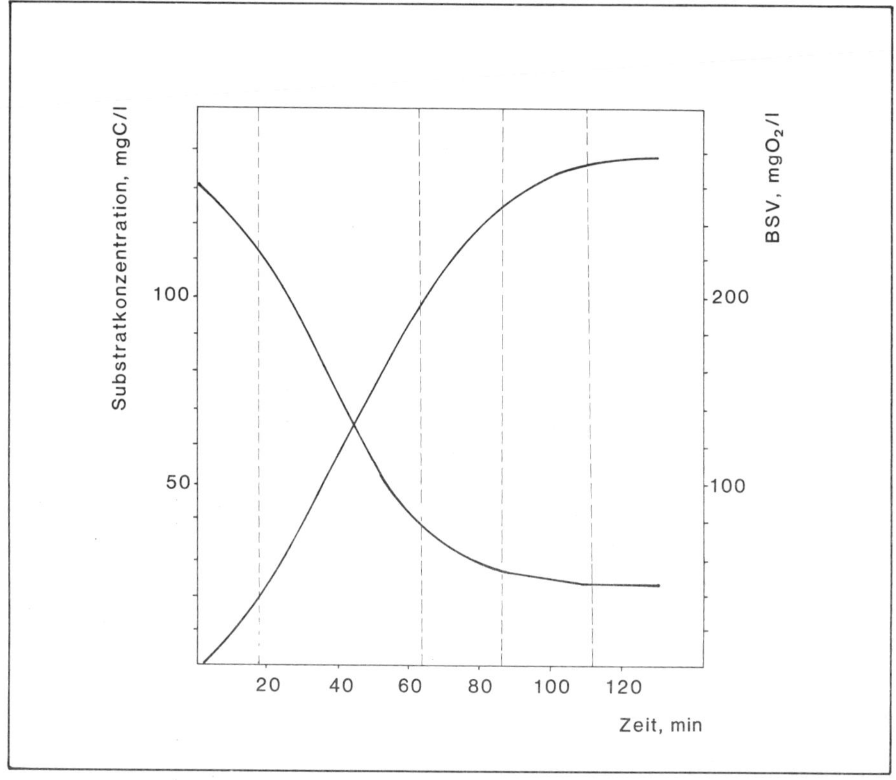

Abb. 42. Substratabnahme und korrespondierender Sauerstoffverbrauch für das System Sporosarcina ureae — Alanin (nach Göbel-Meurer)

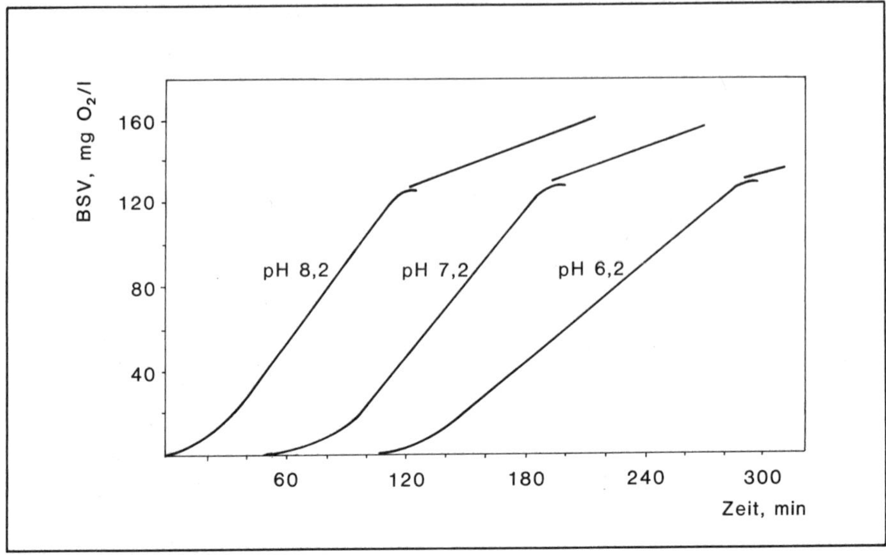

Abb. 43. Einfluß des pH-Wertes auf die Veratmung von Alanin durch Sporosarcina ureae (nach Göbel-Meurer)

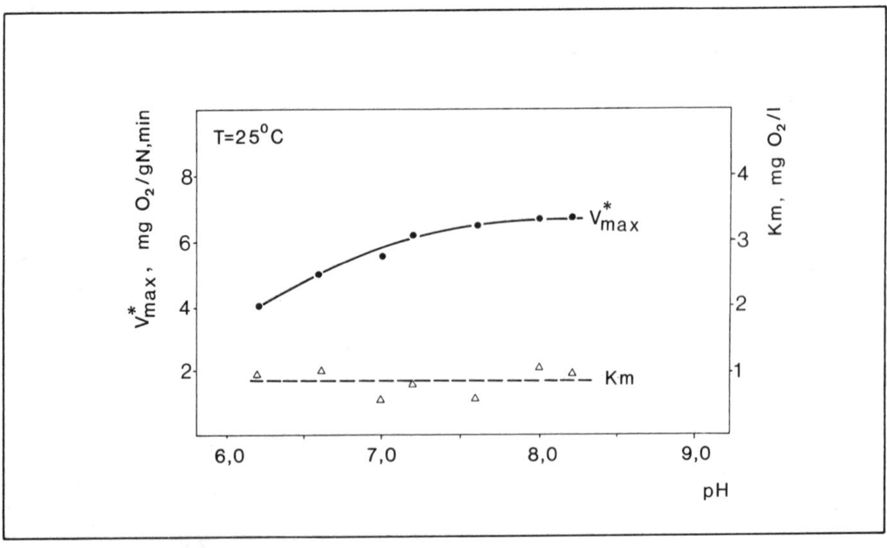

Abb. 44. Einfluß des pH-Wertes auf die kinetischen Kenngrößen der Alaninveratmung durch Sporosarcina ureae (nach Göbel-Meurer)

brauch zeigen eine zweistufige Reaktion, von der hier nur die erste Stufe betrachtet wird, da nur dieser erste Teil der Reaktion mit der Stoffaufnahme aus dem Wasser parallel läuft; der zweite Abschnitt resultiert aus Reaktionen innerhalb der Zelle nach Erschöpfung des äußeren Nahrungsangebots (endogene Atmung).

In diesem Beispiel ergibt die Auswertung der Kurven nach den Methoden in Kapitel IV einen V^*_{max}-Wert von 5,17 mg BSV/g N, min. Der Km-Wert wurde zu 1,3 mg BSB/l ermittelt.

Er ist kennzeichnend für die meisten derartigen Systeme, daß der Km-Wert äußerst klein ist, d. h., daß der Stoffumsatz auch bei relativ geringen Substratkonzentrationen noch den Charakter einer „Reaktion nullter Ordnung" hat.

Die Variation des pH-Wertes für das gleiche System zeigt einen deutlichen Einfluß auf die Reaktionsgeschwindigkeit und damit auf die V^*_{max}-Werte mit einem sehr breiten Optimalbereich, beginnend bei pH = 7, aber keine signifikante Veränderung des Km-Wertes (Abb. 44).

Die Auftragung der Temperaturabhängigkeit der V^*_{max}-Werte (Abb. 45) schließlich gibt das für enzymchemische Reaktionen typische Bild. Die Geschwindigkeiten steigen mit der Temperatur bis zum Optimalwert und sin-

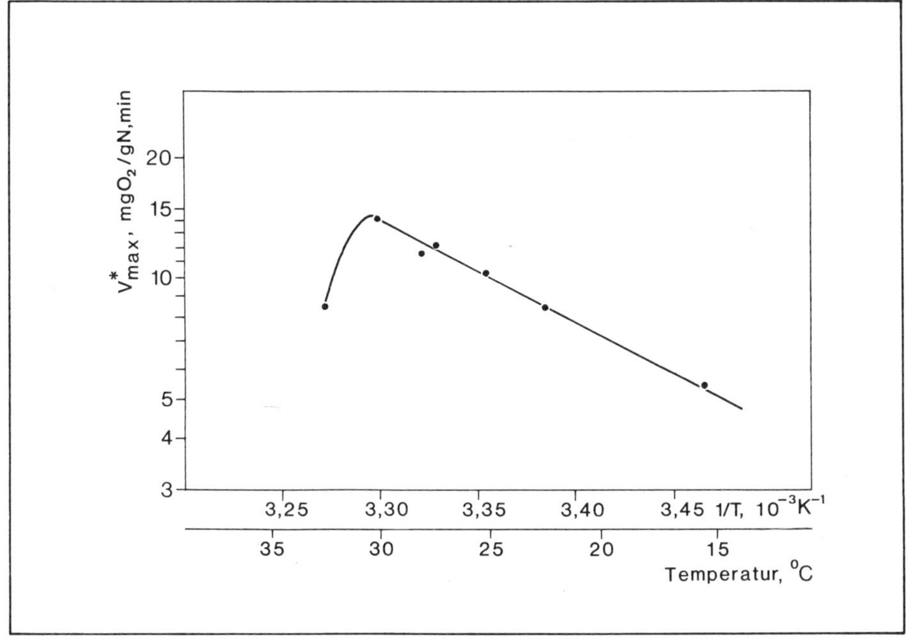

Abb. 45. Einfluß der Temperatur auf den V^*_{max}-Wert des Systems „Sporosarcina ureae — Alanin" (nach Göbel-Meurer)

ken danach rasch ab. Aus der Temperaturabhängigkeit läßt sich (bei pH 8,0) eine Aktivierungsenergie von E_a = 50 kJ/mol errechnen. Der spezifische Sauerstoffverbrauch der Reaktion ist unabhängig vom pH-Wert und der Temperatur und beträgt um 1,0 bis 1,07 mg O_2/mg Alanin.

3 Komplexe Systeme ohne Vermehrung

Systeme, zu deren mathematischer Beschreibung ein Wertepaar V_{max}, Km genügt, sind in der Natur eher eine Ausnahme. In der Regel sind die Reaktionsabläufe wesentlich komplizierter und verlangen daher eine differenziertere Betrachtungsweise.

Für Systeme mit einer komplex zusammengesetzten Nährlösung als Systemkomponente ergeben sich dabei folgende Unterscheidungsfälle:

a) Die verschiedenen Nährstoffe werden gleichzeitig, aber über unterschiedliche Reaktionsketten verarbeitet. Auf jedem dieser Reaktionswege wirkt eine enzymkatalysierte Teilreaktion geschwindigkeitsbegrenzend.

Da die Nährstoffkonzentration im Milieu summarisch gemessen wird (DOC, BSB, u. a.), ergibt sich die Geschwindigkeit der Konzentrationsänderung zu jedem Zeitpunkt der Reaktion aus der Summe der Geschwindigkeiten der Teilreaktionen. Und weil damit zu rechnen ist, daß die einzelnen Substratkomponenten zu unterschiedlichen Zeiten verbraucht sind, ergibt sich in der Summe eine stufenförmige Veränderung der Gesamtgeschwindigkeit.

Als Beispiel hierfür sei das System: „Escherichia coli + Glucose + Na-Formiat + Glutaminsäure" genannt (Abb. 46).

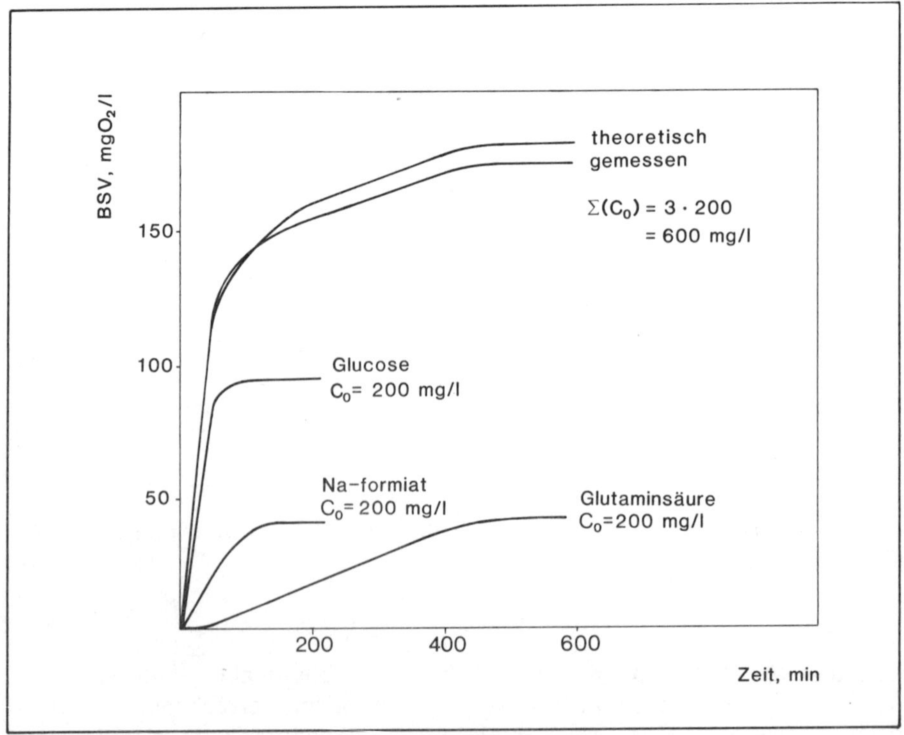

Abb. 46. Aerober Abbau eines Substratgemischs durch E. coli (nach Wilderer)

b) Die Nährstoffe werden nacheinander verarbeitet; für jedes Teilsubstrat wirkt eine andere enzymatische Teilreaktion geschwindigkeitsbestimmend.

Diese Situation wird in der Literatur als Diauxie bezeichnet. Die Gegenwart der zuerst abgebauten Nährstoffkomponente blockiert den für die Verarbeitung der zweiten Komponente verantwortlichen Reaktionsweg. Ein stufenförmiger Kurvenverlauf ist auch hier das Resultat einer summarischen Konzentrationsbestimmung im Milieu. Eine solche Situation tritt allerdings nur für sehr spezielle Substratarten auf.

Von sehr viel allgemeinerer Bedeutung ist der Fall c):

c) Die Verarmung einer komplexen Nährlösung zwingt die Zelle, die Zielrichtung des Stoffwechsels zu verändern. War beispielsweise zu Beginn der Reaktion noch unbeschränkt Vermehrung möglich, kann nach Verschwinden einer Schlüsselsubstanz Wachstum nur noch beschränkt stattfinden; die Situation wird für die Zelle schrittweise komplizierter, die Ausbeute schwieriger.

Umstellungen im Zellstoffwechsel führen zu einer Verlagerung der Geschwindigkeitsbegrenzung von einem auf ein anderes Enzym. Weil diese Verlagerung schrittweise erfolgt, synchron mit dem Verschwinden wichtiger Nährstoffkomponenten aus dem Nährstoffangebot, wird der Reaktionsablauf in der Summe auch hier wieder stufenförmig verlaufen. Für jede Stufe ist aber ein enzymkatalysierter Teilschritt geschwindigkeitsbestimmend.

d) Zu einem stufenförmigen Kurvenverlauf kommt es schließlich auch, wenn in der Zelle Zwischenprodukte aufgebaut, gespeichert und in einem folgenden Schritt weiterverarbeitet werden. Man bezeichnet diesen Folgeschritt als endogenen Substratabbau.

Auch hierbei werden nacheinander verschiedene enzymatische Reaktionen geschwindigkeitsbestimmend. Der Übergang vollzieht sich in der Regel, wenn die äußere Substratquelle erschöpft ist, er kann jedoch in speziellen Fällen auch schon früher erfolgen.

Welcher Fall im einzelnen auch immer vorliegen mag, wichtig ist festzustellen, daß damit die Anwendbarkeit der im vorhergehenden Kapitel abgeleiteten Methoden zur Analyse und Beschreibung des Reaktionsablaufs nicht eingeschränkt wird. Erforderlich ist es lediglich, den Gesamtvorgang in die entsprechenden Teilbereiche zu zerlegen und die Analyse für diese Teilbereiche getrennt durchzuführen. Zur Beschreibung des Gesamtvorganges sind die Teilresultate dann wieder zu einem Ganzen zusammenzufügen.

Auch ein in seiner Natur noch unbekanntes Nährsubstrat-Abwasser kann so analysiert werden. Es zeigt in der Regel eine mehrstufige Reaktion mit charakteristischen Segmenten und zugehörigen Reaktionskonstanten. Es lassen sich selbst wenn als Testorganismus nur eine Reinkultur verwendet wird, Einblicke in die Abbaubarkeit der Abwasserinhaltsstoffe und damit Aussagen über den Charakter dieses Abwassers als Nährlösung gewinnen (Abb. 47).

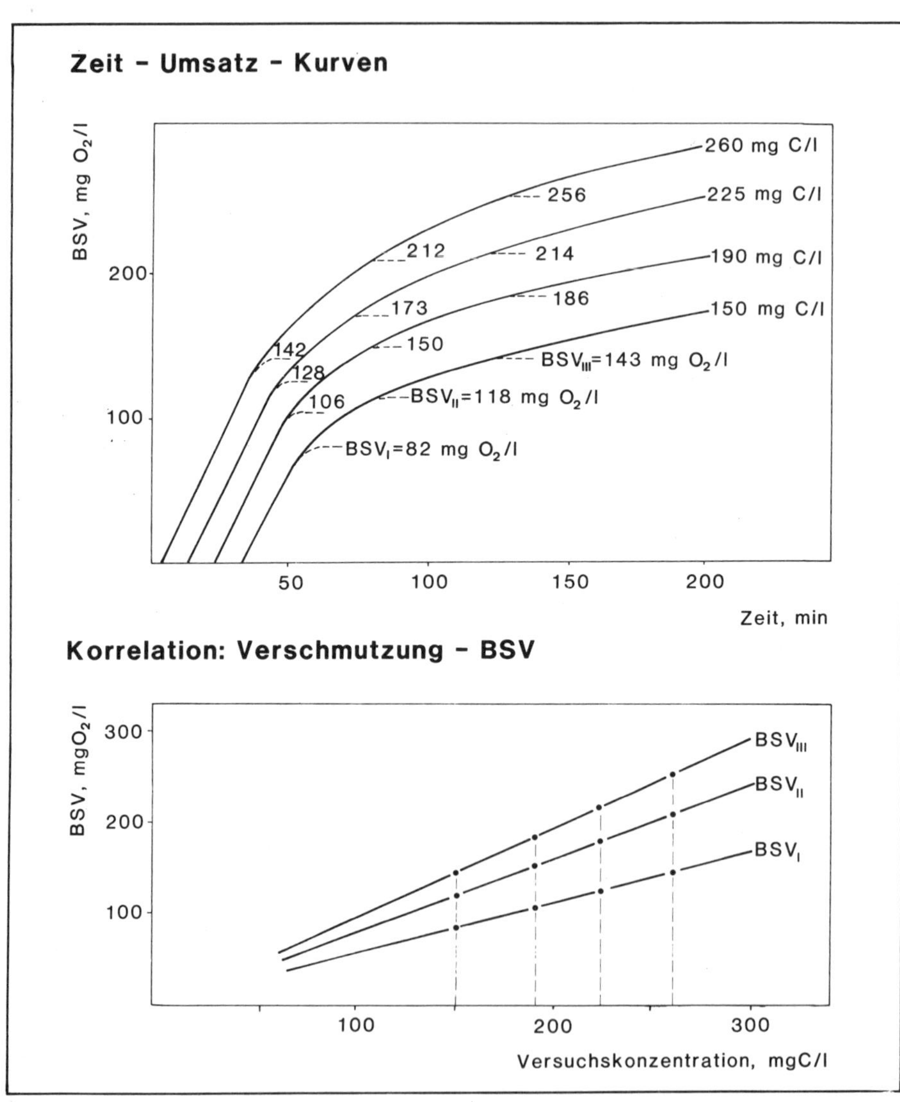

Abb. 47. Mehrstufiger Abbau eines komplexen Abwassers durch Belebtschlamm (zur besseren Darstellung ist der Nullpunkt verschoben) (nach Wilderer)

4 Einfache Systeme mit Zusatznährstoffen

Werden den Bakterien nur Nährstoffe ohne Stickstoff angeboten, ist eine Eiweißsynthese und damit eine Vermehrung nicht möglich. Der Großteil der Nährstoffe wird dann dissimiliert. Die Gegenwart einer brauchbaren Stickstoffquelle kann den Stoffwechsel und damit auch die Kinetik beträchtlich verändern. Als Beispiel dafür sei das System „Sporosarcinae ureae — Pyruvat“ mit und ohne NH_4Cl als Stickstoffquelle angeführt. Der V^*_{max}-Wert nimmt

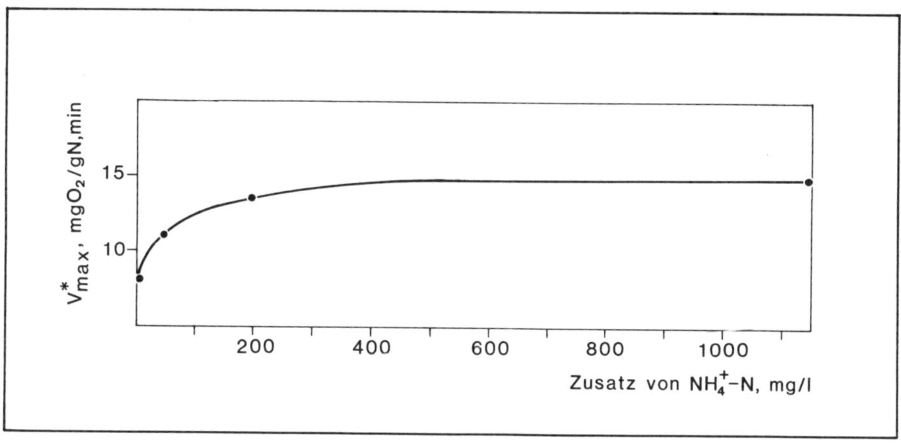

Abb. 48. Veränderung des V^*_{max}-Wertes durch Ammonium im System „Sporosarcina ureae – Pyruvat" (nach Göbel-Meurer)

in Gegenwart von NH_4Cl zu, und strebt einem Grenzwert entgegen (Abb. 48). Das neue System hat einen V^*_{max}-Wert, der unabhängig vom pH-Wert wird; dies zumindest über den untersuchten Bereich; und schließlich wird auch die Abhängigkeit des spezifischen Sauerstoffverbrauchs dadurch vom pH-Wert weitgehend aufgehoben.

5 Hemmungen durch systemimmanente Faktoren

Hemmungen, die in der Natur des Systems selbst liegen, können sein: „Hemmung durch Substratüberschuß" sowie „Produkthemmung".

Als Beispiel für eine „Substrathemmung" soll das System „Nitrobakter-Nitrit" dargestellt werden. Abbildung 49 zeigt die Sauerstoffverbrauchskurven für die Oxidation von NaO_2 durch Nitrobacter bei einem pH-Wert von 6,25: Die geringste Konzentration an Nitrit führt zur höchsten Anfangsgeschwindigkeit. Die Hemmung bei den höheren Konzentrationen wird jedoch mit dem Ablauf der Reaktion überwunden. In solchen Fällen ist der V^*_{max}-Wert aus den Anfangssteigungen der niedrigeren Konzentrationen zu ermitteln und zusätzlich zur Beschreibung des Systems die Hemmkonstante zu ermitteln; sie beträgt für das gezeigte System $K_i = 0{,}18$ mg N der salpetrigen Säure je Liter.

6 Hemmung durch toxische Substanzen

Eine Reihe von organischen und anorganischen Stoffen wirkt toxisch auf mikrobielle Systeme; sei es, daß Enzymsysteme blockiert, sei es, daß Eiweiße denaturiert werden. Diese Effekte können reversibel (bakteriostatisch) oder irreversibel (bakterizid) sein.

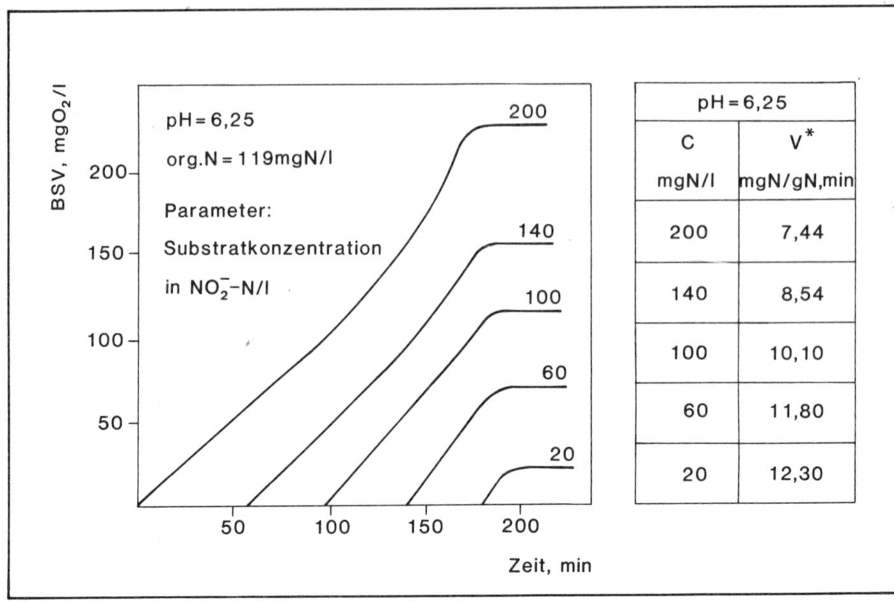

pH = 6,25	
C mgN/l	v* mgN/gN,min
200	7,44
140	8,54
100	10,10
60	11,80
20	12,30

Abb. 49. Die Veratmung von $NaNO_2$ durch Nitrobacter als Beispiel für die „Hemmung durch Substratüberschuß" (nach Bergeron) (zur besseren Darstellung ist der Nullpunkt verschoben)

Erscheinungsbild der toxischen Wirkung kann das einer „kompetitiven Hemmung", einer „nichtkompetitiven Hemmung" oder irgend eines Mischtyps sein, je nach Giftstoff und Art des biologischen Systems. Die Systeme werden in Abhängigkeit des pH-Wertes oder bei Gegenwart mehrerer Giftstoffe noch komplizierter. In diesen Fällen läßt sich, genau wie in anderen oben geschilderten Fällen, durch die kinetische Analyse oft zwar nicht die wirkliche Natur der Erscheinung erfassen, wohl aber eröffnet die kinetische Analyse eine Möglichkeit zur mathematischen Beschreibung des Phänotypus des vergifteten Systems.

Ergebnisse solcher Versuche mit den Schwermetallen Zink, Kupfer und Blei sind in Tab. 13 für die Lebensgemeinschaften einer Selbstreinigungsstrecke angegeben. Zwar gilt für alle Fälle der Typus einer „nichtkompetitiven Hemmung", doch zeigen sich beträchtliche Unterschiede in der Wirkung sowohl in Abhängigkeit vom Giftstoff als auch in der Zusammensetzung der Lebensgemeinschaft. Weiter zeigte sich, daß bei Zink eine Totalvergiftung nicht möglich ist; es bleibt eine Restaktivität. Bei Kupfer sind jeweils zwei Kupferionen an der Reaktion mit dem Enzym beteiligt. Die Veränderung der Maximalgeschwindigkeit ist abhängig von der Konzentration des Giftstoffs. Die Mischung von Quecksilber und Blei führt zu einer Veränderung des Reaktionsablaufs in den Zellen der Art, daß sich der geschwindigkeitsbestimmende Schritt verlagert.

Tabelle 13. Beispiele für die Hemmung mikrobieller Lebensgemeinschaften durch Schwermetalle

Saprobiestufe	Zn-Hemmung		Cu-Hemmung		Pb-Hemmung	
	K_i mg Zn/l	V^*_{max} mg O_2/g N, min	K_i mg Cu/l	V^*_{max} mg O_2/g N, min	K_i mg Pb/l	V^*_{max} mg O_2/g N, min
polysaprob	—	—	1,75	8,3	—	—
polysaprob	1,62	10,33	1,25	11,05	10,5	8,57
polysaprob	0,35	14,28	1,25	17,13	7,2	14,14
poly- bis α-mesosaprob	0,48	14,51	2,0	9,86	3,3	15,87
α-mesosaprob	1,5	5,32	—	—	—	—

7 Adaptationen

Biologische Systeme funktionieren dann, wenn die Organismen das vorliegende Nährstoffangebot schnell verwerten können. Bei Zufuhr eines neuen Nährstoffs von außen ist das nicht immer der Fall; es ist eine Adaptation erforderlich.

Diese läßt sich in die Kategorien

- biocoenotische Adaptation,
- enzymatische Adaptation

unterteilen.

Bei der *biocoenotischen Adaptation* sind die zum Abbau erforderlichen Organismen in der Lebensgemeinschaft nicht oder nicht in entsprechender Menge vorhanden. Sie müssen erst — durch Zufall meist — in das System eingebracht werden. Finden sie dort nun die geeigneten Nährstoffbedingungen vor, vermehren sie sich. Das Ergebnis ist eine biocoenotische Umschichtung, die so lange anhält, bis ein der neuen Situation angepaßter Gleichgewichtszustand erreicht ist. Die Biocoenose in ihrer Zusammensetzung und Leistungsfähigkeit ist immer eine Antwort auf die Zusammensetzung der Nährstoffe. De facto ist nie eine Organismengesellschaft voll an die Bedingungen des Lebensraumes adaptiert, da sich diese laufend verändern. Daß es trotzdem nur

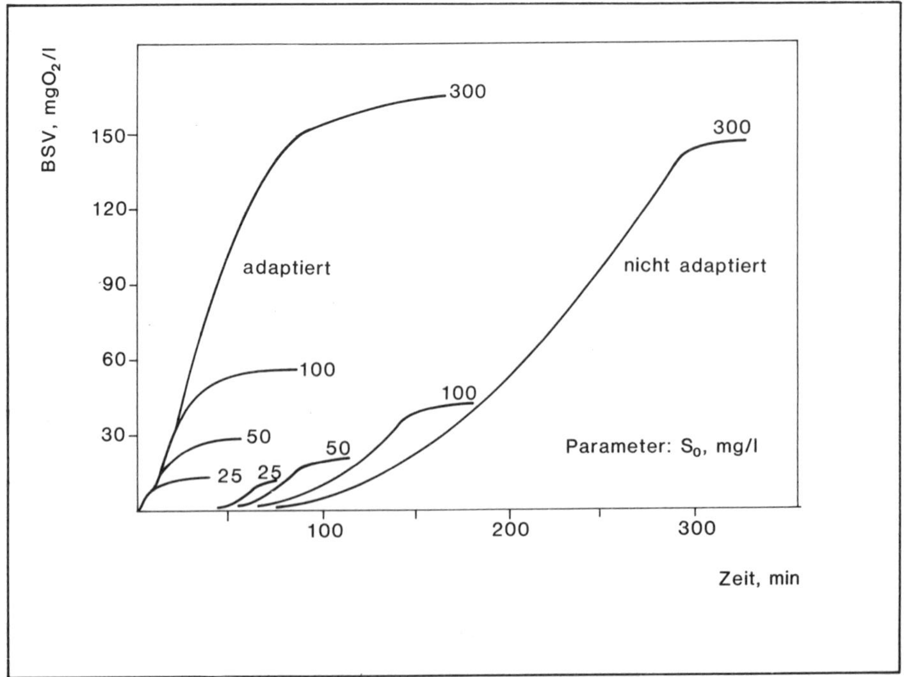

Abb. 50. Abbau von Phenol durch Belebtschlamm als Beispiel für „Hemmung durch Substratüberschuß" und „Adaptation"

selten zu krassen Extremveränderungen kommt, liegt daran, daß in vielen Lebensräumen immer eine Gruppe von Ubiquisten mit einem breiten Abbaupotential vorhanden ist.

Bei der *enzymatischen Adaptation* sind zwar die zum Abbau befähigten Organismen vorhanden, sie müssen sich jedoch erst in ihrer inneren enzymatischen Organisation auf die neuen Verhältnisse einstellen. Dabei kann es zu der bereits besprochenen „Hemmung durch Substratüberschuß" kommen.

Ein Beispiel für die genannten Erscheinungen ist der Abbau von Phenol durch Belebtschlamm (Abb. 50). Die Zeit-Umsatz-Kurve eines an geringe Konzentrationen adaptierten Belebtschlamms (Mischbiocoenose) zeigt, daß das Substrat gut abgebaut werden kann, so lange die Anfangskonzentrationen gering gehalten wird. Höhere Konzentrationen aber verursachen eine Hemmung.

Bei längerer Exposition der Bakterienbiocoenose gegen die erhöhte Substratkonzentration wird die Hemmung durch Enzymsynthese überwunden. Eine Wegnahme des Phenols führt wieder zu einem schnellen Verlust der Fähigkeit, diese Substanz abzubauen.

8 Systeme mit Organismenzuwachs

Der Sinn der Ernährung ist die Sicherung des Individuums und dadurch die Sicherung der Art. Arterhaltung geschieht durch fortwährende Erzeugung jüngerer Individuen. Bei den meisten Mikroorganismen geschieht dies durch Zweiteilung. Eine Bakterie wächst heran und teilt sich in zwei Tochterzellen. Je nach Organismenart, der Art der Nährstoffe und der übrigen Milieurparameter beträgt der Abstand zwischen zwei Teilungsschritten von einem Bruchteil einer Stunde bis zu mehreren Tagen. Die Vorteile einer raschen Teilung für die Organismen ist offensichtlich: innerhalb ganz kurzer Zeit kann bei Bedarf eine hohe Organismendichte bereitgestellt werden. Für die Betrachtung der Kinetik kann wieder von dem mehrfach erwähnten Modell ausgegangen werden (Tab. 14).

Im Gegensatz zu den früheren Annahmen ist jetzt allerdings zu beachten. daß nun nicht nur die Nährstoffkonzentration C, sondern auch die Organismenkonzentration X variabel ist. Um dieses mathematische Problem einfach lösen zu können, muß eine dieser Variable durch die andere ersetzt werden. Man geht dazu von der Voraussetzung aus, daß zwischen dem Organismenzuwachs ($\Delta X = X - X_0$) und dem Nährstoffverbrauch ($\Delta C = C_0 - C$) ein festes Verhältnis besteht. Diese Annahme ist zulässig, solange sich die Nährlösung in ihrer Qualität nicht ändert und solange keine Hemmung, beispielsweise durch entstehende Produkte auftritt. Die Proportionalitätskennzahl wird als Ertragskoeffizient (Y_S) bezeichnet.

Verbindet man die Definitionsgleichung für Y_S mit der aus der Michaelis/Menten-Beziehung für die enzymkatalysierte Schlüsselreaktion abgeleiteten Geschwindigkeitsgleichung, so erhält man die Wachstumsgleichung in ihrer allgemeingültigen Form. Das Produkt aus Y_S und V^*_{max} wird in dieser Gleichung üblicherweise in einer Kennzahl zusammengefaßt, dem μ_{max}-Wert. Er hat die Bedeutung einer maximalen Wachstumrate.

Tabelle 14. Kinetik mikrobieller Systeme: Vermehrung

---

1. Geschwindigkeitsgleichung

$$-\frac{dC}{dt} = V^*_{max} \cdot X \cdot \frac{C}{Km + C}$$

Voraussetzungen/Randbedingungen

$$-\frac{dX}{dC} = \text{const} = \frac{X - X_0}{C_0 - C} = Y_S \text{ (Ertragskoeffizient)}$$

$t = 0;\ C = C_0,\ X = X_0$

$t = \infty;\ C = 0,\ X = X_E$

2. Geschwindigkeitsgleichung für die Vermehrung

$$+\frac{dX}{dt} \cdot \frac{1}{Y_S} = V^*_{max} \cdot X \cdot \frac{C_0 - (X - X_0)/Y_S}{Km + C_0 - (X - X_0)/Y_S}$$

3. Wachstumsgleichung

$$\mu_{max} \cdot X_E \cdot t = Y_S \cdot Km \cdot \ln \frac{X_E - X_0}{X_E - X} + (Y_S \cdot Km + X_E) \cdot \ln \frac{X}{X_0}$$

mit: $\mu_{max} = Y_S \cdot V^*_{max}$ (maximale Wachstumskurve)

Sonderfall: $X = X_0 \cdot e^{\mu_{max} \cdot t}$ für $Km \approx 0$

$$\frac{dX}{dt} \cdot \frac{1}{X} = \mu_{max} \frac{C_0}{Km + C_0} \text{ für } \frac{(X - X_0)}{Y_S} \approx 0 \text{ (Monod-Gleichung)}$$

Zwei Sonderfälle dieser allgemeinen Wachstumsgleichung sind zu erwähnen, weil sie in der Literatur immer wieder auftauchen:

a) Im Anfangsstadium der Reaktion wird der Einfluß von Km auf den Reaktionsablauf verschwindend gering sein; die Organismen arbeiten quasi mit Maximalgeschwindigkeit. Vernachlässigt man Km, so ergibt sich als Lösung der Geschwindigkeitsgleichung eine Exponentialfunktion. Wir bezeichnen den Reaktionsabschnitt, der durch diese Exponentialfunktion befriedigend beschrieben wird, als logarithmische Wachstumskurve. „Logarithmisch" heißt dieser Abschnitt deshalb, weil sich die Wachstumskurve hier im halblogarithmischen Achsensystem als Gerade darstellen läßt. Aus der Neigung dieser Geraden läßt sich der μ_{max}-Wert ermitteln. Um korrekt zu bleiben: gefunden wird ein Näherungswert für μ_{max}, da Km in Wirklichkeit ja nicht unendlich klein ist.

b) Für jeden beliebigen Punkt der Wachstumskurve kann die Tangentensteigung ermittelt werden, die Wachstumsgeschwindigkeit dX/dt also. Geht man näherungsweise davon aus, daß in dem beobachteten Intervall Δt sich die Nährstoffkonzentration C gegenüber der Anfangskonzentration C_0 nur unwesentlich ändert, dann vereinfacht sich die Gleichung für die Wachstumsgeschwindigkeit; sie nimmt die Form der Michaelis/Menten-Gleichung an; diese wurde von Monod experimentell gefunden und ist daher nach ihm benannt.

Aus der Herleitung der Monod-Gleichung wird deutlich, daß diese nur eine Näherungsgleichung ist. Sie eignet sich dazu, die Reaktionskonstanten μ_{max} und Km recht genau zu bestimmen. Aufgrund der mathematischen Identität mit der Michaelis/Menten-Gleichung eignen sich dazu die bereits besprochenen Linearisierungsmethoden (Lineweaver/Burk-Diagramm, Eadie-Diagramm). Zur Beschreibung der Wachstumsreaktion genügt die Monod-Gleichung aber nicht.

Den genauen Wert für die Reaktionskonstanten erhält man, wenn die allgemeine Wachstumsgleichung zugrunde gelegt wird. Auch diese Gleichung läßt sich in eine Geradenform überführen. Neigung und Achsenabschnitt liefern dann die Ausgangswerte für die Berechnung der Konstanten. Dabei ist es prinzipiell freigestellt, von der Wachstumskurve oder von der Zeit-Umsatz-Kurve auszugehen, denn diese ergibt sich aus der Geschwindigkeitsgleichung in analoger Weise. Freigestellt ist dabei auch, ob der Reaktionsfortschritt über die Nährstoffkonzentration oder über den Sauerstoffverbrauch verfolgt wird (Abb. 51). Die einzige Bedingung ist, daß die Voraussetzung Y_S = const bzw. SSB = const in dem betrachteten Kurvenabschnitt gewahrt bleibt. Dies ist aber nicht der Fall, wenn sich die Nährlösung während der Reaktion stufenweise verändert, wenn „Produkthemmung" einsetzt, oder — bei Wahl des Sauerstoffverbrauchs als Meßgröße — nach Übergang von Substratatmung auf endogene Weiterveratmung eingelagerter Zwischenprodukte. Es gelten in solchen Fällen die gleichen Regeln einer stufenweise Analyse wie sie bereits in dem vorhergehenden Kapitel besprochen wurden.

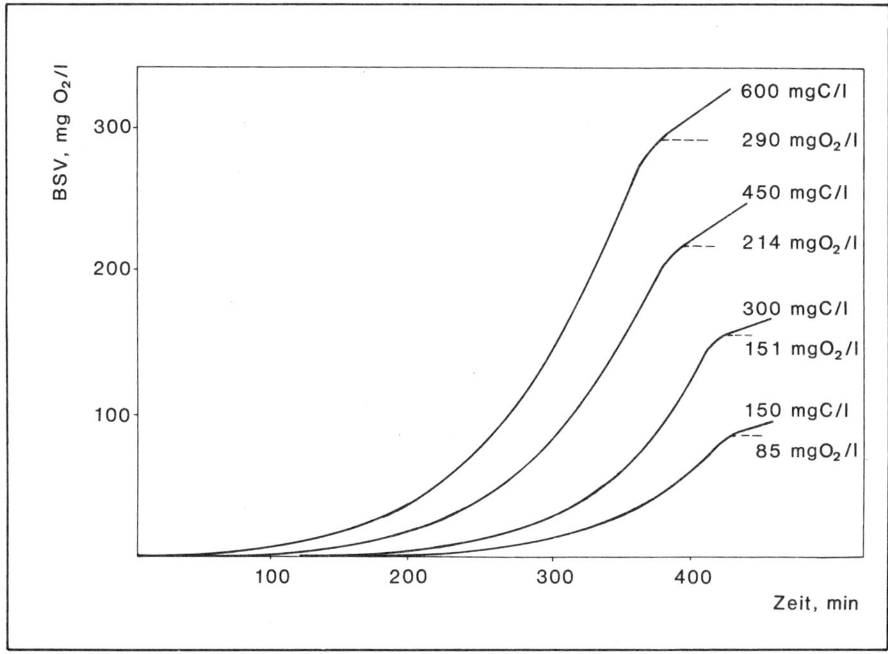

Abb. 51. Zuwachs von Belebtschlamm in einer Nährlösung, dargestellt am BSV (nach Wilderer) (zur besseren Darstellung ist der Nullpunkt verschoben)

9 Kinetik in mikrobiellen Verbundsystemen

Mikroorganismen treten in der Natur selten in Reinkulturen auf, sondern meist in Form von Verbundsystemen, wobei die Stoffwechseltätigkeit einer Gruppe A erst die Lebensbedingungen für eine folgende Gruppe B schafft. Die Gruppe B ist dann vollständig von der Gruppe A abhängig.

Für die Abwasserreinigung sind drei solcher Verbundsysteme besonders interessant, nämlich die Systeme

- „Bakterien — bakterienfressende Protozoen",
- „Nitrifikation"
- „Methanbildung".

Das System „Bakterien — bakterienfressende Protozoen" stellt den Beginn einer Reaktionskette dar, die als „natürliche Selbstreinigung" bezeichnet wird und deren Aufgabe es ist, in gestörten biologischen Systemen den ursprünglichen Zustand wiederherzustellen. Das System „Nitrifikation" ist die andere Seitenkette der natürlichen Selbstreinigung. Der von organotrophen Bakterien beim Eiweißabbau freigesetzte Ammoniak wird über zwei Stufen zu Nitrat oxidiert. Die Methanbildung schließlich ist das anaerobe Analogon zur natürlichen Selbstreinigung: Unter Abschluß von Sauerstoff bilden organotrophe Bakterien aus organischen Nährstoffen Alkohole und Säuren, die von den Methanbildnern zu Methan metabolisiert werden.

Gemeinsam sind allen drei Systemen bestimmte kinetische Eigenschaften, von denen die wichtigsten sind: Die Vermehrungsrate der folgenden Gruppe ist jeweils beträchtlich geringer als die der vorausgehenden. Liegt die Verdoppelungszeit der chemoorganotrophen Bakterien z. B. in der Größenordnung von einer oder wenigen Stunden, so ist sie für die Ciliaten oder chemolithotrophen Nitrifizierer größer als ein Tag; dies obwohl Stoffumsatz und Atmungsgeschwindigkeit nahezu gleich sind. Die Ursache liegt im geringeren Ertragskoeffizienten.

Bei Störungen irgendwelcher Art ist die Gruppe B jeweils stärker gefährdet als die Gruppe A, und sie braucht längere Zeit, um sich wieder zu erholen. Die Bemessung technischer Systeme, in denen die biologischen Komponenten einer Reaktionskette nebeneinander vorliegen sollen, hat sich deshalb nach den kinetischen Eigenschaften der Gruppe B zu richten.

10 Grenzen der Verwendbarkeit kinetischer Ansätze

Die Kenntnis der Ansätze von Michaelis und Menten zur Beschreibung enzymatischer Vorgänge und die Erfahrung, sie für die Praxis der Fermentertechnik verwenden zu können wie auch die des Ansatzes von Monod zur Wachstumskinetik verleiten leicht zum Mißbrauch. Es ist deshalb notwendig, hier deutlich die Grenzen aufzuzeigen.

Zunächst gilt es, die Michaelis/Menten-Kinetik und die Monod-Kinetik streng auseinanderzuhalten.

Die Michaelis/Menten-Kinetik beschreibt alle enzymatischen Vorgänge.

Die Monod-Kinetik läßt sich daraus ableiten, gilt aber nur für Bedingungen, unter denen sich Bakterien auch vermehren können.

Zum Beispiel läßt sich die Oxidation eines Reinsubstrates, wie der Abbau von Glukose durch eine Reinkultur, mit Hilfe der Michaelis/Menten-Gleichung beschreiben, nicht aber mit der Monod-Gleichung. Die Monod-Gleichung ist in ihrer Anwendung also stärker eingeschränkt.

Weiterhin ist sowohl bei der Anwendung der Michaelis/Menten-Gleichung wie bei der Monod-Gleichung streng auf die fraktionierte Entmischung von Substraten zu achten. Für jede Teilreaktion sind die Reaktionskonstanten getrennt zu analysieren. Geschieht das nicht, erhält man zwar Werte, sie erlauben jedoch keine Umrechnung auf andere Konzentrationen.

Praktisch verwendbar ist eigentlich nur der Michaelis/Menten-Ansatz, und zwar

- für die Analyse unbekannter Nährstoffgemische hinsichtlich ihrer abbaubaren Fraktionen;
- für die Analyse des biochemischen Potentials von Mischbiocoenosen gegenüber definierten chemischen Substanzen;
- zur Analyse des Einflusses von pH-Wert, Temperatur oder auch toxischer Stoffe auf mikrobielle Systeme und
- zur Erfassung und Beschreibung von Toxizitäten selbst.

Und dies ist für die Problematik des Abwasserwesens eine sehr breite Palette.

Nicht anwendbar ist die Michaelis/Menten-Kinetik jedoch für die Berechnung oder Steuerung von Fermentern.

Da die Monod-Kinetik auf den Gesetzmäßigkeiten der Michaelis/Menten-Kinetik beruht, ist ihre Verwendbarkeit natürlich noch viel stärker eingeschränkt, und sie wird dann völlig sinnlos, wenn als Substratkonzentration, wie in der Literatur häufig getan, Summenparameter wie CSB, DOC, BSB_5 und dgl. verwendet werden.

Genauso falsch ist es, den Zuwachs an Bakterien als Trockensubstanz zu messen, da in der Abwassertechnik die Trockensubstanz noch vieles andere enthält außer Bakterien. Daraus geht hervor, daß die Monod-Kinetik zur Berechnung und Beschreibung von Fermentern praktisch überhaupt nicht angewendet werden kann. Ihre Verwendung hat sich zu beschränken auf die Darstellung theoretischer Zusammenhänge, und hier ist sie ein hervorragendes Instrument zum Verständnis der mikrobiellen Grundlagen der Kinetik, wie im folgenden Kapitel gezeigt wird. Ihre Anwendung in der Praxis ist jedoch ein Zeichen von mangelhaftem Verständnis der biochemischen und biologischen Zusammenhänge.

VI Kinetik und Reaktortechnik

1 Einführung

Die bisher betrachteten Reaktionssysteme waren dadurch charakterisiert, daß der Reaktionsablauf über der Zeit betrachtet wurde. Es wurde davon ausgegangen daß zu einem bestimmten Zeitpunkt t_0 Anfangsbedingungen gegeben sind, gekennzeichnet durch eine bestimmte Konzentration an Nährstoffen C_0 und einer bestimmten Bakterienkonzentration B_0, und daß sich mit Ablauf der Zeit die Bakterien vermehren und die Substratkonzentration abnimmt. Aus technischer Sicht wäre dies ein diskontinuierlich betriebener Bioreaktor: Anfangsbedingungen werden geschaffen; die Reaktion läuft ab; nach Abschluß der Reaktion werden die Anfangsbedingungen erneut eingestellt.

Neben diesem Reaktortyp, der eine breite technische Anwendung hat, z. B. bei der Bierherstellung, bei der technischen Gewinnung von Antibiotika, bei der Lebensmittelkonservierung usw. gibt es jedoch auch den Grundtyp des kontinuierlich beschickten Reaktors, der je nach der Art, wie die Organismen im System gehalten werden, zu äußerst unterschiedlichen technischen Varianten führen kann. Ein Teil dieser Varianten hat nur theoretische Bedeutung, andere jedoch sind technisch realisierbar und auch in der Abwasserreinigung im Einsatz.

2 Klassifizierung von Reaktortypen mit kontinuierlicher Beschickung

Zunächst unterscheidet man zwischen offenen und geschlossenen Systemen (Abb. 52). Offene Systeme sind solche, bei denen die Reaktionsprodukte in ihrer Gesamtheit (also sowohl Organismenzuwachs als auch Stoffwechselendprodukte) durch die ständig zufließende Nährlösung aus dem Reaktor verdrängt werden. Im Reaktor selbst wird sich ein biologischer Zustand einstellen, der im wesentlichen auf der Vermehrungsgeschwindigkeit der Organismen basiert. Ein derartiger Reaktor kann einstufig oder auch mehrstufig ausgelegt werden, wobei in einem mehrstufigen Reaktor in den einzelnen Stufen auch unterschiedliche biologische Zustände vorliegen können, sei es, daß bei einem Nährstoffgemisch in den einzelnen Stufen unterschiedliche Komponenten abgebaut werden, sei es, daß gebildete Stoffwechselprodukte als Substrat für die Organismen der folgenden Stufe dienen. Gerade im zweiten Fall bedeutet dies aber, daß in den einzelnen Stufen unterschiedliche Organismenarten zum Einsatz kommen.

Der mehrstufige Reaktor stellt eine Übergangsform zum Rohrreaktor dar,

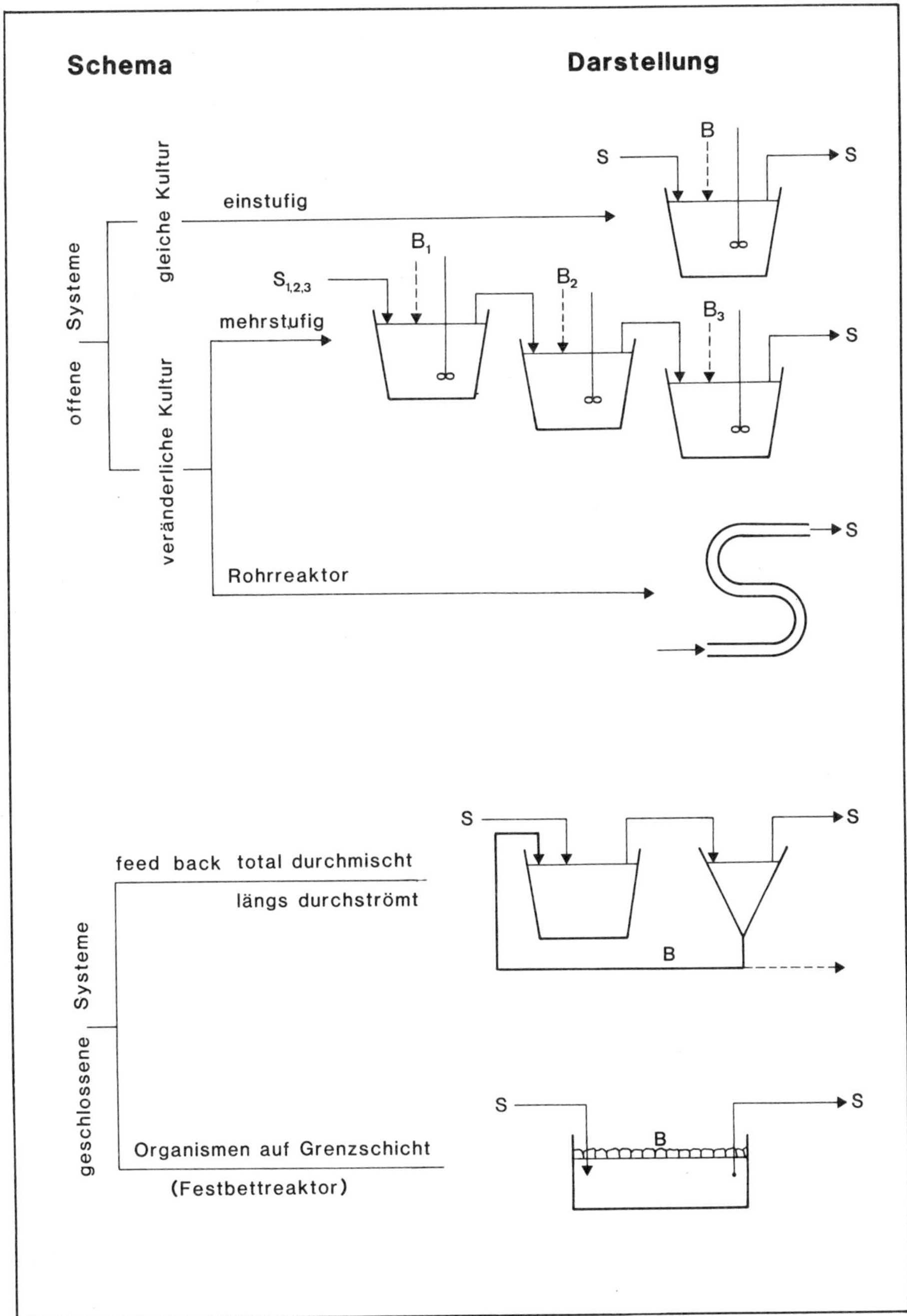

Abb. 52. Klassifizierung kontinuierlich beschickter Fermenter

der vom Prinzip her als die Aneinanderreihung einer unendlichen Zahl von Einzelreaktoren verstanden werden kann. Die Abnahme der Nährstoffkonzentration, die Entmischung der Nährlösung bzw. die Folge unterschiedlicher Lebensgemeinschaften stellt sich dann in Fließrichtung dieses Reaktorbauwerks ein.

Ein derartiger Röhrenreaktor ist bis zu einem gewissen Grad jeder natürliche Fluß, während der mehrstufige Reaktor sein Gegenstück in einem durch viele Staustufen veränderten Fluß hat und ein einstufiger Reaktor ein von einem Wasserlauf durchströmter Teich, See oder auch eine einzige Staustufe an einem Fluß sein kann.

Offene Systeme sind, wie erwähnt, charakterisiert durch die beständige Ausschwemmung der Organismen. Bei geschlossenen Systemen werden die Organismen im System gehalten und nach Bedarf aus dem System entnommen. Für die Anreicherung der Organismen gibt es zwei unterschiedliche Methoden, nämlich die der Organismenrückführung (feed back) und die der Fixierung der Organismen auf einer festen Oberfläche (Festbett). Gerade diese beiden Grundtypen haben eine breite Anwendung in der Abwasserreinigung gefunden und sind dort bekannt unter den Bezeichnungen „Belebtschlammverfahren" und „Tropfkörperverfahren". Für beide Methoden gibt es selbstverständlich eine Reihe von Varianten in biologischer und technologischer Hinsicht. So ist hier ebenfalls die Mehrstufigkeit mit unterschiedlichen Organismengesellschaften in den einzelnen Stufen möglich.

Der kontinuierlich beschickte offene Fermenter kann gedanklich vom diskontinuierlich beschickten offenen Fermenter abgeleitet werden.

3 Der kontinuierlich beschickte offene Fermenter

Der kontinuierlich beschickte offene Fermenter kann gedanklich vom diskontinuierlich beschickten offenen Fermenter abgeleitet werden.

Bricht man in einem diskontinuierlich beschickten Reaktor den Reaktionsvorgang zu einem vorgegebenen Zeitpunkt t_1 ab, entnimmt einen Teil des Inhalts (unverbrauchte Nährlösung und Reaktionsprodukte), ersetzt das entnommene Volumen durch neue Nährlösung und wiederholt diesen Vorgang immer wieder und in immer kürzeren zeitlichen Abständen (Abb. 53), so kann man je nach Häufigkeit und Menge der Entnahme den Reaktionsablauf im Reaktor auf einen ganz bestimmten Betriebszustand einstellen, der gekennzeichnet ist durch einen jeweils bestimmten Prozentsatz an Abbau, an Restnährstoffen und der Umwandlung an Nährstoffen in Organismen. Es ist dabei jeder Zwischenzustand möglich, angefangen von einem geringen Verbrauch der Nährstoffe und geringer Bakterienproduktion bis zu einer vollständigen Erschöpfung der Nährlösung unter maximaler Bakterienproduktion.

Für jeden Zwischenzustand lassen sich Gleichgewichtsverhältnisse definieren. Sie sind durch eine ausgeglichene Bilanz zwischen Import, Umwandlung und Export von Material gekennzeichnet:

$$\text{Import} - \text{Umwandlung} = \text{Export}\ .$$

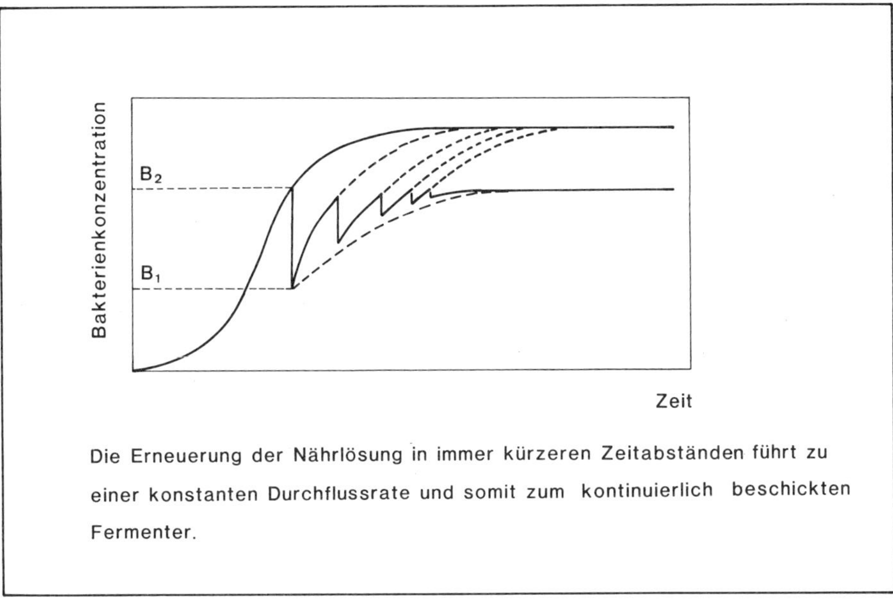

Abb. 53. Ableitung kontinuierlich beschickter Fermenter von der statischen Kultur

Solche Bilanzgleichungen lassen sich für jede Nährstoff- oder Produktkomponente formulieren, so auch für den Organismenzuwachs. Wenn keine Organismen importiert werden, gilt

Zuwachs = Export .

Es resultiert daraus eine konstante von der hydraulischen Belastung des Reaktors (Durchflußrate D), von der Nährstoffkonzentration (C) und der Nährstoffqualität (V^*_{max}, Km) abhängige Organismenkonzentration X.

Zum Verständnis der Zusammenhänge sei an die Ableitungen aus dem vorangegangenen Kapitel erinnert. Der Organismenzuwachs war dort definiert:

$$\frac{dX}{dt} = \mu \cdot X \,; \quad \text{wobei } \mu = f(C_0, \mu_{max}, Km)\,.$$

Für den Organismenexport aus dem Reaktor gilt:

$$\text{Export} = X \cdot \frac{Q}{v} = X \cdot D$$

Q = Zuflußwassermenge, V = Reaktorvolumen, D = Durchflußrate (Q/V). Im Fließgleichgewichtszustand wird damit

$$\mu = D\,.$$

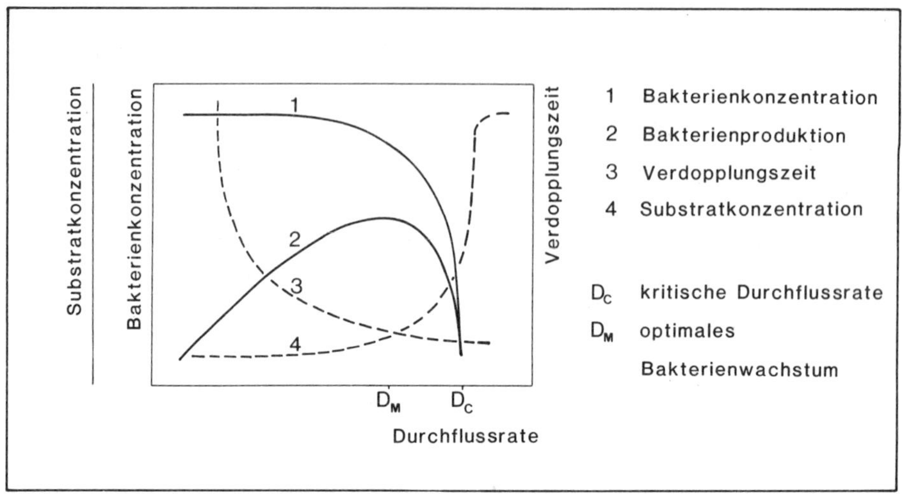

Abb. 54. Einfluß der Durchflußrate auf die Betriebsgrößen eines kontinuierlich beschickten Bioreaktors

Dies gilt aber nur, solange $\mu < \mu_{max}$ ist. Übersteigt die Durchflußrate diesen Grenzwert, so kann der Verlust an Organismenmasse mit dem Reaktorablauf (Export) nicht mehr durch eine Erhöhung der Wachstumsrate kompensiert werden. Es werden dann mehr Organismen ausgeschwemmt als neu gebildet; die Organismenkonzentration nimmt rasch ab, und das System bricht zusammen (Abb. 54).

Aufgrund der festen Beziehungen zwischen Nährstoffkonzentration und Wachstumsrate, lassen sich, solange die Durchflußrate kleiner ist als die maximale Wachstumsrate, über die Veränderung der Durchflußrate, mit einem solchen System auch die kinetischen Parameter bestimmen. Dies gilt jedoch nur, solange das biologische System als solches erhalten bleibt. Änderungen in der Organisation des Stoffwechsels, die zu einer Verlagerung der geschwindigkeitsbegrenzenden Teilreaktion und zu einer Änderung des Ertragskoeffizienten (Y_S) führen, oder gar Änderungen in der Zusammensetzung der Lebensgemeinschaft, beeinflussen die Ausgangssituation grundsätzlich und und verlangen eine entsprechend differenzierte Behandlung.

Die oben geschilderten Gesetzmäßigkeiten ermöglichen es auch, Bioreaktoren in ihrer Leistungsfähigkeit zu regeln oder zu steuern. Eine einfache Art der Verfahrenssteuerung wird beim Chemostaten erreicht (Abb. 55). Dort wird die gewünschte Wachstumsrate durch Einstellen und Konstanthalten der Nährstoffzufuhr erreicht. Dieses System ist relativ träge und eignet sich daher für Bedingungen, bei denen $\mu < \mu_{max}$ ist. Wenn der Reaktor nahe bei μ_{max} arbeiten soll, ist eine Prozeßregelung erforderlich. Der Turbidostat ist ein solcher geregelter Reaktortyp. Hier wird die Organismenkonzentration im Reaktorauslauf über die Trübung kontinuierlich gemessen. Veränderungen in der Trübung werden durch eine Nachregelung der Durchflußrate beantwortet.

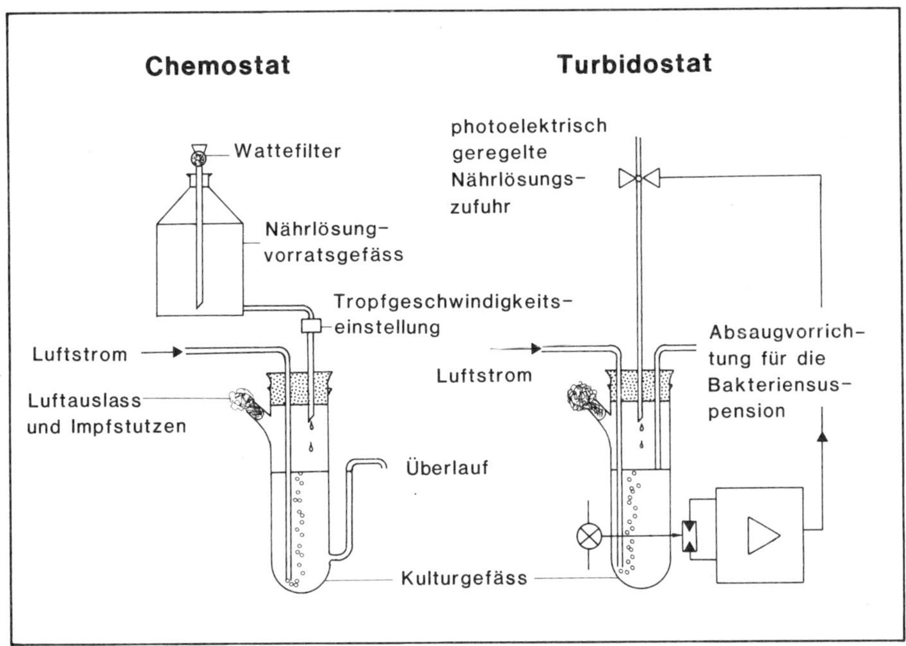

Abb. 55. Steuerung von Fermentationsanlagen (nach Schlegel)

Es sei hier ausdrücklich noch einmal betont, daß die Umsetzbarkeit dieser theoretischen Ansätze in die Praxis nur dann möglich ist, wenn μ-max und K_S für das jeweilige System fest und nicht veränderlich sind. Bei Substratgemischen, die sequentiell abgebaut werden, ändert sich die Charakteristik des Gesamtsystems dann naturgemäß mit dem jeweils angestrebten Grad der Fermentation. In der Regel nimmt μ-max mit zunehmendem Abbaugrad eines Substratgemisches ab.

4 Der kontinuierlich beschickte Fermenter mit Organismenrückführung

Die Forderung, die Nährstoffkonzentration im Reaktorauslauf zu minimieren, trotzdem aber mit einem möglichst geringen Reaktorvolumen auszukommen, läßt sich durch Einführung einer Organismenrückführung in den Prozeßablauf erfüllen. Damit wird erreicht, daß die Organismenkonzentration im Reaktor nun nicht mehr allein von der Wachstumsrate abhängt. Durch Rückführung von Organismen, die in einem nachgeschalteten Absetzbecken aufgefangen werden, läßt sich die Organismenkonzentration steigern, Damit erhöht sich die Stoffumsatzgeschwindigkeit; in gleicher Zeiteinheit kann mehr Substrat umgewandelt werden. Die Geschwindigkeitsgleichung (Tab. 11) gibt dazu den mathematischen Hintergrund.

$$-\frac{dC}{dt} = V^*_{max} \cdot X \cdot \frac{C}{Km + C}.$$

Das technische Verfahrensprinzip ist in Abb. 56 dargestellt. Zu einer Beschreibung des Systems gelangt man durch Aufstellen von Bilanzgleichungen für den Fließgleichgewichtszustand nach dem Muster:

Import $\pm$ Umsetzungen = Export .

Für den Reaktor sind dabei folgende Beziehungen maßgebend

$$C_0 \cdot \frac{Q_Z}{V} + C \cdot \frac{Q_R}{V} - \frac{dC}{dt} = C \cdot \frac{Q_Z + Q_R}{V},$$

$$X_S \cdot \frac{Q_R}{V} + \frac{dX}{dt} = X \cdot \frac{Q_Z + Q_R}{V};$$

für den Separator

$$X \cdot (Q_Z + Q_R) - X_S \cdot Q_R = X_S \cdot Q_Ü + X_A \cdot Q_A .$$

Die beiden Geschwindigkeitsterme dC/dt und dX/dt sind eine Funktion der Substratkonzentration C sowie der Organismenkonzentration X im Reaktor. Sie sind abhängig von den reaktionskinetischen Systemparametern V^*_{max}, Km und Y_S, die Kenngrößen also zur Beschreibung von Nährstoffqualität und Aktivität der Organismen.

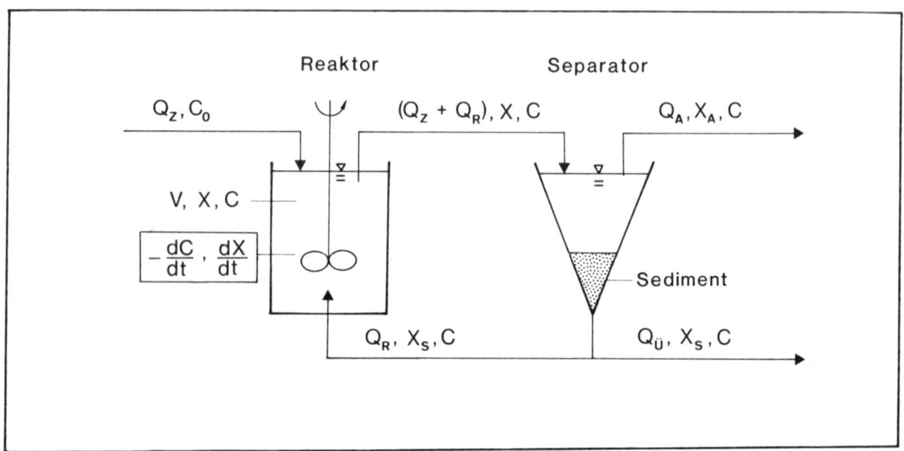

Abb. 56. Fließdiagramm für einen kontinuierlich beschickten Bioreaktor mit Organismenrückführung

5 Der diskontinuierlich beschickte Reaktor mit Organismenspeicherung

Eine technologische Vereinfachung des im vorangegangenen Abschnitt beschriebenen Systems ist der diskontinuierlich beschickte Reaktor mit Organismenspeicherung. Im Betriebszustand A wird den im Reaktor vorhandenen Bakterien Nährlösung zugeführt; im Betriebszustand B wird der Reaktor belüftet, die Reaktion läuft ab unter Abbau von C_0 zu C und entsprechendem Zuwachs an Bakterien. Nach Abschluß der gewünschten Reaktion wird die Belüftung eingestellt, die Bakterienmassen setzen sich ab, und die überstehende verbrauchte Nährlösung wird abgepumpt.

Der Zuwachs an Bakterien wird in angemessenen Zeitabständen entfernt.

Die Berechnung des Systems erfolgt mit Hilfe der in Kapitel V gegebenen mathematischen Formulierungen für diskontinuierliche Systeme.

Eine Betriebsweise dieser Art setzt bei konstantem Zulauf an Nährlösung entweder den wechselweisen Parallelbetrieb mehrerer solcher Anlagen oder eine Zwischenspeicherung der Nährlösung voraus.

6 Kontinuierlich beschickte Reaktoren mit Fixierung der Organismen auf festen Flächen (Festbettreaktor)

Bei vielen aeroben Bakterien ist es möglich, diese auf festen Flächen anzusiedeln, z. B. auf Gesteinsoberflächen, auf lebendem Material, oder auch auf Kunststoffelementen. Die Organismen bilden einen Film, über den die Nährflüssigkeit geleitet wird (Abb. 57). Die Leistungsfähigkeit des biologischen Films wird durch Faktoren, die das physikalische und biologische System kennzeichnen, bestimmt.

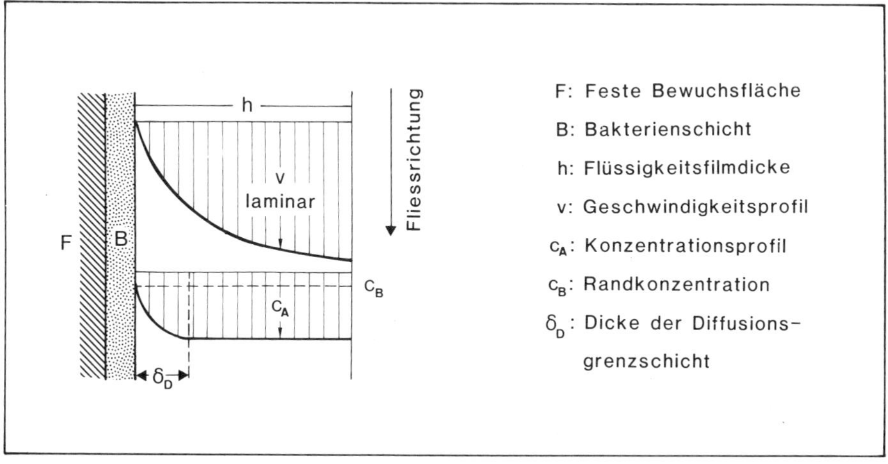

Abb. 57. Reaktionskenngrößen eines laminar überströmten Biofilms

Bei laminarer Strömung wird, innerhalb einer Anlaufstrecke zunächst ein Konzentrationsprofil ausgebildet. Der Stoffumsatz ist bestimmt durch die biochemischen Größen des Systems Bakterie-Nährstoff und wird, solange $C_B \gg Km$ ist, der Geschwindigkeit einer Reaktion nullter Ordnung gleichen ($v = V_{max}$ bzw. $\mu = \mu_{max}$).

Bei dünnen Biofilmen wird die Geschwindigkeit auch nach Ausbildung des Diffusionsprofils nahe V_{max} sein, wenn die Diffusion an Nährstoffen groß ist, so daß die Bedingung $C_B \gg Km$ gewährleistet bleibt. Da Km-Werte in der Regel sehr niedrig sind, kann dieser Zustand auch im laminaren Strömungsfeld gehalten werden, dann nämlich, wenn der Flüssigkeitsfilm gering bleibt.

Bei turbulenter Strömung ist er praktisch immer gegeben.

Bei dickeren Biofilmen ist die Teilnahme tiefer liegender Bakterien am Stoffabbau immer durch die Diffusion begrenzt und damit gering. Bei Vorliegen eines Nährstoffgemisches tritt eine Entmischung entlang der Fließstrecke ein, wie dies bei der Besprechung mehrstufiger BSV-Reaktionen dargestellt wurde. In der Praxis ist dies außerdem noch verbunden mit der Bildung von Stoffwechselprodukten mit Substratcharakter für andere Organismenarten, so daß sich als Folge davon die Artenverteilung der Lebensgemeinschaft entlang der Fließstrecke ändert.

Solche Systeme lassen sich mathematisch nur mehr durch Hilfsfunktionen, in der Regel durch die Gleichungen für Reaktionen erster bzw. Reaktionen zweiter Ordnung beschreiben.

VII Die natürliche Selbstreinigung

1 Einführung

Als in der zweiten Hälfte des vorigen Jahrhunderts die Zusammenhänge zwischen mangelnder Hygiene und den Choleraepidemien erkannt und erste Maßnahmen zur Abwasserbehandlung entwickelt wurden, beobachtete man auch, daß ein verunreinigter Fluß innerhalb einer gewissen Fließstrecke die zugeführte Verunreinigung abbaut. Der Hygieniker Pettenkofer prägte dafür den Begriff „natürliche Selbstreinigung".

Heute ist dieser Begriff in wesentlich größere ökologische Zusammenhänge eingebettet, und es sind die Hintergründe bekannt, die den Reaktionsablauf steuern. Auf den gleichen ökologischen Gesetzmäßigkeiten basiert jedes biotechnologische Verfahren, sei dies eine großflächige Landwirtschaft oder eine räumlich stark konzentrierte Biotechnologie der Alkohol- oder Hefeherstellung. Aufgrund der gleichen Gesetzmäßigkeiten ist auch jedes Verfahren der Abwasserreinigung, sei es eine weiträumige Landbewässerung oder eine räumlich kompakte, technische Anlage, nur ein Teilstück des größeren Geschehens innerhalb der natürlichen Selbstreinigung.

In den vorhergehenden Abschnitten wurde schon mehrfach auf biologische Verbundsysteme hingewiesen, auf die Nährstoffkette und auf den Kreislauf der Nährstoffe; auch die verantwortlichen Organismen wurden vorgestellt. Mit diesem Kapitel soll die Integration all dieser Kenntnisse folgen und damit eine breitere Basis für das Verständnis der Abwasserreinigung geschaffen werden.

2 Lebensraum und Lebensgemeinschaft

Jeder Lebensraum wird zunächst durch die Integration aller lokal vorhandenen physikalischen und chemischen Faktoren gebildet. Temperatur und Temperaturschwankungen, andere klimatische Faktoren wie Niederschläge und saisonale Verteilung der Niederschläge in Verbindung mit der Chemie der Erdkruste bestimmen den Charakter der abiotischen Eigenschaften eines terrestrischen Systems. Hinzu kommen die Organismen und die von ihnen ausgelösten Reaktionen als biotische Komponente.

Für aquatische Lebensräume sind die Verhältnisse grundsätzlich gleich. Die bestimmenden physikalischen und chemischen Faktoren sind Licht, Temperatur, gelöste Gase (vor allem Sauerstoff) und die durch die Wasserzuflüsse aus der terrestrischen Umgebung eingetragenen chemischen Substanzen. Auf dieser Basis entwickelt sich eine Lebensgemeinschaft von produzierenden und konsumierenden Organismen. Diese Organismen sind durch Stoffaustausch zu einer Einheit verbunden, zu einer Lebensgemeinschaft, und als solche ein Spiegelbild der Summe der abiotischen und von ihr selbst erzeugten Faktoren. Die Lebensgemeinschaft ist mit anderen Worten auch ein lebender Ausdruck der wirkenden Kräfte im Lebensraum. In einem stabilen Lebensraum existiert demnach eine mit diesem Lebensraum im Gleichgewicht befindliche Lebensgemeinschaft. Diese Erscheinung wird oft mit dem Begriff „biologisches Gleichgewicht" umschrieben. Ein solches Gleichgewicht kann nicht starr sein, sondern muß eine gewisse Dynamik enthalten; denn jeder abiotische Faktor unterliegt natürlichen Schwankungen in seiner Konzentration bzw. Stärke.

Einzelorganismen beantworten kleinere Veränderungen durch Anpassung ihres Verhaltens, so z. B. in der schon beschriebenen Erhöhung oder Reduktion ihrer Stoffwechselaktivität. Sind die Veränderungen stärker, wer-

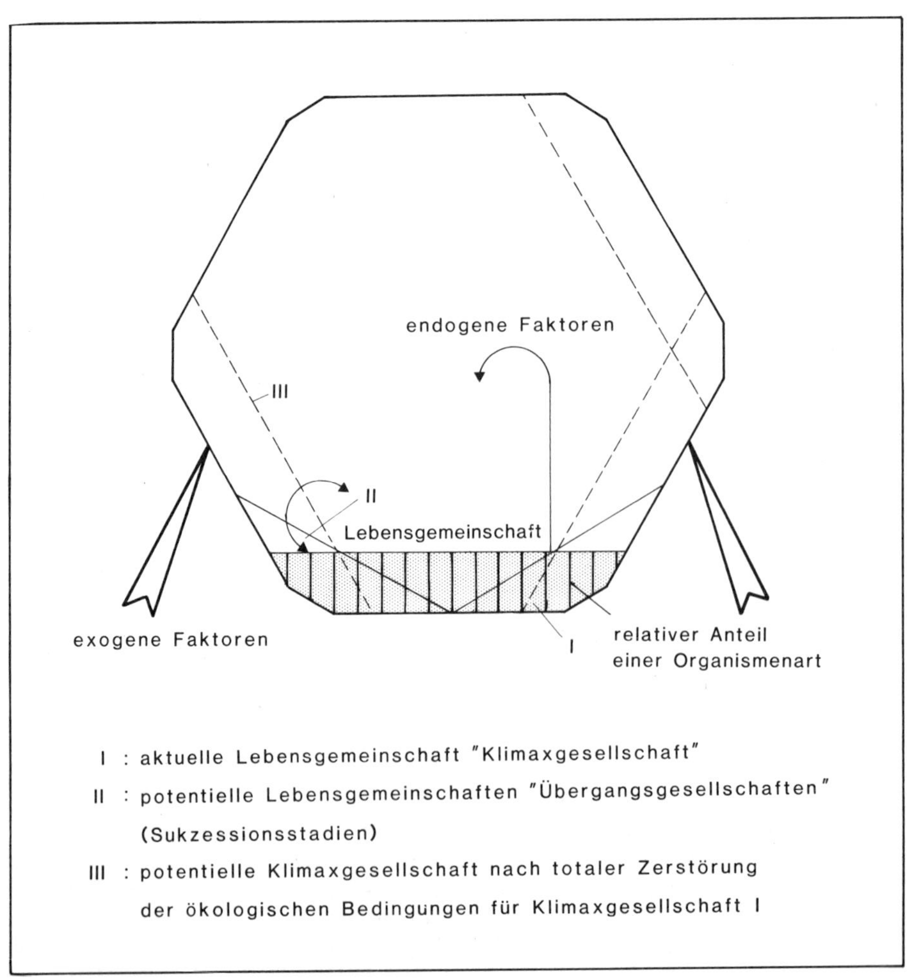

Abb. 58. Modell: Lebensgemeinschaft — Lebensraum

den sie durch die genetische Diversität innerhalb der Arten beantwortet. Darunter versteht man, daß die Mitglieder einer Art nicht einen uniformen Genbestand haben, sondern gewisse Unterschiede aufweisen. Bei Veränderung eines bestimmenden Faktors mag dann wohl ein Teil der Organismen einer Art zugrundegehen, ein anderer Teil lebt jedoch weiter, vermehrt sich und erfüllt die Aufgabe der Art auch in einem veränderten Lebensraum.

Saisonale Einschnitte, die im wesentlichen bestimmt sind durch extreme Veränderungen der Temperatur und der Feuchtigkeitsverhältnisse, werden bei vielen niederen Organismen durch deren Ruhestadien (Eier, Samen, auch Wurzeln) überstanden.

Man kann für alle diese Erscheinungen und Beziehungen ein einfaches Modell bilden: In einem Hohlkörper, der einer Kugel ziemlich nahe kommt, befinden sich an der Innenseite die Plätze für die einzelnen Organismenarten (Abb. 58). Die Kugel wird durch die Milieukräfte in einem bestimmten Gleichgewichtszustand gehalten. Nur diejenigen Organismen haben Lebensmöglichkeiten, deren Plätze sich an der Basis befinden (Lebensgemeinschaft I). Sie bilden die für das Milieu typische Lebensgemeinschaft. Es ist leicht verständlich, daß es Organismen gibt, für die die Bedingungen optimal sind (hohe Säulen an der Basis) und solche, die gerade noch leben können (Organismen am Rand). Die unregelmäßige oder regelmäßige Veränderung der Außenfaktoren versetzt die Kugel in unregelmäßige oder regelmäßige Schwingungen und wirkt so auf die Lebensgemeinschaft. Auch endogene Verlagerungen der Gewichte führt zu Lageveränderungen und damit auch zu biocoenotischen Veränderungen.

Die im Gleichgewicht befindliche Lebensgemeinschaft bezeichnet man als Klimaxgesellschaft. Große Klimaxgesellschaften sind tropische Regenwälder, Savannen, Wüsten, auch bestimmte Bezirke der Weltmeere. Sie haben sich in vielen Hunderttausenden von Jahren heranentwickelt und sind in solchen Zeiträumen gesehen natürlich auch weiterhin aus inneren Erscheinungen heraus wandlungsfähig. Kleinere Klimagesellschaften findet man aber auch in Süßwässern, den Seen und Flüssen.

3 Störungen und Sukzession

3.1 Mechanismen

Wenn es ein wesentliches Charakteristikum ökologischer Systeme ist, daß ein gegebener Rahmen aus physikalischen und chemischen Komponenten Lebensraum für eine ganz bestimmte Kombination von pflanzlichen und tierischen Organismen ist, daß also zu jedem Biotop eine dafür geeignete Biocoenose gehört, dann müssen im biologischen System auch Mechanismen vorhanden sein, die bei einer Störung von außen das ursprüngliche System wiederherstellen.

Störungen von außen treten immer wieder auf. Sie können periodisch sein, wie der Wechsel zwischen Sommer und Winter, zwischen Regen- und Trokkenzeit, sie können aber auch als Katastrophen auftreten wie Waldbrände,

Erdrutsch, Überschwemmungen und dergleichen. In allen diesen Fällen besitzt das biologische System ein Arsenal von Einzelpotentialen, die, zusammengefaßt, das ursprüngliche System wieder entstehen lassen. Dies aber nur in dem Rahmen, den die physikalischen und chemischen Rahmenbedingungen zulassen.

Die Wiederherstellung geht umso schneller, je kürzer die mittlere Lebenszeit der daran beteiligten Organismen ist. So kann es bei tropischen Regenwäldern mehrere hundert Jahre dauern, bis das ursprüngliche System wieder steht, bei aquatischen Lebensräumen sind die Zeiten dagegen viel kürzer. Der Vorgang, der nach der Störung anläuft, bis die ursprüngliche Klimaxgesellschaft wieder vorhanden ist, wird als Sukzession bezeichnet. In Gewässern, die mit organischer Substanz verschmutzt sind, spricht man von natürlicher „Selbstreinigung" — ein Begriff, den Pettenkofer eingeführt hat.

Da die Mechanismen der natürlichen Selbstreinigung auch die Instrumente der biologischen Abwasserreinigung sind, sollen sie hier an einem Beispiel im Detail besprochen werden.

Ausgangspunkt unserer Überlegungen ist ein natürliches Gewässer, in dem die Bedingung „Gleichgewicht zwischen Aufbau und Abbau organischer Substanz" voll erfüllt ist. In einem solchen System leben Organismen mit kurzer Generationszeit, die tote organische Substanz verzehren (Bakterien), neben solchen, die aus anorganischer Substanz organische aufbauen und ebenfalls eine kurze Generationszeit haben (Algen). Außerdem gibt es eine Vielzahl von tierischen Organismenarten mit längeren Generationszeiten, von Würmern über Insekten bis zu den Fischen, sowie höhere Wasserpflanzen mit ebenfalls längeren Generationszeiten. Organismen mit kurzen Generationszeiten werden als r-Strategen, solche mit langen Generationszeiten als K-Strategen bezeichnet.

Als Störung von außen führen wir fäulnisfähige organische Substanz zu. In unserem System wird folgendes geschehen (Abb. 59a): Die zum Abbau der organischen Substanz befähigten Bakterien erfahren eine wesentliche Verbesserung ihrer Ernährungsbedingungen und werden sich, als r-Strategen, explosionsartig vermehren. Dabei verbrauchen sie Sauerstoff, schaffen möglicherweise sogar total anaerobe Bedingungen und scheiden Schwefelwasserstoff aus. Aus dem Abbau der Eiweißstoffe wird Ammoniak freigesetzt. Verringerung des Sauerstoffs einerseits, Schwefelwasserstoff und Ammoniak andererseits schaffen Bedingungen, die von der Mehrzahl der pflanzlichen und tierischen Organismen nicht ertragen werden: sie sterben ab. Aus der diversen artenreichen Lebensgemeinschaft wird eine solche von Bakterien mit hoher Populationsdichte, aber geringer Artenzahl.

Vermehrung der Bakterien findet so lange statt, wie organische Substanz als Nahrung für sie vorhanden ist. Nahrung wird so zum Teil in Bakterienmasse umgewandelt, zum Teil als organische Zwischenprodukte, zum Teil als Stoffwechselendprodukte ausgeschieden (CO_2, H_2O, NH_3).

Da Bakterien sich schnell vermehren, ist auch schnell der Zeitpunkt erreicht, zu dem sie ihren Nahrungsvorrat verbraucht haben. Nun sind sie selbst aus dem Gleichgewicht geraten und sind ein Störfaktor. Damit ist der erste Abschnitt der Sukzession abgeschlossen.

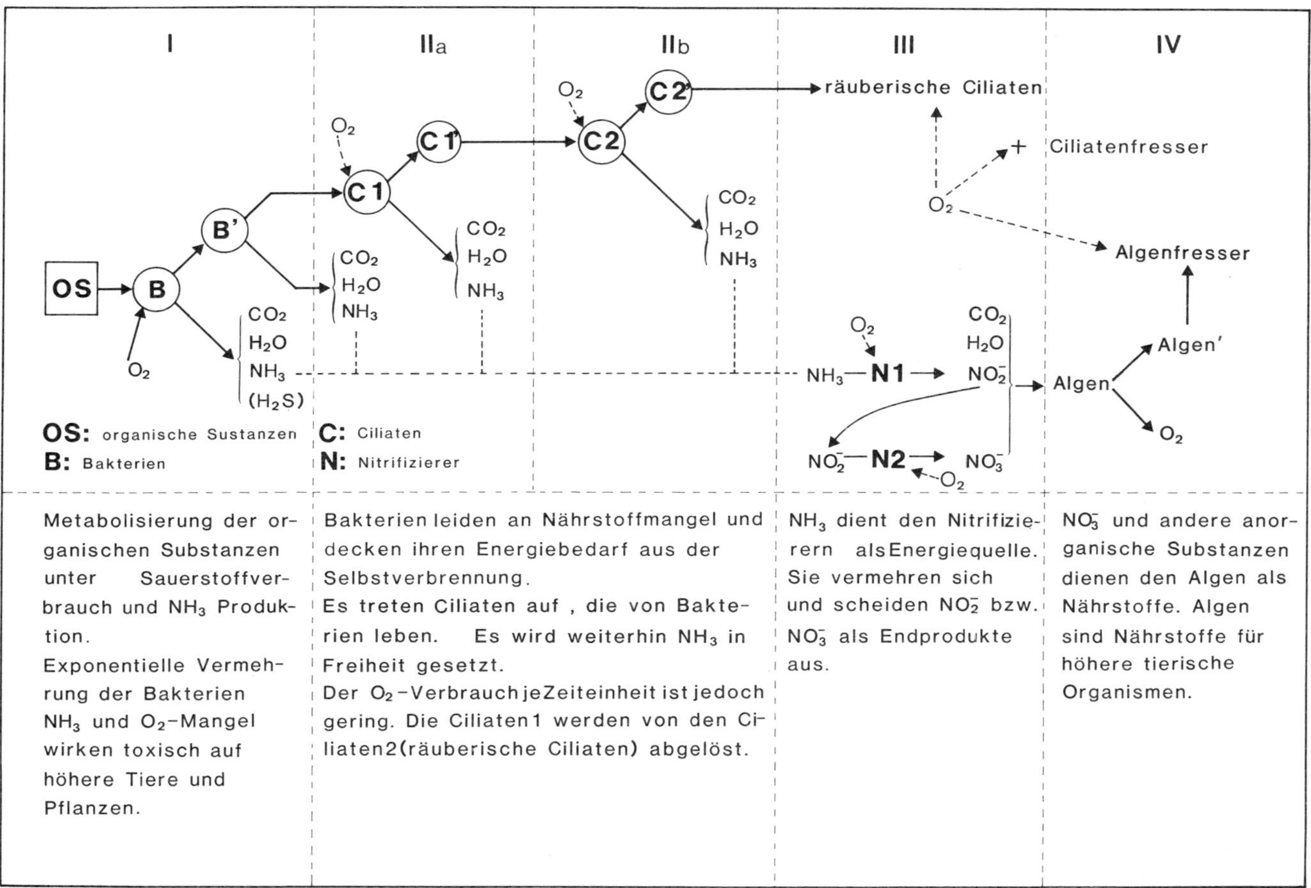

Abb. 59a. Ablauf der natürlichen Selbstreinigung

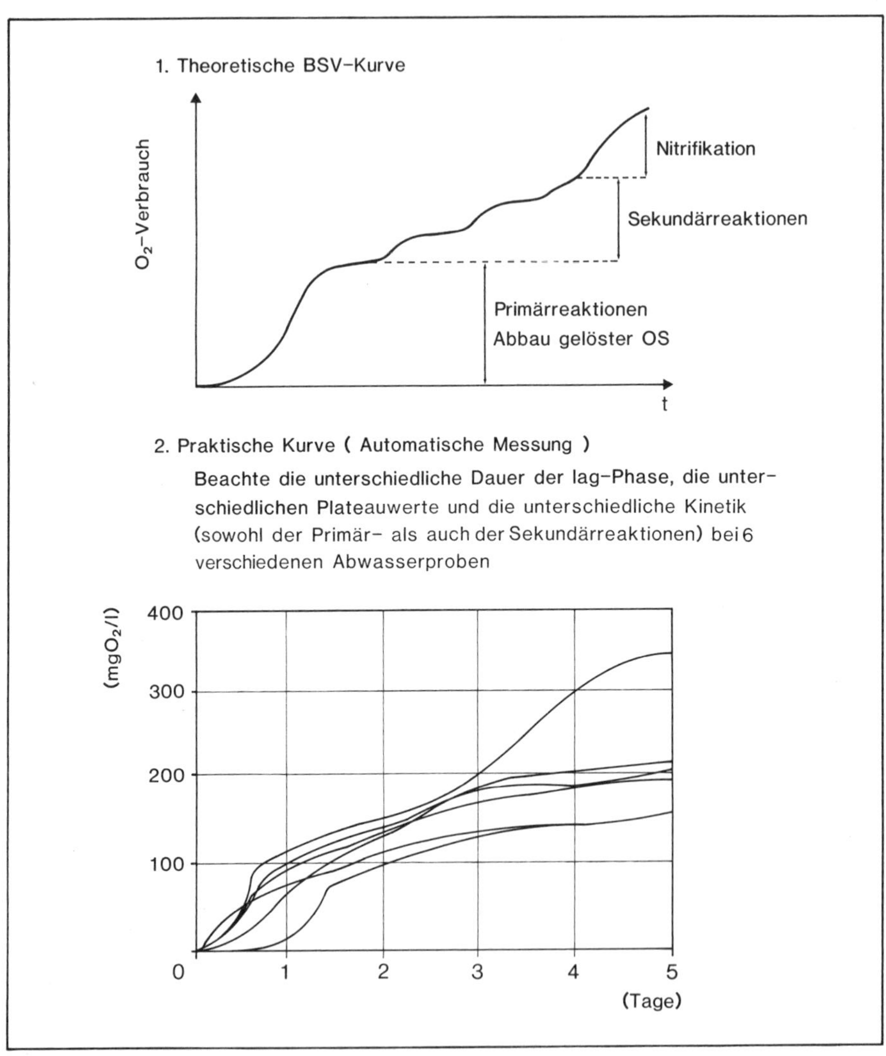

Abb. 59b. Kurven des Sauerstoffverbrauchs zu 59a

Im zweiten Abschnitt muß nun das Zuviel an Bakterien eliminiert werden. Dies geschieht durch zwei Elemente: zunächst durch die „Selbstverbrennung“ der Bakterien. Da sie keine Nahrung von außen mehr finden, müssen sie zur Deckung ihres Energiebedarfs körpereigene Substanz oxidieren. Das zweite Element ist das Auftreten von bakterienfressenden Ciliaten. Bakteriensubstanz wird dabei zum Teil in Ciliatensubstanz umgewandelt. Auch Ciliaten sind noch r-Strategen. Sie haben eine Generationszeit von einem bis mehreren Tagen. Zu diesem zweiten Abschnitt gehört auch, daß die zuerst auftretenden bakterienfressenden Ciliaten von einer zweiten Gruppe, den räuberischen

Ciliaten wieder dezimiert werden. Dieser Teil des Prozesses erstreckt sich aber auch noch in den dritten Abschnitt der Sukzession.

Der dritte Abschnitt ist gekennzeichnet durch das Auftreten von Nitrifikanten. Das im ersten wie auch im zweiten Abschnitt freigesetzte Ammonium dient nun spezialisierten Bakterienarten als Energiequelle. Zunächst wird dabei durch Vertreter der Gattung Nitrosomonas Nitrit und dann durch Vertreter der Gattung Nitrobacter Nitrat produziert.

Auch eventuell vorhandener Schwefelwasserstoff wird zu Sulfat oxidiert. Dies geschieht aber bereits im zweiten Abschnitt.

An diesem Punkt der „Selbstreinigung" ist nun die ursprüngliche organische Substanz zum größten Teil in anorganische Substanz umgesetzt, und es kann der vierte Abschnitt beginnen, in dem pflanzliche Mikroorganismen aus den anorganischen Stoffen wieder organische Pflanzenmasse aufbauen.

Damit sind auch die Bedingungen wieder gegeben, unter denen K-Strategen, nämlich Insekten, Fische, höhere Wasserpflanzen, erneut Lebensmöglichkeiten haben.

3.2 Massenbilanz

Nicht alle an der Sukzession beteiligten Organismen haben den gleichen Wirkungsgrad. Obwohl sie alle anstreben, einen möglichst großen Anteil ihrer Nahrung in eigene Biomasse umzusetzen, gelingt das nicht allen in gleichem Maße. Unter günstigen Bedingungen können Bakterien etwa 50% ihrer Nahrung assimilieren. Bei Ciliaten sind es jedoch maximal 10%, da sie einen Großteil der Nahrung zur Deckung des Energiebedarfs benötigen, und dieser ist umso größer, je größer der Aufwand zur Nahrungsbeschaffung ist. Er ist also bei jagenden Formen höher als bei festsitzenden.

Für K-Strategen, die als Jäger leben, z. B. viele Insekten, ist der Wirkungsgrad noch geringer und liegt unter 5%. Bilanziert man eine solche Nahrungskette durch, wird sofort ersichtlich, wie schnell organische Substanz mineralisiert wird. Gehen wir von einhundert Einheiten als Nahrung aus, so bleiben im ersten Abschnitt 50% in organischer Form als Bakterienmasse zurück. Beim zweiten Glied der Reaktionskette sind es noch 10% von den 50%, also 5 Anteile. Im dritten Element der Freßkette sind es nur noch 5% der 5 Anteile, also 0,25 Anteile. Weit über 99% der ursprünglich zugegebenen organischen Substanz sind mineralisiert.

Daraus wird ebenfalls ersichtlich, daß solche Freßketten nicht viele Elemente haben können. In der Natur erreichen sie meist eine Kettenlänge von drei oder vier Gliedern. Und auch dies nur deshalb, weil mit dem dritten Abschnitt der Sukzession weder die Bedingungen für das Wachstum von Pflanzen geschaffen werden, die nun wieder als erstes Element für viele tierische Organismen dienen.

3.3 Der biologische Sauerstoffverbrauch (BSV)

Der vollständige Abbau gelöster organischer Substanz durch heterotrophe Organismen benötigt Sauerstoff. Die bei der Selbstreinigung ablaufende Suk-

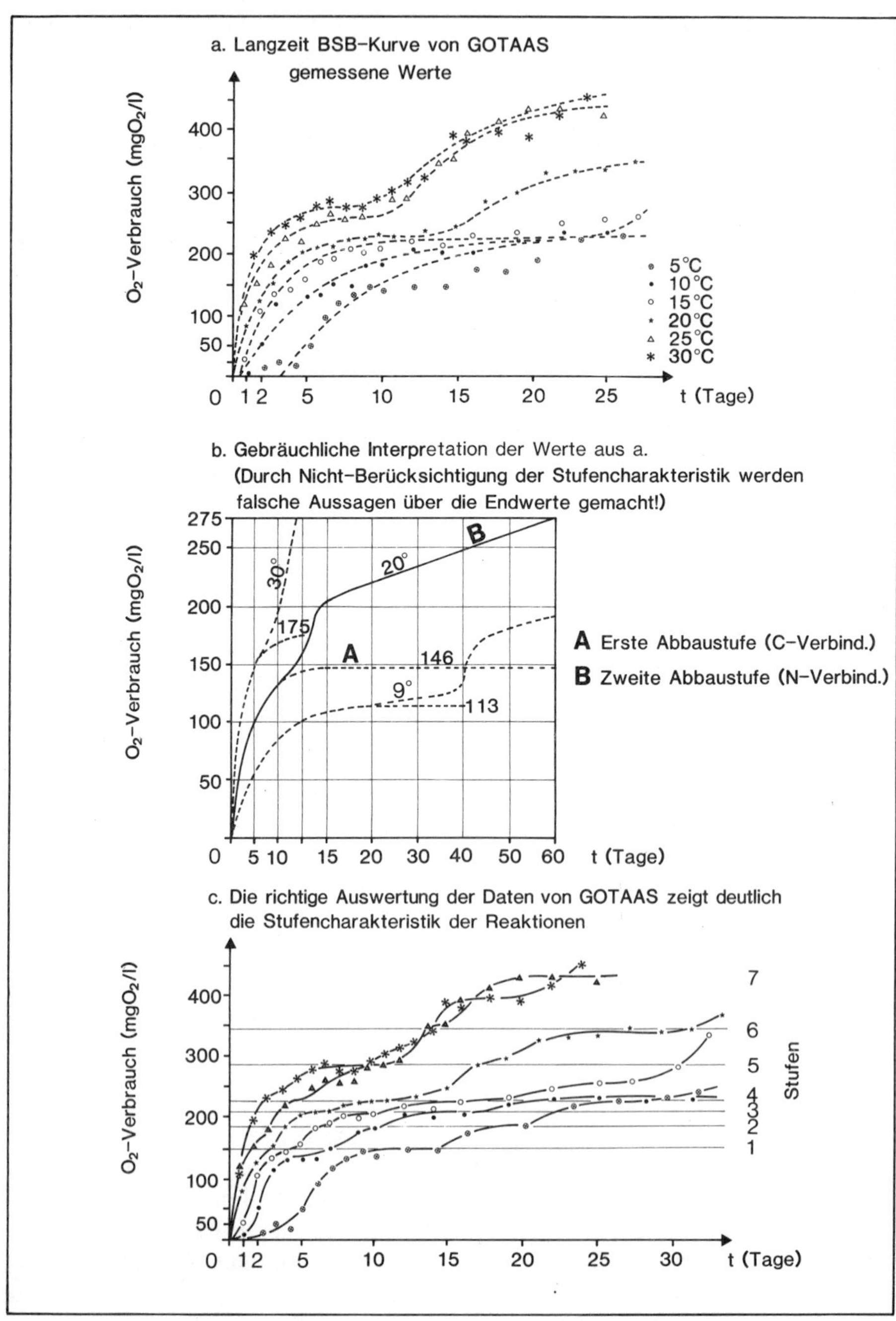

Abb. 60. Falsche und richtige Interpretation von Sauerstoffverbrauchskurven

zession läßt sich unter kontrollierten Laborbedingungen deshalb auch als biologischer Sauerstoffverbrauch (BSV) beobachten.

Im ersten Abschnitt resultiert der BSV aus der Tätigkeit der Bakterien. Das Ende ihrer Tätigkeit läßt sich als erstes Plateau erkennen. Der Plateau-BSV (BSV_P) ist demnach ein direktes Maß für den zur Verarbeitung der zugeführten organischen Substanz notwendigen Sauerstoff und damit auch ein Maß für die Menge an organischer Substanz selbst.

Im zweiten Abschnitt resultiert der Sauerstoffverbrauch aus der endogenen Atmung der Bakterien sowie aus der Tätigkeit der Ciliaten. Beide Vorgänge sind langsamer, die Geschwindigkeit ist also geringer, die Kurve wird flacher. Erst im dritten Abschnitt steigt sie durch die Tätigkeit der Nitrifikanten wieder etwas schneller an. Im vierten Abschnitt schließlich wird Sauerstoff nicht mehr nur verbraucht, sondern durch Algen auch wieder produziert. Dies ist mit eine Voraussetzung für die Wiederbesiedlung durch höhere tierische Organismen.

3.4 Sauerstoffverbrauch und Sauerstoffbedarf

In der Abwassertechnik wird der Begriff biochemischer Sauerstoffverbrauch (BSV) bis jetzt kaum genutzt, an seiner Stelle wird der Begriff biochemischer Sauerstoffbedarf (BSB) verwendet. Dies ist historisch bedingt. Der Begriff BSB stammt aus einer Zeit, in der die Mechanismen der Sukzession noch nicht bekannt waren. Unglücklicherweise wurde auch die „Treppenform" der Sauerstoffverbrauchskurve nicht als solche gesehen. Man nahm vielmehr an, ihre Ursache liege in Meßungenauigkeiten sowie in Störungen des Reaktionsablaufs. Um solche Störungen in ihrer Wirkung zu verkleinern, einigte man sich darauf, als Maß für die Menge an organischer Substanz den Sauerstoffbedarf innerhalb von fünf Tagen (BSB_5) zu verwenden. Weiterhin wurde zur Vereinfachung der Reaktionsablauf als „Reaktion erster Ordnung" beschrieben und die dafür gültige Mathematik eingeführt.

Wie damit die Aussage über die Wirklichkeit des Reaktionsverlaufs verfälscht wird, zeigen Abbildung 60a bis 60c. In Abbildung 60b wird gezeigt, daß der Gesamtsauerstoffverbrauch zum Abbau der gleichen Menge an organischer Substanz mit steigender Temperatur zunimmt. Die Verbindung der wirklich gemessenen Daten aber zeigt, die aus der Theorie ableitbare Treppenform und beweist, daß die jeweiligen Stufenhöhen der Einzelreaktionen für alle Temperaturen nahezu gleich sind.

Noch ungenauer werden die Aussagen, wenn nicht die Sauerstoffverbrauchskurve gemessen wird, sondern nur der BSB_5. Bei Vorhandensein von Giftstoffen oder wenn die Bakterienpopulation sich erst an das neue Milieu adaptieren muß, ist nach fünf Tagen oft das erste Plateau nicht erreicht. Der gemessene BSB_5 ist dann völlig wertlos für jede weitere Aussage.

4 Die örtliche Fixierung von Selbstreinigungsstadien

In den beiden im vorherigen Abschnitt besprochenen Beispielen läuft ein biologischer Prozeß über die Zeit ab. Es ist jedoch auch möglich, einen derartigen Vorgang über den Raum ablaufen zu lassen und die verschiedenen Schritte dieser Selbstreinigung örtlich zu fixieren. In jedem fließenden Gewässer, dem an einer Stelle organische Substanz (z. B. in Form von Abwasser) laufend zugeführt wird, bildet sich die Selbstreinigungsstrecke über den Fließweg des Gewässers aus. Zur Vereinfachung wird dies beispielhaft an zwei künstlichen „Gewässern" dargestellt, mit denen Selbstreinigungsstrekken im Labor simuliert werden können. Die hier vorgestellten Apparate und Methoden geben auch für die Abwasseranalyse wertvolle Informationen. Das erste Gerät ist ein Modellfluß, der aus einer Vielzahl von hintereinandergeschalteten Becken besteht.

Einzelne Staubecken sind zu Reaktionseinheiten zusammengefaßt, die in einem Wasserbad stehen und temperiert werden können. Da die Fließvorgänge reduziert sind, wird jedes Staubecken für sich durch Einblasen von Luft mit Sauerstoff versorgt.

Das zweite Gerät ist ein Festbettreaktor, ein Tropfkörper, aufgeschichtet aus Lavabrocken, auf den Abwasser aufgebracht wird und durch dessen Hohlräume hindurchsickert.

Bei Zugabe einer Nährlösung (auch eines Abwassers) und der erzwungenen Durchströmung der Geräte, siedeln sich auf den Seitenwänden der Bekken bzw. auf den Steinen des Tropfkörpers Bakterien an. Bei konstanter Beschickung sowohl in Wassermenge als auch in der Nährstoffmenge und Nährstoffzusammensetzung bilden sich stromabwärts die für die jeweiligen Abschnitte der Selbstreinigungsstrecke typischen Lebensgemeinschaften aus (Abb. 61). Die örtliche Zusammensetzung der Lebensgemeinschaft ist durch eine Reihe exogener und endogener Faktoren bestimmt.

Exogene Faktoren sind in diesen Fällen

- die Konzentration der Nährlösung und ihre Zusammensetzung;
- die Verfügbarkeit von Sauerstoff;
- Temperatur,
- Licht.

Endogene Faktoren sind die Geschwindigkeit des Stoffumsatzes durch Bakterien und damit die verbleibende Sauerstoffkonzentration in der Nährflüssigkeit sowie Konzentrationen an Stoffwechselprodukten wie Ammoniak (evtl. auch Schwefelwasserstoff) und Zuwachs an festsitzenden sowie freischwimmenden Bakterien.

Eine auch nur grobe Betrachtung der beiden von der technischen Gestaltung her unterschiedlichen Systeme zeigt deutliche Gemeinsamkeiten: Zunächst ist eine Dreiteilung des Reaktionsablaufs zu erkennen; in Abschnitt A werden die gelösten organischen Substanzen durch chemoorganotrophe Bakterien abgebaut; dabei wird Ammoniak frei. Abschnitt B ist durch die Lebenstätigkeit von Ciliaten gekennzeichnet. In Abschnitt C erfolgt die Oxidation des Ammoniaks zu Nitrat.

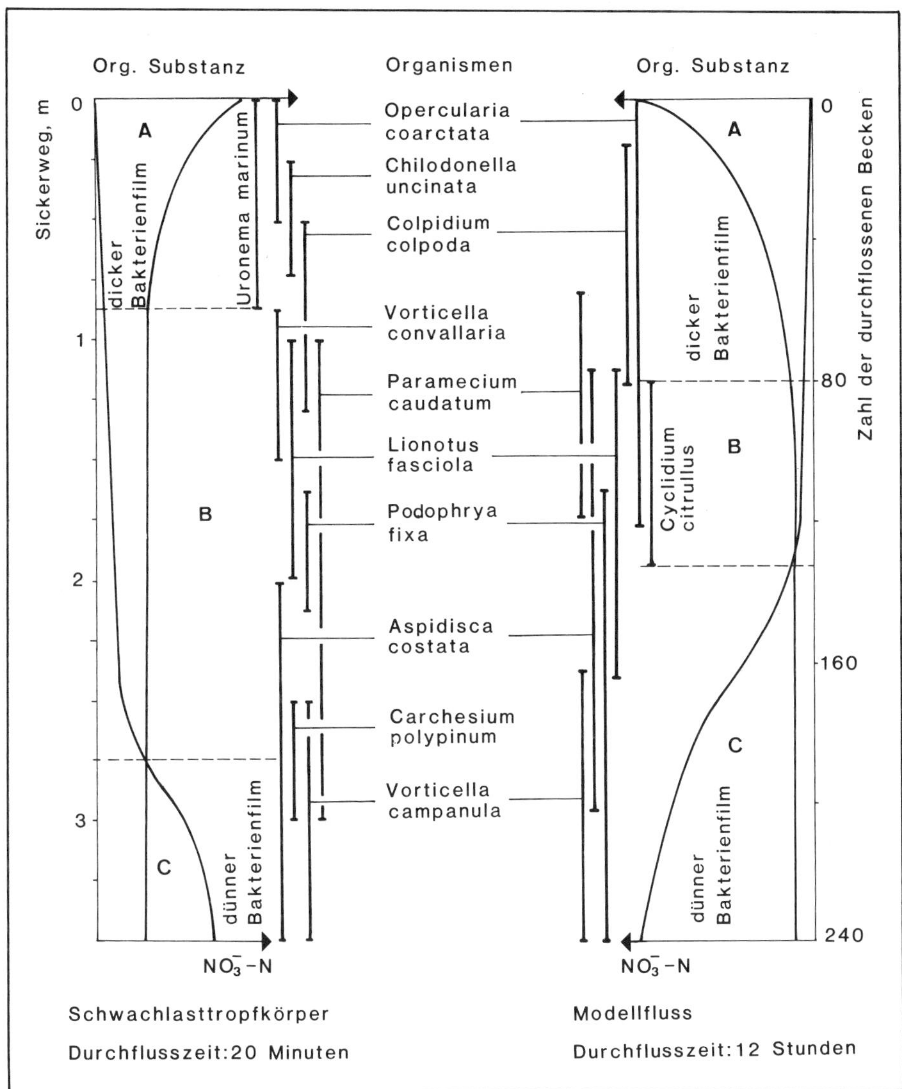

Abb. 61. Sukzession von Ciliaten entlang von Selbstreinigungsstrecken

Die biologische Charakterisierung — dargestellt sind nur die Ciliaten — zeigt für jeden Abschnitt typische Formen, von denen die meisten ein sehr enges Verbreitungsspektrum haben. Auch nur in grober Darstellung sind in Abschnitt A Organismen, die niedrige Sauerstoffgehalte und hohe Ammoniakkonzentrationen ertragen und gleichzeitig auch eine hohe Dichte ihrer Nahrung benötigen. Im Abschnitt B sind es zwei Gruppen, nämlich zunächst Ciliaten, die noch hohe Ammoniakkonzentrationen ertragen, aber schon höhere Sauerstoffkonzentrationen benötigen, und dann, Organismen, die selbst räuberisch von Ciliaten leben (Lionotus und Podophyra). Schließlich kommen im Abschnitt C diejenigen Ciliaten dazu, die hohe Sauerstoffkonzentrationen benötigen, nur geringe Ammoniakkonzentrationen ertragen und auch mit einer geringeren Nährstoffdichte auskommen.

Die meisten der Ciliaten kommen in beiden Systemen und auch unter den gleichen Bedingungen vor. Es gibt jedoch auch Unterschiede, die dann durch spezielle Eigenschaften des Systems bedingt sind (z. B. starke Turbulenz).

Veränderungen der Temperatur wirken sich selbstverständlich auf solche Systeme aus. Eine Erhöhung innerhalb des physiologisch tolerierbaren Bereichs erhöht die Geschwindigkeiten des Abbaus und reduziert die Selbstreinigungsstrecke; eine Temperaturerniedrigung dehnt sie aus. Auch die Verbreitung der Organismenformen verändert sich.

5 Die Nische

Die Interpretation der obigen Erfahrungen in allgemeiner ökologischer Betrachtung führt zur Einführung und Definition des Begriffs der Nische. Die z. T. sehr geringe Spanne des Lebensraums und die Sukzession von Arten, von denen die meisten Bakterienfresser sind, zeigt, daß jede von ihnen nur unter ganz bestimmten Bedingungen leben, bzw. im Gesamtkonzept der Ökologie ihre Aufgaben erfüllen kann. Die Bedingungen, die für eine Art gegeben sein müssen, werden unter dem Begriff „Nische“ zusammengefaßt. Es gilt: Jede Art hat ihre Nische, jede Nische kann nur von einer Art ausgefüllt werden.

Sollten mehrere Arten um die gleiche Nische konkurrieren, kann nur eine überleben, nämlich diejenige, die aus den gegebenen Möglichkeiten das beste im Hinblick auf das Überleben der Art macht (energetische Optimierung). Wäre ein Lebensraum so beschaffen, daß die hier in zeitlicher Abfolge und räumlicher Trennung lebenden Arten gleichzeitig und nebeneinander auftreten, wäre für jede von ihnen dieser Lebensraum nicht optimal, das biologische Potential würde nur zu einem geringen Teil ausgenützt.

6 Das Saprobiensystem

Die Beobachtung, daß unterschiedliche Milieubedingungen in einer Selbstreinigungsstrecke eine jeweils typische Lebensgemeinschaft besitzen, wurde bereits in der ersten Dekade dieses Jahrhunderts von Kolkwitz und Marsson gemacht und im sog. „Saprobiensystem“ niedergelegt. Die für jeweilige chemische Zustände typischen Organismen werden als Indikatororganismen bezeichnet. Dies bietet die Möglichkeit, durch eine einfache und schnelle mikroskopische Analyse, an Ort und Stelle auf den chemischen Zustand und den Fortschritt der Selbstreinigung schließen zu können, ohne lange und kostspielige chemische Analysen durchführen zu müssen.

Kolkwitz und Marsson unterschieden drei Saprobienstufen, nämlich polysaprob, mesosaprob und oligosaprob und beschrieben auch die chemischen

Eigenschaften dieser Stufen. Die mesosaprobe Zone wurde später von Liebmann unterteilt in α- und β-mesosaprob. Andere Autoren ergänzten oder reduzierten das System, ohne es praktikabler zu machen.

Das Problem bei der Anwendung dieses Konzepts liegt darin, daß das gleiche System für so unterschiedliche Lebensräume wie für einen schwach belasteten, sauerstoffreichen Gebirgsbach, einen mäßig oder stark verunreinigten See und auch noch auf extrem technisch-biologische Systeme in Kläranlagen angewendet wird. Dies ist nicht möglich, solange die genauen Milieuforderungen der einzelnen Leitformen nicht bekannt sind.

Eine Ersatzlösung für das Saprobiensystem ist der Saprobienindex, in dem Indikatororganismen mit chemischen Faktoren zusammen zu einer Bewertungszahl verknüpft werden. Auch eine solche Bewertungszahl ist eine starke Vereinfachung und muß immer relativ zur Frage, für die sie ermittelt wurde, neu definiert werden. Die gleiche Zahl hat bei einem Bergbach, dessen Wasser für eine Wasserversorgung verwendet werden soll, eine andere Bedeutung, als bei der gleichen Fragestellung für einen gestauten Fluß.

7 Übergeordnete Gesichtspunkte und technologische Folgerungen

Der Ablauf der natürlichen Selbstreinigung ist naturgesetzlich fixiert und auf das Ziel der Wiederherstellung eines Gleichgewichts zwischen Aufbau und Abbau organischer Substanz ausgerichtet. Jeder Eingriff in diesen Ablauf, jede Technologie hat sich nach dieser Gesetzmäßigkeit zu richten und kann nicht gegen sie gerichtet sein. Mit Hilfe von Technologien ist es nur möglich, den Vorgang zu beschleunigen oder ihn innerhalb gewisser Teilbereiche unter Zuhilfenahme natürlicher oder künstlicher Lebensräume zu steuern. Es ist beispielsweise zum einen möglich, einen intakten Lebensraum mit einer intakten Lebensgemeinschaft zu verwenden und innerhalb dieses Systems die ganzen Prozesse ablaufen zu lassen (Abb. 62). Dies gelingt jedoch nur auf Dauer, wenn die Belastung des existierenden Systems durch den Import von zusätzlichen Nährstoffen aus Abwasser im Vergleich zum natürlichen Nährstoffkreislauf des Systems relativ unbedeutend ist. Nur dann treten keine Störungen der übrigen Milieufaktoren ein und bleibt das System als solches intakt (z. B. die Einleitung geringer Menge Abwasser in den Ozean oder in einen großen See). Aber auch so reichert sich die Gesamtnährstoffmenge an: Aus einem nährstoffarmen, oligotrophen wird ein nährstoffreiches, eutrophes System. Auf die Dauer ist also ein solches System nur in seinem ursprünglichen Zustand zu halten, wenn eine der Zufuhr an Nährstoffen entsprechende Menge an Produkten des biologischen Stoffkreislaufs, auch immer wieder abgezogen wird. Die Tatsache, daß dies nicht geschah, führte zur heute bekannten Verschmutzung des größten Teils der natürlichen Gewässer in den dicht besiedelten Ländern.

Das andere Extrem ist die Errichtung räumlich konzentrierter, technologischer Systeme, in denen nur ein Teilstück des Selbstreinigungsvorgangs durch

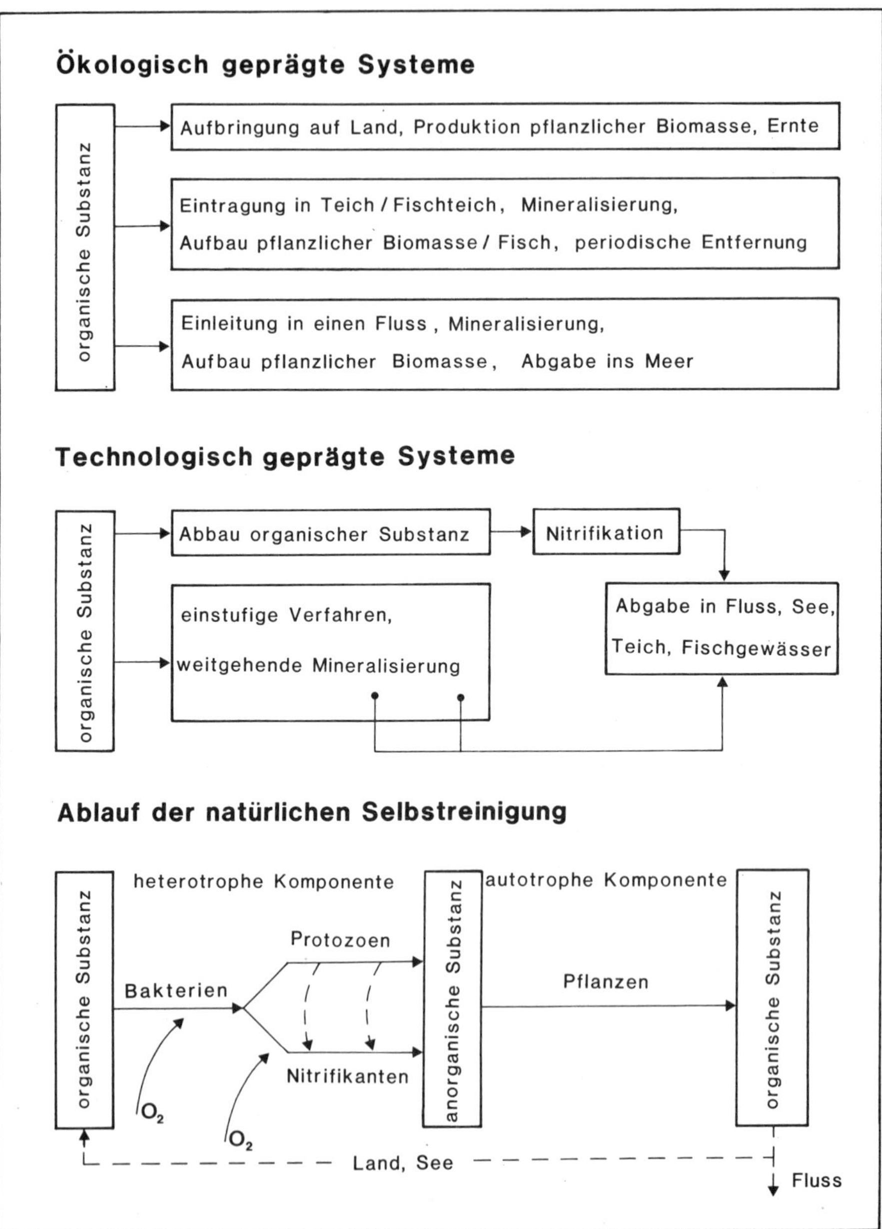

Abb. 62. Ablauf der natürlichen Selbstreinigung und ihre Übertragung in Verfahren der Abwasserreinigung

Bereitstellung der dafür verantwortlichen Organismen verwendet wird. Solche Systeme verlangen ebenfalls, daß die Produkte des biologischen Geschehens aus den technischen Systemen immer wieder abgezogen (geerntet) werden. Es ist eine Frage der lokalen Situation, wie groß derjenige ökologische Teilbereich des Selbstreinigungssystems sein soll, der technisch gesteuert wird, und ob er in nur einem technischen Element oder in mehreren hintereinander geschalteten Elementen gestaltet wird.

Aus den oben schon dargestellten Gründen ist eine Trennung in hintereinandergeschaltete Elemente biologisch sinnvoller, weil dies dem natürlichen System entspricht und weil jedes Einzelelement auf seine spezielle Aufgabe hin konzipiert und gesteuert werden kann.

Aus der Gesetzmäßigkeit der natürlichen Selbstreinigung ergibt sich auch, daß ein solcher technisch fixierter ökologischer Teilbereich biologisch unnatürlich und instabil ist und nur durch laufende Betreuung in dem gewünschten Zustand bleiben und die gewünschten Produkte hervorbringen kann.

Hier besteht kein prinzipieller Unterschied zu anderen technisch gestalteten biologischen Produktionssystemen. Ob landwirtschaftliche Nutzfläche, ob Alkoholfermentation oder ob biologische Abwasserreinigung, die Produktion an Biomasse steigt innerhalb des vorhandenen biologischen Potentials mit dem Grad der von außen aufgezwungenen biologischen Instabilität.

VIII Abwasser und Abwasseranalyse

1 Ziel der Abwasseranalyse

Wenn das Ziel der Abwasserbehandlung darin besteht, den Menschen und seinen Lebensraum vor den potentiellen negativen Rückwirkungen der Stoffwechselprodukte seiner Lebensweise und seiner Ökonomie zu schützen, sind damit auch die Ziele der Abwasseranalyse definiert.
Die Abwasseranalyse muß also

- Informationen darüber liefern, welche Schmutzstoffe im Abwasser schädlich sind; sei es, daß sie den Menschen direkt schädigen (pathogene Bakterien, Parasiten, toxische Substanzen usw.) oder die Nutzbarkeit bzw. die Stabilität der natürlichen Systeme stören oder zerstören (Eutrophierung der Gewässer, Vergiftung der Böden);
- erkennen lassen, welche Technologien und welcher ökonomische Aufwand erforderlich sind, um die negativen Effekte möglichst gering zu halten;
- zeigen, in welchem Maße die Verschmutzung durch die Behandlung abgenommen hat.

Da Abwasser aber in allen Lebensbereichen anfällt, enthält es praktisch auch alle Stoffe, die im menschlichen Lebensraum anfallen, angefangen von pathogenen Bakterien über Substanzen der technischen Chemie bis hin zu harmlosen Naturstoffen. Es ist weder analytisch möglich noch wirtschaftlich tragbar, alle diese Stoffe erfassen zu wollen. Deshalb werden meist Summenparameter verwendet, die auf Teilziele ausgerichtet sind. Nur in bestimmten Fällen werden spezielle Untersuchungen durchgeführt.

Die wichtigsten Summenparameter erfassen beispielsweise

- die Gesamtheit der chemisch oxidierbaren Substanzen,
- die Gesamtheit des organisch gebundenen Kohlenstoffs,
- die Gesamtheit des im Abwasser biologisch verbrauchten Sauerstoffs innerhalb einer definierten Zeit.

Spezielle Parameter erfassen aber auch den Anteil an solchen Substanzen, die zu einer Eutrophierung der Vorfluter führen (Stickstoff und Phosphor).
Neuerdings werden zunehmend solche Parameter wichtiger, die

- die Geschwindigkeit des bakteriellen Stoffabbaus beschreiben,
- ganz bestimmte toxische Schmutzstoffe erfassen, wie chlorierte Kohlenwasserstoffe oder Schwermetalle.

2 Was ist Abwasser?

Man spricht von Abwasser und meint in Wirklichkeit Abwässer. Abwasser einer Ansiedlung ist eine Mischung vieler Abwässer unterschiedlicher Natur und unterschiedlicher Herkunft. Abwasser ist zu definieren als Wasser, das durch den Gebrauch eine Veränderung seiner physikalischen, chemischen oder/und biologischen Eigenschaften erfahren hat und aufgrund dieser Veränderungen für den gleichen Zweck nicht wieder verwendbar ist. Der einfachste Fall eines Abwassers ist der des Kühlwassers, das durch die Temperaturerhöhung nicht wieder für Kühlung genutzt werden kann. Es stünden für eine Verwendung desselben jedoch eine Reihe anderer Möglichkeiten offen.

Nach dieser Definition ist Abwasser um so weniger für andere Zwecke zu gebrauchen je mehr Zustandsänderungen es erfahren hat; und dies setzt sich natürlich fort mit der Mischung von Abwässern unterschiedlicher Herkunft. Besonders stark wird eine weitere Nutzung durch Anreicherung mit toxischen Stoffen oder durch bakterielle Verunreinigung eingeschränkt. Eine sinnvolle Abwasserbehandlung beginnt demnach mit der Überprüfung der Herkunft und Verschmutzung der einzelnen Abwässer und der Überprüfung der Möglichkeit einer separaten Ableitung und Wiederverwendung, bevor die Mischung mit anderen Abwässern angestrebt wird.

3 Abwasser und seine Inhaltsstoffe

3.1 Menge und Verteilung

Abwasser ist in Menge und Zusammensetzung ein Ergebnis der menschlichen Aktivität. Daraus resultieren stündliche, tägliche und jahreszeitliche Veränderungen, die in Form von „Ganglinien" graphisch dargestellt werden können. Diese Ganglinien können demnach auch von Ort zu Ort unterschiedlich sein.

Das Minimum in der Abwassermenge wird häufig in den frühen Morgenstunden, das Maximum meist in den frühen Nachmittagsstunden gemessen. Ein zweites, kleineres Maximum kann in den späten Nachmittagsstunden auftreten. Lange Fließwege und zunehmende Größe einer Ansiedlung führen zu einer Verschiebung der Spitzen und auch zu einer Verflachung der ganzen Kurve.

Wo keine Meßergebnisse vorliegen, wird auf die von Imhoff ermittelte Normganglinie und deren charakteristische Zahlenwerte zurückgegriffen (Abb. 63). Zahlenwerte mit gleicher Bedeutung gibt es auch für den Abwasseranfall je Einwohner in Gemeinden unterschiedlicher Größe.

3.2 Probenahme

Nicht nur die Abwassermenge ändert sich über den Tagesverlauf, sondern auch die Zusammensetzung. Um die für die Beurteilung und Behandlung

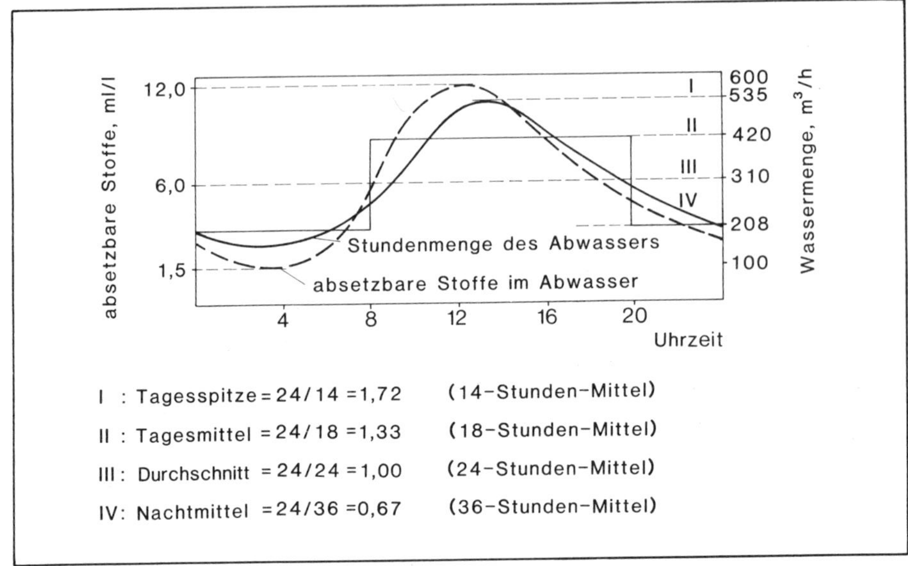

Abb. 63. Ganglinie nach Imhoff

notwendige Information zu erhalten, muß sich die Untersuchung diesen Gegebenheiten anpassen. Dies beginnt mit der Probenahme.

Für die Ermittlung eines ersten Überblicks eignet sich eine Mischprobe über den Zeitraum eines Tages (24-Stunden-Misch-Probe). Sie soll mit einem automatischen Probenehmer am Ende der Kanalisation gezogen werden, und die Schöpfmenge sollte der zufließenden Abwassermenge entsprechen (mengenproportionale Probe), da sonst das Gesamtbild verfälscht wird. Die Probemenge muß gekühlt werden, damit die biologischen Prozesse nicht schon während der Probenahme anlaufen.

Für die Gewinnung eines Gesamtbildes ist die Probenahme zu verfeinern. Es werden dann beispielsweise Mischproben von je zwei Stunden Dauer genommen und diese getrennt analysiert. Mit Vergrößerung der Zahl der Mischproben je Tag (z. B. 1- oder 2-Stunden-Mischproben) und getrennter Untersuchung kann dann auf eine mengenproportionale Entnahme verzichtet werden, wenn gleichzeitig die Wassermengen-Ganglinie bekannt ist.

3.3 Auswertung der gewonnenen Daten

Im Hinblick auf die Aufgabenstellung ist es zunächst von Bedeutung, die über den Zeitablauf gewonnenen Daten als Ganglinien aufzutragen. Daraus ergeben sich Hinweise über die tageszeitlichen oder täglichen Unterschiede in der Zusammensetzung des Abwassers (Konzentrationsganglinien).

Für die Beurteilung der Belastung einer technischen Einrichtung, mit der das Abwasser behandelt werden soll, ist es erforderlich, durch die Multiplikation von Konzentration und Abwassermengen die Frachten zu errechnen und diese als Frachtganglinien aufzutragen.

Diese beiden Darstellungsformen geben die wichtigsten Hinweise für den Betrieb technischer Anlagen: Dies gilt nicht nur für das Rohwasser, sondern auch für das behandelte Abwasser. Aus den Konzentrations- und Frachtganglinien der noch vorhandenen Restverschmutzung ergeben sich Schlußfolgerungen über richtigen oder falschen Betrieb der Klärelemente. Eine statistische Auswertung über Häufigkeiten ist allerdings kein geeignetes Hilfsmittel, da dadurch viele Informationen vernichtet werden. Sie ist nur sinnvoll im Zusammenhang mit der Vertretung der Situation nach außen, z. B. gegenüber einer staatlichen Aufsichtsbehörde, die für den Reinigungseffekt die Überschreitung von Grenzwerten nur mit einer bestimmten Häufigkeit zuläßt.

3.4 Parameter der Abwasserverschmutzung

Die Verschmutzungsparameter sollen zunächst eine repräsentative Information über die durch die Nutzung erfolgte Veränderung der Beschaffenheit liefern; sie sollen auch typisch sein für bestimmte Stoffgruppen der Schmutzstoffe und sollen eine Beurteilung der Reinigungsmöglichkeiten zulassen. Vor allem aber sollen sie aufzeigen, welche Stoffgruppen bei Nichtbehandlung in die Oberflächengewässer gelangen. Die Abwasserparameter geben Aufschluß über physikalische, chemische und biologische Eigenschaften.

3.4.1 Physikalische Eigenschaften

Ein wichtiges Kriterium ist die Temperatur. Ebenso wichtig ist die Menge an absetzbaren Stoffen (partikuläre Substanzen), die durch das Abwasser abtransportiert werden und bei langsamer Strömung zu Ablagerungen an der Gewässersohle führen. Ihre Menge ist meist äußerst unterschiedlich, ihre Zusammensetzung bei kommunalem Abwasser relativ konstant; nämlich ein Drittel inertes und zwei Drittel organisches Material. Ein großer Teil davon sind Fäkalpartikelchen.

3.4.2 Der pH-Wert

Der pH-Wert ist das erste wichtige chemische Kriterium. Er soll dem eines Brauchwassers entsprechen. Werte über 8 und unter 6,5 zeigen an, daß aus Industriebetrieben Abwässer mit Laugen- oder Säure-Eigenschaften abgegeben werden. Periodische oder aperiodische Abweichungen vom Neutralwert stören biologische Vorgänge, während konstante Werte auch im schwachsauren oder alkalischen Bereich eine biologische Behandlung zulassen.

3.4.3 Die chemische Oxidierbarkeit

Der überwiegende Teil der Schmutzstoffe im Abwasser ist organischer Natur. Es ist deshalb notwendig, die Menge dieser Substanzen zu bestimmen, und dies ist indirekt möglich durch ihre chemische Oxidation.

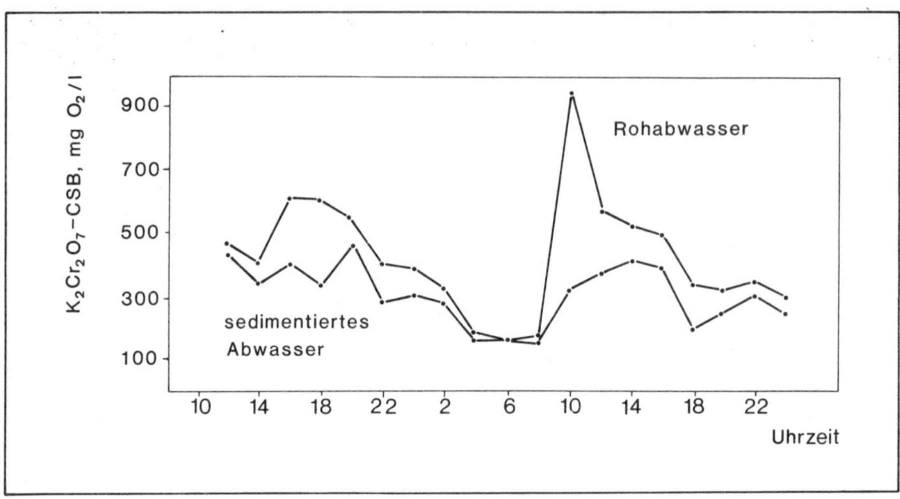

Abb. 64. Beispiel einer CSB-Ganglinie für kommunales Abwasser

In der Praxis gibt es dazu zwei Methoden mit unterschiedlich starken Oxidationsmitteln, nämlich Kaliumdichromat und Kaliumpermanganat. Kaliumdichromat oxidiert fast alle organischen Substanzen. Kaliumpermanganat nur einen Teil. Die Werte werden als CSB unter Benennung des Oxidationsmittels angegeben. Eine Unterscheidung zwischen biologisch abbaubaren und biologisch nicht abbaubaren Stoffen erfolgt durch diese Methode nicht.

Die Werte für Kaliumdichromat-CSB liegen bei kommunalem Abwasser um 600 mg/l (Abb. 64). Sie können aber für industrielle Abwässer im Bereiche von mehreren Tausend liegen. Die Werte für den Kaliumpermanganat-CSB liegen, entsprechend der geringeren Oxidationskraft, bei kommunalen Abwässern im Bereich zwischen 300 bis 400 mg/l. Es gibt jedoch wegen der wechselnden Abwasserzusammenhang keine feste Relation zwischen den Ergebnissen der beiden CBS-Methoden.

Eine besondere Bedeutung hat der Kaliumdichromat-CSB für die Messung der Restverschmutzung des behandelten Abwassers, da er zur Ermittlung der Schadeinheiten dient, aus denen die vom Abwassereinleiter zu zahlenden Gebühren berechnet werden. Die zulässige Restverschmutzung an CSB ist abhängig von den ökologischen Rahmenbedingungen. Für die Anrainer des Bodensees wurde sie auf 60 mg/l Dichromat-CSB festgesetzt. An anderen Orten werden bei Werten kleiner als 100 mg/l nur die halben Gebühren, bei Werten kleiner als 80 mg/l keine Gebühren mehr erhoben.

3.4.4 Der organische Kohlenstoff

Ein weiterer Parameter für den Anteil an organischen Substanzen ist der organische Kohlenstoff entweder als Gesamt-Kohlenstoff (TOC) oder als gelöster organischer Kohlenstoff (DOC). Auch diese Parameter unterschei-

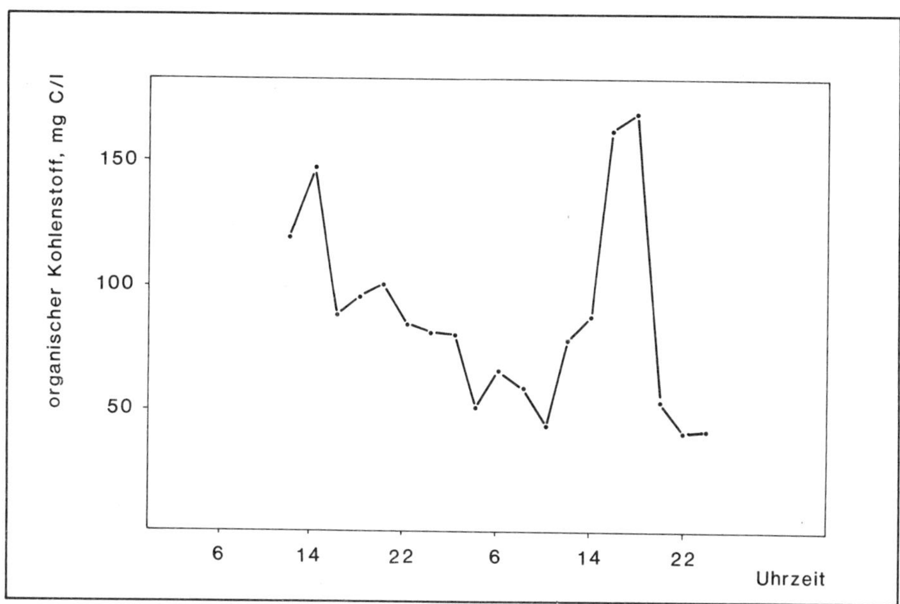

Abb. 65. Beispiel einer DOC-Ganglinie für kommunales Abwasser

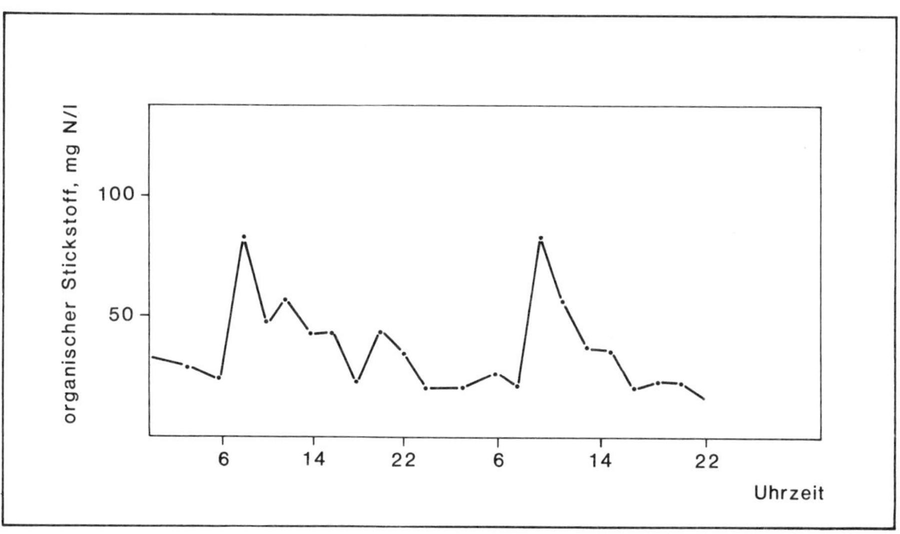

Abb. 66. Beispiel einer Stickstoff-Ganglinie für kommunales Abwasser

det abbaubare und nicht abbaubare Substanzen nicht. Die Werte für den DOC schwanken bei kommunalem Abwasser zwischen 50 bis 150 mg/l (Abb. 65).

3.4.5 Der Stickstoff

Stickstoff kann in unterschiedlicher Form im Abwasser vorliegen. Für Rohabwasser finden wir ihn als organischen Stickstoff (Abb. 76), oder als Harnstoff, oder bereits als Ergebnis von beginnenden Abbauprozessen in Form von Ammoniak.

Nitritstickstoff ist meist nur in Spuren vorhanden. Nitratstickstoff kann in höheren Konzentrationen vorhanden sein, entsprechend den Konzentrationen des Brauchwassers, wenn in den Kanalisationssystemen nicht bereits durch Oxidationsvorgänge soviel Sauerstoff verbraucht wurde, daß es zu Nitratreduktionen kommt. Im gereinigten Abwasser spielt Nitratstickstoff (oder auch Ammoniak) eine große Rolle, weil er zur Eutrophierung der Gewässer beiträgt.

3.4.6 Der Phosphor

Die Kenntnis der Phosphorgehalte ist wichtig, weil Phosphor in der Regel die Rolle des Minimumstoffes einnimmt, dessen Erhöhung im Gewässer zwangsläufig mit einer Intensivierung des Algenwachstums verbunden ist. Deswegen sind für die Phosphorkonzentrationen im behandelten Abwasser, vor allem bei Einleitung in stehende Gewässer, Grenzwerte festgelegt. Diese liegen derzeit bei Werten um 1 mg/l; für den Bodensee wurden 0,3 mg/l als Maximum festgelegt.

Die Zulaufkonzentrationen betragen bei kommunalen Abwässern etwa 6 bis 10 mg/l. Eine biologische Elimination bis zu den geforderten Ablaufwerten ist nicht möglich. Deshalb sind dafür spezielle physikalisch-chemische Klärelemente einzurichten.

3.4.7 Der biochemische Sauerstoffbedarf (BSB_5)

Als Maß für die Konzentration an fäulnisfähigen organischen Substanzen gilt der BSB_5. Seine biologische Charakteristik wurde in Kapitel VII bereits ausführlich besprochen. Zahlreiche Messungen haben ergeben, daß statistisch gesehen, je Einwohner heute im Mittel 60 g BSB_5 je Tag in das Abwasser abgegeben werden, wovon rund ein Drittel in absetzbaren, der Rest in gelösten organischen Stoffen vorliegt. In Ländern mit niedrigerem Lebensstandard sind die Werte geringer.

Die BSB_5-Konzentration ist natürlich abhängig vom Wasserverbrauch je Einwohner. Im Mittel liegen die Werte für kommunales Abwasser über 200 mg/l (Abb. 67). In industriellen und gewerblichen Abwässern können wesentlich höhere Werte gemessen werden.

Es wurde bereits auf den unterschiedlichen biologischen Hintergrund des BSB eines Rohabwassers und eines behandelten Abwassers hingewiesen. Trotz der Unvergleichbarkeit der Systeme, werden beide Werte einander oft zur Berechnung eines Reinigungseffekts gegenübergestellt. Dies ist unlogisch. Es ist allenfalls zulässig, den BSB_5 eines gereinigten Abwassers im Hinblick auf eine mögliche Belastung des Vorfluters zu sehen, obwohl die Auswirkung des BSB_5 auf einen Vorfluter aus dem Charakter des BSB_5 im Abwasser und des Vorfluters selbst resultiert und deshalb nicht vorausgesagt werden kann.

Im Hinblick auf die Vorfluter werden heute durch die Gesetzgebung Ablaufwerte aus der Kläranlage verlangt, die in 80% der untersuchten Proben unter 20 mg/l liegen müssen. Im Vorgriff auf spätere Diskussionen soll hier

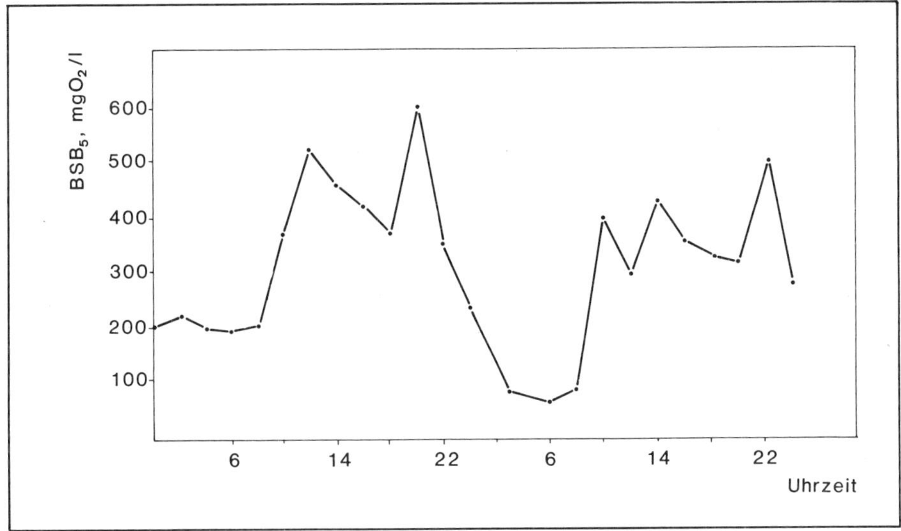

Abb. 67. Beispiel einer BSB_5-Ganglinie für kommunales Abwasser

nur kurz angedeutet werden, daß die Grenze für die Entfernung leicht abbaubarer gelöster Substanzen bei einem Wert von ungefähr 30 mg/l liegt; dies resultiert aus der Beschaffenheit des Abwassers und der Natur des Behandlungsverfahrens.

3.4.8 Hygienische Parameter

Obwohl Abwasserreinigung — historisch gesehen — in erster Linie aus hygienischen Gründen eingesetzt wurde, gibt es keine routinemäßigen Untersuchungen des rohen oder gereinigten Abwassers auf pathogene Formen. Sie wird nur in speziellen Fällen verlangt. Als Maß für die potentielle Anwesenheit pathogener Keime wird der Coli-Test durchgeführt.

3.4.9 Gifte

Aus den Erfahrungen der jüngsten Zeit über die Ansammlung von Giftstoffen in Flußsedimenten bekommt die Untersuchung der Schwermetalle und Pesticide eine zunehmende Bedeutung. Vor allem wird sie dann verlangt, wenn Abwasserschlämme landwirtschaftlich verwertet werden sollen. Als Reaktion darauf ist in Kommunen, die ihre Schlämme verwerten wollen, eine Untersuchung der Industrieabwässer und der industriellen Kläranlagen üblich geworden.

Die Untersuchung der Schwermetalle erfaßt vor allem Nickel, Cadmium, Kupfer, Zink, Blei, Quecksilber und Chrom. Im Zusammenhang damit ist das Problem der Anreicherung von chemischen Substanzen im Fettgewebe tierischer Organismen wichtig: Innerhalb einer Freßkette steigt bei demselben Ausnutzungsgrad der für den Erhalt der Organismen erforderliche Nährstoffbedarf von Element zu Element exponentiell an. Damit reichern sich auch nicht abbaubare Stoffe, z. T. Pesticide im gleichen Verhältnis an, so daß beim letzten Glied einer Freßkette aus vier Elementen und einer zehnprozentigen Ausnutzung der Nährstoffe der Pesticidgehalt um den Faktor 10^4 höher ist als im ersten Element.

4 Abwasser als Nährlösung

Eine biologische Abwasserreinigung ist nur dann möglich, wenn die als Schmutzstoffe vorhandenen Substanzen Nährstoffcharakter haben. Im Abwasser sind dies organische Stoffe, die hauptsächlich den Haushalten entstammen.

Der BSB_5-Test gibt einen Hinweis, ob sauerstoffverbrauchende Reaktionen stattfinden können. Ein Test für den Nährstoffcharakter ist dies jedoch nicht. Dafür sind die in den Kapiteln IV und V diskutierten Methoden anzuwenden.

4.1 Kinetische Größen

Die Bewertung von Zeit-Umsatz-Kurven ergibt, daß bei kommunalen Abwässern in der Regel eine zwei- oder dreistufige Reaktion vorliegt (Abb. 47), und daß bei einer Versuchstemperatur von 20 °C die erste Stufe einen V^*_{max}-Wert von etwa 9 bis 15, die zweite einen von etwa 5 bis 8 und die dritte einen von etwa 3 bis 5 Gramm Sauerstoffverbrauch je Kilogramm Bakterienstickstoff und Minute besitzt. Es handelt sich dabei um Werte, die z. T. weit unter den Werten für Reinsubstrate und Reinkulturen liegen.

Kommunales Abwasser ist demnach eine Nährlösung mit relativ schlechten Nährstoffeigenschaften. Daß dies vornehmlich am Abwasser liegt, zeigen Versuche mit Testkulturen: auch chemoorganotrophe Bakterien, die für Fäkalien typisch sind, wie E. coli, haben unter gleichen Bedingungen, keine höheren Abbaugeschwindigkeiten (Abb. 68).

Die V^*_{max}-Werte von gewerblichen Abwässern dagegen können viel höher sein; vor allem, wenn die Verschmutzung aus Kohlenhydraten besteht.

Eine große Bedeutung kommt der Kinetik bei einförmigen industriellen Abwässern zu, wenn diese zur Produktion von Biomasse verwendet werden sollen. Eine ebenso große Bedeutung hat die Beobachtung der Kinetik bei der Mischung von Abwässern. Sie läßt beurteilen, ob die Mischung zu einer Verbesserung oder Verschlechterung der Abbaubarkeit führt. Nicht zuletzt spielt auch das Problem der Adaptation und der Kinetik eine Rolle bei der Beurteilung des Nährlösungscharakters. Ein Beispiel dafür ist das System Belebtschlamm-Phenol (Abb. 55). Phenol läßt sich nur in geringen Konzentrationen abbauen. Bei höheren Konzentrationen kommt es zur Hemmung durch Substratüberschuß, die erst durch eine Veränderung der Biocoenose (biocoenotische Adaptation) überwunden wird. Diese ist aber reversibel und geht schnell wieder verloren. Starke Konzentrationsschwankungen an Phenol

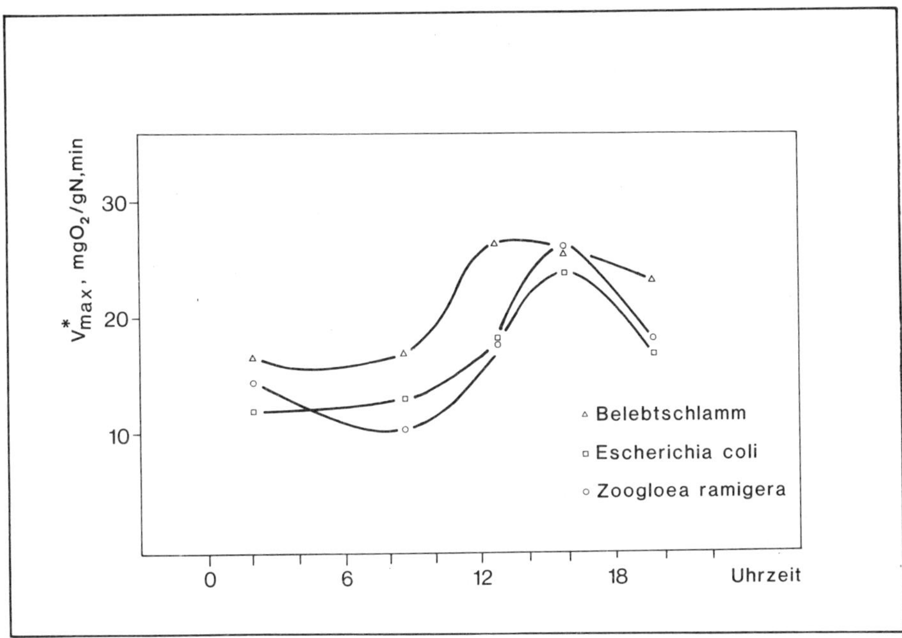

Abb. 68. Tagesganglinie der V^*_{max}-Werte für kommunales Abwasser und verschiedene Bakterien

können daher in einer Kläranlage nicht behandelt werden; es kommt zu Störungen des Gesamtbetriebes.

4.2 Der Plateau-BSB (BSB_{Pl})

Der Plateau-BSB gibt an, wie groß der Sauerstoffbedarf eines Systems „Abwasser-Bakterien“ für die Primärreaktionen ist. Die Bestimmung kann erfolgen über die Beobachtung einer Langzeit-BSV-Kurve oder innerhalb weniger Minuten durch die Pollumat-Methode. Da Sekundärreaktionen fehlen, sind die Plateau-Werte niedriger als der BSB_5 für die gleiche Probe. So werden für kommunale Abwässer im allgemeinen nur Werte um 30 bis 70 mg/l gemessen (Abb. 69).

4.3 Das C:N:P-Verhältnis

Bei den meisten chemoorganotrophen Organismen besteht in ihrer Zusammensetzung ein Kohlenstoff zu Stickstoffverhältnis von (C/N) 4:1. Geht man davon aus, daß etwa 50% der Nährstoffe oxidiert werden müssen, um die verbleibenden 50% in Organismenmasse umzuwandeln, sollte eine optimale Nährlösung mindestens ein C:N-Verhältnis von 8:1 haben. Da ein Teil der organischen Stoffe im Abwasser nicht organismisch verwertbar ist, läge für

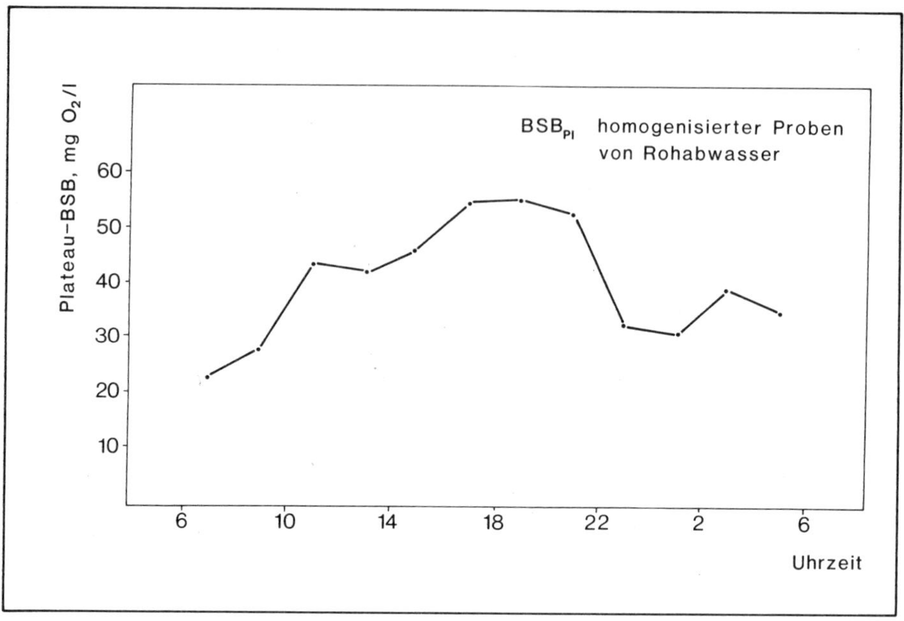

Abb. 69. Tagesganglinie des Plateau-BSB für kommunales Abwasser

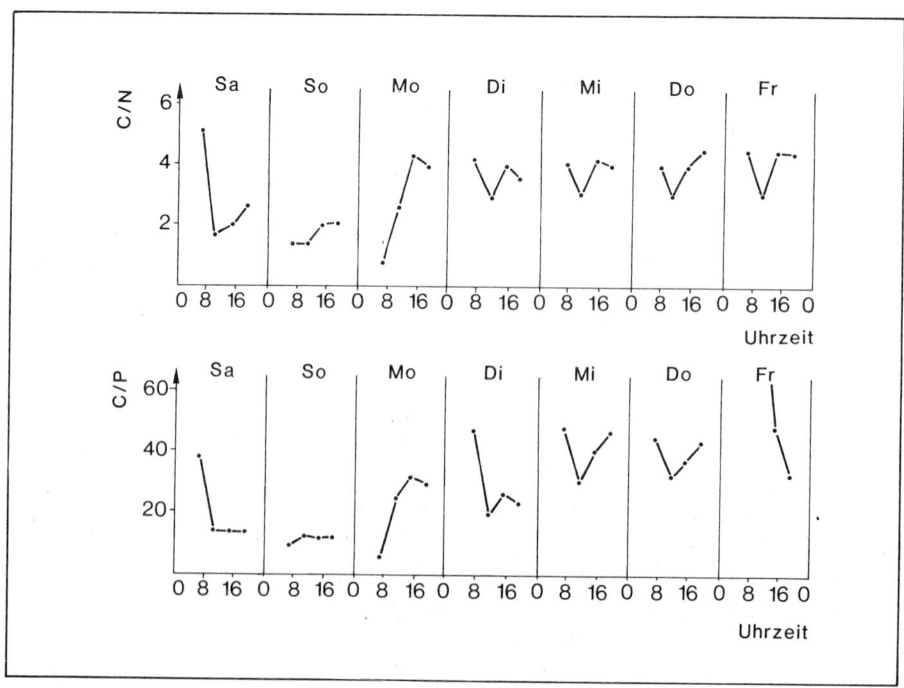

Abb. 70. C:N und C:P-Verhältnis für kommunales Abwasser im Verlauf einer Woche

kommunales Abwasser das ideale Verhältnis von C:N bei etwa 12:1. Unter solchen Bedingungen würde zum Aufbau der Organismenmasse aller Stickstoff benötigt und kein biologisch verwertbarer Stickstoff im gereinigten Abwasser verbleiben. Das C:N-Verhältnis wird so zum Maßstab für die Güte des Abwassers als Nährlösung. Kommunales Abwasser hat in der Praxis jedoch ein C:N-Verhältnis weit unter diesem Wert (Abb. 70). Es kommt dem von Eiweiß nahe. Es ist aus diesem Grunde auch nicht möglich in einem einfachen biologischen Prozeß dieses Abwasser so zu reinigen, daß aller Stickstoff in Organismenmasse fixiert wird.

Das ideale C:P-Verhältnis liegt bei 30:1. In diesem Fall kommt die Abwaserzusammensetzung dem Ideal sehr nahe. Trotzdem wird jedoch Phosphor nicht vollständig eliminiert, weil ein Großteil davon aus Polyphosphaten der Waschmittel stammt, die der unmittelbaren Verwertung durch chemoorganotrophe Formen nicht zugänglich sind.

5 Beurteilung von Umweltchemikalien

5.1 Eigenschaften und Verhalten

Die Zahl der chemisch synthetischen Stoffe nimmt je Jahr weltweit um einige Tausend zu. Ein Teil von ihnen kommt auch ins Abwasser, und alle sind umweltrelevant, wobei sie über sehr unterschiedliche Wege wirken können. Sie können

— unmittelbar toxisch sein oder erst nach Anreicherung in Freßketten,
— mit anderen chemischen Stoffen in Reaktion treten und so toxisch werden oder deren Verwertbarkeit durch Organismen in Frage stellen,
— physikalische Vorgänge, wie den Gasaustausch zwischen flüssiger und gasförmiger Phase stören,

um nur einige der möglichen Mechanismen zu nennen (Abb. 71).

Die Umweltverträglichkeit dieser Substanzen ist deshalb zu prüfen. Die Prüfungsmethoden umfassen Adsorbierbarkeit, Verhalten mit anderen chemischen Stoffen, aber vor allem auch das Verhalten in biologischen Systemen, wobei den Fragen der biologischen Verwertbarkeit oder der Toxizität eine besondere Bedeutung zukommt.

Im Zusammenhang mit der biologischen Beurteilung sind folgende Fragen zu beantworten:

— Die Abbaubarkeit (spontan oder nach einer Adaptation),
— die Toxizität (dauernd oder nur zeitweise, in welchen Konzentrationsbereichen und gegen welche Organismen),
— die Kinetik des Abbaus,
— die Anreicherung nicht abbaubarer Substanzen in biologischen Reaktionsketten.

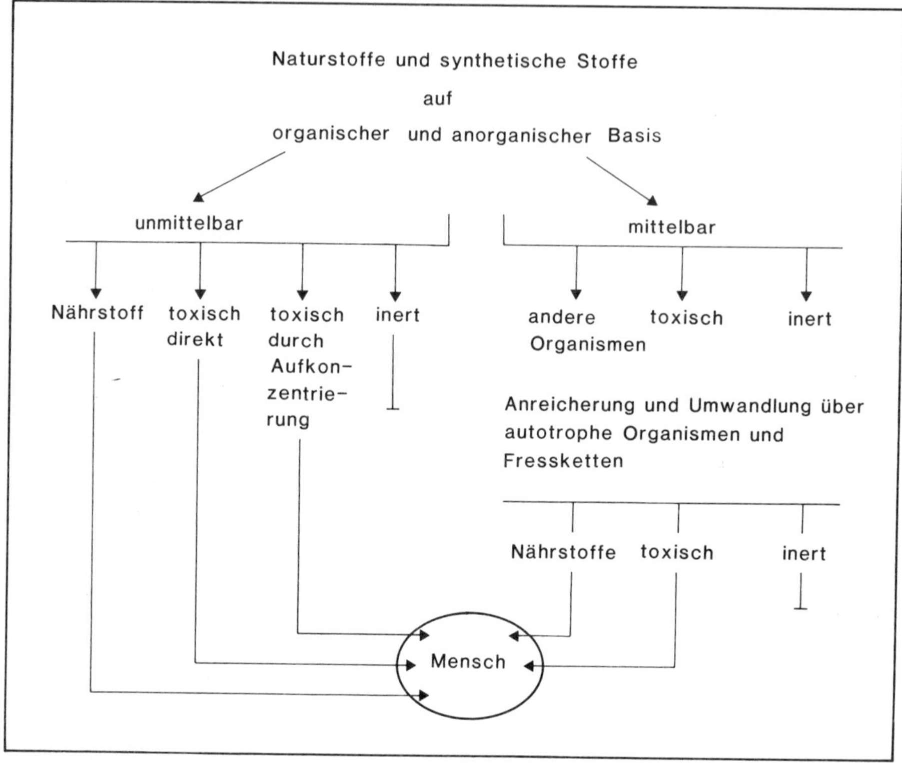

Abb. 71. Chemische Substanzen und ihre Wirkwege

5.2 Meßmethodik für Abbau und Toxizität

Die Eigenschaft einer Substanz ist nicht nur eine Eigenschaft der Substanz selbst, sondern eine Systemeigenschaft.

Da der mögliche Abbau in der Regel durch chemoorganotrophe Mikroorganismen bewirkt wird, sind für Abbauversuche entsprechende Testsysteme einzurichten. An solchen Systemen sind natürlich auch evtl. Toxizitäten zu messen, aber wieder nur innerhalb des Systems. Die nachfolgend geschilderten Versuche schließen deshalb andere Testmethoden, insbesondere solche an Tieren und Pflanzen, nicht aus und ersetzen sie auch nicht.

Für mikrobielle Systeme gibt es zwei unterschiedliche Vorgehensweisen, nämlich entweder die Beobachtung eines Systems und dessen Veränderung über die Zeit (Langzeitversuche) oder die Beobachtung räumlich getrennter ökologischer Teilsysteme (Standversuch).

Der Langzeitversuch ist das Verfahren, das am häufigsten Anwendung findet. Eine Probe wird wie beim BSB-Versuch angesetzt. Nach Ablauf der Testzeit von üblicherweise 28 Tagen wird die Restkonzentration der Substanz bzw. der biologische Sauerstoffverbrauch im Vergleich zu einer Kontrolle bestimmt.

Diese Methode ergibt keine Aussage über den Ablauf des Vorgangs, über eine eventuell notwendige Adaptation oder eine mögliche zeitliche oder gegen bestimmte Organismen gerichtete Toxizität. Sie ist im besten Fall vergleichbar der Messung des Redoxpotential eines Systems ohne Information über die reagierenden Komponenten.

Die differenziertere Methode führt die Substanz in eine Selbstreinigungsstrecke ein und beobachtet ihr Verhalten innerhalb der Meßstrecke über die Zeit.

Als Versuchseinrichtung wird die schon erwähnte Anlage eines Flußmodells verwendet.

Der Test umfaßt folgende Einzeluntersuchungen:

— Einstellung einer stabilen Selbstreinigungsstrecke, bestehend zumindest aus polysaprober und α-mesosaprober Zone.
— Entnahme von biologischem Probenmaterial aus einzelnen Teilbereichen der Selbstreinigungsstrecke und Durchführung von Sauerstoff-Verbrauchsmessungen, z. B. mit dem Warburg-Respirometer. Wenn diese positiv verlaufen, Bestimmung der Reaktionskonstanten und des spezifischen Sauerstoffverbrauchs. Parallel dazu Standversuche mit dem gleichen Material unter den gleichen Versuchsbedingungen zur Beobachtung der Abnahme der Testsubstanz entweder mit spezifischen Nachweismethoden oder über einen unspezifischen Parameter, z. B. den DOC (Abb. 72). Wenn diese Versuche negativ sind, dann
— Adaptation der Selbstreinigungsstrecke an das Testsubstrat in Mischung mit dem normalen Nährsubstrat und Beobachtung des DOC über die Meßstrecke.

Nach erfolgter Adaptation Entnahme von biologischen Proben und

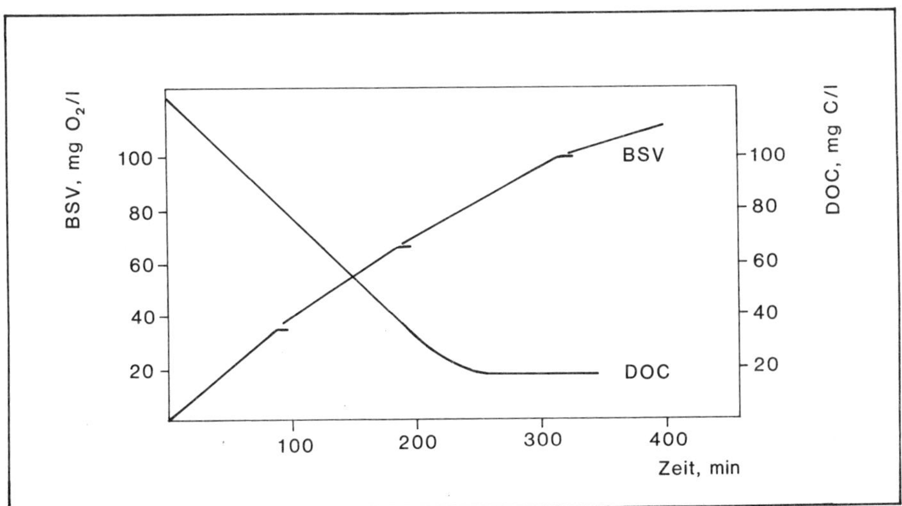

Abb. 72. Abbau von 2-Methyl-2,4-pentandiol durch Bakterien aus der α-mesosaproben Zone einer Selbstreinigungsstrecke

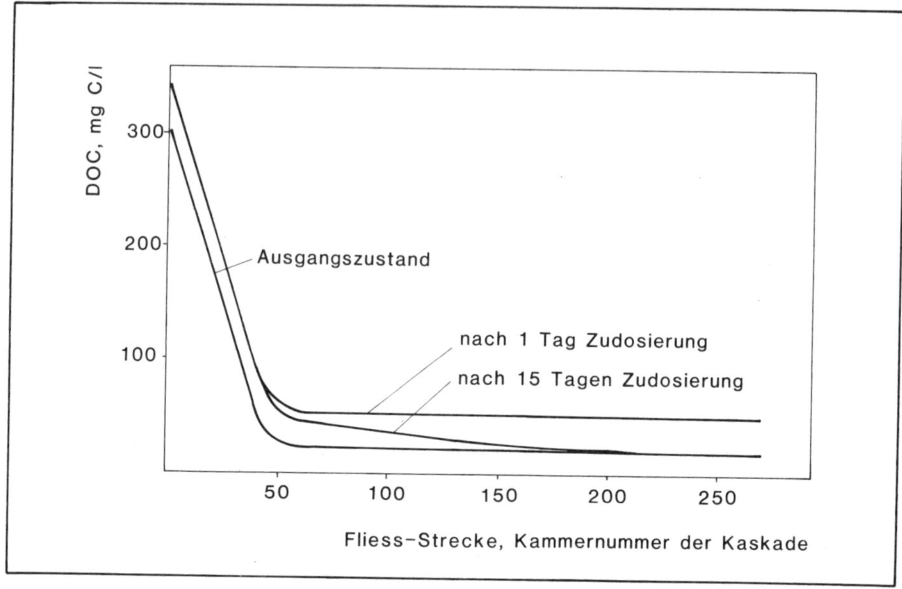

Abb. 73. Elimination von 2-Methyl-2,4 pentandiol im Verlauf der Fließstrecke

Durchführung von Warburg-Tests zur Ermittlung der kinetischen Daten, wie oben angegeben (Abb. 73).

- Laufende mikroskopische Beobachtung der Biocoenose, speziell der Ciliaten auf evtl. toxische Wirkungen.

Mit Hilfe der differenzierten Methode lassen sich verbesserte Aussagen über die Umweltrelevanz der Substanzen machen. Die gewonnenen Erkenntnisse gelten streng genommen natürlich nur für das verwendete Teilsystem. Es ist jedoch anzunehmen, daß für den Abbau oder eine Adaptation in anderen mikrobiellen Systemen (z. B. in Kläranlagen oder im Boden) ähnliche Ergebnisse zu erwarten sind.

5.3 Anreicherung von Umweltchemikalien in Organismen

Neben der Anreicherung von Schwermetallen wird auch die von synthetischen organischen Substanzen in zunehmendem Maß in Organismen beobachtet.

Der Anreicherungsfaktor verläuft dabei von Element zu Element der Freßkette reziprok zum Wert der Nährstoffassimilation. Die Konzentration der Substanz je Gewichtseinheit Körpermaterial ist also bei den folgenden Elementen der Freßkette in etwa zehnmal so groß wie bei dem jeweils vorausgegangenen. Toxische Wirkungen können dann aufgrund der hohen Konzentration auftreten oder bei Speicherung im Körperfett, wenn dieses in Hungerzeiten abgebaut wird und die angereicherte Substanz sich in den Zellsäften oder der Körperflüssigkeit ansammelt und so physiologische und biochemische Mechanismen stört.

6 Verfahrenskonzepte zur Abwasserbehandlung

Die Unterschiedlichkeit der Schmutzstoffe läßt sich in der Regel nicht in eine einzige Verfahrenstechnologie zwängen. Zur Erreichung der verschiedenen Ziele ist die Kombination verschiedener Technologien notwendig. Dies wird in dem Kapitel Klärsysteme weiter ausgeführt. Hier sollen vorläufig die Grundkonzepte der verschiedenen Technologien besprochen werden.

6.1 Elimination der gelösten organischen Substanz

Bei der gelösten organischen Substanz ist zwischen „gut abbaubar“ und „nicht abbaubar“ zu unterscheiden. Zwischen den beiden Extremen liegen die schwer abbaubaren Substanzen.

Gut abbaubare Substanzen sind Kohlenhydrate und Eiweiße. Kohlenhydrate kommen in der Regel in kommunalen Kläranlagen kaum an. Sie werden auf dem Wege dorthin schon in der Kanalisation metabolisiert. Auch Eiweiße werden schon im Kanal weitgehend hydrolisiert. Die Hauptaufgabe in der Kläranlage ist dann die Elimination der aus der Eiweißhydrolyse entstandenen Aminosäuren und Fettsäuren.

Grundsätzlich gibt es zwei Möglichkeiten, nämlich die Umwandlung in Bakterienmasse, die in partikulärer Form vorliegen soll und dann aus dem Abwasser durch Sedimentation entfernt wird, oder die weitgehende Oxidation der Bakterienmasse über die Freßkette von Ciliaten. Dieser Vorgang wurde bereits in Kapitel VII beschrieben. Ob das eine oder das andere geschieht, hängt von der Art der verwendeten Technologie ab. In natürlichen oder halbtechnischen Verfahren erfolgt die vollständige Oxidation und die Eingliederung der Produkte in den natürlichen Stoffkreislauf zwangsläufig. In den technischen Verfahren ist jeder Grad dieser Mineralisierung technologisch einstellbar.

Je nach den ökologischen und ökonomischen Rahmenbedingungen soll jedoch eins der beiden Extreme ausgewählt werden. Unter Beachtung der Stoffwechseleffizienz von Bakterien lassen sich etwa 50% der abbaubaren Kohlenstoffverbindungen in Bakterienmasse umwandeln.

Schwer abbaubare organische Substanzen werden oft durch Bakterien mit langer Generationszeit abgebaut. Sie können deshalb in Technologien, die für die leicht abbaubaren Substanzen entwickelt wurden, nicht gleichzeitig metabolisiert werden. Ihre Elimination erfolgt entweder nur in natürlichen Systemen oder in Festbettreaktoren mit schwacher Belastung.

Neben den aeroben Verfahren bieten sich für konzentrierte Abwässer auch anaerobe Verfahren zur Methangewinnung an.

Biologisch nicht metabolisierbare Substanzen lassen sich in biologischen Systemen nur durch Sekundärreaktionen eliminieren; dies erfolgt zum Beispiel durch Adsorption an humifizierte Schlämme aus aeroben und anaeroben Systemen bzw. an Humus und Tone in aquatischen und terrestrischen Systemen. Die Adsorption ist jedoch umkehrbar und bedeutet keine endgültige Elimination. Das gleiche gilt für organische Substanzen, die mit Metallionen in Wasser und Boden reagieren und ausfallen; auch sie sind rücklöslich. Ein Beispiel dafür sind Detergentien oder Phosphatersatzstoffe.

Eine weitgehende Verminderung biologisch nicht abbaubarer organischer Stoffe kann durch Adsorption an Aktivkohle oder in nachgeschalteten Einheiten durch Chloroxidation erfolgen. Adsorption ist nur wirtschaftlich mit einer vorausgegangenen sehr weitgehenden Reinigung. Chlorierung muß sich auf spezielle Abwässer beschränken, wie z. B. Abwasser von Krankenhäusern oder Laboratorien, da bei der Chlorbehandlung auch chlorierte Kohlenwasserstoffe entstehen, die heute selbst als Umweltgefahr gelten.

6.2 Elimination von Stickstoff

Biologische Fixierung. Stickstoff liegt im Abwasser in Form von Eiweiß, Ammoniak und Harnstoff vor. Nitrit und Nitrat sind in Rohabwässern kaum vorhanden.

Die beste Form der N-Elimination geschieht durch Einbau in Bakterienmasse.

Dies bedeutet, daß der Hauptprozeß der biologischen Fixierung mit der Phase I des Selbstreinigungsvorgangs abgeschlossen ist. Jede weitere Behandlung führt zwangsläufig zu einer N-Rücklösung.

Der Wirkungsgrad dieser N-Fixierung ist abhängig vom Verhältnis des metabolisierbaren organischen Kohlenstoffs zu Stickstoff.

Nimmt man das C:N-Verhältnis in Bakterien ungefähr wie 4:1 an und rechnet damit, daß etwa 50% der Kohlenstoffverbindungen zur Energiegewinnung oxidiert werden, damit die restlichen 50% assimiliert werden, wäre das ideale C:N-Verhältnis in der „Nährlösung" Abwasser etwa C:N = 8:1. Da ein Teil der Kohlenstoffverbindungen aber nicht metabolisierbar ist, erhöht sich dieses Verhältnis auf etwa 10:1 bis 12:1.

Vergleicht man damit die in kommunalen Abwässern wirklich vorliegenden Werte, ergibt sich ein hoher N-Überschuß. In der Praxis werden bei kommunalen Abwässern daher nur bis zu 20% des Stickstoffs in bakterieller Form eliminiert.

Nitrifikation. Der Überschuß an N liegt als NH_3-N vor und hat daher noch einen beträchtlichen Sauerstoffbedarf.

Die Oxidation erfolgt über zwei Stufen:

1. $NH_4^+ + 3/2\ O_2 + H_2O \rightarrow NO_2 + 2\ H^+ + H_2O$
   $(\Delta G = 352\ KJ/Mol)$

   und

2. $NO_2 + 1/2\ O_2 \rightarrow NO_3^-$
   $(\Delta G = -73\ KJ/Mol)$

Für die Oxidation von einem Mol des Ammoniums werden also zwei Mole Sauerstoff verbraucht.

Der Gesamtenergiegewinn, vor allem für den zweiten Schritt, ist relativ gering. Daraus folgt, daß die Nitratbildner eine lange Generationszeit haben.

Technologisch bedeutet dies, daß der Abbau der Eiweißstoffe und die Freisetzung von NH_4-N durch Bakterien mit kurzer Generationszeit und die Oxidation des Ammoniaks technologisch nicht nebeneinander vollzogen werden sollen, da die beiden Bakteriengruppen physiologisch zu unterschiedlich sind. Eine N-Oxidation im gleichen Reaktor wie der Eiweißabbau ist somit unwirtschaftlich. Wird sie in schwachbelasteten Anlagen trotzdem durchgeführt, wird nicht nur ein erheblicher Zeit- und Raumaufwand notwendig, sondern auch die Betriebskosten erhöhen sich unnötig, und gleichzeitig wird laufend bereits bakteriell fixierter Stickstoff aufgrund der endogenen Atmung der Bakterien und der Fressertätigkeit der Ciliaten wieder rückgelöst.

Ein gleichzeitiger Abbau der organischen Substanz und die N-Oxidation sind nur in natürlichen Systemen sinnvoll. In technischen Systemen sind dafür aus ökonomischen und ökologischen Gründen zwei hintereinandergeschaltete Technologien vorzuziehen.

Von Bedeutung ist noch, daß beim ersten Oxidationsschritt Protonen frei werden und bei mangelnder Pufferung des Wassers den pH-Wert absenken. Je Mol NH_4-N werden zwei Mole HCO_3^- neutralisiert.

Die Nitrifikationsleistung in Brockentropfkörpern kann bis zu 70 g/m^3, d betragen, die von submersen Festbettreaktoren liegt bei 200 g/m^2, d.

Denitrifikation. Das in der Nitrifikation gebildete NO_3^--N ist als Pflanzennährstoff wieder direkt verwertbar. Es erhöht also den Eutrophierungsgrad des Wassers. Wird dies nicht gewünscht, ist an die Nitrifikation eine Denitrifikation anzuschließen.

Denitrifikation erfolgt unter anoxischen Bedingungen durch eine Vielzahl von Bakterien, die in der Lage sind, den Sauerstoff des Nitrats für ihren Stoffwechsel zu nutzen. Erforderlich ist dazu lediglich eine Quelle an organischen Nährstoffen. Der Stickstoff wird dabei als atmosphärischer Stickstoff freigesetzt und entweicht in die Atmosphäre. Die Geschwindigkeit des Abbaus organischer Substanz unter Verwendung von Nitrat-Sauerstoff ist dabei die gleiche wie bei der Verwendung gelösten Sauerstoffs und richtet sich nach der Abbaubarkeit der Nährstoffe und dem Energiebedarf der Bakterien.

Stickstoffelimination durch Pflanzen. Pflanzliche Organismen benötigen mineralischen Stickstoff zum Aufbau von Biomasse. In der Landwirtschaft wird ihnen dieser in Form von Ammoniumsalzen oder Nitrat zugeführt.

Stickstoffhaltige Abwässer können deshalb auch zur Düngung verwendet werden. Auch in Teichen läßt sich Stickstoff auf diese Weise fixieren. Voraussetzung für die Elimination des Stickstoffs mit Hilfe solcher natürlicher oder halbtechnischer Verfahren ist jedoch, daß die produzierte Biomasse nach Ende der Vegetationsperiode oder, wenn es sich um niedrige pflanzliche Organismen handelt, periodisch abgeerntet wird.

6.3 Elimination von Phosphor

Biologische Elimination. Phosphor ist Bestandteil jeder Biomasse und kann in festen Zellstrukturen wie auch physiologisch gebunden sein. Deshalb wird von allen Organismen Phosphor als Nährstoff benötigt.

Die mengenmäßige Aufnahme jedoch ist begrenzt, da Phosphor in der Regel weniger als ein Prozent der Biomasse ausmacht. Bezogen auf die Kohlenstoffbindung ist das Verhältnis also nicht höher als C:P = 100:1 bis 200:1.

Daraus folgt, daß die relativ hohen P-Konzentrationen in Abwässern biologisch nicht auf die geforderten Ablaufwerte zwischen 0,3 bis 1 mg/l zu vermindern sind.

Die effektive P-Elimination ist jedoch größer aufgrund der Verknüpfung biologischer Reaktionen mit chemischen Sekundärreaktionen.

Bakterien benutzen Phosphor (als Phosphat) zur vorübergehenden Fixierung von Energie (dies geschieht durch Aufbau von Adenosintriphosphat (ADP + P + Energie → ATP). Werden Bakterien aus aeroben Bedingungen in anaerobe Bedingungen gebracht, wird durch Veränderung des Stoffwechsels ATP in ADP zurückverwandelt, Energie verbraucht oder anderweitig gebunden und Phosphat freigesetzt.

In biologischen Schlämmen oder in Filmen ist der Übergang von aerob zu anaerob mit dem peripheren Wachstum der Partikel bzw. der Filme verbunden. An der Ausscheidungsstelle kann das Phosphat dann mit der Härte des Wassers reagieren und als Kalziumphosphat ausfallen.

Werden anaerobe Verhältnisse künstlich erzeugt, nehmen alle Bakterien an diesem Prozeß teil. Der Zusatz von Kalzium oder anderen Fällmitteln fixiert auf diese Weise P außerhalb der Zelle.

Bringt man solche Bakterien anschließend wieder unter aerobe Bedingungen, nehmen sie erneut Phosphationen auf, um ihren physiologischen Bedarf zu decken.

Daraus läßt sich folgende Technologie entwickeln: Bakterienschlämme reichern sich unter aeroben Bedingungen mit Phosphat an. Sie werden dann vom Abwasser getrennt, kommen unter anaerobe Bedingungen und geben Phosphat ab. Dieses wird chemisch gefällt, die Bakterien können erneut unter aerobe Bedingungen gebracht werden und sich erneut mit Phosphat anreichern.

Eine andere Art der biologischen Fixierung ist die Fixierung in Pflanzenmaterial auf landwirtschaftlichen Flächen oder in Teilchen. Hier gilt das gleiche wie schon beim Stickstoff erwähnt. Eine regelmäßige Ernte ist hier die wichtigste technologische Frage. Da P im Abwasser ja im Überschuß vorliegt, läßt sich auf diese Weise wesentlich mehr organische Masse produzieren als ursprünglich im Abwasser vorlag. Würden also Schönungsteiche auf diese Art betrieben und die Algen nicht abgeerntet, triebe mehr organische Masse in die Vorfluter ab als in das Klärwerk einlaufen.

Physikalisch-chemische Elimination. In der Praxis erfolgt die P-Elimination in der Regel durch Ausflockung mit Eisen oder Aluminiumsalzen bzw. Brandkalk oder speziellen Flockungshilfsmitteln. Das Phosphat wird dabei teils physikalisch, teils chemisch gebunden und anschließend sedimentiert.

Flockungen dieser Art werden vorgenommen

— als Vorfällung durch Zugabe in den Abwasserzulauf und Sedimentation in den Vorklärbecken,

— als Simultanfällung durch Zugabe des Flockungsmittel in die biologische Anlage mit nachfolgender Sedimentation oder
— als Nachfällung durch Zugabe in den Ablauf der biologischen Anlage und Sedimentation im Nachklärbecken bzw.
— als Flockungsfiltration durch Zugabe in den Ablauf des Nachklärbeckens und spezielle Filtration in feinkörnigen Sandfiltern.

Für geforderte Ablaufwerte bis zu maximal 1 bis 2 mg/l reicht eine der ersten drei genannten Methoden in Verbindung mit den biologischen Vorgängen. Sollten Ablaufwerte von unter 0,3 mg/l gefordert sein, sind zwei Flokkungen an unterschiedlicher Stelle notwendig, wobei die zweite eine Flokkungsfiltration sein wird.

Mit dem Einsatz von Flockungsmitteln sind auch Nachteile verbunden; Eisen und Aluminiumsalze verringern die Pufferkapazität des Abwassers. Eisen-II-Salze beeinträchtigen außerdem die Nitrifikation; mit allen Verfahren ist eine beträchtliche Erhöhung an biologisch nicht verwertbarem Schlamm verbunden, der, mit Ausnahme des letztgenannten Verfahrens, immer zusammen mit biologisch verwertbarem Schlamm anfällt und zusammen mit diesem weiterverarbeitet werden muß.

6.4 Elimination von pathogenen Keimen und Parasiten

Mit den Ausscheidungen gelangen neben den normalen Darmbakterien auch alle pathogenen Darmbakterien (Erreger von Typhus und Dysenterie) wie auch die Eier von Eingeweidewürmern in das Abwasser.

Obwohl die Typhusepidemien des vorigen Jahrhunderts der Auslöser für die Entwicklung von Abwassertechnologien waren und auch für die Eindämmung dieser Krankheit gesorgt haben, wird analytisch und technologisch diesem Hauptphänomen heute kaum noch Bedeutung beigemessen.

Die Elimination und Vernichtung der Wurmeier erfolgt gleichsam automatisch mit den herkömmlichen Techniken der Schlammsedimentation in Vorklärbecken und der Ausfaulung, der Erhitzung oder der Verbrennung der Schlämme. Allenfalls bei der landwirtschaftlichen Verwertung sind die Eier von Spulwürmern zu beachten, da sie in Faulräumen mit kurzer Faulzeit nicht abgetötet werden und in Ackerböden bis zu zehn Jahre infektionsfähig bleiben können. Sie werden nur durch Hitzebehandlung der Schlämme sicher (z. B. auch durch gute Kompostierung) abgetötet.

Pathogene Bakterien wie auch normale Darmbakterien vermehren sich in biologischen Klärsystemen schon aufgrund der niedrigeren Temperaturen nicht. Sie werden entweder durch Ziliaten vernichtet oder mit dem Schlamm durch Sedimentation entfernt.

IX Das Belebtschlammverfahren

1 Charakterisierung

Das Belebtschlammverfahren ist, in technologischer Definition, ein kontinuierlich beschickter Reaktor mit einem biologisch geschlossenen System. Das heißt, die Organismen werden im System gehalten, es fließt ihnen beständig Nährlösung zu, und die Aufenthaltszeit der Nährlösung ist geringer als die der Organismen. Der aus der Verwertung der Nährlösung resultierende Organismenzuwachs wird aus dem System entfernt.

Der technische Grundtyp besteht aus dem Reaktionsbecken, in dem Organismen vorhanden sind und dem Nährlösung beständig zugeführt wird. Zur Sauerstoffversorgung und um die Organismen in Schwebe zu halten, wird belüftet und umgewälzt, wobei die Umwälzung oft mit der Belüftungseinrichtung gekoppelt ist. Das durch die ständige Zufuhr verdrängte Reaktionsgemisch wird in einen Separator (Nachklärbecken) gebracht und dort beruhigt, so daß sich die Organismen absetzen können. Die verarmte Nährflüssigkeit fließt ab, die Organismen werden in das Reaktionsbecken im erforderlichen Maße zurückgeführt (Abb. 74).

Obwohl das Belebtschlammverfahren ein technologisch geprägtes Verfahren ist, kann es biologisch äußerst differenziert sein. Je nach Aufgaben-

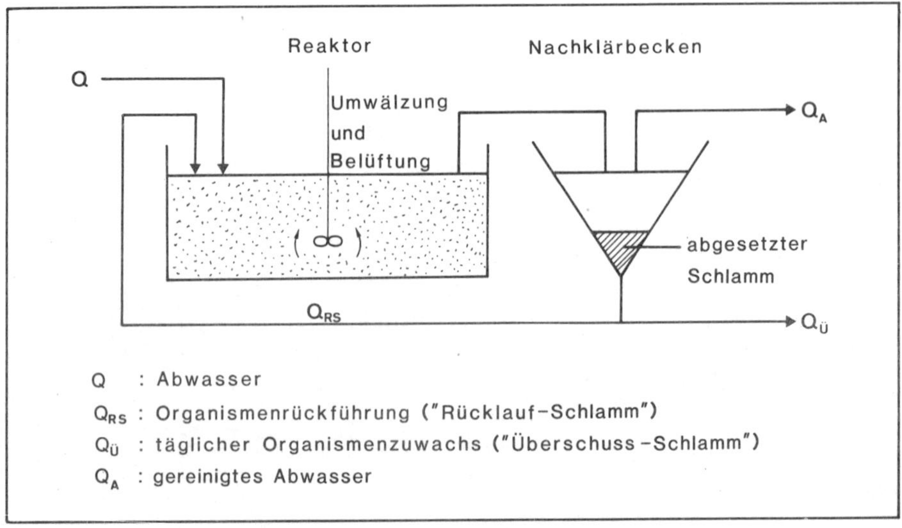

Abb. 74. Schematische Darstellung des Belebtschlammverfahrens

stellung führt die damit verbundene Betriebsweise zu einer sehr einfachen oder äußerst diversen Lebensgemeinschaft an Organismen. Es ist möglich, die ganze Strecke der im Selbstreinigungsablauf enthaltenen Vorgänge innerhalb eines solchen Systems abzuwickeln, also auf der einen Seite die gelöste organische Substanz so weit als möglich in Bakterienmasse umzuwandeln, oder, auf der anderen Seite, die im Abwasser enthaltene organische Substanz über die Freßkette heterotropher Organismen nahezu vollständig zu oxidieren. Man unterscheidet so „Hochbelastete Verfahren“ und „Schwachbelastete Verfahren“ (Abb. 75).

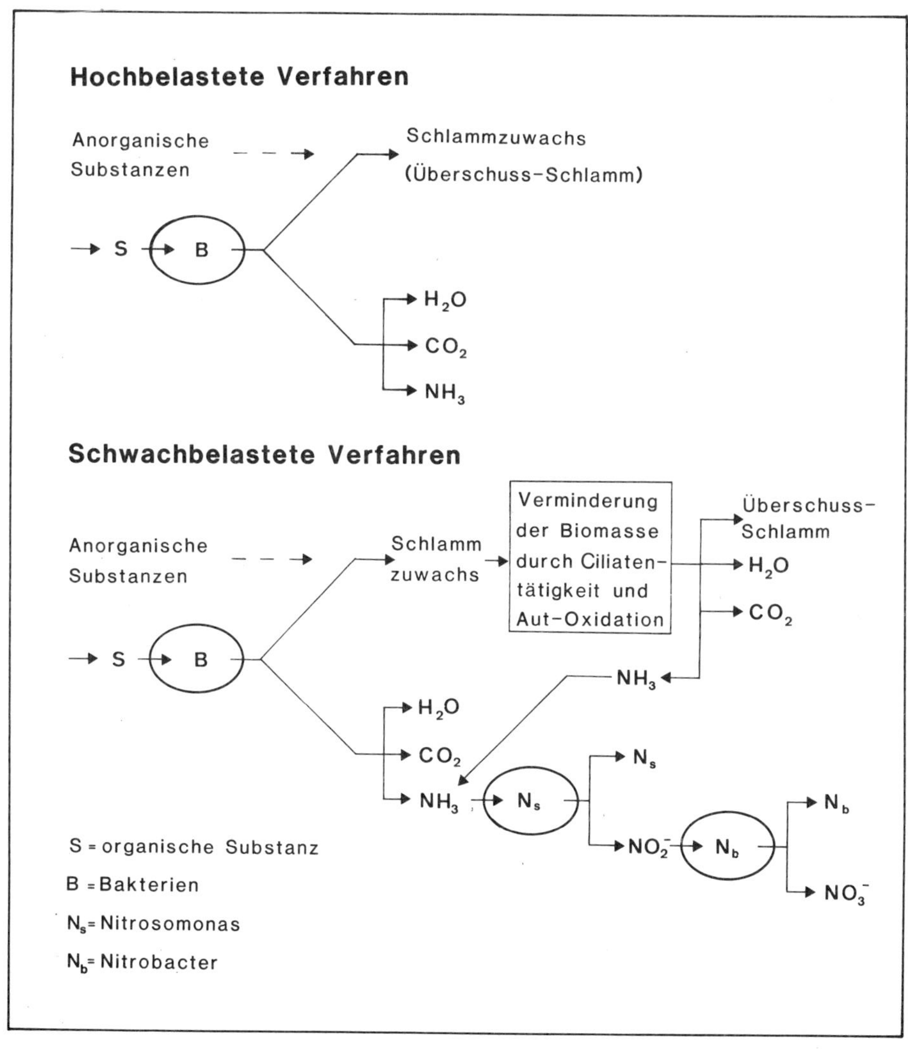

Abb. 75. Organismen und Reaktionswege beim Belebtschlammverfahren

2 Der Reinigungsträger

2.1 Größe und Zusammensetzung

Der Reinigungsträger wird als „Belebtschlamm“ bezeichnet. Die mikroskopische Analyse zeigt ihn als Partikel mit einem Durchmesser von in der Regel 50 bis 200 µm (Abb. 76) sehr oberflächenreich, mit einem meist bräunlich gefärbten Zentrum und grauen Randzonen bzw. Fortsätzen. In den Randzonen und Fortsätzen sind Bakterien erkennbar. Das Partikel ist eine Bakterienkolonie mit möglicherweise einer Art in den Randzonen, aber anderen Arten gegen den zentralen Teil zu. Außerdem ist anzunehmen, daß verschiedene Partikel auch das Ergebnis der Koloniebildung verschiedener Arten sind. Die Artenvielfalt nimmt meist mit schwächerer Belastung des Systems zu. Es sind vor allem vorhanden: Acinetebacterien, Pseudomonas, Zoogloea, Enterobacteriaceen, Aeromonas, Flavobacterium, Achromobacter und Microkokken. Zum Teil gelangen diese Formen mit dem Abwasser in die Anlagen und vermehren sich dort, zum Teil werden sie auch aus den aquatischen und terrestrischen Lebensräumen eingetragen.

Die Zusammensetzung der bakteriellen Lebensgemeinschaft unterliegt einem ständigen Wandel, der zum Teil bedingt ist durch den Wechsel der Abwasserzusammensetzung, z. T. sind sie aber auch ein Ergebnis von Eigendynamiken, deren Ursachen nicht näher erforscht sind.

In schwächer belasteten Anlagen kommen dazu die Nitrifizierer. Unter bestimmten Bedingungen, die aus sehr oberflächenreichen Schlämmen resultieren, kommt es auch zur Massenausbreitung fadenförmiger Bakterien.

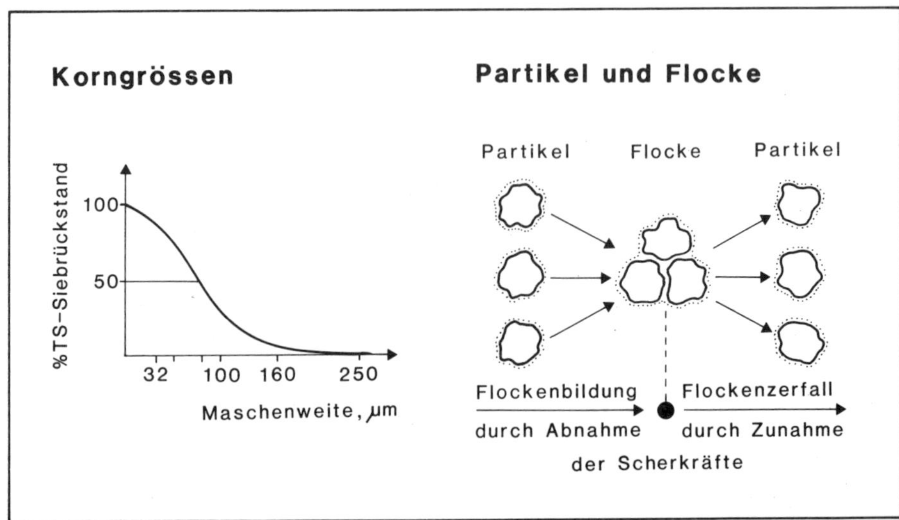

Abb. 76. Korngrößenverteilung von Belebtschlammpartikeln und Flockenbildung (nach Laubenberger)

Über die bakterielle Zusammensetzung und auch die Hintergründe der genannten Massenvermehrung herrscht noch weitgehend Unkenntnis.

Die Partikel werden durch Eintragen von Energie in Schwebe gehalten (fluidized-bed-reactor), damit die Nährstoffversorgung der Bakterien nicht nur durch Diffusion limitiert wird. Wird die Durchmischung eingestellt,

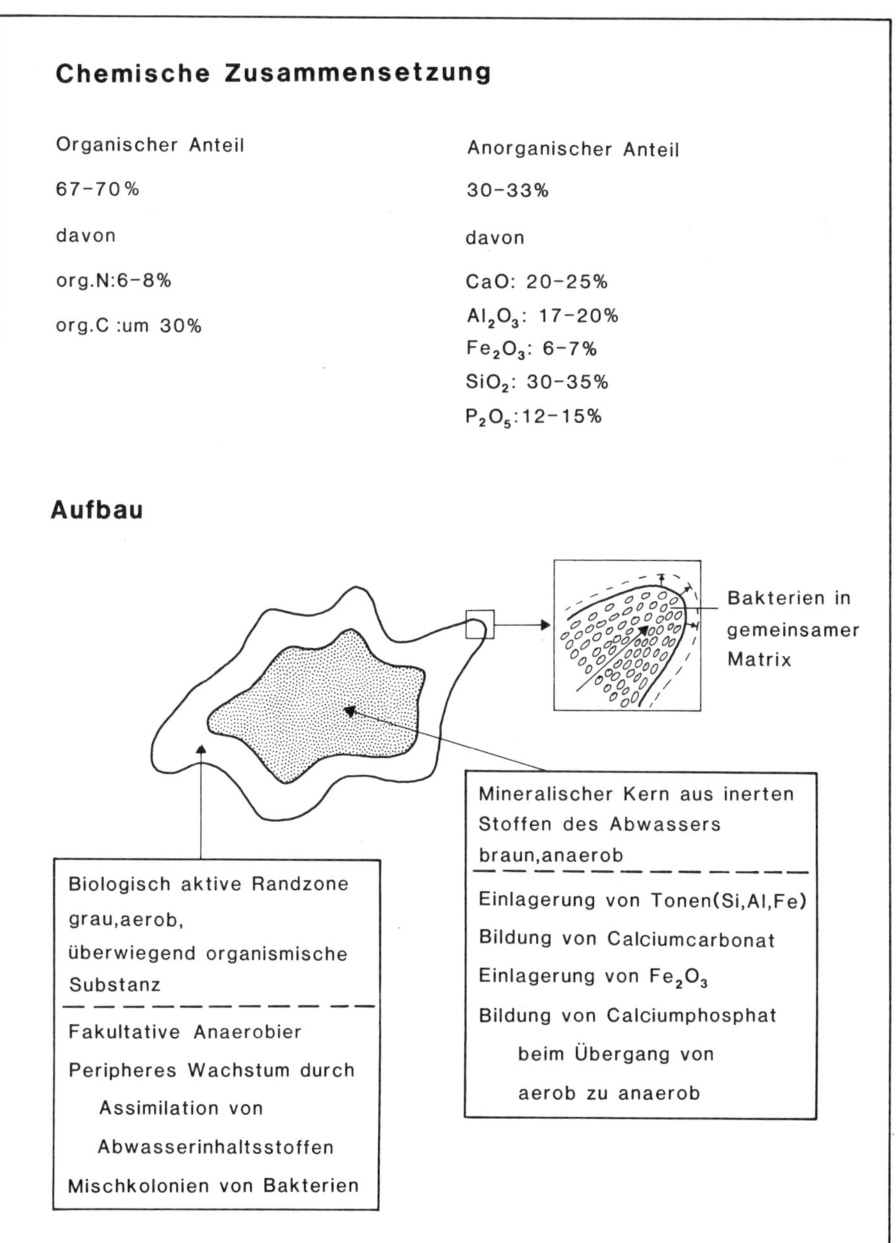

Chemische Zusammensetzung
Organischer Anteil
67–70%
davon
org.N:6–8%
org.C :um 30%
Anorganischer Anteil
30–33%
davon
CaO: 20–25%
Al_2O_3: 17–20%
Fe_2O_3: 6–7%
SiO_2: 30–35%
P_2O_5:12–15%
Aufbau
Bakterien in gemeinsamer Matrix
Mineralischer Kern aus inerten Stoffen des Abwassers
braun,anaerob
Einlagerung von Tonen(Si,Al,Fe)
Bildung von Calciumcarbonat
Einlagerung von Fe_2O_3
Bildung von Calciumphosphat beim Übergang von aerob zu anaerob
Biologisch aktive Randzone
grau,aerob,
überwiegend organismische Substanz
Fakultative Anaerobier
Peripheres Wachstum durch Assimilation von Abwasserinhaltsstoffen
Mischkolonien von Bakterien

Abb. 77. Zusammensetzung und Aufbau von Belebtschlammpartikeln

vernetzen sich die Partikel zu Flocken, reduzieren damit ihre relative Oberfläche und sedimentieren.

Die chemische Analyse zeigt (Abb. 77), daß bei kommunalen Anlagen der organische Anteil des Belebtschlamms 67 bis 70%, der anorganische 30 bis 33% beträgt. Der Gesamanteil an lebender Biomasse läßt sich auch gut über den Anteil an organischem Stickstoff ausdrücken; er beträgt 6 bis 8%. Die Zahl der Bakterien liegt je Gramm Trockensubstanz bei ca. $1 \cdot 10^{11}$ bis $3 \cdot 10^{11}$.

Die Analyse des anorganischen Anteils zeigt, daß der Kern der Partikel mineralischer Natur ist und hauptsächlich aus Tonen (Si, Al, Fe), aus Eisenoxid (Fe_2O_3) und aus Calciumphosphaten besteht. Tone und Eisenoxide entstammen dabei den im Abwasser enthaltenen Substanzen der obersten Erdkruste. Die Bildung von Calciumphosphat mag einen biochemischen Hintergrund haben; es entsteht an der Grenzfläche aerob/anarob.

Verantwortlich für die Leistungsfähigkeit eines Belebtschlammes ist der Anteil an aktiver Biomasse in den Partikeln und deren relative Oberfläche. Es liegt jedoch in der Natur des peripheren Wachstums, daß dieser Anteil zurückgeht. Die Größe des von der Sauerstoffversorgung abgeschnittenen Anteils wächst (anaerobe Degeneration). Erst das Zerbrechen der zu groß gewordenen Partikel schafft durch neue Besiedlungsflächen eine Umkehr.

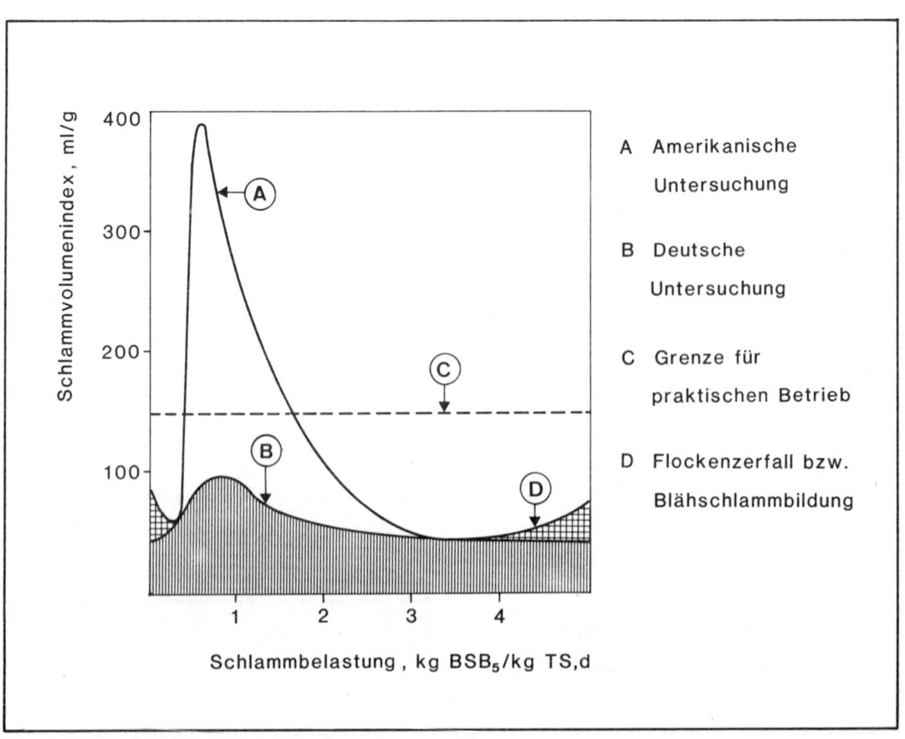

Abb. 78. Schlammvolumenindex in Abhängigkeit von der Schlammbelastung

Die Vergrößerung des Partikels durch Wachstum ist mit einer Verdichtung verbunden und einer Reduktion des Anteils an aktiver Biomasse. Neben der anaeroben gibt es auch aerobe Degeneration dann, wenn aus Nährstoffarmut die peripheren Bakterien zur Selbstverbrennung und dann in der Folge zerfallen.

2.2 Der Schlammvolumenindex

Aktiver Schlamm soll oberflächenrein sein. Gleichzeitig soll er eine gute Absetzbarkeit haben. Beide Eigenschaften stehen diametral zueinander. In der Praxis ist deshalb ein Kompromiß anzustreben.

Als Kriterium für beide Größen gilt der Schlammvolumenindex (SVI). Er gibt an, welches Volumen 1 g abgesetzter Belebtschlamm (ausgedrückt als Trockensubstanz) nach 30 min Absetzbarkeit einnimmt. Dieser Schlammvolumenindex variiert in weiten Grenzen (Abb. 78). Bei SVI = 100 bedeutet dies, Schlamm mit 99% Wasser und 1% Trockensubstanz. Dabei ist zu berücksichtigen, daß die Wasserbindung unterschiedlicher Natur sein kann und die Bakterien selbst aus über 80% Wasser bestehen. Der Rest ist dann Haftwasser oder Totwasser an und zwischen den Partikeln bzw. Flocken (Abb. 79).

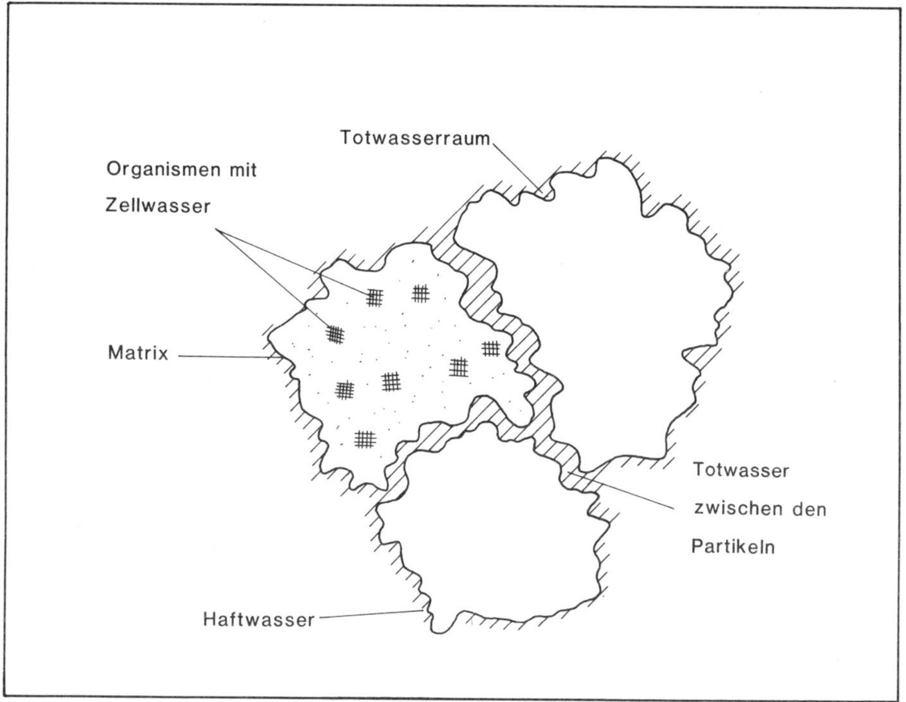

Abb. 79. Wasserbindung im Belebtschlamm

Unter Normalbedingungen liegen die SVI-Werte bei kommunalen Abwässern zwischen 80 und 120 ml/g. Sie können Extremwerte bis zur völligen Nichtabsetzbarkeit annehmen, wenn durch ungünstige Betriebsbedingungen fadenförmige Organismen überhandnehmen (Blähschlamm).

Blähschlamm kann bei einseitigen Abwässern (z. B. C:N-Anteil 30:1), bei Überlastung oder auch bei schwach belasteten Anlagen und Veränderung ökologischer Faktoren (Temperaturabfall) entstehen. Es gibt wohl auch sehr viele andere Ursachen dafür, die heute noch unbekannt sind.

Ein starker Anstieg des SVI-Wertes kann aber auch das Ergebnis aerober Schlammdegeneration sein: Die Partikel werden immer kleiner und damit schlechter absetzbar. Sie treiben ab; er kommt nicht zur Ausbildung einer genügend großen Menge absetzbaren Belebtschlamms im System; das System ist biologisch offen.

2.3 Der Schlammgehalt im Reaktor

Der Stoffumsatz im Reaktor ist um so höher, je größer die Konzentration an Belebtschlamm im Reaktor ist. Dieser Wert liegt normalerweise um 3 bis 3,5 kg Trockensubstanz je Kubikmeter Reaktorvolumen. Anzustreben wäre ein höherer Wert. Begrenzt wird dies jedoch durch andere technische Größen wie Sauerstoffversorgung und Konzentration des Schlamms bei der Rückführung aus dem Separator.

3 Das biologische System und seine Variabilität

3.1 Die Schlammbelastung als bestimmende Größe

In einem offenen Reaktor wird das biologische System bestimmt durch die Größe der Durchflußrate D sowie der Vermehrungsrate μ.

Ein biologisch geschlossenes System wie das Belebtschlammverfahren wird bestimmt durch das Verhältnis der „maximalen Vermehrungsrate der einzelnen Formen“ zur „mittleren Aufenthaltszeit der gesamten Biomasse“, die als Schlammalter (t_d) bezeichnet wird. Bei gegebener Schlammkonzentration ist dieses mittlere Schlammalter ein Resultat aus täglicher Schlammbildung ($TS_Ü$) und vorhandener Schlammenge im Belebtschlammbecken TS_{BB} ($t_d = TS_{BB}/TS_Ü$). Die Schlammbildung selbst ergibt sich aus der Menge an abbaubarer organischer Substanz, die je Tag dem Belebtschlamm zum Abbau zugeführt wird. Dieser Wert ist die sog. Schlammbelastung (B_{TS}) mit der Dimension = kg BSB_5/kg TS, d.

Mit der Schlammbelastung verändert sich naturgemäß die Aktivität der Bakterienbiocoenose gegenüber den organischen Nährstoffen. Abbildung 80 zeigt die V_{max}-Werte von Belebtschlämmen aus Systemen mit unterschiedlicher Schlammbelastung gegen das Testsubstrat Acetat. Während in hochbelasteten Belebtschlämmen prozentual zur Gesamtbiomasse sehr viele Acetatverwerter vorhanden sind, scheint ihr Anteil mit abnehmender

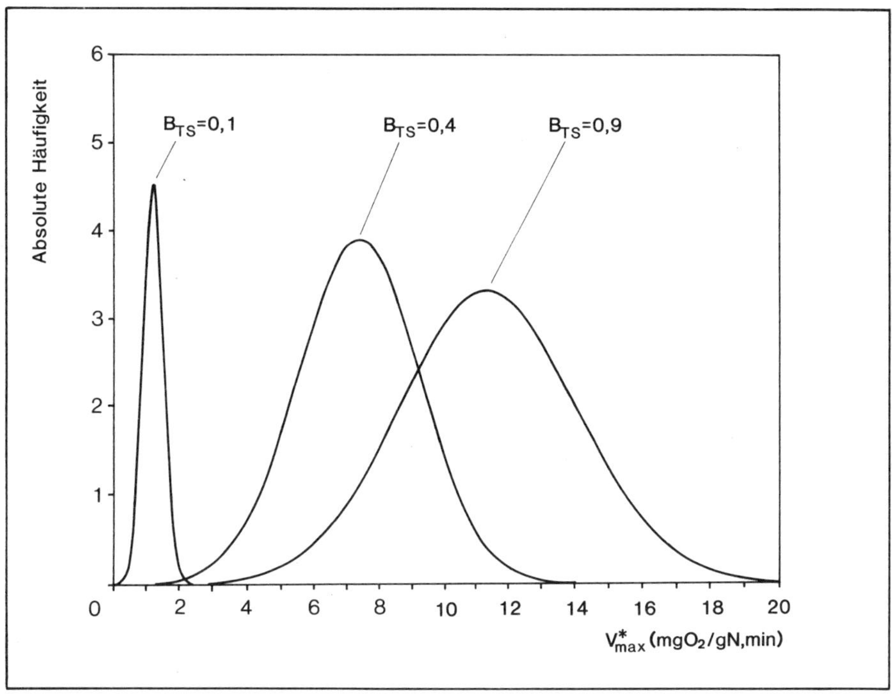

Abb. 80. V_{max}-Werte von Belebtschlämmen aus unterschiedlicher Schlammbelastung für den Abbau von Na-Acetat

Schlammbelastung zurückzugehen. Die Schwankungen bei der Geschwindigkeit für den Acetatabbau ist bei höheren Schlammbelastungen größer.

3.2 Schlammbelastung und Reinigungseffekt

Eine Auftragung der prozentualen BSB_5-Reduktion gegen die Schlammbelastung (Abb. 81) zeigt eine Kurve, deren biologischer Hintergrund in Abb. 59 bereits dargestellt ist. Der Ablauf der natürlichen Selbstreinigung ist nun in ein Steady-state-System übertragen. Bei hoher Belastung (I) wird die organische Substanz abgebaut. Der Abschnitt II ist charakterisiert durch Sekundärprozesse, und in Abschnitt III findet zusätzlich Nitratoxidation statt.

Die Reinigungseffekte sind ein Spiegel dieser biologisch unterschiedlichen Systeme. Die BSB_5-Konzentration des behandelten Abwassers liegt bei Belastungswerten $B_{TS} < 2$ in der Regel unter 30 mg/l. Geringere Ablaufwerte zu erhalten, ist nur bei spürbarer Reduktion der Schlammbelastung möglich. Bei $B_T > 2$ dagegen steigt die Restverschmutzung schnell an.

Dies ist das Ergebnis unterschiedlicher biologischer Systeme und deutlich erkennbar bei einer Fraktionierung des BSB_5 im gereinigten Abwasser:

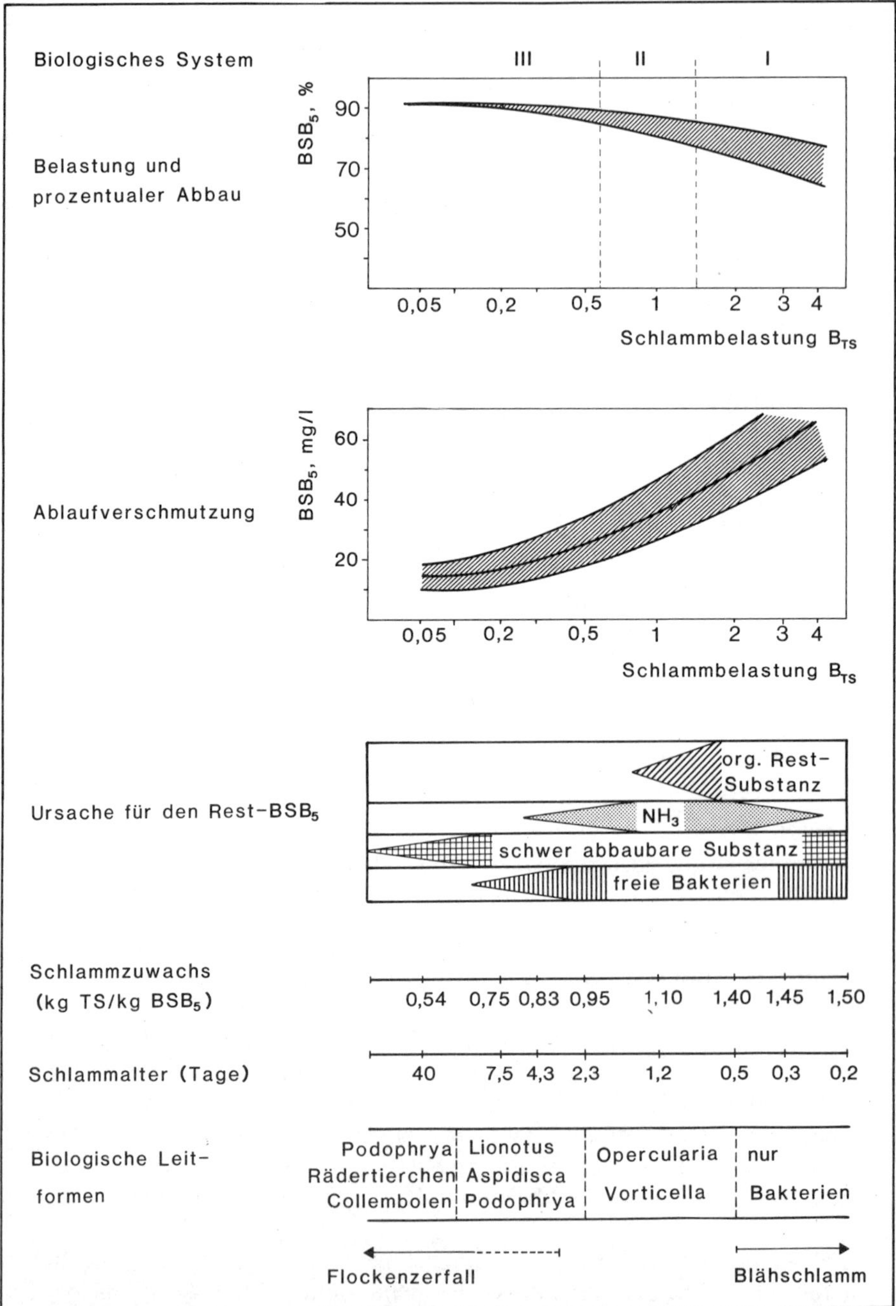

Abb. 81. Wirkung der Schlammbelastung auf andere biochemische bzw. biologische und technologische Parameter

Der Ablauf BSB_5 von Anlagen mit B_{TS} um 2 setzt sich zu einem Drittel zusammen aus schwer abbaubarer gelöster organischer Substanz, aus Nitrifikation und aus endogener Atmung freier Bakterien und Mikropartikeln des Belebtschlamms. Bei diesem Belastungswert ist der Plateau-BSB, d. h. die Konzentration an leicht abbaubarer Substanzen nahezu vollständig eliminiert. Bei Erhöhung der Belastung auf $B_{TS} > 2$, wird jedoch dieser Plateau-BSB nicht mehr voll abgebaut und kommt als zusätzliche Fraktion in die Restverschmutzung.

Zum Bereich schwächerer Belastung hin folgt von $B_{TS} = 2$ aus ein Übergangsbereich, bis bei etwa $B_{TS} = 0{,}3$ bis 0,6 die Nitrifikation beginnt. Von diesem Punkt an wird auch der Abbau des Belebtschlamms stärker. Bei Schlammbelastungen $B_{TS} < 0{,}1$ erfolgt dann eine vollständige Nitrifikation.

3.3 Schlammbelastung und Schlammzuwachs

Nur unter Bedingungen, unter denen der Plateau-BSB nicht voll abgebaut wird, leiden die chemoorganotrophen Bakterien nicht unter Nährstoffmangel und sind nicht zur endogenen Atmung gezwungen. Aus technologischen Gründen soll die Belastung so eingestellt werden, daß Schlammfresser fehlen. Dann wird auch die maximal mögliche Schlammproduktion erzielt. Sie erreicht etwa 1,5 kg TS je Kilogramm abgebautem BSB_5.

Im Bereich vollständigen Abbaus des Plateau-BSB geht die Schlammbildung schon spürbar zurück und sinkt dann mit abnehmender Belastung und vollständiger Schlammstabilisierung auf Werte um 0,4 kg TS/kg BSB_5. Dieser Schlamm besteht dann zum größten Teil aus mineralischen Anteilen und ist nur noch dem Wort nach Belebtschlamm.

Umgekehrt zur Schlammproduktion verhält sich das Schlammalter, also die Zeitspanne, die benötigt wird, um die im Gesamtsystem vorhandene Menge an Belebtschlamm auszutauschen.

3.4 Schlammbelastung und Organismen

Neben den Faktoren Sauerstoffgehalt, Schwefelwasserstoff und Ammoniak spielt das Schlammalter die entscheidende Rolle für die Anwesenheit von Organismen. Es können sich nur solche Organismen im System halten, deren Vermehrungsrate größer ist als die Schlammzuwachsrate. Damit wird klar, daß in hochbelasteten Anlagen mit einem Schlammalter $t_d < 1$ Tag nur Ciliaten mit einem hohen Stoffumsatz und einer hohen Energieausbeute leben können. Bei einem Schlammalter von $t_d > 1$ Tag treten dann zunehmend grasende und später auch räuberische Ciliaten auf. Bei einem Schlammalter von mehreren Tagen kommen dann Rädertierchen hinzu und später Detritusfresser wie Nematoden und Collembolen. Das biologische System bekommt einen Charakter, in dem eine volle Oxidation der organischen Substanz angestrebt wird.

Die wichtige Konsequenz aus diesen Beobachtungen ist: Belebtschlamm ist nicht eine Lebensgemeinschaft mit starrer Zusammensetzung und festen

Eigenschaften; Belebtschlamm ist — in Abhängigkeit von der Belastung — ein jeweils anderes biologisches System, vergleichbar mit unterschiedlichen Stadien einer Selbstreinigungsstrecke, wobei die Übergänge fließend sind. Sollte eine Unterteilung in einzelne Abschnitte vorgenommen werden, so ist zu unterscheiden zwischen

— einem Zustand hoher Belastung mit nicht vollem Abbau des Plateau-BSB, starkem Schlammzuwachs, mit der Biocoenose vornehmlich aus Bakterien ($B_{TS} > 2$) (Biologisches System I);
— einem Zustand hoher Belastung mit vollem Abbau des Plateau-BSB, beginnendem Schlammabbau und Ciliaten mit hoher Vermehrungsrate (B_{TS}: 0,6 bis 2) (Biologisches System II);
— einem Zustand der Unterbelastung mit Nitrifikation, mäßigem Schlammzuwachs; gekennzeichnet durch viele Ciliaten auch räuberische Formen (Podophrya, Lionotus) (B_{TS}: 0,1 bis 0,6) (Biologisches System III);
— einem Zustand totaler Unterbelastung, der zur Schlammstabilisierung führt, mit mäßigen Mengen an Überschußschlamm, wobei dieser vornehmlich mineralischer Natur ist ($B_{TS} < 0,1$) (Biologisches System III und IV).

3.5 Schlammbelastung und Schlammindex

Die ökologischen Rahmenbedingungen bestimmen die Zusammensetzung der Lebensgemeinschaft, die Zusammensetzung der Bakterienbiocoenose, die Menge des Schlammzuwachses und auch den Typ des Belebtschlamms.

Obwohl hier noch sehr viele Fragen zu klären sind, zeigt die Erfahrung, daß eine gute Schlammstruktur (SVI zwischen 80 bis 120) vor allem in den Bereichen $B_{TS} = 0,3$ bis 2,0 zu erreichen ist. Oberhalb dieser Spanne kommt es häufig in Verbindung mit anderen Störungen (Temperaturabfall, Veränderung der Abwasserzusammensetzung) zur Massenentwicklung fadenförmiger Bakterien. Unterhalb dieser Spanne zerfallen die Partikel zu kleineren, schwer absetzbaren Teilchen, und es treten, ebenfalls in Verbindung mit anderen ökologischen Störungen oft Fadenbakterien in Erscheinung.

4 Sauerstoffverbrauch

Sauerstoff muß zur Aufrechterhaltung eines aeroben Systems laufend eingetragen werden. Fehlte Sauerstoff, würde, da die meisten Bakterien fakultative anaerobe Formen sind, zwar der Stoffumsatz nicht eingestellt werden, aber das Ergebnis wäre die Freisetzung organischer Metaboliten und eine verminderte Assimilation. Eine O_2-Konzentration von 0,5 mg/l ist jedoch ausreichend, um für die Bakterien aerobe Bedingungen zu garantieren.

Der Sauerstoffverbrauch resultiert aus zwei Komponenten, nämlich dem Abbau der gelösten organischen Substanz im Abwasser, also aus der Elimination des Plateau-BSB — dies ist ein fester Betrag — und aus der sog. endogenen Atmung oder aus dem Grundverbrauch — dies ist eine variable

Größe in Abhängigkeit der Schlammbelastung. In diesem zweiten Anteil ist die Gesamtheit der Sekundärreaktionen enthalten, von der Verbrennung körpereigenen Materials durch die Bakterien bei Nahrungsarmut über die Nitrifikation bis zur Schlammvernichtung durch Detritusfresser. Die Messung dieses O_2-Verbrauchs ergibt auch einen Hinweis, bis zu welchem Grad die Selbstvernichtung des heterotrophen System bereits fortgeschritten ist.

Ein Großteil der Bakterien stellt die endogene Atmung ein, wenn Nährstoffe von außen zugeführt werden, wenn also Substratabbau möglich ist. Dies führt dazu, daß in hochbelasteten Anlagen zur Elimination einer bebestimmten BSB-Mengen weniger Sauerstoff verbraucht wird als in schwachbelasteten Anlagen, in denen neben dem Substratabbau auch die aerobe Selbstverbrennung abläuft.

Unter ökologischen Bedingungen, die nur zur Elimination des Plateau-BSB führen, wird daher, auf den BSB-Abbau bezogen, weniger Sauerstoff benötigt als bei schwächer belasteten Systemen.

Die Bemessung einer Belüftungsapparatur ist auf diese Verhältnisse abzustellen. Ausgangsgröße dazu ist die Raumbelastung (B_R), die angibt, welche Menge an BSB_5 einer Volumeneinheit des Reaktors je Zeiteinheit zugeführt wird. Je nach angestrebtem Reinigungseffekt und der dafür notwendigen Lebensgemeinschaft ergibt sich die erforderliche Größe des Sauerstoffeintragsvermögens der Belüftungsapparatur (OC-Wert). Die Relation OC/B_R (auch OC/load genannt) liegt für Systeme mit Teilreinigung (Überlastung) bei 1 bis 1,2; für Systeme mit Elimination des Plateau-BSB bei 1,5, für nitrifizierende Systeme bei 2,5 und für Systeme mit Schlammstabilisierung bei 2,8 kg Sauerstoffeintrag je kg BSB_5.

Zu berücksichtigen ist hierbei noch, daß die OC-Werte auf Reinwasser bezogen sind, und der tatsächliche Sauerstoffeintrag in verschmutztem Wasser geringer ist als in Reinwasser. Der effektive OC-Wert (= αOC-Wert) liegt in Abhängigkeit der Verschmutzung bei 40 bis 70% des OC-Wertes.

5 Schlammrückführung

Beim Belebtschlammverfahren handelt es sich um ein biologisch geschlossenes System, das dadurch gekennzeichnet ist, daß die mit dem ausfließenden Abwasser ausgespülte Biomasse wieder in den Reaktor zurückgeführt wird. Die Menge der Rückführung (Q_{RS}) richtet sich nach der gewünschten Schlammkonzentration im Reaktor (TS_{BB}), der Konzentration im sedimentierten Schlamm (TS_{RS}) und ggf. auch nach der Menge der Ausschwemmung (TS_A).

Das Rücklaufverhältnis (f) ist definiert zu:

$$\frac{Q_{RS}}{Q} = \frac{TS_{BB}}{TS_{RS} - TS_{BB}} .$$

In der Praxis variiert dieses Verhältnis bei einem TS_{BB} von ca. 3,5 kg Trockensubstanz je Kubikmeter zwischen f = 0,3 bis 1,0. Auf diese Werte sind auch die Förderpumpen auszulegen.

6 Bemessung von Belebtschlammanlagen

Die Bemessung von Belebtschlammanlagen richtet sich nach der Größe der Abwassermenge (Q), der Verschmutzung (C_{BSB_5}) und dem gewünschten prozentualen Reinigungsgrad (η).

Eine Berechnung mit Hilfe der Formeln von Monod und Michaelis Menten ist für eine ständig wechselnde Menge an Abwasser und ein ständig wechselndes Angebot an Nährsubstrat nicht sinnvoll. Man bedient sich besser der bekannten Erfahrungswerte oder sammelt solche für spezielle Bedingungen durch Versuche im halbtechnischen Maßstab. Aus den Werten lassen sich Nomogramme aufstellen, aus denen die gewünschten Größen ablesbar sind (Abb. 82).

Der angestrebte Reinigungseffekt ergibt (in A) eine Aussage über die notwendige Schlammbelastung; diese erlaubt in Verbindung mit der BSB_5-Konzentration (in B) eine Aussage über die Belastung je Volumeneinheit. In Verbindung mit der Schlammkonzentration (in C) ergibt sich daraus die erlaubte Durchflußrate, die mit der Abwassermenge in Beziehung gebracht, zu dem erforderlichen Beckenvolumen (in D) führt.

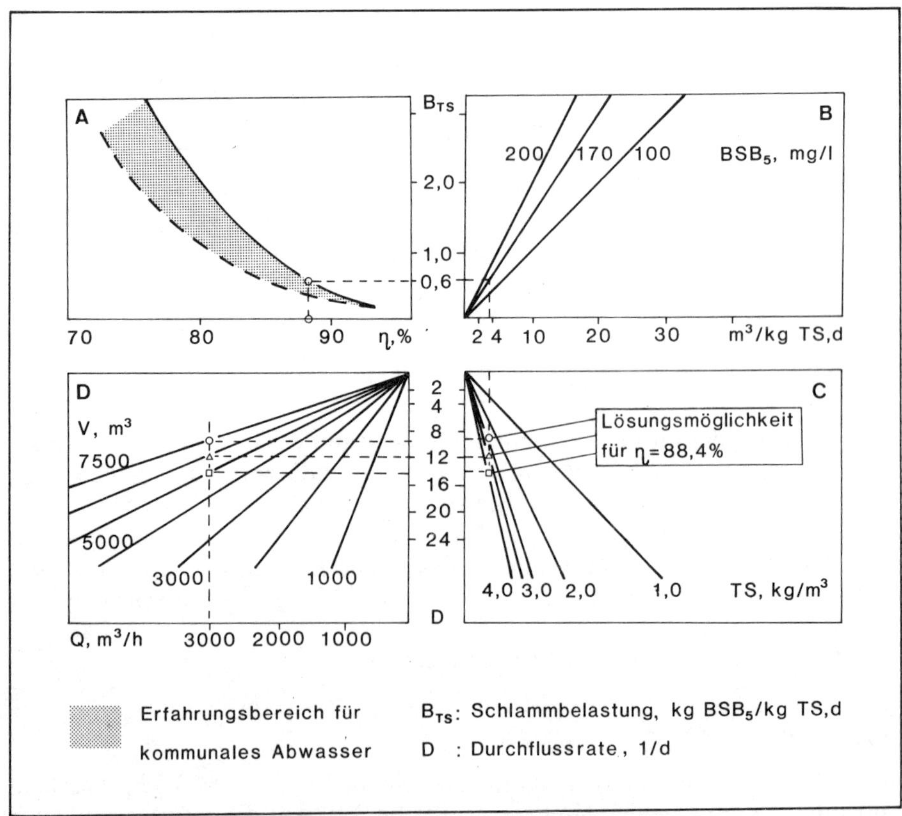

Abb. 82. Nomogramm zur Bemessung der Größe von Belebtschlammanlagen

In der Bundesrepublik ist heute für die Bemessung einer Belebtschlammanlage eine Schlammbelastung von $B_{TS} = 0{,}3$ vorgeschrieben, wenn es sich um eine einstufige Verfahrensweise handelt.

7 Bemessung des Nachklärbeckens

Das Nachklärbecken hat die Aufgabe, die ausgeschwemmte Biomasse vom Abwasser zu trennen und sie zu verdichten. Gleichzeitig dient es als Schlammspeicher.

In einem gut funktionierenden Nachklärbecken unterscheidet man eine Klarwasserzone mit einer Höhe von h = 0,5 m, eine Trennzone mit einer Höhe von 0,8 bis 1,0 m, eine Eindickzone, deren Höhe abhängig ist vom Schlammvolumenindex und dem Schlammgehalt im Reaktor, und eine Speicherzone, deren Höhe ebenfalls abhängig ist von den Schlammkriterien und der erlaubten Schwankung der Schlammkonzentration im Reaktor (Abb. 83).

Für die Berechnung der notwendigen Oberfläche dienen ebenfalls Schlammkriterien sowie der Trockenwetterzufluß (Q_{TW}).

8 Reaktortypen und Gestaltung

Für das Belebtschlammverfahren wurden im Laufe seiner Geschichte eine Vielzahl von Varianten entwickelt, von denen die zwei wichtigsten, nämlich das hochbelastete und das schwachbelastete, schon diskutiert wurden.

Zu den hochbelasteten Verfahren gehört auch die *contact stabilization* der dreißiger Jahre in den USA und das A-B-Verfahren. Schwachbelastete Verfahren sind die sogenannten *Oxidationsgraben* mit teilweiser oder voller Schlammstabilisierung.

Andere Varianten sind das *Reinsauerstoff-Verfahren*, bei dem anstelle von Luft technischer Sauerstoff eingeblasen wird. Es hat den Vorteil einer möglichen höheren Sauerstoffkonzentration, aber auch den Nachteil einer höheren CO_2-Konzentration im Abwasser mit entsprechender pH-Absenkung und erhöhter Aggressivität gegen Kalk und Metalle.

Von der Wasserführung her unterscheidet man zwischen längsdurchströmten Reaktoren und solchen mit totaler Durchmischung.

Neuere Varianten sind der sogenannte sequenting batch reactor (SBR), das Verfahren ohne Vorklärung sowie *frachtabhängige* Betriebsführung und die anoxische Vorstufe.

Verfahren ohne Vorklärung. Beim Verfahren ohne Vorklärbecken wird auf eine Sedimentation des Primärschlammes verzichtet. Dies war vorher schon üblich bei kleinen Anlagen mit Schlammstabilisierung, da damit auf eine anaerobe Schlammbehandlung verzichtet werden kann.

Aus einer ganz anderen Denkweise heraus wird sie speziell für hochbelastete Anlagen propagiert: Vorklärschlamm besteht zu einem hohen Prozentsatz aus typischen Abwasserbakterien. Die Aktivität von Vorklärschlamm bezogen auf seinen Stickstoffgehalt entspricht daher zu 60 bis 70% der von

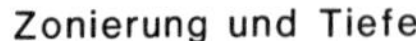

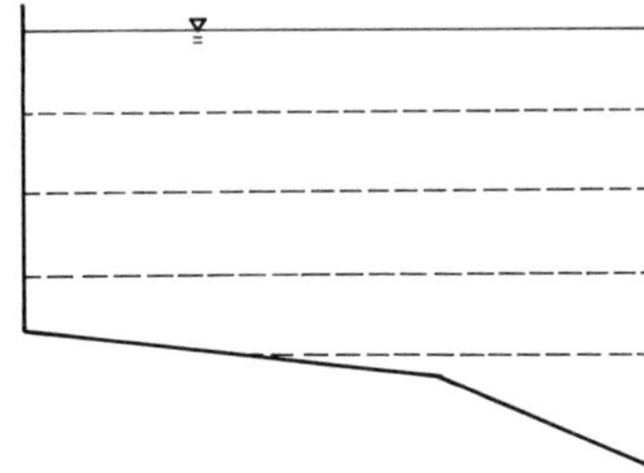

Klarwasserzone h3

Trennzone h2

Eindickzone h1

Speicherzone h4

Schlammtrichter

Berechnung der Fläche

$$F_{NKB} = \frac{Q_{TW} \cdot SVI \cdot TS_{BB}}{300} \quad (m^2)$$

Berechnung der Tiefe der Becken

h3 : $\geq 0{,}5$ (m)

h4 : $\frac{\Delta TS_R \cdot V_{BB} \cdot SVI}{500\ F_{NKB}}$ (m)

h2 : $0{,}8 \ldots 1{,}0$ (m)

h1 : $\frac{TS_{BB} \cdot SVI}{1000}$ (m)

Legende

ΔTS_R : Zulässige Differenz zwischen Trockensubstanzgehalt im Belebtschlammbecken bei Normalbetrieb und bei Regen (kg/m^3)

V_{BB} : Volumen des Belebtschlammbeckens (m^3)

F_{NKB} : Fläche des Nachklärbeckens (m^2)

TS_{BB} : Trockensubstanz im Belebtschlamm (kg/m^3)

SVI : Schlammvolumenindex (ml/g)

Q_{TW} : Trockenwetter-Zufluss (m^3/h)

Abb. 83. Bemessung von Nachklärbecken

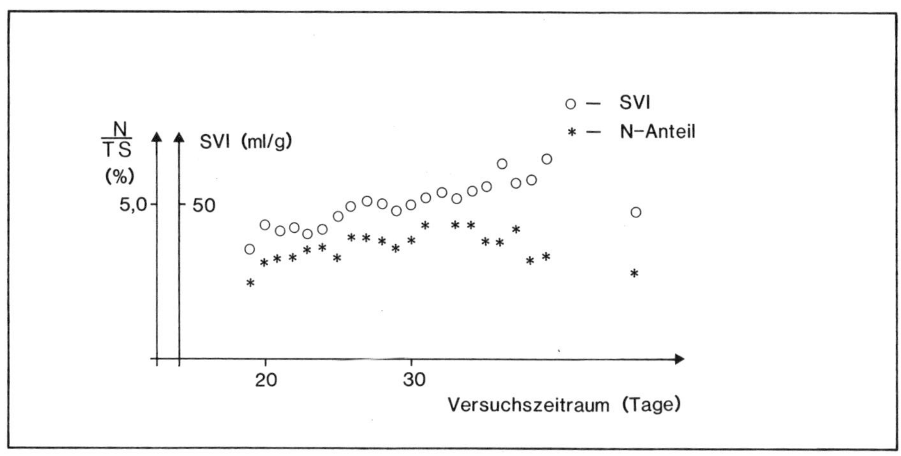

Abb. 84. Belebtschlammanlagen ohne Vorklärung Reinigungsleistung. SVI-Wert und Stickstoffgehalt des Schlammes

Belebtschlamm. Es ist daher wenig sinnvoll, dieses Potential vorher zu entfernen und dann im Abwasser eine neue Biocoenose heranzuzüchten.

Die Vorteile von Vorklärschlamm in den Bioreaktor sind:

- Nutzung der natürlichen Abwasserflora;
- größere Betriebsstabilität;
- schnellere Reaktivierung nach Betriebsstörungen (drei bis vier Tage anstelle von zwei bis drei Wochen);
- Verringerung des SVI-Wertes (auf 50 bis 60 ml/g, statt 100 bis 120 ml/g) (Abb. 84);
- Verminderung des Schlammalters und damit der Gefahr der Massenentwicklung von fadenförmigen Bakterien und Blähschlamm.

Und dies alles ohne Verminderung der Reinigungsleistung (Abb. 85). Entsprechende Erfahrungen wurden gesammelt in den Kläranlagen Karlsruhe, Lahr und Konstanz.

Vorbedingung ist aber, daß das Verfahren hochbelastet betrieben wird. Nur dann tritt kein zusätzlicher Sauerstoffbedarf aus dem Vorklärschlamm auf, und dessen BSB muß nicht in die Schlammbelastung einbezogen werden.

Sequenting batch reactor (SBR). Der SBR ist ein Belebtschlammverfahren ohne Nachklärbecken und Schlammrückführung. Seine Betriebsweise ist eine Kopie der meisten Biofermentationen, bei denen sich die Prozesse semikontinuierlich in einem einzigen Reaktor abspielen (Abb. 86): Nach einem abgeschlossenen Zyklus wird die Belüftung eingestellt, der Schlamm setzt sich ab, das überstehende Abwasser wird abgezogen. Im zweiten Schritt wird neu gefüllt, dies mit Belüftung zum Abbau des Plateau-BSB (und oft einschließlich der Nitrifikation). In einer dritten Phase wird nur gemischt, ohne Sauerstoffeintrag zur Denitrifikation.

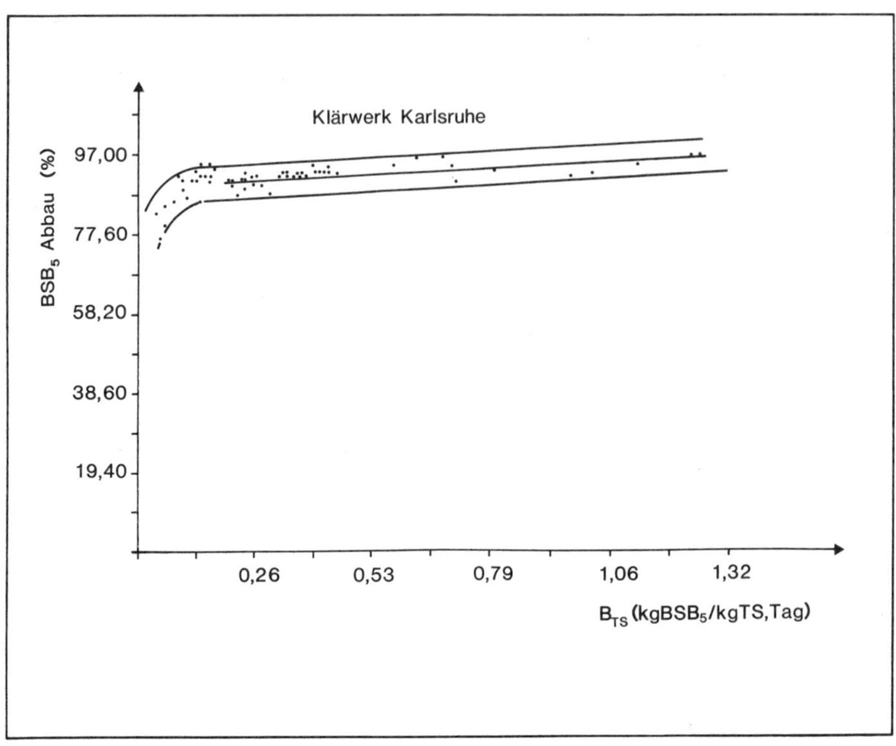

Abb. 85. Beziehung zwischen Schlammbelastung und Abbauleistung, gemessen an der Abnahme des BSB_5 (Computerwerte, Quelle: Stadt Karlsruhe)

Anschließend folgt die Absetzung des Schlammes, die Entfernung des behandelten Abwassers; der Zyklus ist abgeschlossen.

Technologien dieser Art werden bereits in Australien und den USA praktiziert.

Mengen- oder frachtabhängiger Betrieb (MF-Verfahren). Bei der frachtabhängigen Betriebsführung wird die auf die Spitzenbelastung ausgelegte Anlage in mehrere kleine Einheiten unterteilt, die parallel zu betreiben sind. Der Leitgedanke ist der, daß der Betrieb einer ganzen Anlage bei schwankender Abwassermenge nicht nur keine größere Reinigungsleistung einbringt, sondern wegen der zeitweise starken Unterbelastung zum Schlammabbau führt — und dies bei erhöhten Betriebskosten. Die Abschaltung von Reaktoren je nach Situation vermindert die Betriebskosten und vermindert die Schwankungen des B_{TS}-Wertes, der für die ganze Technologie die maßgebliche Betriebsgröße ist. Für eine typische Abwasserganglinie beträgt die Einsparung des Betriebsvolumens für einen Wertetag etwa 40 bis 50%, für einen arbeitsfreien Tag bis 60%. Dies ist gleichbedeutend mit einer entsprechenden Einsparung an Belüftungskosten (Abb. 87).

Zu beachten ist folgendes:

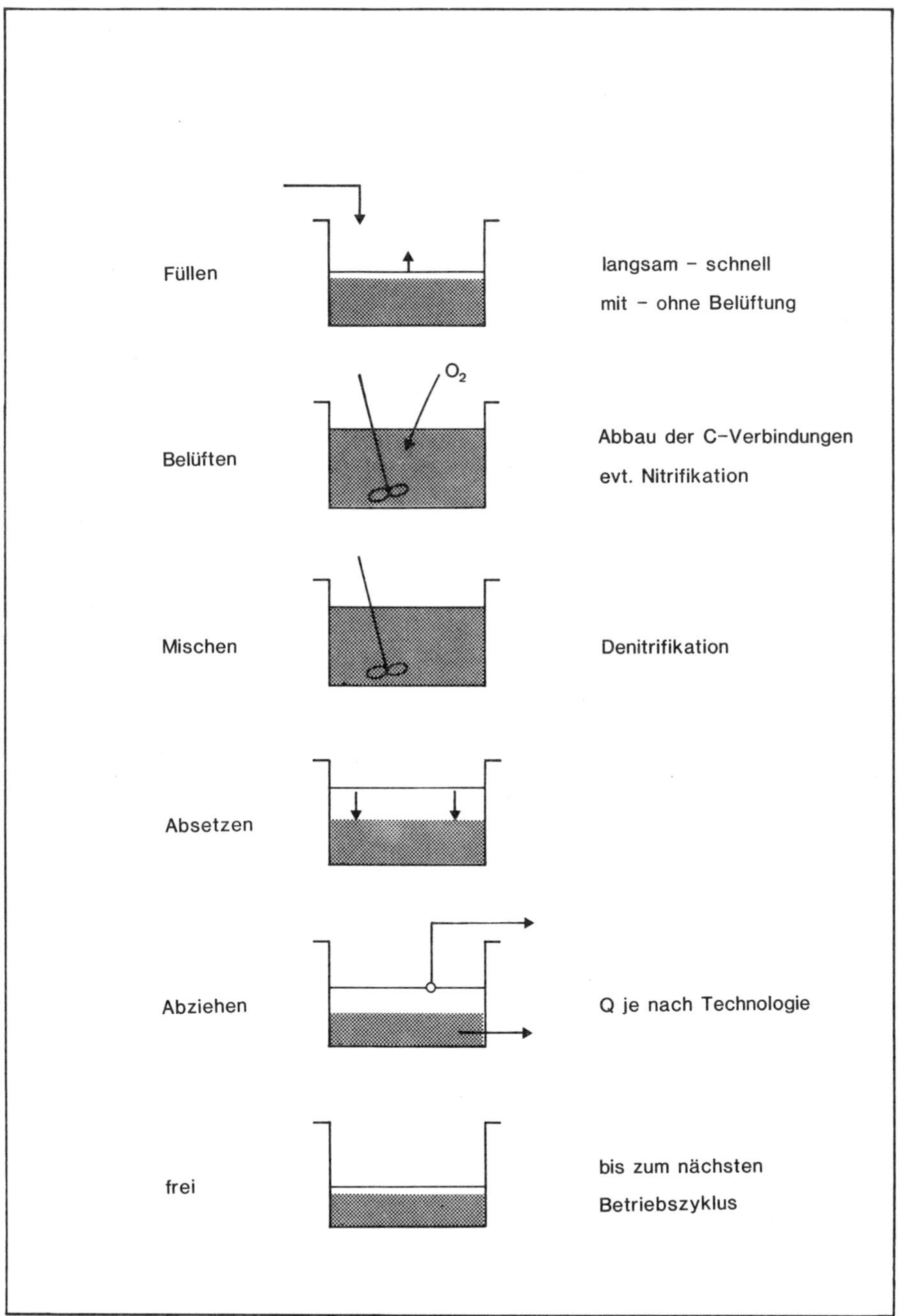

Abb. 86. Betriebsablauf beim Sequenting Batch Reactor (Wilderer)

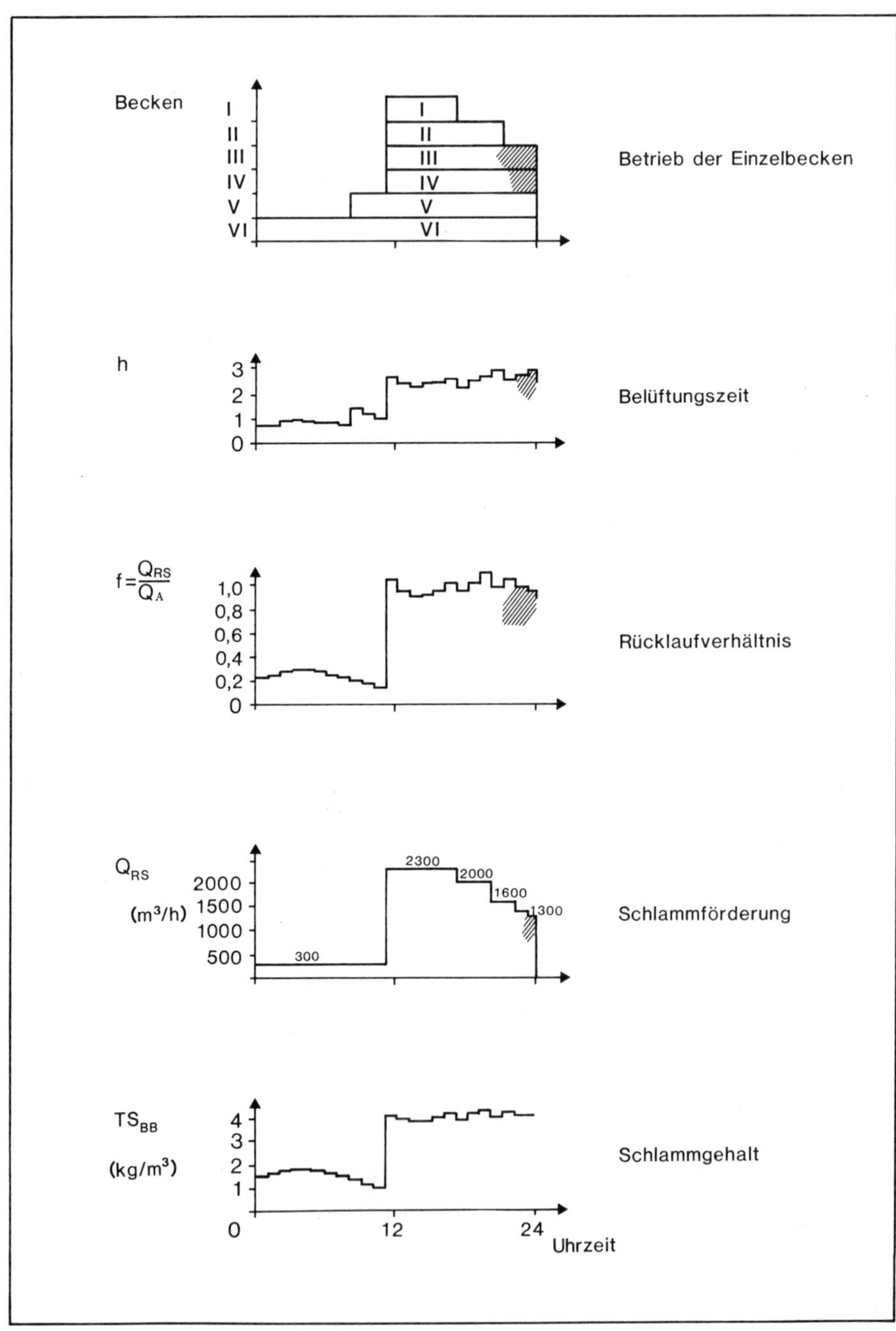

Abb. 87a. Mengen- oder frachtabhängiger Betrieb einer Belebtschlammanlage mit Parallelbecken

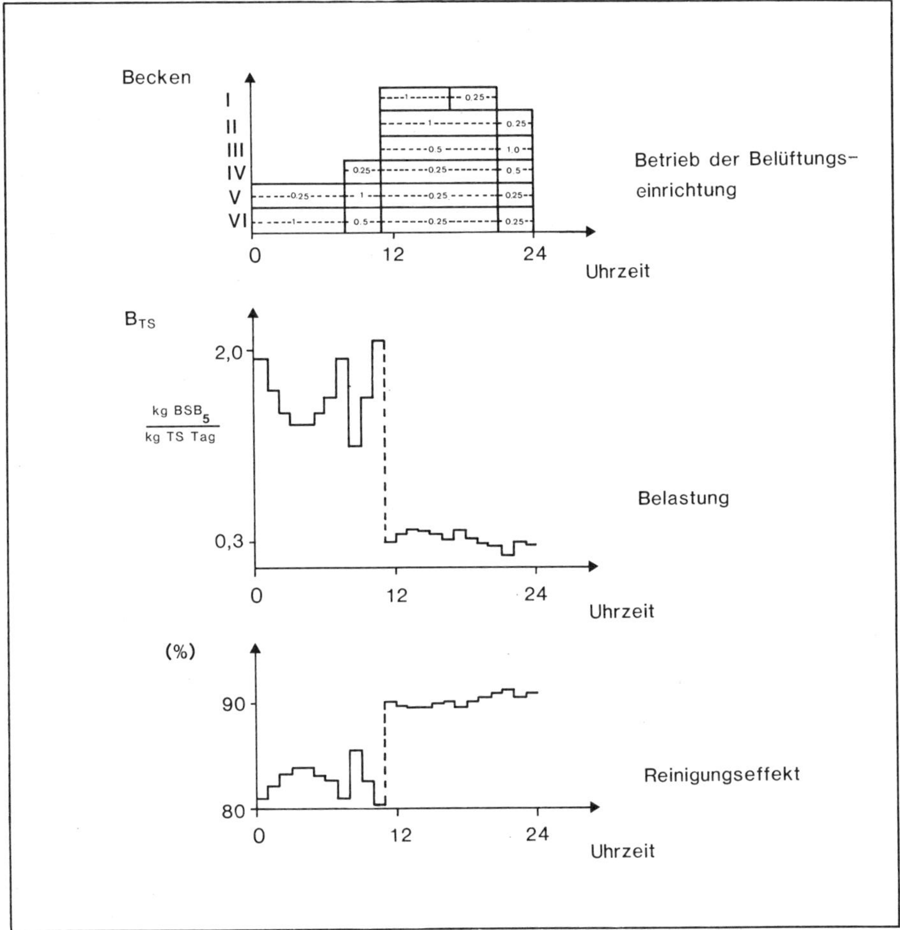

Abb. 87b. Fortsetzung von Abb. 87a

— Nach Einstellung der Abwasserzufuhr in ein Becken ist der Nachklärschlamm in das Belüftungsbecken zurückzutransportieren. Dort kann er auch über zwei, drei Tage anaerob lagern, ohne seine Leistungsfähigkeit zu verlieren.
Belüftung über diese Zeit führt jedoch zu einem Leistungsverlust durch aerobe Degeneration.
— Der Grundlastbetrieb wie auch die Reihenfolge der Zuschaltung sollte von Becken zu Becken wechseln, um in den Einzelbecken nicht völlig unterschiedliche Schlammbiocoenosen zu erhalten.
— Die Becken sollten einige Zeit vor der erneuten Zufuhr von Abwasser schwach belüftet werden, um die unter anaeroben Bedingungen entstandenen Geruchsstoffe zu oxidieren und nicht in die Atmosphäre auszutragen.

Da die Steuerung wegen der meist beschränkten Zahl der Paralleleinheiten immer noch recht grob ist, ist eine frachtabhängige Steuerung meist nicht nötig. Es genügt die Anpassung an die Wassermenge.

Die anoxische Vorstufe. Die anoxische Vorstufe wird für zwei Ziele propagiert, die sich jedoch nicht gleichzeitig erreichen lassen.

Anoxische Vorstufe zur Denitrifikation. Die Elimination des Stickstoffs ist nur auf biologischem Wege möglich: Er wird zuerst in hochbelasteten Anlagen als NH_4-N freigesetzt, anschließend zu Nitrat oxidiert und muß nun als Sauerstoffquelle für chemoorganotrophe Bakterien dienen, damit er zu gasförmigem Stickstoff reduziert werden kann.

Eine der Möglichkeiten dazu ist die Rückführung des nitrathaltigen Abwassers in den Zulauf zum Bioreaktor und seine Zumischung zum Rohabwasser, da nur in diesem schnell verfügbare Wasserstoffdonatoren in ausreichender Menge und kostenlos vorliegen. In dieser anoxischen Vorstufe darf nicht belüftet werden. Die Mischung wird nur mäßig bewegt. Durch Versuche sind die entsprechenden Betriebsdaten zu ermitteln. Eine Rückführung von 100% führt zu einer 50%igen Elimination des Nitrat-N.

Der Nachteil des Verfahrens ist die Verdoppelung der hydraulischen Belastung der Nachklärbecken.

Anoxische Vorstufe zur P-Elimination. Hier wird eine völlig neue Idee propagiert, die in ihrer Natur und in ihrer Anwendbarkeit noch weitgehend unerforscht ist. Es ist bekannt, daß unter anaeroben Bedingungen (also auch das Vorhandensein von Nitrat-Sauerstoff stört) Bakterien solche Phosphate, die vorher nur physiologisch gebunden waren, nach außen abgeben. Kommen sie wieder unter aerobe Bedingungen, sollen sie wesentlich mehr an P wieder in die Zelle aufnehmen als sie vorher abgegeben haben. Der Wechsel zwischen Aerobie und Anaerobie soll auf diese Weise zu einer größeren P-Entnahme aus dem Abwasser führen als ein aerobes Verfahren allein. Inwieweit hier rein chemische Reaktionen mitspielen oder chemische Reaktionen technologisch zusätzlich eingesetzt werden können, ist noch Gegenstand der Forschung.

Verfahren mit thermophilen Bakterien. In jüngster Zeit werden in vermehrtem Maße Versuche gemacht, hochkonzentrierte Abwässer, z. B. aus der Industrie oder aus Massentierhaltungen bei höheren Temperaturen zu behandeln. Ein Teil der Energie zur Erhaltung der Temperatur wird dabei durch die Organismen selbst erzeugt (exotherme Reaktionen).

Die Anlagen werden wie normale Fermenter ohne Bakterienrückführung betrieben. Da die Flockenbildung schlecht ist, kann die Trennung von Bakterien und Abwasser nicht in Absetzbecken vorgenommen werden. Als eine mögliche Lösung bietet sich die O_2-Flotation an. Dazu wird H_2O_2 zugegeben; durch die Katalaseaktivität der Organismen entsteht freier Sauerstoff, der die Bakterien nach oben transportiert.

9 Schlammbehandlung

Der beim Prozeß entstehende Zuwachs an Belebtschlamm muß als Überschußschlamm aus dem System entfernt werden. Je nach Belastung der Anlage, also der vorhandenen Biocoenose, befindet er sich in unterschiedlichen Stadien der Stabilisierung, d. h. ist er noch mehr oder weniger ein Schlamm, der hauptsächlich aus Bakterien besteht. Im Normalfall hat dieser Schlamm einen ungefähren Anteil von 65% organischer Substanz. Der Gehalt an organischem Stickstoff liegt bei 6 bis 7%, in extrem schwach belasteten Anlagen auch bei 4 bis 5%. Überläßt man diesen Schlamm sich selbst, geht er in Fäulnis über. Für die weitere Behandlung gibt es mehrere Möglichkeiten, nämlich

— eine Kombination von mechanischer, chemischer und thermischer Eindickung und Trocknung mit anschließender Deponie,
— die landwirtschaftliche Nutzung,
— die Nutzung als Viehfutter (wenn es sich um ein Produkt aus Abwässern ohne hygienische Probleme handelt),
— die anaerobe alkalische Faulung (Kap. XIII),
— die aerobe Schlammstabilisierung.

Bei der aeroben Stabilisierung wird der vom Abwasser getrennte Schlamm weiter belüftet, so daß die Grundlagen für das Auftreten der Freßkette gegeben sind. Die Veratmung der Bakteriensubstanz über diese Freßkette ist innerhalb von etwa acht Tagen abgeschlossen. Der Schlamm kann dann entweder mechanisch entwässert und deponiert oder auch landwirtschaftlich genutzt werden. Bei der aeroben Stabilisierung wird also aus biologischer Sicht nichts anderes getan als bei extrem schwach belasteten Belebtschlammanlagen. Der Unterschied liegt nur im geringeren Raum- und Energiebedarf. Beiden Verfahren gemeinsam ist, daß durch diesen Prozeß die vorher in Organismenmasse fixierten Substanzen nun voll oxidiert werden und im Wasser als anorganische Nährstoffe vorliegen. Die Ableitung solcher Abwässer in die natürlichen Gewässer muß dann zwangsläufig zu einer starken Eutrophierung führen.

X Festbettreaktoren

1 Systeme

Festbettreaktoren sind Bioreaktoren, bei denen die Organismen als biologischer Film auf festen Unterlagen sitzen, ihre Nährstoffe aus der vorbeiströmenden Nährlösung aufnehmen und ihre Stoffwechselendprodukte in diese wieder abgeben. Reaktoren dieser Art sind offene Systeme; die Biomasse hält sich auf der festen Unterlage, bis sie aufgrund von Dichtewachstum und anaerober Vorgänge an der Grenzfläche zum festen Substrat ihre Haftfestigkeit verliert und aus dem Reaktor ausgeschwemmt wird. Eine Rückführung von Biomasse in das System ist nicht erforderlich. Eine Übersicht über die vielfältigen technischen Gestaltungsmöglichkeiten enthält Abb. 88. Die Grobdifferenzierung zeigt Tropfkörper, die von oben her mit Abwasser berieselt werden; Scheibentauchtropfkörper, bei denen die Bewuchsflächen ständig gedreht werden, so daß sie im Abwasser Nährstoffe und beim Eintritt in die Atmosphäre wieder Sauerstoff aufnehmen; und Tauchkörper, bei denen die Bewuchskörper dauernd submers sind und ihren Sauerstoff durch künstliche Belüftung erhalten.

2 Theorie des Stoffübergangs

Die Stoffumsatzprozesse im Tropfkörper stellen ihrer Natur nach eine Grenzflächenreaktion dar. Diese wird auf der einen Seite durch den Substrattransport in der flüssigen Phase und auf der anderen Seite durch Transportvorgänge innerhalb des Biofilms sowie durch die Stoffumsatzkinetik der dort angesiedelten Mikroorganismen bestimmt. Eine analytische Behandlung des Problems erfordert demnach die Berechnung der Konzentrationsfelder innerhalb des Flüssigkeits- und Biofilms und Information über die kinetischen Parameter des biologischen Stoffumsatzes.

Der brockengefüllte Tropfkörper ist aufgrund der sehr komplexen Strömungsverhältnisse in seinem Inneren nur schwierig mathematisch zu beschreiben. Die bisher bekannten analytischen Modelle gehen daher von dem wesentlich einfacheren physikalischen System des Kunststoff-Tropfkörpers aus. Bukau hat für den Fall eines laminar abfließenden Flüssigkeitsfilms und unter der Annahme, daß die biochemische Reaktion der Michaelis/Menten-Kinetik gehorcht, den Stoffumsatz an der Oberfläche des Biofilms analytisch dargestellt. Die in der Rechnung zugrundeliegende Modellvorstellung ist in Abb. 58 zusammengefaßt. Es zeigt sich, daß die Leistungsfähigkeit des Tropfkörpers über drei Kennzahlen darstellbar ist, die aus den physikali-

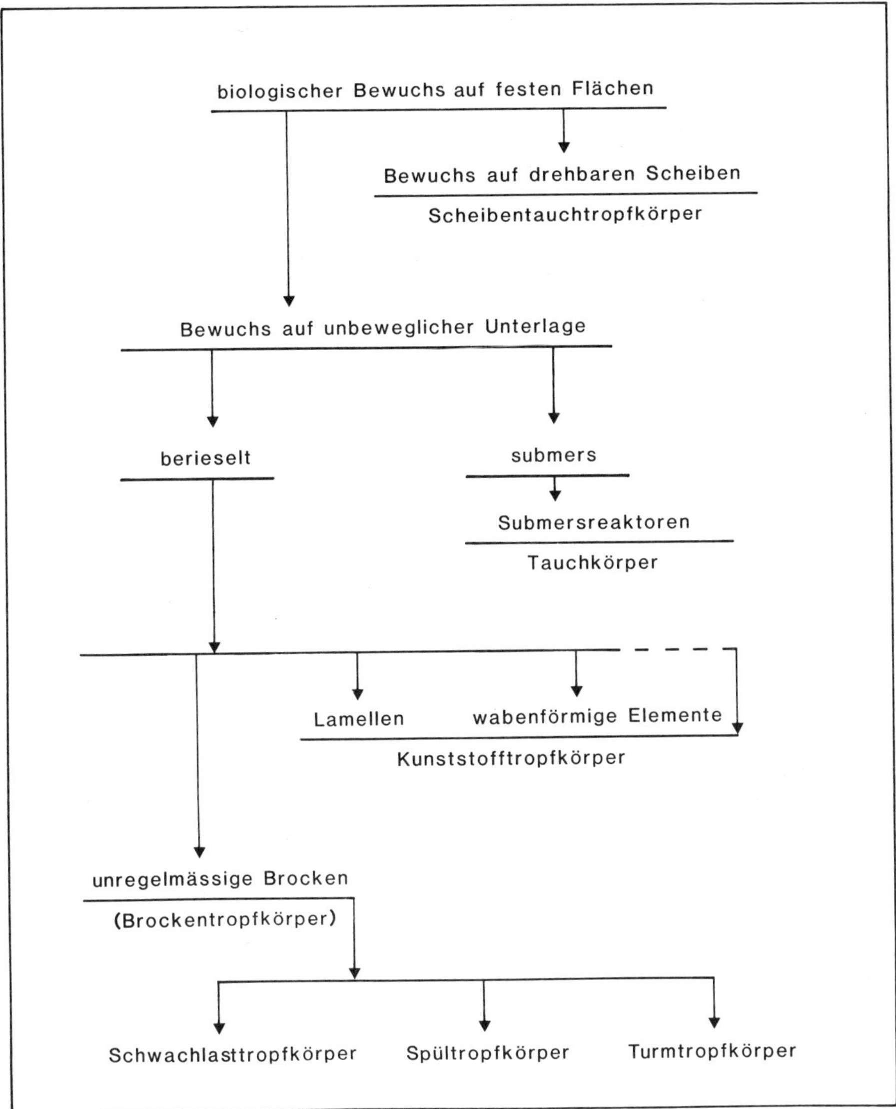

Abb. 88. Systematik der Festbettreaktoren

schen und biochemischen Parametern des Systems abgeleitet werden können (Tab. 15). Als bestimmend für den Stoffumsatz erweist sich die Dicke des Flüssigkeitsfilms. Um die biochemische Leistungsfähigkeit der Mikroorganismen möglichst weitgehend auszunutzen, sind daher die Filmdicken und die dadurch bestimmten Diffusionswege klein zu halten. Dieses Ziel wird durch turbulente Strömungsverhältnisse im Rieselfilm erreicht.

Tabelle 15. Kenngrößen für die Reaktionsgeschwindigkeit eines laminar überströmten Biofilms

Diffusionslänge: $l_D = \frac{\varrho \cdot g \cdot h^4}{\mu \cdot D}$

dimensionslose System-Kennzahlen: $B_{k0} = \frac{V_{max} \cdot h}{C_0 \cdot D}$

$B_{k1} = \frac{V_{max} \cdot h}{Km \cdot D}$

relative mittlere Konzentration des Konzentrationsprofils an der Stelle z: $\Phi_m(z) = f(l_D, B_{k0}, B_{k1})$

ϱ: Dichte
g: Erdbeschleunigung
h: Flüssigkeitsfilmdicke
μ: dynamische Zähigkeit

D: Diffusionskoeffizient
V_{max}: maximale Abbaugeschwindigkeit
Km: Michaelis-Konstante
C_0: Anfangskonzentration des Substrats
z: Koordinate in Fließrichtung

3 Tropfkörper

Beim klassischen Tropfkörper bildet sich der Bewuchs auf starren, ortsunbeweglichen Unterlagen. Diese Unterlage war ursprünglich oberflächenreiches Lavagestein mit vorgegebenen Korngrößen. Neuerdings werden für

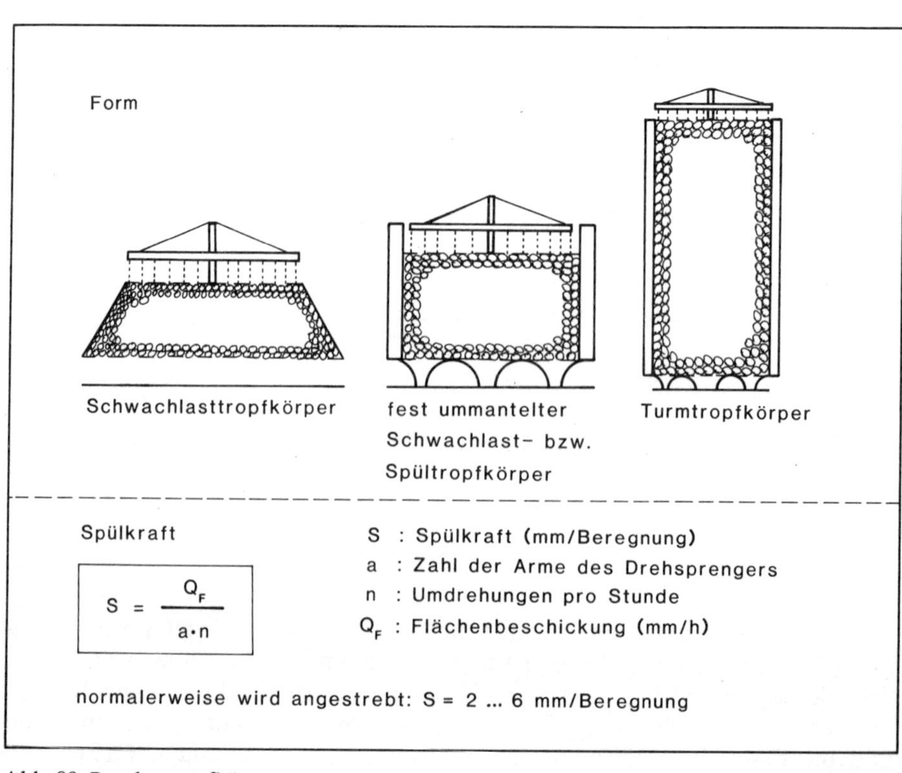

Abb. 89. Brockentropfkörper

spezielle Zwecke auch Füllmaterialien unterschiedlicher Ausbildung aus Kunststoffen verwendet.

Tropfkörper mit Gesteinsbrocken gefüllt, trugen ursprünglich keine starren seitlichen Ummantelungen. Der Mantel bestand ebenfalls aus Gesteinsmaterial. In der historischen Entwicklung folgte darauf der Brockentropfkörper mit fester Wand und normaler Höhe zwischen 2 bis 4 m und darauf der Turmtropfkörper mit Höhen bis zu 8 m und darüber. Tropfkörper mit Kunststoff-Füllung können in jeder Höhe gebaut werden, sind in der Regel in den Abmessungen aber den Turmtropfkörpern näher (Abb. 89).

Den Tropfkörpern mit unbeweglicher Füllung stehen die Tauchtropfkörper als eine zweite Gruppe der Festbettreaktoren gegenüber. Ursprünglich wurden auf einer Welle angebrachte runde Scheiben als Bewuchsfläche verwendet, die zur Hälfte in einem Trog eintauchen, durch den das Abwasser fließt. Durch Drehen der Welle wird jeder Teil der Bewuchsfläche periodisch mit Abwasser benetzt und kommt dann zur Sauerstoffanreicherung wieder in die Atmosphäre (Abb. 90). Die Drehgeschwindigkeit muß dabei so bemessen sein, daß die Zentrifugalkräfte am Rande der bis zu 3 m breiten Scheiben nicht so groß werden, daß sich der Bewuchs ablöst.

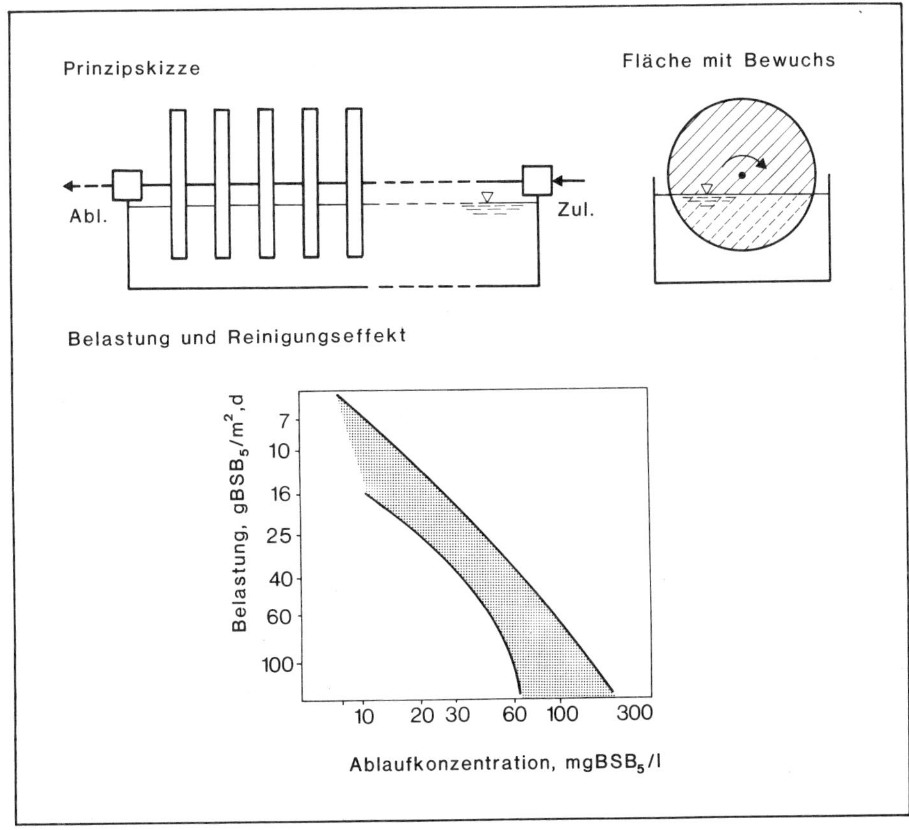

Abb. 90. Tauchtropfkörper

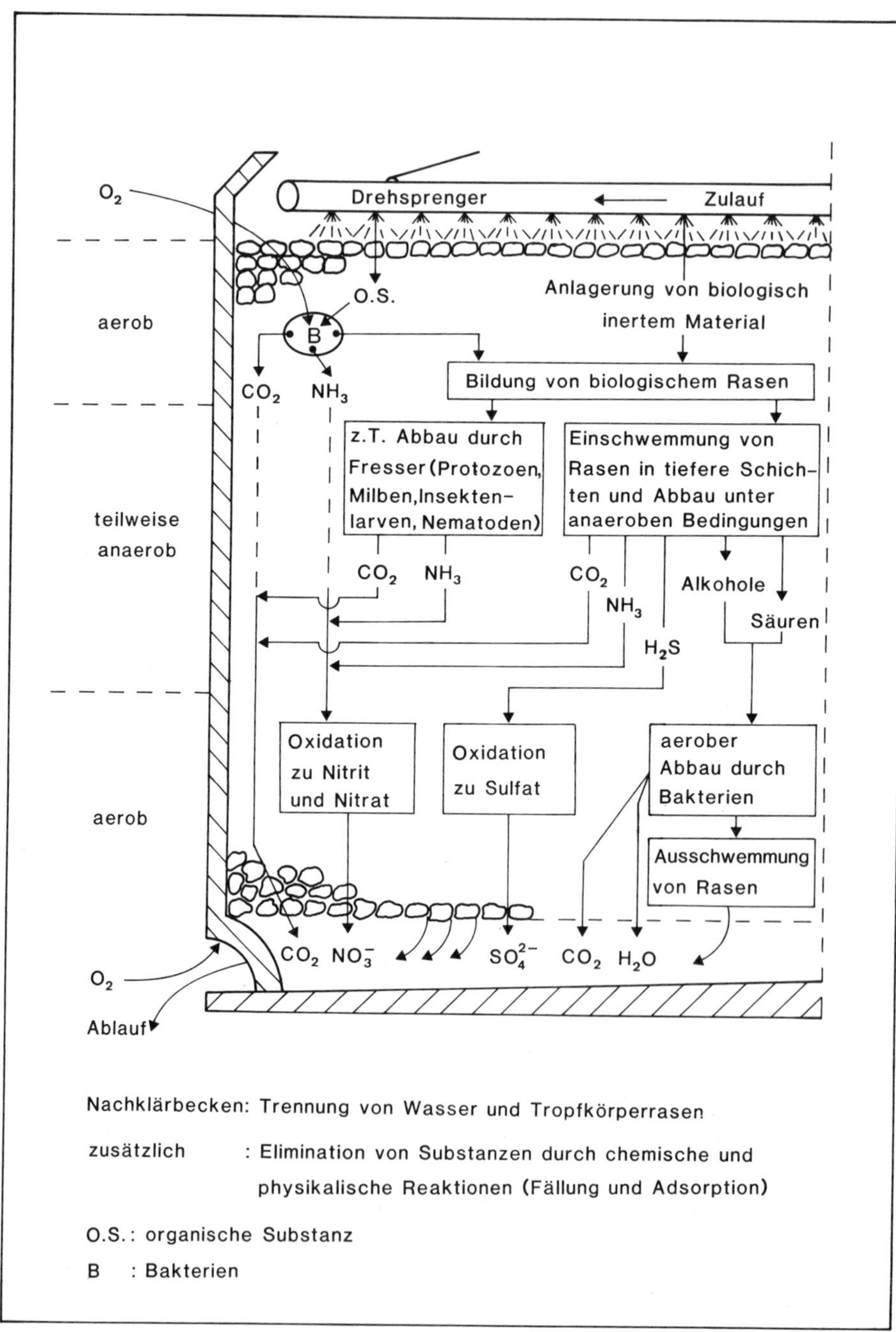

Abb. 91. Reinigungsvorgänge im Brockentropfkörper

3.1 Der Schwachlasttropfkörper

Der Schwachlasttropfkörper ist das historisch älteste technische Verfahren der Abwasserreinigung. Er wurde bereits gegen Ende des vorigen Jahrhunderts in England errichtet. Entwicklungsgeschichtlich leitet er sich aus dem Bodenfilter ab. Über Füllkörper, die nur periodisch mit Abwasser beschickt wurden und dazwischen sich wieder mit Sauerstoff anreichern konnten, entstand dann der in den Anfängen ebenfalls nur periodisch beschickte Schwachlasttropfkörper.

Verfahrenstechnisch stellte er eine interessante Mischung eines hydraulisch und chemisch offenen, biologisch aber teilweise geschlossenen Systems dar.

Über einen Verteilermechanismus — in den meisten Fällen als Drehsprenger ausgebildet — wird Abwasser auf die Oberfläche aufgebracht. Es durchsickert die Gesteinsschüttung und kommt dabei in intensiven Kontakt mit dem biologischen Bewuchs. Die Nährstoffe gelangen durch Austausch des Haftwassers und durch Diffusion zu den Bakterien. Sie werden z. T. ab-

Tabelle 16. Organismen im Brockentropfkörper

Rasenbildner:	Bakterien verschiedener Gattungen Pseudomonas, Zoogloea, Sphaerotilus, Chromobacter, Nitrosomonas, Nitrobacter, (auch Pilze), (an der Oberfläche auch Cyanobakterien)	
Rasenzerstörer:	a) Detritusfresser (Sekundärfresser) Insektenlarven, Milben, Collembolen, Tardigraden, Nematoden	
	b) Bakterienfresser Rotatorien, Amöben, Ciliaten	
	c) Tertiärfresser räuberische Protozoen, Sauginfusorien	
Häufige Ciliaten:		
	Urostyla weissei	Wimpertierchen
	Enchelys vermicularis	
	Paramecium caudatum	
	Uronema marinum	
	Colpidium colpoda	
	Aspidisca costata	
	Chilodonella cucullata	
	Lionotus fasciola	
	Chilodonella uncinata	
	Glaucoma scintillans	
	Vorticella microstoma	Glockentierchen
Höhere Formen:		
	Rotifer vulgaris	Rädertierchen
	Colurella spec.	
	Diplogaster spec.	Fadenwurm
	Lumbriculus spec.	Wurm
	Chaetogaster spec.	
	Eucyclops spec.	Kleinkrebs
	Nauplien v. Eucyc. spec.	Kleinkrebs-Larve
	Isotoma spec.	Insekt
	Psychoda spec.	Tropfkörperfliege

gebaut, z. T. in Bakterienmasse umgewandelt und so dem Bewuchs einverleibt (Abb. 91).

Damit ist der Prozeß jedoch nicht zu Ende. Die technischen Bedingungen sind so eingestellt, daß sich neben den chemoorganotrophen Bakterien auch noch Ciliaten und viele höher entwickelte Detritusfresser, vor allem Nematoden, Milben und auch Insektenlarven halten können, die unmittelbar oder mittelbar von der gebildeten Bakterienmasse leben und diese abbauen (Tab. 16). Der Prozeß kann so, je nach gewählten technischen Bedingungen, zu einer weitgehenden Mineralisierung der organischen Stoffe führen. Die Mineralisationsprodukte werden in das vorbeifließende Abwasser zurückgegeben. Der Bewuchs auf dem Gesteinsmaterial altert dabei, verliert seine Haftfestigkeit und wird in zeitlich langen Abständen aus dem System ausgespült.

Da die Menge des ausgespülten Schlamms gering blieb, wurden solche schwachbelasteten Tropfkörper früher auch ohne Nachklärbecken betrieben. Die ausgespülten Feststoffe gingen mit dem gereinigten Abwasser in die Vorfluter.

3.2 Spültropfkörper

Aus einem Schwachlasttropfkörper wird durch Veränderung der technischen Bedingungen ein biologisch völlig verschiedenes System (Abb. 95). Die Erhöhung der Beschickungswassermenge (Erhöhung der hydraulischen Belastung) erhöht seine Spülkraft. Der biologische Bewuchs wird nun schon bei geringerer Stärke von der Unterlage abgeschwemmt. Dies bedeutet, daß seine Verweilzeit im System sich wesentlich verkürzt. Damit haben alle Organismen mit längerer Generationszeit keine Entwicklungsmöglichkeiten. Das biologische System wirt artenärmer, die Mineralisierung geht zurück, der Tropfkörper stößt täglich eine dem Zuwachs entsprechende Menge an Biofilm ab. Diese wird im nachgeschalteten Absetzbecken durch Sedimentation aus dem Abwasser entfernt.

Bei Spültropfkörpern mit geringer Höhe kann es bei unsachgemäß eingestellter hydraulischer Belastung jedoch zu Störungen kommen. Sie ergeben sich aus einer Unausgewogenheit zwischen biologischem und physikalischem System.

Die erhöhte Abwasserzugabe bewirkt eine Erhöhung der Nährstoffzufuhr. Bei Abwesenheit der Bakterienfresser bedeutet dies verstärktes Wachstum des Bakterienfilms.

Für die Menge an Zuwachs und für seine Verteilung über das Reinigungselement ist die Raumbelastung ein Maß, d. h. die Menge der zugeführten organischen Substanz (oder der Maßeinheit dafür) je Volumeneinheit des Tropfkörpers (de facto natürlich je innerer Oberfläche) bezogen auf die Volumeneinheit).

Für die Intensität der Ausspülung aber ist die Flächenbelastung verantwortlich (Höhe der Wassersäule, die in der Zeiteinheit je Tropfkörperoberfläche aufgebracht wird).

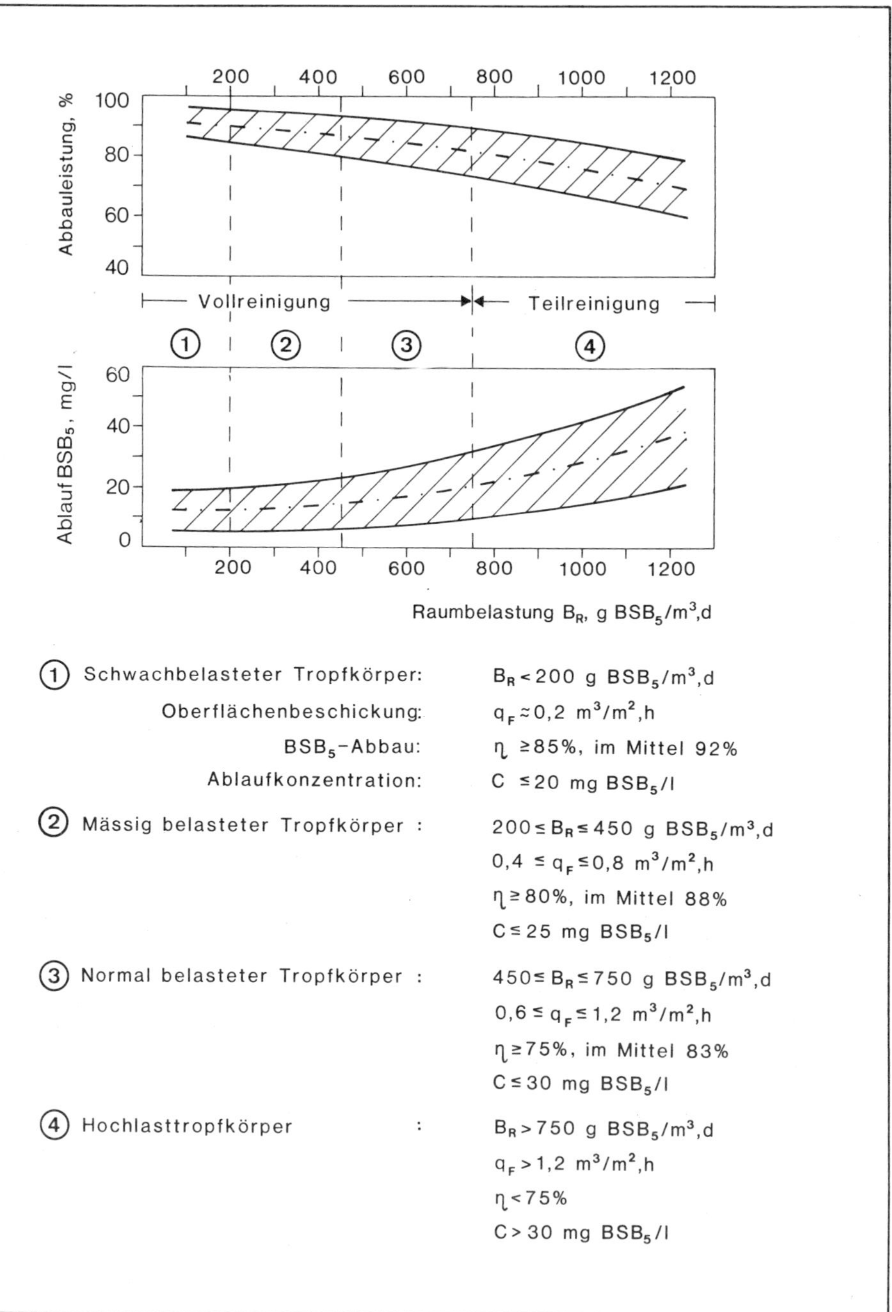

Abb. 92. Charakterisierung unterschiedlich belasteter Tropfkörper

Mit der Erhöhung der Flächenbelastung (Erhöhung der Spülkraft) kann bei konzentrierten Abwässern die Raumbelastung so stark ansteigen, daß die Spülkraft nicht ausreicht, um die gebildeten Biomassen auszuschwemmen. Es kommt nur zu Teilablösungen, der Tropfkörper kann verstopfen und der aerobe Abbau wird durch anaerobe Vorgänge abgelöst. In der Tat dürfte der Großteil der heute betriebenen Tropfkörper einen solchen Mischtyp darstellen. Dies bedeutet, daß das biologische Potential einer solchen Einrichtung nur teilweise genutzt wird.

3.3 Turmtropfkörper

Um die Schwierigkeiten, die sich aus der Verstopfung von Tropfkörpern ergeben, zu umgehen, wurden die Turmtropfkörper entwickelt. Verändert man bei gleichen Volumina die Höhe, wird die Raumbelastung nicht verändert, die Flächenbelastung und damit die Spülwirkung steigen dagegen an. Turmtropfkörper haben dann nur noch einen dünnen Biofilm auf den Steinen. Hier wird tatsächlich der tägliche Zuwachs auch ausgeschwemmt. Mit der Vergrößerung der Tropfkörperhöhe steigen aber die Pumpkosten erheblich an.

3.4 Rückspülung und Wechseltropfkörper

Um Verstopfungen im Tropfkörper zu vermeiden und abzubauen, wurde auch das Prinzip der Spülung verwendet. Man führt sie derart durch, daß man in den Nachtstunden, dann wenn der Abwasseranfall zurückgeht, aus den Nachklärbecken bereits gereinigte Abwasser zurückpumpt, um dadurch, bei verminderter Belastung mit organischer Substanz die Spülwirkung hoch zu halten.

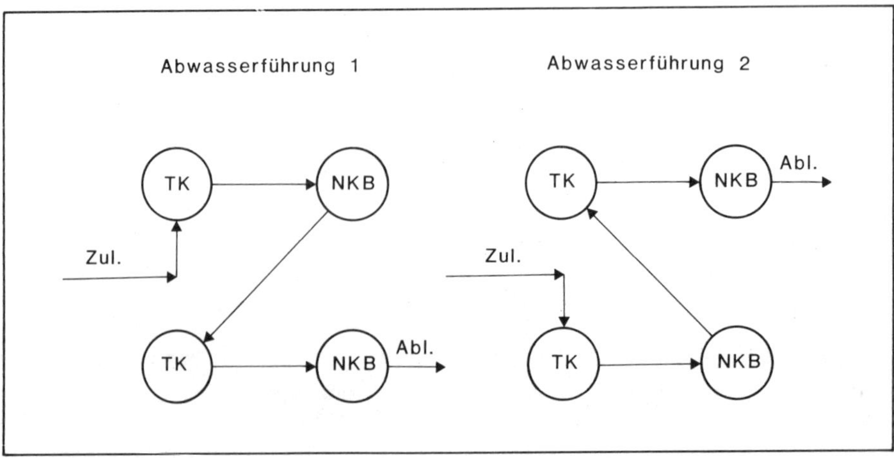

Abb. 93. Wechseltropfkörper

Ein Extrem in dieser Betrachtungsweise stellen die Wechseltropfkörper dar. Sie funktionieren nach dem Prinzip eines zweistufigen biologischen Verfahrens, wobei die Stufenfolge periodisch wechselt: In einem als Stufe I geschalteten Tropfkörper wird Biofilm erzeugt, der ausgeschwemmte Rasen einem Nachklärbecken zugeführt und der Ablauf dieses Nachklärbeckens einem zweiten Tropfkörper zugeführt, in dem es eine Nachreinigung erfährt. Nach einer gewissen Zeit wird die Wasserführung verändert. Tropfkörper II wird nun als erster beschickt und übernimmt die Hauptaufgabe der Reinigung, während im Tropfkörper I der Biofilm zum Teil biologisch abgebaut und wieder ausgespült wird (Abb. 93). Wechseltropfkörper wurden hauptsächlich für die Reinigung stärker verschmutzter Abwasser verwendet.

3.5 Kunststofftropfkörper

Kunststofftropfkörper sind hochbelastete Tropfkörper, bei denen bei gleicher Flächenbelastung eine höhere Raumbelastung möglich ist. Die in ihrer

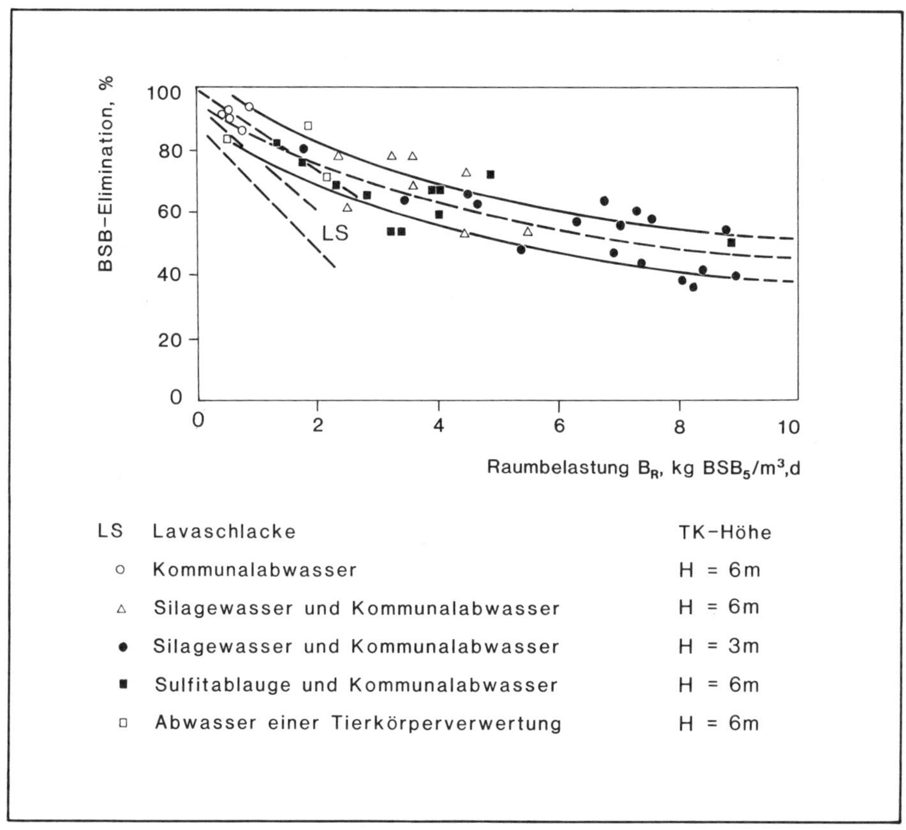

Abb. 94. Einfluß der Raumbelastung auf den Reinigungseffekt bei Kunststofftropfkörpern

Gestaltung geordnete innere Oberfläche verbessert die Spülwirkung und vermindert die Filmdicke.

Kunststofftropfkörper eignen sich deshalb vornehmlich zur Behandlung konzentrierter Abwässer und vor allem dann, wenn sie innerhalb einer mehrstufigen Reaktionskette als Anfangselement geschaltet werden und nur eine Teilreinigung bewirken sollen (Abb. 94).

3.6 Tropfkörper als zweite Reinigungsstufe

Den steigenden Anforderungen an den Reinigungsgrad werden einstufige Verfahren kaum noch gerecht. Die Naturgesetzlichkeit der biologischen Selbstreinigung legt es außerdem nahe, einerseits den Abbau des Plateau-BSB und andererseits die Elimination der Restverschmutzung, die vornehmlich aus der endogenen Atmung nicht absetzbarer Bakterien sowie der Mikroflocken und aus der Oxidation des Ammoniaks resultiert, getrennt vorzuneh-

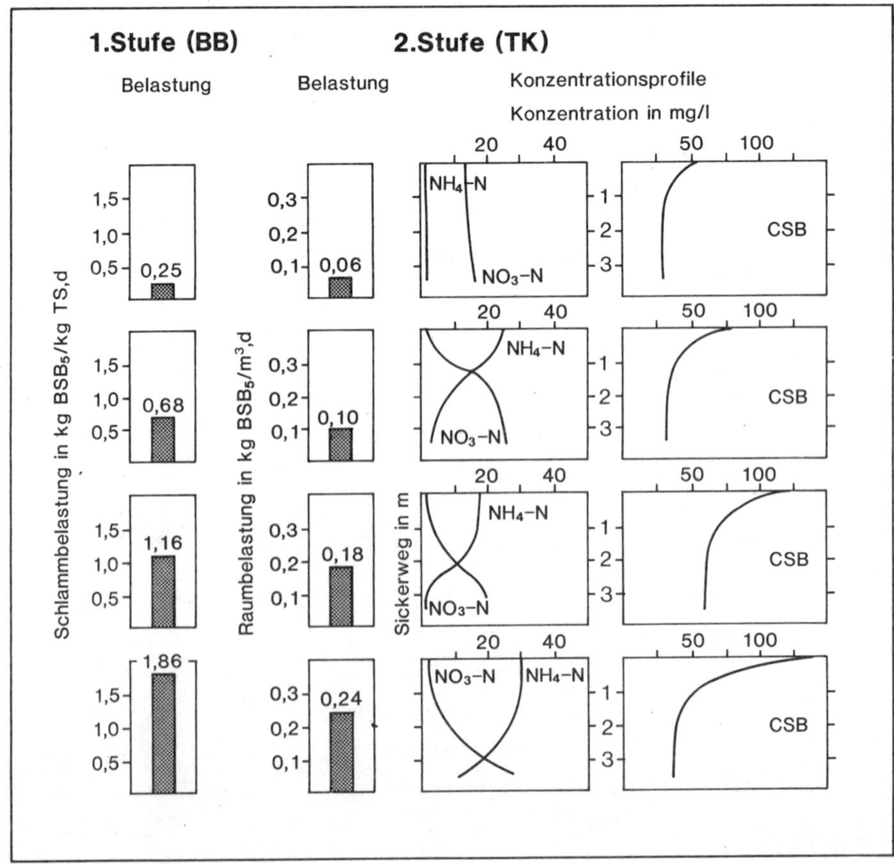

Abb. 95. Tropfkörper als zweite Reinigungsstufe zur Schönung und Nitrifikation nach einer Belebtschlammanlage

men. Für die zweite Aufgabe, die der „Schönung“, sind Organismen mit Generationszeiten von einem bis mehreren Tagen verantwortlich, und diese sind in einem Festbettreaktor leichter anzusiedeln. Zusätzlich werden in einem solchen Reaktor dann auch Spezialisten für schwer abbaubare Substanzen Lebensmöglichkeiten finden.

Für diese Aufgabe eignen sich also Tropfkörper herkömmlicher Bauart im besonderen Maße.

Ihre Leistungsfähigkeit bei unterschiedlichem Grad der biologischen Vorreinigung in hochbelasteten Belebtschlammanlagen sowie die Belastbarkeit ist in den Abb. 95 und 96 dargestellt.

Abbildung 95 zeigt, daß mit dem Grad der Vorreinigung in der Belebtschlammanlage bei Schlammbelastungen zwischen 0,25 bis 1,86 sich auch die Raumbelastung des Tropfkörpers an BSB verändert. Mit steigender Raumbelastung an organischem Material wird ein immer größerer Teil des Tropfkörperprofils noch mit dem Abbau der organischen Substanz belastet. In diesem Bereich findet keine Nitrifikation statt. Diese setzt jedoch sofort ein, wenn der Abbau der gelösten organischen Substanz beendigt ist und bedarf nur einer relativ geringen Sickertiefe.

Ähnlich wie beim Belebtschlammverfahren läßt sich in praktischen Versuchen eine Abhängigkeit der Leistung, hier ausgedrückt als prozentualer Abbau, von der Belastung des technologischen Systems finden. Die Grenze, bei der die 90 %ige Oxidation des Ammonium-Stickstoffs unterschritten wird liegt unter praktischen Bedingungen (Temperaturverhältnisse bei 12 bis

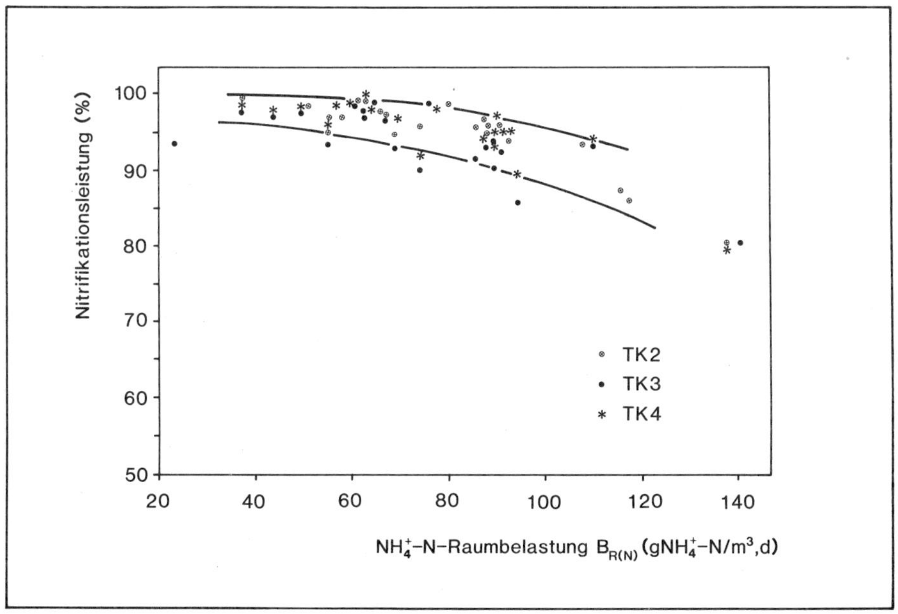

Abb. 96a. Nitrifikation in Tropfkörpern

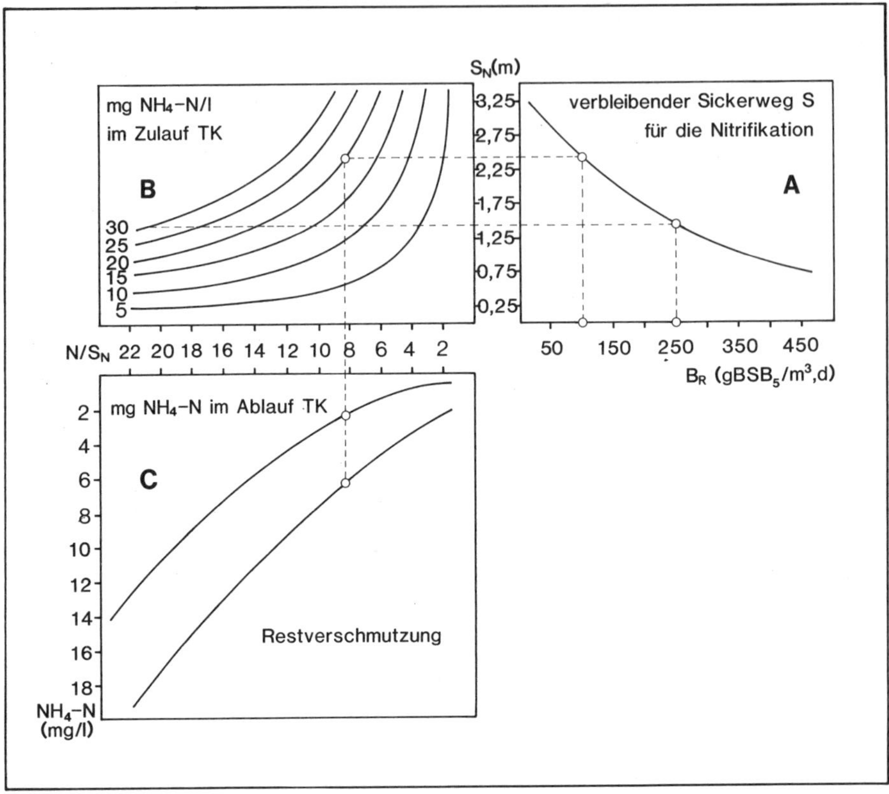

Abb. 96b. Nomogramm für die Nitrifikationsleistung in Tropfkörpern

16 °C) zwischen B_R = 90 bis 120 g NH_4-N je Kubikmeter und Tag unter der Annahme einer spezifischen inneren Oberfläche von 100 m^2/m^3.

Die Erfahrungen lassen sich zu einem Nomogramm zusammenfassen. Da neben dem O_2-Bedarf der Nitrifikation immer auch noch BSB aus organischen Substanzen besteht, ist von der gesamten BSB-Raumbelastung auszugehen. Je nach Anteil des BSB aus der organischen Substanz bleibt ein längerer oder kürzerer Sickerweg für die Nitrifikation, der bei gegebenen NH_4-N-Konzentrationen (B) dann zu einem bestimmten Abbau führt und eine bestimmte Restverschmutzung ergibt (C).

4 Submerse Festbettreaktoren

Submerse Festbettreaktoren sind eine sehr alte Idee. Sie wurden bereits in den dreißiger Jahren praxisnah untersucht. Ihre Realisierung wurde jedoch später durch die aufkommende Begeisterung für die Belebtschlammtechnik unterdrückt. Heute stehen sie wieder zur Diskussion, wobei sie als Zusatzeinrichtung für überlastete Belebtschlammanlagen diskutiert werden. In der Tat können sie zu einer Verbesserung der Leistungsfähigkeit führen.

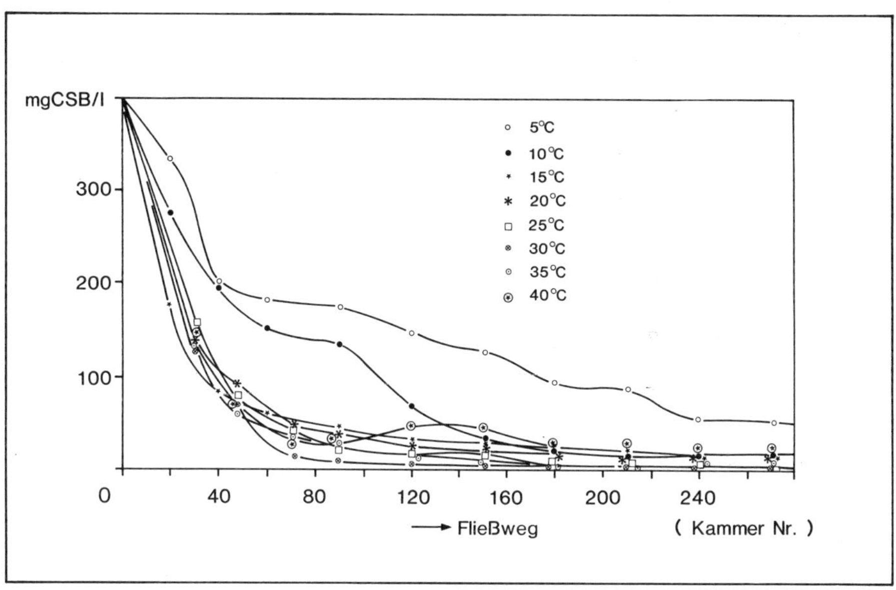

Abb. 97. Abbau der organischen Substanz in einem Tauchkörper in Abhängigkeit der Temperatur (Wolf)

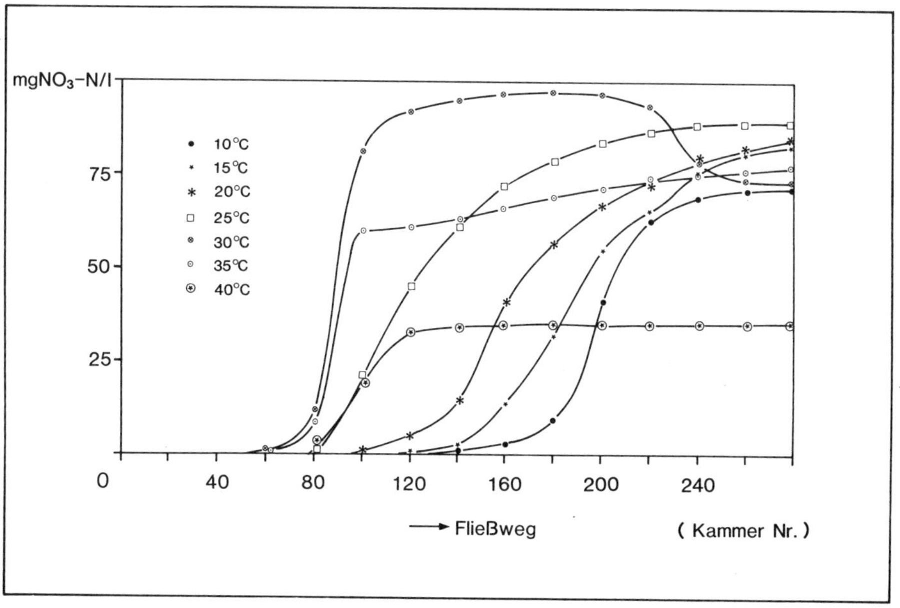

Abb. 98. Nitrifikation in einem Tauchkörper in Abhängigkeit der Temperatur (Wolf)

Wie alle Festbettreaktoren haben sie den Vorteil, daß sie die Ansiedlung von Organismen mit langer Generationszeit erlauben. In Kombination mit Belebtschlammanlagen funktioniert dies allerdings nur, wenn der Plateau-BSB voll abgebaut wird. Geschieht dies nicht, werden die Organismen mit langer Generationszeit immer von denen mit kurzer Generationszeit überwuchert. Unvollständiger Abbau des Plateau-BSB schließt in jedem Fall die Nitrifikation aus, wie die Ergebnisse längsdurchströmter, in Kaskadenform aufgebauter Submers-Reaktoren zeigen (Abb. 97 und 98). Dies gilt für alle physiologischen Temperaturbereiche. Der Einfluß der Temperatur selbst ist in Abb. 99 dargestellt.

Die Leistungsfähigkeit solcher belüfteter Reaktoren ist höher als die normaler Tropfkörper oder die von Scheibentauchtropfkörpern, da ihr Biofilm nicht nur periodisch, sondern immer mit dem Nährmedium in Kontakt ist. So ist die Leistungsfähigkeit für die Nitrifikantion etwa das Doppelte bis das Dreifache eines Tropfkörpers je Fläche mit Biofilm. Die Leistungsfähigkeit je Volumeneinheit richtet sich nach den technischen Möglichkeiten, innere

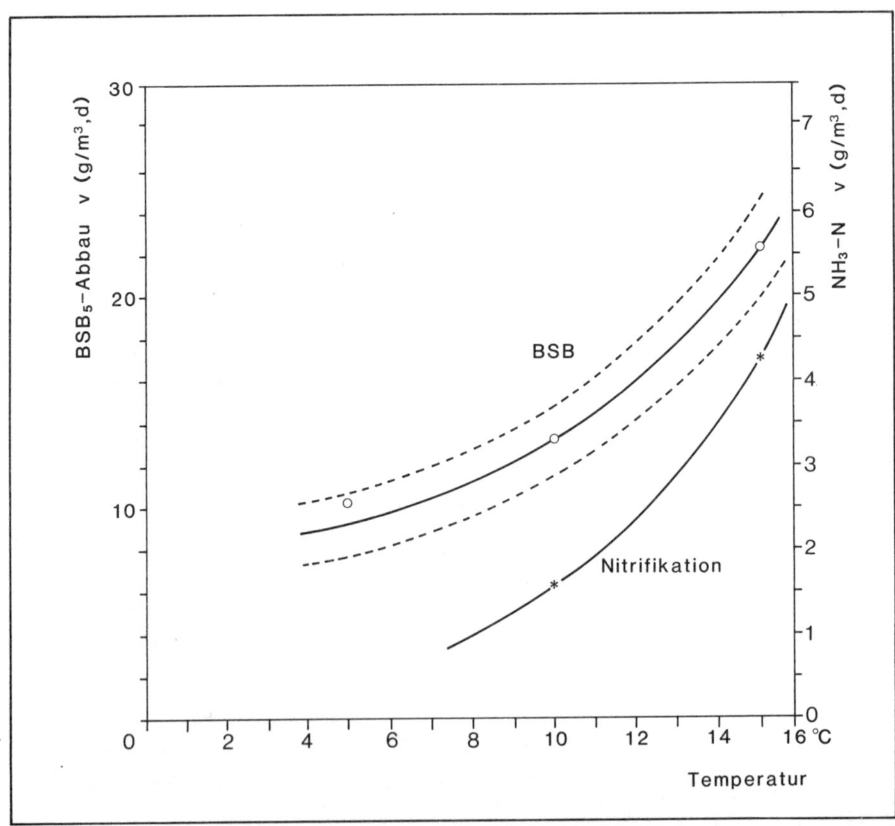

Abb. 99. Leistungsfähigkeit von Tauchkörpern beim Abbau des BSB und bei der Nitrifikation bei niedrigen Temperaturen

Oberfläche zu schaffen. In der Praxis eignen sich dazu feste Platten wie auch in Kästen eingepacktes Füllkörpermaterial aus Kunststoff. Die Werte für die relative innere Oberfläche liegen bei 100 bis 200 m^2/m^3.

Die Anlage solcher submerser Festbettreaktoren hat sicher eine große Zukunft, da sie die Möglichkeit bieten, bei längsdurchströmten Anlagen das Belebtschlammverfahren nahtlos, ohne Zwischenklärbecken, in den „Schönungsreaktor" übergehen zu lassen. Das Absetzbecken zur Ernte der produzierten Biomasse und zum Sammeln des Rücklaufschlamms wird erst nach dem Schönungsreaktor angelegt.

XI Verfahren der Landbehandlung

1 Einführung

Das Aufbringen von Abfall auf den Boden ist die ursprünglichste Form der Abfallbeseitigung; sie ist die natürlichste, da sie die Substanzen wieder an den Ort bringt, an dem sie produziert wurden, und damit den Kreislauf schließt.

Die historische Entwicklung hat diesen Kreislauf aufgebrochen, und es macht große Mühe ihn wiederherzustellen. An vielen Plätzen ist dies sogar unmöglich.

Die Gründe, die gegen die Rückführung des Abfalls auf die Produktionsflächen sprechen bzw. sie erschweren, sind:

- Zu hohe Transportkosten, wenn die Abfälle in Ballungsgebieten anfallen.
- Schäden, die entstehen, wenn die Abfälle mit toxisch wirkenden Stoffen angereichert sind.
- Schwierigkeiten bei der Integration der saisonal nicht variierenden Abfallmengen in die saisonal schwankenden ökologischen Zustände und Bedürfnisse der Landflächen.

Einzelheiten dazu werden in den folgenden Abschnitten besprochen.

2 Das ökologische System

Das ökologische System besteht aus zwei wesentlichen Teilkomponenten. Diese sind:

a) Der Boden, sowohl als ökologische Untereinheiten und im Zusammenspiel mit den Pflanzen;
b) das Klima und die saisonale Abfolge des Wettergeschehens.

Zu diesen ökologischen Komponenten kommen schließlich in bewirtschafteten Systemen auch noch die technischen Eingriffe in ihrer Struktur und zeitlichen Abfolge dazu.

2.1 Der Boden

Boden ist in stark vereinfachter Definition „die oberste, von Leben erfüllte, verwitterte Schicht der Erdoberfläche“.

Er besteht chemisch aus Verwitterungsprodukten des ursprünglichen Muttergesteins und aus Produkten der chemischen Umwandlung von Ausgangsmaterialien; ein besonderes Gepräge erhält er durch organische Substanzen, die z. T. als sehr stabile Metaboliten des mikrobiellen Abbaus entstehen (Humus).

In physikalischer Sicht ist er ein Gemisch von Materialien unterschiedlicher Korngröße, mit einem großen Porenvolumen und dem daraus resultierenden Wasserhaltevermögen.

In biologischer Betrachtung ist Boden das Substrat, in dem die Pflanzen wurzeln und damit Halt finden. Er ist der Speicher der anorganischen Nährstoffe für die Pflanzen sowie der Ort des Abbaus toter organischer Substanzen, mit einer reichen Lebensgemeinschaft an Bakterien und Pilzen sowie einer vielfältigen über Freßketten miteinander und mit den Pflanzen bzw. dem toten organischen Material verbundenen Gemeinschaft tierischer Lebensformen.

Die Funktionsfähigkeit des Bodens als Träger oberirdischen Lebens beruht auf dem ungestörten Ablauf der zwischen all diesen Faktoren notwendigen Reaktionen. Jeder Eingriff von außen darf die bestehende Toleranz des Systems nicht überbeanspruchen.

Boden ist jedoch kein homogenes Gebilde, sondern besitzt eine vertikale Gliederung mit Schichten unterschiedlichen Charakters.

Die oberste Schicht, als O-Horizont bezeichnet, ist die der aufliegenden toten organischen Substanz, in der die Abbauprozesse ablaufen. Hier ist die

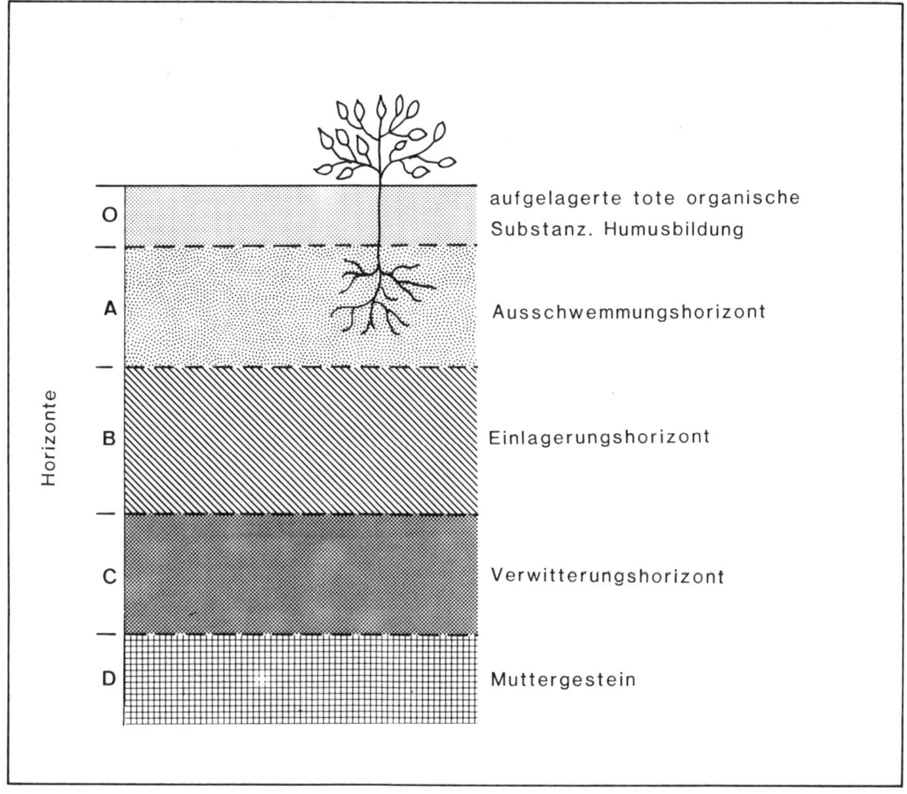

Abb. 100. Schema der Bodenschichtung

höchste Konzentration an Bakterien, niederen Pilzen, Protozoen und auch detritusfressenden niederen Tieren zu finden. Der darunterliegende A-Horizont, ist die Schicht der Auswaschungen: Die Ergebnisse des biologischen Abbaus führen zur Bildung von Säuren. Der pH-Wert wird erniedrigt und in Verbindung mit den durchsickernden Niederschlägen kommt es zur Lösung und Auswaschung von Mineralien. Der A-Horizont ist jedoch im jungen Boden reich an Tonen und, abhängig von den klimatischen Verhältnissen, auch reich an Humus, so daß er den Speicherhorizont für mineralische Nährstoffe bildet. Der B-Horizont ist definiert als der Einschwemmungshorizont, in dem es zur Einlagerung von Substanzen aus dem A-Horizont kommt. C- und D-Horizont schließlich sind die Verwitterungsprodukte bzw. das ursprüngliche Muttergestein (Abb. 100).

2.2 Das Klima

Das Klima bestimmt die Bodenzusammensetzung auf direktem und indirektem Wege sowie die Beziehungen zwischen Boden und Vegetation. Niederschläge und Temperatur in ihrer Menge und saisonalen Verteilung bestimmen die Wachstumsrate für die Vegetation und auch, ob die Vegetationszeit durch Wassermangel begrenzt wird.

Die Kenntnis des örtlichen Klimas und seines Ablaufs als Wetter ist daher Voraussetzung für die Verwendung von Bodenfiltern, wenn damit eine landwirtschaftliche Nutzung verbunden sein soll. Die wesentlichsten Daten sind: Niederschlagsmenge und Verteilung sowie Temperatur und Temperaturganglinien. Aus diesen Daten lassen sich evtl. Trockenzeiten ermitteln, in denen die Feuchtigkeitszufuhr möglich oder wünschenswert ist. Die generelle Beschreibung des Klimas ist möglich mit Hilfe der Methode nach Walter (Abb. 101). Das Wesentliche des Verfahrens basiert darauf, daß einer Temperatur von jeweils 10 °C ein Verdunstungspotential von der doppelten Höhe (ausgedrückt in mm/Monat) gegenübergestellt wird. Naß- und Trockenzeiten lassen sich daraus sofort ablesen.

2.3 Die Pflanze

Der Boden stellt der Pflanze die für deren Wachstum notwendigen Nährsalze sowie das Wasser zur Verfügung. Bedarf an Wasser besteht für die Assimilation (chemische Bindung von Wassser zum Aufbau organischer Substanz), für das Zellwasser (Lösungsmittel in den Zellen, damit Reaktionen stattfinden können) sowie zur Kühlung (Transpiration). Der Wasserbedarf einer Pflanze ist abhängig von deren Alter bzw. ihrem Wachstumszustand und der Temperatur. Er ist am größten in der Hauptvegetationsphase, also bei der Bildung von Stengel und Blattwerk (für einjährige Pflanzen) bzw. der Blätter (für mehrjährige Pflanzen). In der gleichen Zeit ist auch der Bedarf an mineralischen Nährstoffen am größten. Die Zufuhr von Abwasser hat sich in diese Gegebenheiten einzupassen, wenn die Abwasserbehandlung mit der landwirtschaftlichen Produktion verbunden sein soll.

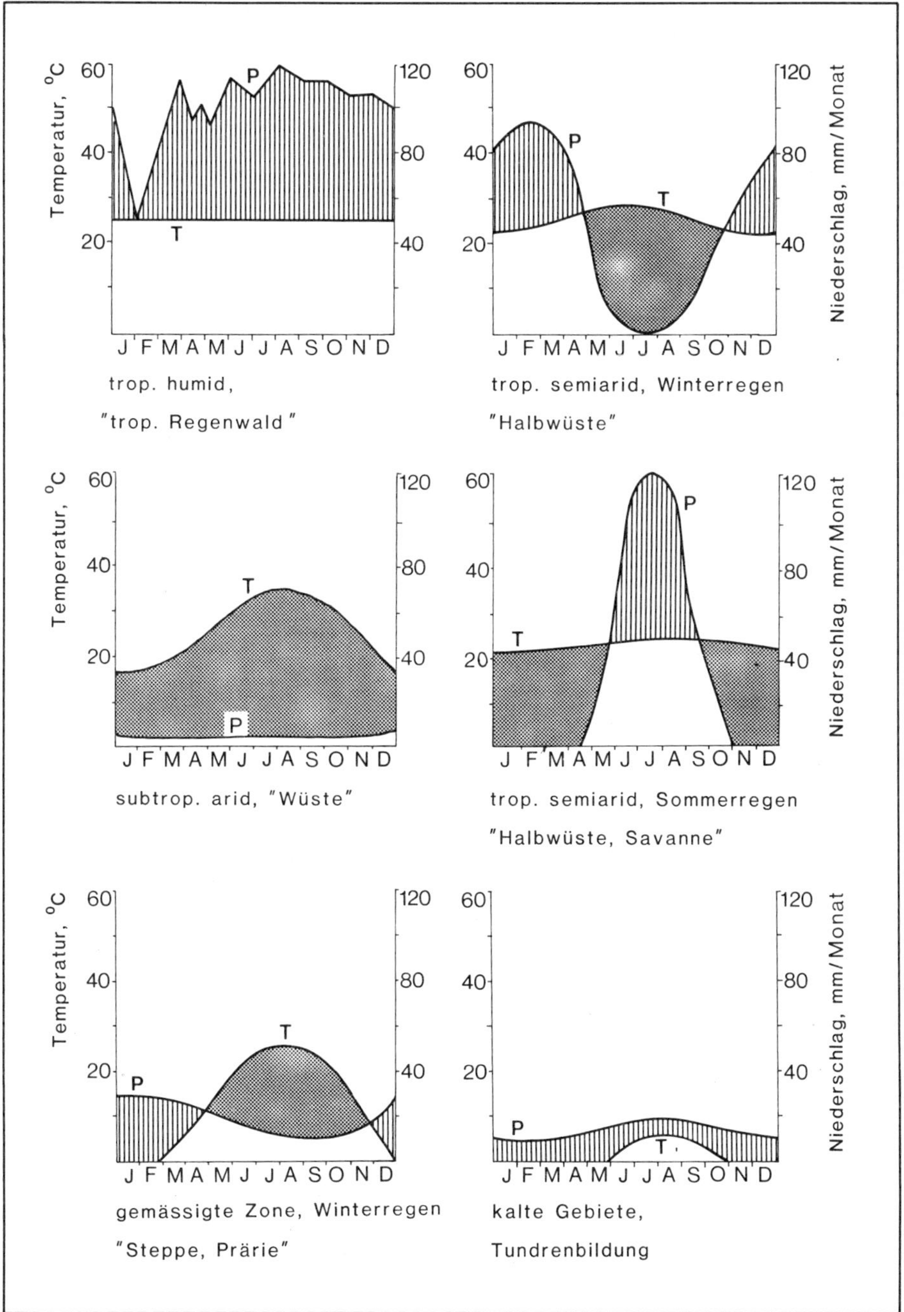

Abb. 101. Klimadiagramme von Walter für die Nordhalbkugel (vereinfacht)

3 Methoden der Landbehandlung von Abwasser

Der Boden als ökologisches bzw. physikalisch-chemisches System ermöglicht drei unterschiedliche Arten der Abwasserbehandlung. Dies sind:

— Die Bewässerung landwirtschaftlicher Nutzflächen,
— die Versickerung,
— die Oberflächenbehandlung.

Alle drei Verfahren beanspruchen unterschiedliche Teile des Systems Boden; sie verlangen auch unterschiedliche Böden, und sie werden mit unterschiedlichen Techniken durchgeführt (Tab. 17; Abb. 102).

3.1 Bewässerung landwirtschaftlicher Nutzflächen

Die Bewässerung landwirtschaftlicher Nutzflächen ist die herkömmliche Methode. Sie strebt die Abwasserbehandlung durch Umwandlung der Nährstoffe im Abwasser in verwertbare landwirtschaftliche Produkte an.

In der Technik sind deshalb die Belange beider Ziele zu berücksichtigen und darüber hinaus auch die Belange der Hygiene.

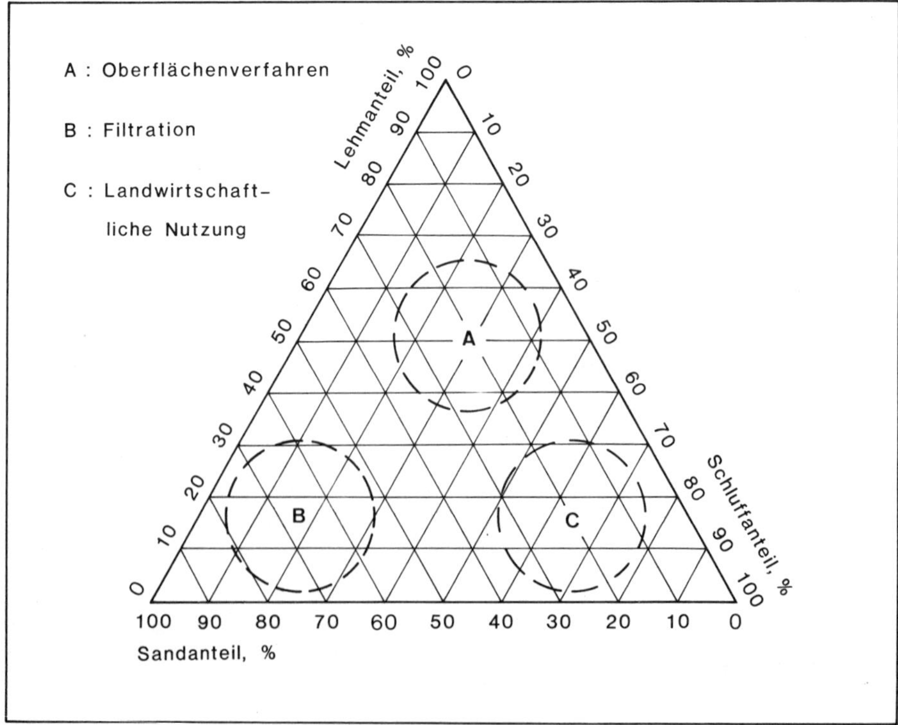

Abb. 102. Bodenklassen

Tabelle 17. Kriterien für die Methoden der Landbehandlung

	Landbehandlung			Verwandte Verfahren
	landwirtschaftl.	Bodenfiltration	Oberflächenbehandlung	Marschen, Schilfwiesen
Vorbehandlung der Abwasser	meistens: mechanische Behandlung, besser: biol. Vorbehandlung			
Flächenbedarf in ha je m^3/s	3000 ... 30000 Nutzung	100 ... 3000	1000 ... 6000	600 ... 15000
max. jährl. Belastung (cm/Jahr)	60 ... 600	600 ... 16000	600 ... 2000	120 ... 3000
max. wöchentl. Belastung (cm/Woche)	1,25 ... 10	10 ... 300	10 ... 40	2,5 ... 60
Aufbringung	Verregnung	Verrieselung	Verrieselung	Verregnung, Verrieselung
Vegetation erforderlich	ja	nein	ja	ja
Grundwassertiefe (cm)	> 60 ... 100	> 300	ohne Einfluß	ohne Einfluß
Bodendurchlässigkeit erforderlich	mäßig	gut	gering	mäßig
zusätzl. Speicher für Abwasser	oft nötig (bei Kälte) und in Abhängigkeit der landw. Aktivitäten	nein	oft nötig (bei Kälte)	oft nötig (bei Kälte)
Restverschmutzung	<2 ... 5			
BSB_5 (mg/l)	2 ... 5	< 2 ... 5	10 ... 15	
NH_3 (mg/l)	< 0,5 ... 2	< 0,5 ... 2	< 0,8 ... 2	
Gesamtstickstoff (mg/l)	< 3 ... 8	10 ... 20	3 ... 5	
Gesamtphosphor (mg/l)	< 0,1 ... 0,3	1 ... 25	4 ≦ 6	

Die Methode muß garantieren

- das Abwasser zu reinigen,
- Produkte zu erzeugen,
- die Produktivität des Bodens auf lange Sicht zu erhalten,
- Verschmutzung des Grundwassers zu vermeiden,
- die Verbreitung von pathogenen Keimen sowie der Eier von Eingeweidewürmern zu verhindern,
- keine Geruchsprobleme zu verursachen.

Hygienische Gefahren werden durch folgende Maßnahmen verhindert: Abwasser, das pathogene Keime oder Wurmeier enthält, wird zumindest einer mechanischen Vorbehandlung unterzogen, wobei mit dem sedimentierbaren Schlamm auch über 99% der Keime und Wurmeier abgetrennt werden. Zur weiteren Sicherung ist noch eine biologische Vorbehandlung möglich. Unter speziellen Bedingungen kann auch eine Desinfektion (Chlorung) angezeigt sein. Zur Vermeidung von Geruchsproblemen darf Abwasser nicht angefault sein.

Um eine Ausbreitung von Keimen über Aerosole zu verhindern, kann das Abwasser nur in unbewohnten Gebieten bzw. mit einem genügend großen Sicherheitsabstand verregnet werden. In allen anderen Fällen ist Furchenverrieselung notwendig.

Die Beschickung mit Abwasser darf nur in Abständen erfolgen, in denen die vorher aufgebrachte organische Substanz jeweils aufgearbeitet ist. Dies ist erkenntlich an der Veränderung der Keimzahlen (Abb. 103). Die Abwassermenge darf nur so groß gehalten werden, daß auch nur eine Durchnässung der obersten biologisch aktiven Bodenschichten erfolgt, da der Abbau mit zunehmender Tiefe, wegen der Erschwerung der Sauerstoffzufuhr, eine zunehmend längere Zeit braucht.

Schwermetalle stellen ein besonderes Problem dar. Ein Teil von ihnen stört die bodenchemischen Reaktionen, andere gehen in die Biochemie der Nutzpflanzen ein und reichern sich im Pflanzenmaterial an; sie können über die Pflanze auch für Mensch und Tier toxisch werden.

Für die landwirtschaftliche Verwertung dürfen daher nur Abwässer verwendet werden, deren Schwermetallgehalte bestimmte Grenzwerte nicht überschreiten. Das gleiche gilt für Spurenelemente (Tab. 18). Die heute bekannten Grenzwerte sind in der Regel wissenschaftlich nicht abgesichert. Ob ein bestimmter chemischer Stoff toxisch ist oder nicht, hängt zunächst von der Chemie des Bodens ab, vor allem vom pH-Wert, dem Redoxpotential und der chemischen Zusammensetzung. Des weiteren ist die Art der Nutzpflanze von Einfluß, da sie in vielen Fällen ein artspezifisches Verhalten zu den einzelnen Substanzen besitzt.

Der Schutz des Grundwassers muß in allen Fällen gewährleistet sein. Es ist gefährdet durch Anreicherung mit nicht abbaubaren organischen Substanzen sowie durch Salze, die im Boden nicht zurückgehalten werden. Die Anlage von Brunnen in den Bewässerungsflächen und die ständige Kontrolle des Grundwassers auf Keimzahl, Chloride und organische Stoffe ist eine notwendige Kontrollmaßnahme.

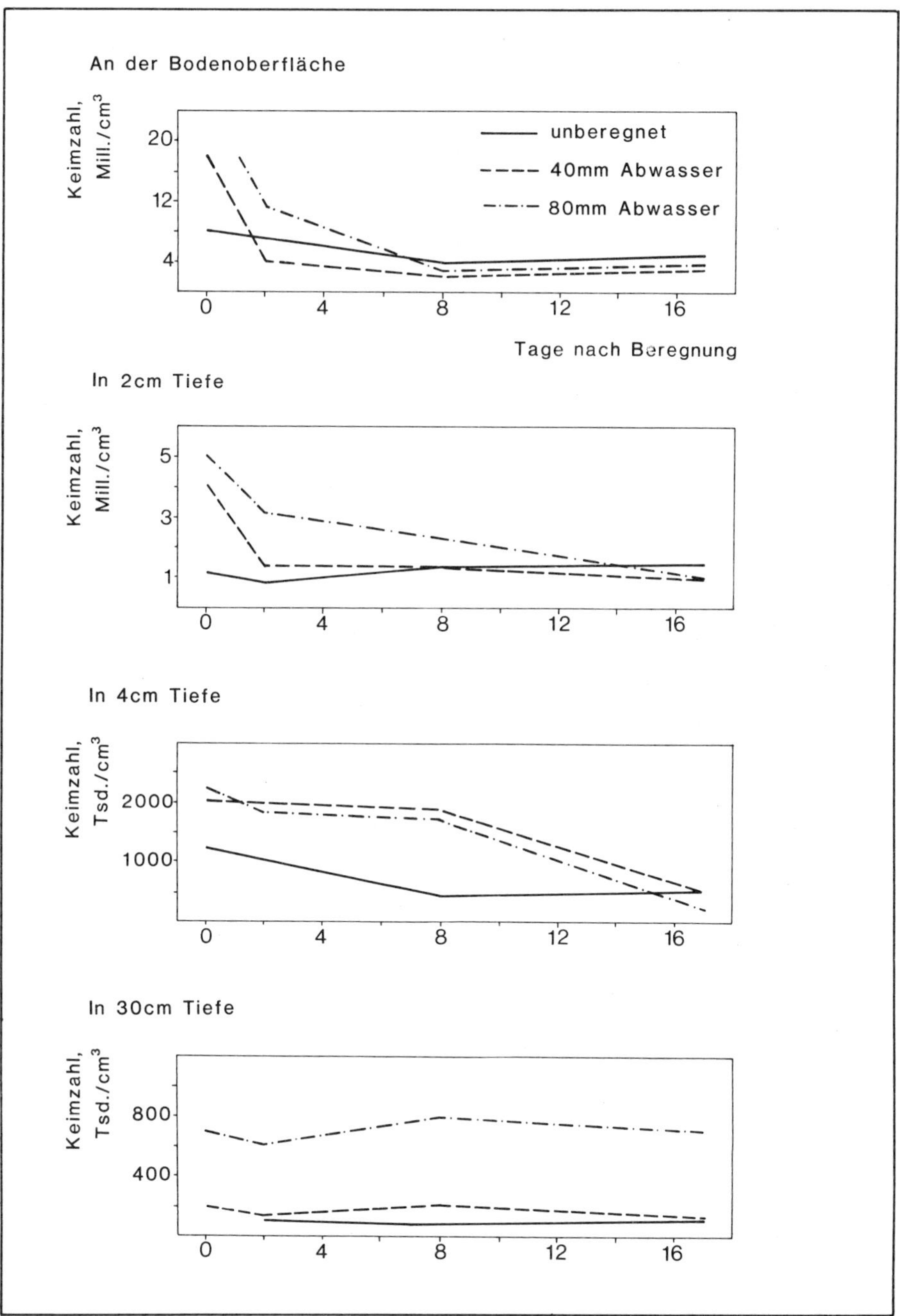

Abb. 103. Keimzahlveränderung nach Verregnung unterschiedlicher Mengen an Abwasser

Tabelle 18. Maximal aufbringbare Mengen einiger Spurenelemente (nach amerikanischen Angaben)

Element	Flächenbelastung kg/ha	Typische Konzentration mg/l
Aluminium	4570	10
Arsen	92	0,2
Beryllium	92	0,2
Bor	683	1,4
Cadmium	8,9	0,02
Chrom	91,8	0,2
Kobalt	46	0,1
Kupfer	184	0,4
Fluoride	918	1,8
Eisen	4570	10
Blei	4570	10
Lithium	—	2,5
Magnesium	918	0,4
Molybdän	8,9	0,02
Nickel	918	0,4
Selen	18	0,04
Zink	1837	4

Die Integration in die landwirtschaftliche Produktion erfordert die Kenntnis des saisonalen Bedarfs der Nutzpflanze an Wasser unter Berücksichtigung der örtlichen klimatischen Gegebenheiten sowie die Kenntnis des Nährstoffbedarfs der Pflanze.
Von diesen Werten ist in Gegenden mit humidem Klima ein Grundwert abzuziehen, in Gegenden mit aridem Klima, ein Zuschlag für Verluste durch natürliche Verdunstung zu machen. Zwei Beispiele sollen dies verdeutlichen: Weideland hat ganzjährig einen Wasserbedarf, der mit dem Sonnenstand ansteigt und zurückgeht (Abb. 104). Unter extremen klimatischen Bedingungen würde der Verbrauch und die notwendige Wasserzufuhr auf wenige Monate zusammengepreßt sein.

Ein anderes Beispiel für Getreide und eine Zweifachnutzung zeigt Abb. 104 (rechts). Zur Keimung wird eine große Menge Wasser gegeben und der Boden auch mit Feuchtigkeit angereichert. Der Wasserverbrauch der Pflanze steigt dann an; eine Erneuerung des aufgebrauchten Wassers erfolgt in den Spitzenzeiten des Wachstums und der Vorbereitung zur Blüte im Juni und Juli. Die zweite Frucht, Sorghum, wird über einen längeren Zeitraum der Vegetation mit Wasser versorgt.

In humiden Gebieten ist eine Verbindung von Abwasserreinigung und Landwirtschaft aus pflanzenphysiologischen Gründen nur sinnvoll bei einer großen Diversität der Feldfrüchte: Die Fruchtfolge muß auf die Belange der Abwasserbehandlung abgestimmt werden. In tropischen Gebieten dagegen ist eine landwirtschaftliche Abwasserbehandlung fast immer vorteilhaft, weil sie die ganzjährige Nutzung nährstoffarmer und wasserarmer Flächen erlaubt. Dem stehen nur hygienische Bedenken gegenüber, denen jedoch durch geeig-

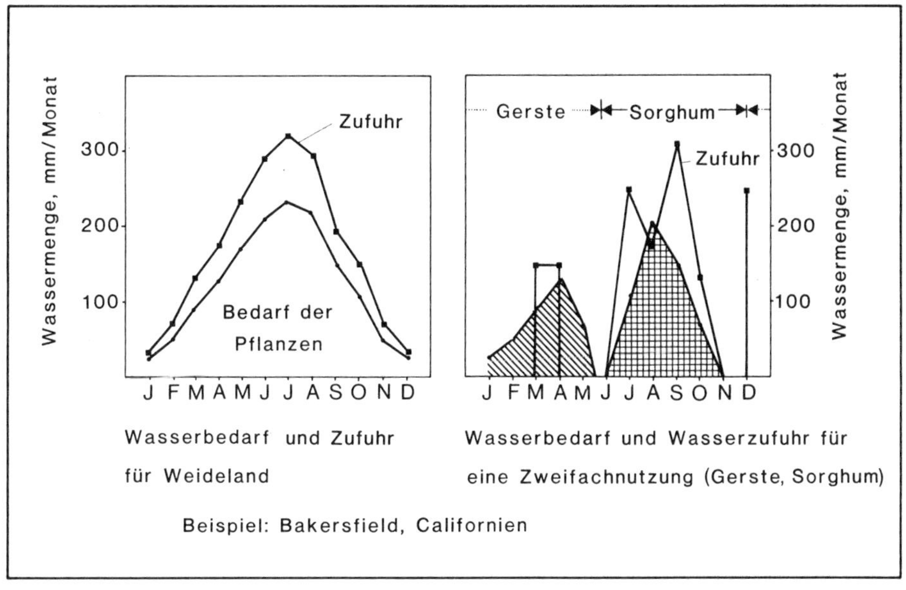

Abb. 104. Wasserbedarf für Weideland und Kornfelder

nete Vorbehandlung des Abwassers und laufende Kontrolle begegnet werden kann. In allen Fällen sind jedoch Ersatzlösungen mit in die Planung und Technik einzubeziehen.

Die Vorbehandlung des Abwassers ist auf die spezielle Situation abzustellen. In nährstoffarmen Böden soll möglichst viel der organischen Stoffe auf die Nutzfläche aufgebracht werden, damit auch ein Beitrag zur Humusbildung erfolgt. Weitgehende Oxidation der Abwasserinhaltsstoffe führt in

Tabelle 19 Nährstoffaufnahme ausgewählter Feldfrüchte

	Aufnahme (kg/ha, Jahr)		
	Stickstoff	Phosphor	Calcium
Küsten-Bermuda-Gras	392 ... 672	34 ... 45	224
Kentucky-Blaugras	202 ... 269	45	202
Schilfgras	336 ... 448	40 ... 45	314
Luzerne	224 ... 538	22 ... 34	174 ... 224
Klee	177	18	101
Schwingelgras	151 ... 325	29	299
Gerste	71	17	22
Mais	174 ... 193	19 ... 28	108
Weizen	56 ... 91	17	20 ... 47
Milomais	91	16	72
Sojabohne	105 ... 143	12 ... 20	32 ... 74
Kartoffel	230	22	246 ... 323
Baumwolle	74 ... 112	13	38

humusarmen Böden zum Verlust der Nährsalze durch Auswaschung, es sei denn, die Abwasserzufuhr findet nur in der Vegetationszeit und auf die Ansprüche der Pflanzen abgestimmt statt.

Am besten eignet sich Abwasser, das aus der Verarbeitung landwirtschaftlicher Produkte selbst stammt; wenn es keine pathogenen Keime für Mensch und Tier und auch keine toxischen Stoffe enthält, ist eine Vorbehandlung in der Regel nicht notwendig. Da Abwasser keine ideale Nährlösung ist und die Pflanzen unterschiedliche Nährstoffansprüche haben (Tab. 19), ist eine Zusatzdüngung erforderlich.

Die Reinigungseffekte sind besser als die aller anderen Verfahren. Der Nährstoffkreislauf wird voll geschlossen. Abwasser gelangt nicht in die Oberflächengewässer.

3.2 Abwasserversickerung zur Grundwasseranreicherung

Die Abwasserversickerung verfolgt andere Ziele als die landwirtschaftliche Nutzung. Abwasser soll im Boden sowohl durch biologische als auch durch chemische und physikalische Mechanismen gereinigt werden. Der Boden hat dabei die Aufgabe eines Festbettreaktors.

Abwasserversickerung kann als Entlastungsmethode dienen in Verbindung mit der landwirtschaftlichen Nutzung, wenn das Abwasser dort nicht abgenommen werden kann. In der Regel jedoch erfüllt man damit ein anderes Ziel. Weitgehend biologisch vorgereinigtes Abwasser kann durch die Bodenfiltration wieder zu Brauchwasser aufbereitet werden. Aufbringungs- und Entnahmebrunnen sind nach den lokalen Gegebenheiten zu bemessen und zu betreiben. Je nach Art der gewünschten Nutzung sind dem Bodenfilter noch zusätzliche Aufbereitungsmaßnahmen nachzuschalten.

Zur Reinigungsleistung in den Filtern gibt es keine allgemein gültigen Daten; sie hängen von der Art der belebten Schicht, deren chemischer Reaktionsfähigkeit, vor allem auch von der hydraulischen Belastung ab. Biologisch abbaubare Stoffe werden in den obersten Schichten eliminiert, solange für aerobe Verhältnisse gesorgt ist. Auch die Oxidation von Ammoniak erfolgt dort. Wechseln aerobe mit anaeroben Verhältnissen, kann es auch zur Denitrifikation kommen.

Phosphor wird durch chemische Fällung entfernt. Auch die Elimination von Schwermetallen erfolgt auf diese Weise.

Die Elimination organischer Spurenelemente kann durch Adsorption geschehen. Diese ist aber nicht unbegrenzt, so daß es zum Durchbruch ins Grundwasser kommen kann, sofern die Substanzen nicht einem allmählichen biologischen Abbau zugänglich sind. Die Bedingungen dafür sind um so günstiger, je geringer die Verschmutzung mit leicht abbaubarer Substanz ist, da dann die Spezialisten mit geringer Vermehrungsrate nicht überwuchert werden.

Die Rücklösung von Schwermetallen sowie die Desorption von adsorbierten Stoffen ist immer möglich bei Veränderungen des pH-Wertes oder charakteristischen Veränderungen des aufgebrachten Abwassers als Ergeb-

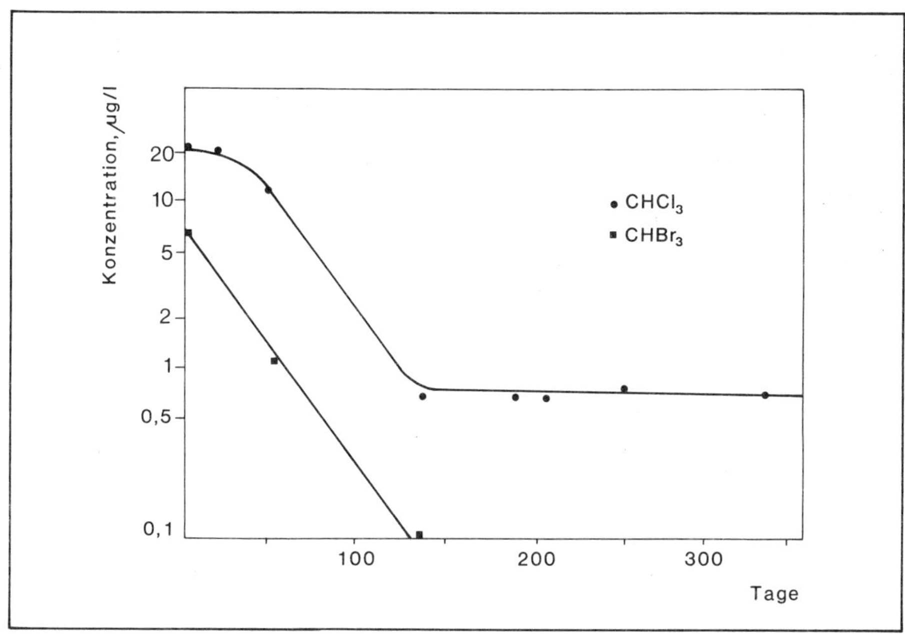

Abb. 105. Biologischer Abbau organischer Spurenstoffe im Grundwasser

nis neuer Gleichgewichtseinstellungen. Die Entnahmebedingungen verbessern sich mit der Länge der Bodenpassage, wie Abb. 105 beispielhaft für Versuche mit Chloroform zeigt.

In die Verwandtschaft der natürlichen Filter zur Grundwasseranreicherung gehören auch die künstlichen Sandfilter, die als Langsamsandfilter oder Schnellsandfilter betrieben werden. Bei den Langsamfiltern bildet sich an der Oberfläche eine biologische Hilfsfilterschicht aus Bakterien, Protozoen, niederen Metazoen und, wenn sie dem Licht ausgesetzt sind, auch pflanzliche Mikroorganismen. Diese können bei starker Sonneneinstrahlung und höheren Temperaturen zu Störungen führen: durch die Produktion an Sauerstoff kann das biologische Filter aufreißen. Gleichzeitig kann durch die Entnahme des Kohlendioxids für die Photosynthese der pH-Wert des Wassers stark angehoben werden.

Langsamfilter werden gereinigt, indem bei Rückgang der Filterleistung die oberste Sandschicht abgehoben wird. Schnellsandfilter arbeiten nur als physikalische Filter. Die Reinigung erfolgt durch Rückspülung, wenn der Filterwiderstand einen vorgesehenen Wert überschreitet.

3.3 Die Oberflächenbehandlung

Bei der Oberflächenbehandlung wird das Abwasser auf einer leicht geneigten bewachsenen Fläche in dünner Schicht verrieselt. Die Reinigung erfolgt durch die Mikroorganismen des Bodens und Organismen, die sich als biologischer Film auf den Pflanzenstengeln ansiedeln. Angestrebt wird die Aufnahme der durch die Oxidation gebildeten Pflanzennährstoffe in den Metabolismus der Pflanzen und ihre Umwandlung in organisches Material, das dann in periodischen Abständen geerntet wird. Das aufgebrachte Wasser wird z. T. durch die Pflanzen aufgebraucht, z. T. geht es durch Verdunstung in die Atmosphäre zurück; der weitaus größte Teil jedoch wird in Gräben aufgefangen und abgeleitet. Durch die Auswahl dichter (oder künstlich abgedichteten) Böden wird ein Durchschlagen des Wassers in den Grundwasserhorizont verhindert.

Das Verfahren ist relativ neu und befindet sich im Versuchsstadium. Sein Nachteil liegt im großen Flächenbedarf und in der noch ungelösten Frage der Nutzung der gebildeten Pflanzenmassen. Vorteile können jedoch in tropischen und ariden Gebieten erwartet werden.

3.4 Verwandte Verfahren

Zu den Landbehandlungsverfahren werden auch die oberirdische oder unterirdische Aufbringung von Abwasser auf ungenutztes feuchtes Ödland gerechnet, z. B. Marschen oder Schilfbestände. Hier finden sich Übergänge zu den Teichverfahren. Die Reinigungsmechanismen sind die gleichen wie sie für Landbehandlung bzw. für aquatische Verfahren geschildert werden. Bemessungswerte und die entsprechende Technologie lassen sich jeweils nur im lokalen ökologischen und wirtschaftlichen Zusammenhang erarbeiten.

4 Zusammenfassung

Landbehandlungsverfahren haben eine lange Geschichte, die an einigen Stellen der Erde nur für eine bestimmte Zeit vergessen wurden, aber heute wieder starke Beachtung finden. Insbesondere die landwirtschaftliche Nutzung hat eine Zukunft in Gebieten, wo Wassermangel herrscht und mit Hilfe des Abwassers eine neue landwirtschaftliche Produktion begonnen hat bzw. wasserarme Zeiten für die Landwirtschaft überbrückt werden können.

Aber auch in humiden Gebieten sind die Verfahren anwendbar, vor allem wenn es sich um Abwasser handelt, das aus der Verarbeitung von landwirtschaftlichen Gütern stammen.

Landbehandlungsmethoden sind ökologisch geprägte Methoden und erfordern deshalb ein weiteres Spektrum an Sicherheitsmaßnahmen und laufenden Kontrollen. Ein Teil dieser Sicherheiten kann durch eine verfahrenstechnisch optimierte Vorbehandlung mit technologisch geprägten Systemen garantiert werden.

XII Oberflächengewässer

1 Problematik

Natürliche Gewässer waren und sind auch heute noch die Empfänger der aus den Siedlungen abgeleiteten Abwässer. Bis weit in die Mitte dieses Jahrhunderts hinein waren es in der Mehrzahl unbehandelte Abwässer, die auf diesem Wege beseitigt wurden, und auch heute noch begegnet man mancherorts der Ansicht, daß die Selbstreinigungskraft der natürlichen Gewässer nicht nur genutzt werden soll, sondern daß, um diese Selbstreinigungskraft zu erhalten, es nützlich sei, mit dem Abwasser Schmutzstoffe in die Gewässer zu bringen. Abgesehen von der Fragwürdigkeit einer solchen Argumentation sollte nicht übersehen werden, daß Abwasser heute eine andere Zusammensetzung hat als früher und auch, daß die natürlichen Gewässer eine andere Bedeutung bekommen haben; Abwasser enthält heute eine Vielzahl von nicht abbaubaren oder schwer abbaubaren Substanzen, und die natürlichen Gewässer sind die großen Brauchwasserreserven.

Die Belastbarkeit mit Abwasser ist somit stark eingeschränkt. Allenfalls kann den Oberflächengewässern eine gewisse Aufgabe zur Schönung gereinigten Abwassers zugemutet werden. Die mit natürlichen Gewässern in biologischer Hinsicht verwandten Abwasserteiche oder Fischteiche jedoch eignen sich als Verfahrenselemente für verschiedene Aufgaben und Zielsetzungen der Abwasserbehandlung.

Im folgenden werden, aufbauend auf den ökologischen Rahmenbedingungen, Möglichkeiten und Grenzen solcher Verfahren besprochen. Diese sind für stehende Gewässer (Seen, Teiche) anders als für Fließgewässer. Eine nicht exakt beschreibbare Zwischenstellung nehmen Staugewässer ein.

2 Stehende Gewässer

2.1 Die Ökologie stehender Gewässer

Der prägende Faktor für die Ökologie eines stehenden Gewässers ist die Lichteinstrahlung. Sie bringt die Energie als Existenzgrundlage für Lebensgemeinschaften aus pflanzlichen und tierischen Organismen.

Die Lichteinstrahlung auf die Erdoberfläche zeigt mit zunehmender Entfernung vom Äquator jahreszeitliche Unterschiede, da der Einfallswinkel sich ändert und damit auch der Anteil der Reflexion. Damit ist der gesamte Energieimport ins Wasser von der Jahreszeit abhängig (Abb. 106).

Da Wasser eine hohe Absorptionskraft für Licht hat, findet eine schnelle Umwandlung in Wärme statt. Daraus resultiert das folgende physikalische Grundsystem für stehende Gewässer (Abb. 107, 108):

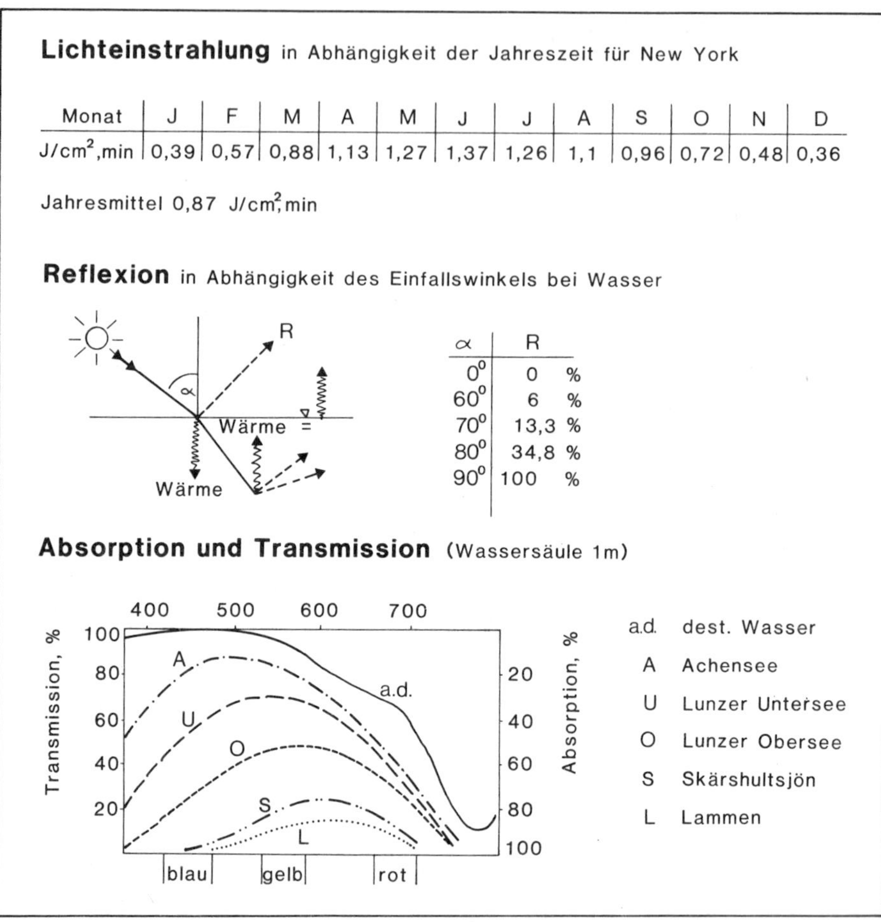

Abb. 106. Lichteinstrahlung und Absorption (z. T. nach Ruttner)

— In den Zeiten hoher Energieeinstrahlung kommt es zu einer schnellen und starken Erwärmung der obersten Wasserschichten. Da dies zu einer Reduktion der Dichte des Wassers führt, steht spezifisch leichtes Wasser über spezifisch schwererem Wasser, die Mischbarkeit des Wassers wird reduziert.
— In Zeiten geringerer Energieeinstrahlung wird die Temperaturdifferenz wieder abgebaut, das Wasser wird mischbar.
— In Zeiten geringster Energieeinstrahlung kann Oberflächenwasser auf Werte unter 4 °C abkühlen und damit wieder spezifisch leichter werden; es treten erneut Dichtenunterschiede auf.

Die Häufigkeit und Regelmäßigkeit, mit der sich solche Schichtungen (Stagnationen), bzw. die Möglichkeiten der Umschichtung (Mischung) ergeben, hängt von den geographischen Gegebenheiten ab. In den Tropen können solche Wechsel täglich stattfinden (Tag/Nacht-Rhythmus eines polymiktischen

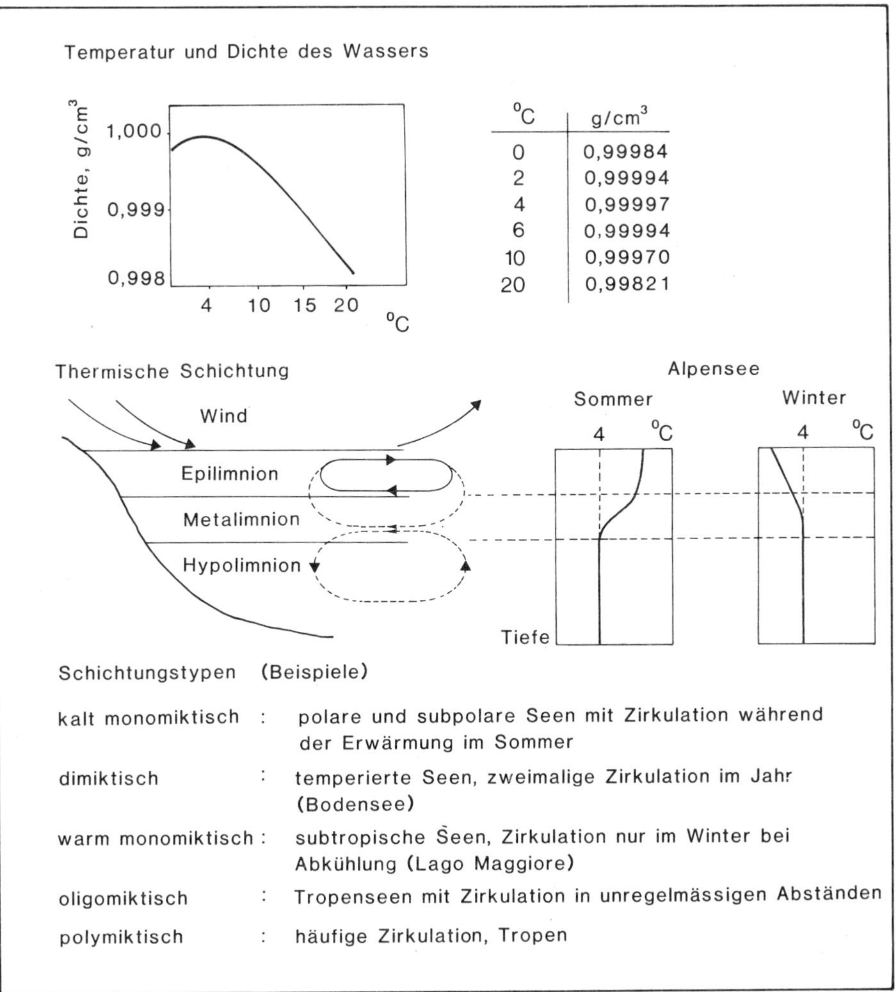

°C	g/cm³
0	0,99984
2	0,99994
4	0,99997
6	0,99994
10	0,99970
20	0,99821

Schichtungstypen	(Beispiele)
kalt monomiktisch :	polare und subpolare Seen mit Zirkulation während der Erwärmung im Sommer
dimiktisch :	temperierte Seen, zweimalige Zirkulation im Jahr (Bodensee)
warm monomiktisch :	subtropische Seen, Zirkulation nur im Winter bei Abkühlung (Lago Maggiore)
oligomiktisch :	Tropenseen mit Zirkulation in unregelmässigen Abständen
polymiktisch :	häufige Zirkulation, Tropen

Abb. 107. Temperaturschichtung in stehenden Gewässern

Gewässers): in gemäßigten Zonen einmal oder zweimal je Jahr (monomiktisch, dimiktisch). Je nachdem, ob eine einmalige Durchmischung durch Ausgleich der Temperaturen von der kälteren oder wärmeren Temperatur ausgeht, bezeichnet man ein solches Gewässer als kalt-monomiktisch oder warm-monomiktisch.

Die Durchmischung wird, auf der Basis der Temperaturangleichung, durch den einfallenden Wind vollzogen. Je nach Intensität und Dauer dieser Winde kann die Durchmischung die gesamten Wassermassen erfassen (holomiktisch) oder nur einen Teil davon (meromiktisch).

Während der Temperaturunterschiede zwischen Oberflächenwasser und Tiefenwasser beschränkt sich die Durchmischung auf die obersten Schichten des Gewässers. Der davon erfaßte Teil wird als Epilimnion bezeichnet.

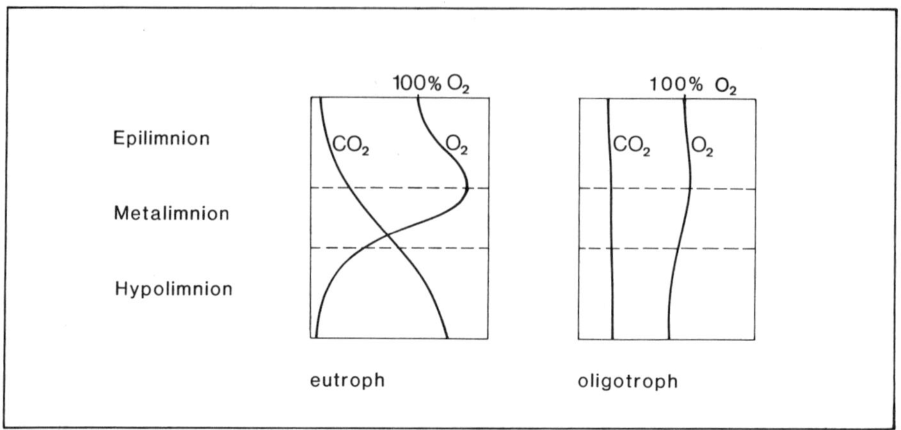

Abb. 108. Schichtung von Sauerstoff und Kohlendioxid in Abhängigkeit vom Eutrophiegrad

Seine Mächtigkeit hängt von den örtlichen und zeitlichen Gegebenheiten ab. Es schwankt zwischen wenigen Zentimetern bis einigen Metern.

Nach unten folgt auf das Epilimnion eine Durchmischungszone, das Metalimnion (im engl. Schrifttum mit „Thermo-cline" bezeichnet), und darunter das Hypolimnion.

Für die mitteleuropäischen Seen besteht der Ablauf des Seejahres in der Regel aus der Frühjahrszirkulation, der Sommerstagnation, der Herbstzirkulation, der Winterstagnation.

Licht bringt jedoch nicht nur die Wärme, sondern auch die Energie für photolithotrophe Organismen. Damit werden die belichteten Zonen eines Gewässers zum Lebensraum für photolithotrophe Organismen und somit auch zu den Produktionszonen für organische Substanz (trophogene Zonen). Es sind dies zwei ökologisch unterschiedliche Bereiche, nämlich die Uferzonen mit den Binsen und Schilfgürteln sowie den Unterwasserpflanzen der Laichkräuter und Charawiesen. Sie haben Wurzeln und holen den Großteil mineralischer Nährstoffe aus dem Boden. Die zweite trophogene Zone ist die oberste Schicht des freien Wassers, die sich in ihrer Mächtigkeit meist nahezu mit der Mächtigkeit des Epilimnions deckt, aber vom naturgesetzlichen Hintergrund her nicht damit identisch ist. Diese Zone des freien Wassers wird von pflanzlichen Mikroorganismen besiedelt, die ob ihrer Kleinheit und oft auch zufolge einer relativ großen Oberfläche in Schwebe bleiben; sie werden in ihrer Gesamtheit Phytoplankton genannt (Plankton = das Schwebende).

Sie gehören vornehmlich den Gruppen der Kieselalgen, pflanzlichen Flagellaten und Grünalgen an. Ihr Lebensbereich ist gleichzeitig der Lebensbereich tierischer Planktonorganismen, vornehmlich der Kleinkrebse, die von den Algen leben.

Aufbau und Abbau organischer Substanz halten sich jedoch in diesen trophogenen Zonen nicht die Waage. Der Aufbau überwiegt und ein Teil der Produktion sinkt in die tieferen Wasserschichten ab.

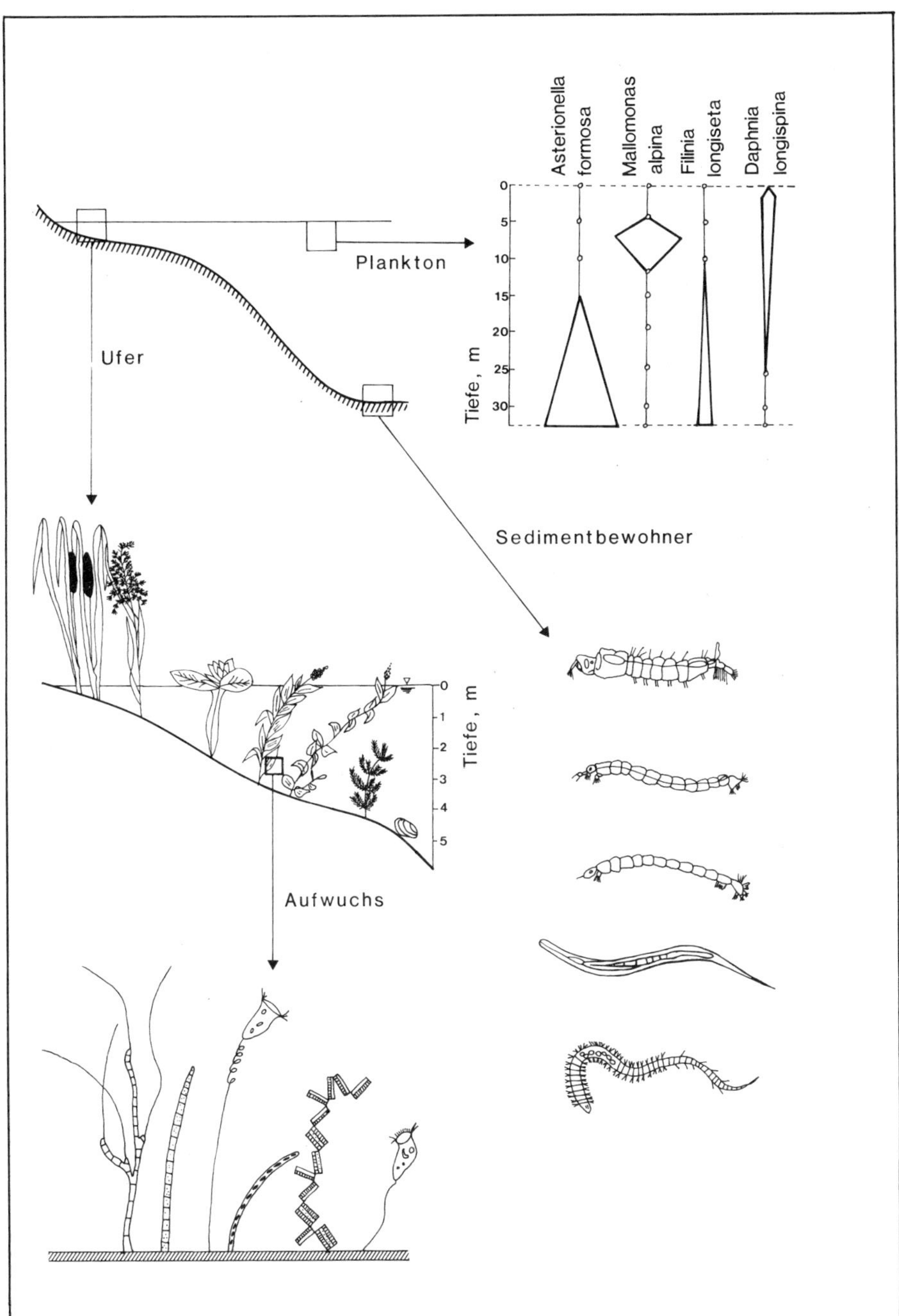

Abb. 109. Zonierung und Lebensgemeinschaften in einem stehenden Gewässer

Der Abbau durch Bakterien beginnt bereits im Hypolimnion und setzt sich am Boden fort. Das Hypolimnion sowie die Sedimente in den Ufergebieten und am Seegrund werden deshalb als tropholytische Zonen bezeichnet.

Die Sedimente sind reich an organischer Substanz. Es bildet sich ein intensives Leben fakultativer und obligat anaerober Bakterien (auch Methanbakterien). Je nach Beanspruchung des Sauerstoffvorrats werden die obersten Sedimentschichten noch von Insektenlarven und Würmern bewohnt, die durch ihre grabende Tätigkeit eine Durchmischung besorgen (Abb. 109).

Ein letzter Lebensbereich im Gewässer findet sich in der Ufervegetation. Sie bietet eine große Oberfläche für die Besiedelung mit Mikroorganismen. Das System ähnelt einem Festbettreaktor mit festsitzenden pflanzlichen und tierischen Mikroorganismen (Kieselalgen, Ciliaten, Rädertierchen), die aus dem umgebenden Wasser ihre Nahrung gewinnen.

Keiner der genannten Lebensbereiche ist autark. Sie sind über den Nährstoffaustausch miteinander verknüpft.

2.2 Die Nährstoffe und der Nährstoffaustausch, die chemischen und physikochemischen Komponenten des ökologischen Systems

Die Verteilung der einzelnen Nährstoffe auf die verschiedenen Lebenszonen, besonders zwischen dem trophogenen Epilimnion und dem tropholytischen Hypolimnion ist abhängig von der eingangs geschilderten jeweiligen physikalischen Struktur des Wasserkörpers und von Bedingungen, die aus dem biologischen System selbst resultieren.

Sauerstoff (Abb. 110) ist Nährstoff für alle chemoorganotrophen Organismen und Produkt der photolithotrophen Organismen. Er wird in den trophogenen Zonen im Überschuß produziert. Vor allem in der warmen Jahreszeit wird der Überschuß an die Atmosphäre abgegeben. Bei mäßiger Durchmischung kommt es wegen der geringen Diffusionsgeschwindigkeit zu Übersättigungen. In den tropholytischen Zonen wird kein Sauerstoff gebildet, sondern nur verbraucht. Bei hohem Import von organischem Material aus den trophogenen Zonen kommt es in der Zeit der Schichtung zu O_2-Mangel, manchmal sogar zur Anaerobie. In dickeren Sedimentschichten ist diese dort immer gegeben. Dies hat Auswirkungen auf den Gesamtchemismus zur Folge. In den Zeiten der Zirkulation wird das entstandene Sauerstoffdefizit im Hypolimnion wieder ausgeglichen.

Kohlendioxid (Abb. 110) ist der Antagonist des Sauerstoffs. Es wird in den trophogenen Zonen verbraucht, in den tropholytischen wieder gebildet. Dank seiner chemischen Reaktionsfähigkeit kann er in verschiedener chemischer Bindung vorliegen, woraus auch sekundäre Effekte folgen, z. B. Veränderungen des pH-Wertes.

Wird freies CO_2 verbraucht, zerfällt Hydrogencarbonat in CO_2 und in Carbonat: der pH-Wert erhöht sich; das schwer lösliche Carbonat sinkt in

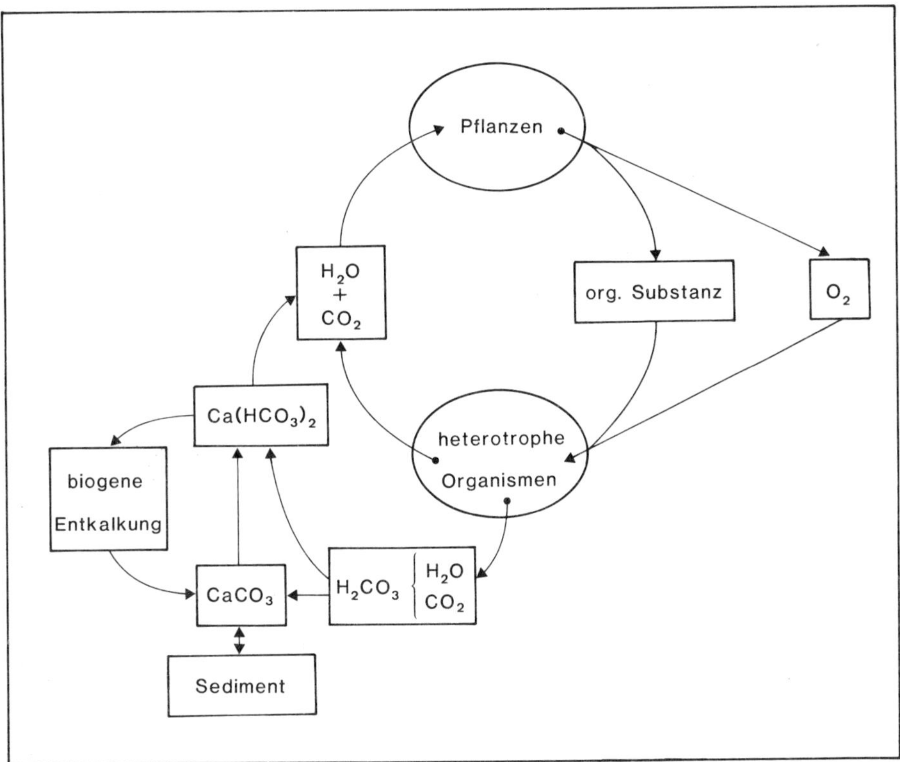

Abb. 110. Kreislauf des Kohlenstoffs

die tropholytischen Schichten ab. Bei gleichgewichtigen tropholytischen Vorgängen geht Carbonat als Hydrogencarbonat in Lösung. Verlangsamt sich der Nachschub an organischer Substanz jedoch, kommt es zur Bildung von Carbonatsedimenten (Kalkausfällung).

Ist auf der anderen Seite ein Überschuß an organischer Substanz bei einem Mangel an neutralisiertem Calciumcarbonat vorhanden, wird das CO_2 nicht abgebunden, bildet sich aggressive Kohlensäure; der pH-Wert sinkt ab.

Eine weitere Reaktion, in die Kohlendioxid schließlich eintreten kann, ist seine Reduktion zu Methan durch methanogene Bakterien in den Sedimenten.

Stickstoff (Abb. 111) durchläuft mit dem Kohlenstoff den Kreislauf organischer Erscheinungsform und seine Konzentration verarmt oder reichert sich parallel dazu an. Zusätzlich kommt hinzu, daß atmosphärischer Stickstoff durch Blaualgen fixiert werden kann, daß es den Vorgang der Nitrifikation und Denitrifikation gibt. In sauerstofflosen Zonen dient Nitrat als Sauerstoffquelle.

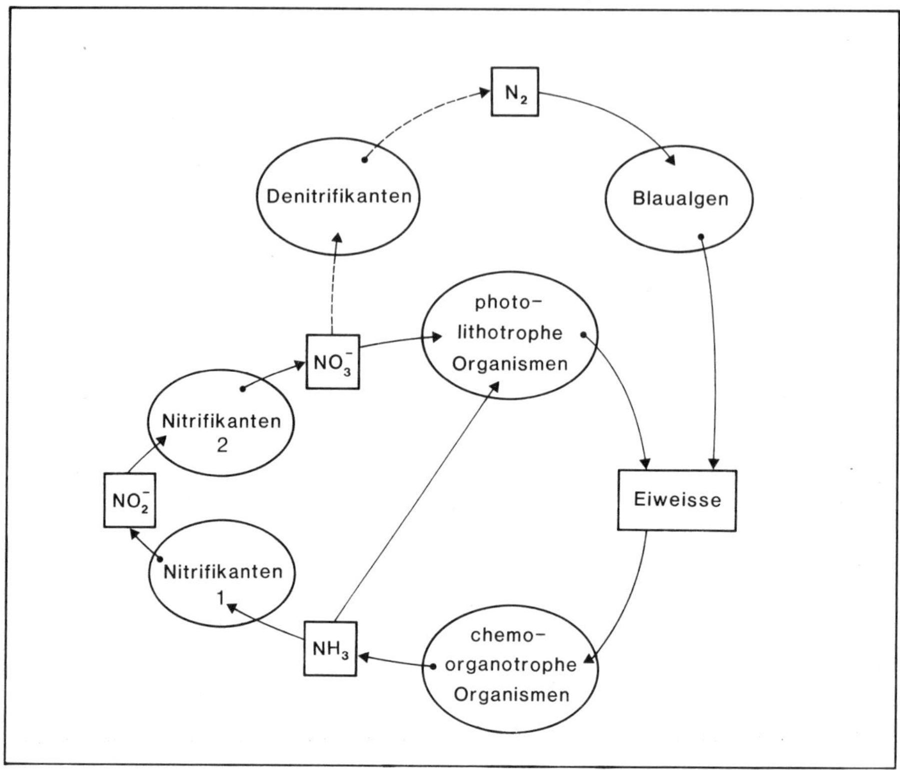

Abb. 111. Kreislauf des Stickstoffs

Schwefel (Abb. 112) durchläuft den gleichen Zyklus wie Stickstoff. An zusätzlichen Reaktionen kommt die Fixierung von Schwefel als Sulfid unter anaeroben alkalischen Bedingungen hinzu. Die Fähigkeit des Sulfats, wie Nitrat, als Sauerstoffquelle zu dienen und die Möglichkeit einiger chemolithotropher Bakterien H_2S als Energiequelle zu nutzen, sind weitere Merkmale.

Phosphor (Abb. 113) ist wie Stickstoff ein Grundbaustein organischer Substanz und spielt für den Trophiegrad eines Gewässers meist die limitierende Rolle, d. h. steigende Mengen an Phosphor haben eine steigende Produktion an Biomasse zur Folge und verringern damit die Wasserqualität. Unter aeroben Bedingungen kann Phosphor aber mit Eisen eine schwerlösliche Verbindung eingehen und damit aus dem System entfernt werden. Unter anaeroben Bedingungen ist diese Verbindung jedoch instabil und Phosphor steht wieder zur Verfügung. Der Sauerstoffgehalt eines Gewässers spielt daher für die Elimination oder die Freisetzung von eutrophierendem Phosphor die wesentliche Rolle.

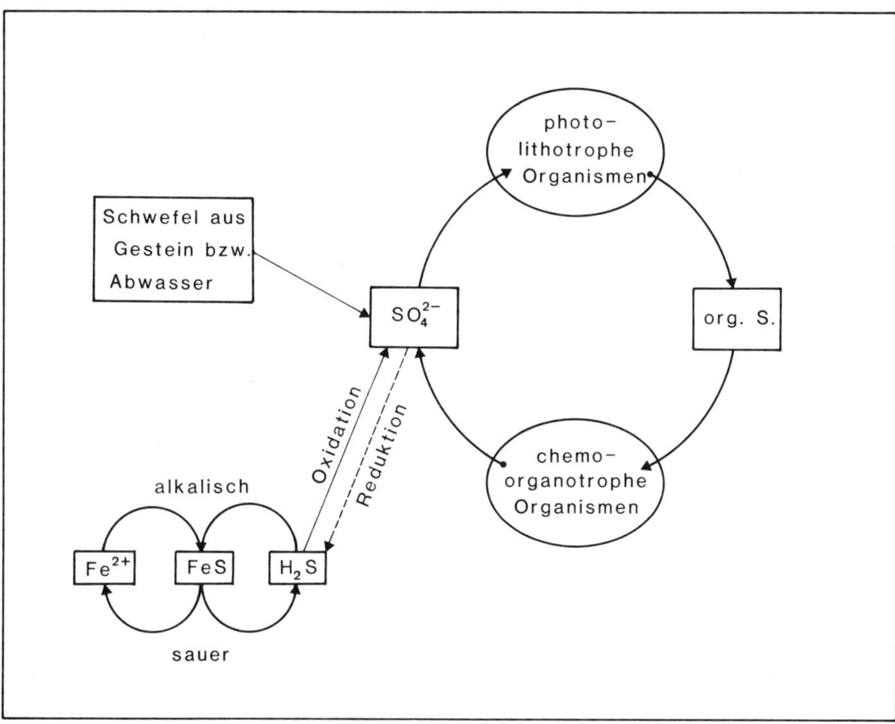

Abb. 112. Kreislauf des Schwefels

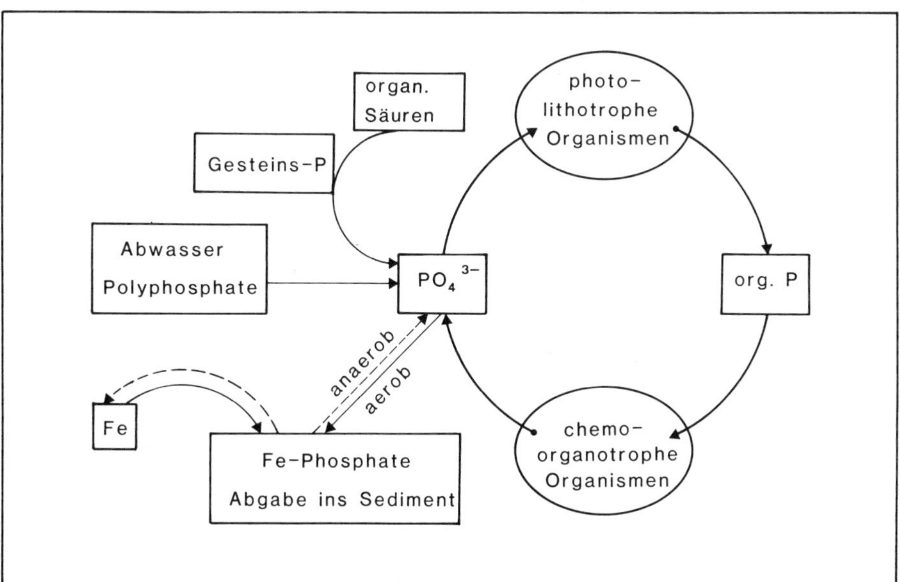

Abb. 113. Kreislauf des Phosphors

2.3 Die Produktivität stehender Gewässer

Die geschilderten qualitativen Aspekte in Abschnitt 2.2 äußern sich auch quantitativ. Von den photolithotrophen Organismen kann um so mehr Lichtenergie fixiert werden, je mehr Nährstoffe vorhanden sind. Limitierender Faktor für die Produktion ist dabei in vielen Fällen der Phosphor; alle anderen Substanzen sind in der Regel im Überschuß vorhanden.

Je nach Produktionspotential unterscheidet man zwischen nährstoffarmen (oligotrophen) und nährstoffreichen (eutrophen) Gewässern. Die Spannweite der Produktion kann von Null bis zu mehreren Hundert Gramm organischer Substanz je Quadratmeter Wasserfläche und Jahr reichen (Abb. 114).

Jede Zufuhr von Nährsubstanz, sei diese nun organischer oder anorganischer Natur, muß, wie die bisherigen Darstellungen zeigen, zumindest nach längerer Zeit Ungleichgewichte und damit Störungen verursachen. Besonders stark wirkt eine Zufuhr von Phosphor, da er meist Minimumfaktor ist. Solange das Gewässer während der Stagnation auch im Hypolimnion sauerstoffhaltig bleibt, kann ein Teil des Phosphors in Verbindung mit Eisen ausgefällt werden. Wird das Tiefenwasser jedoch sauerstofflos,

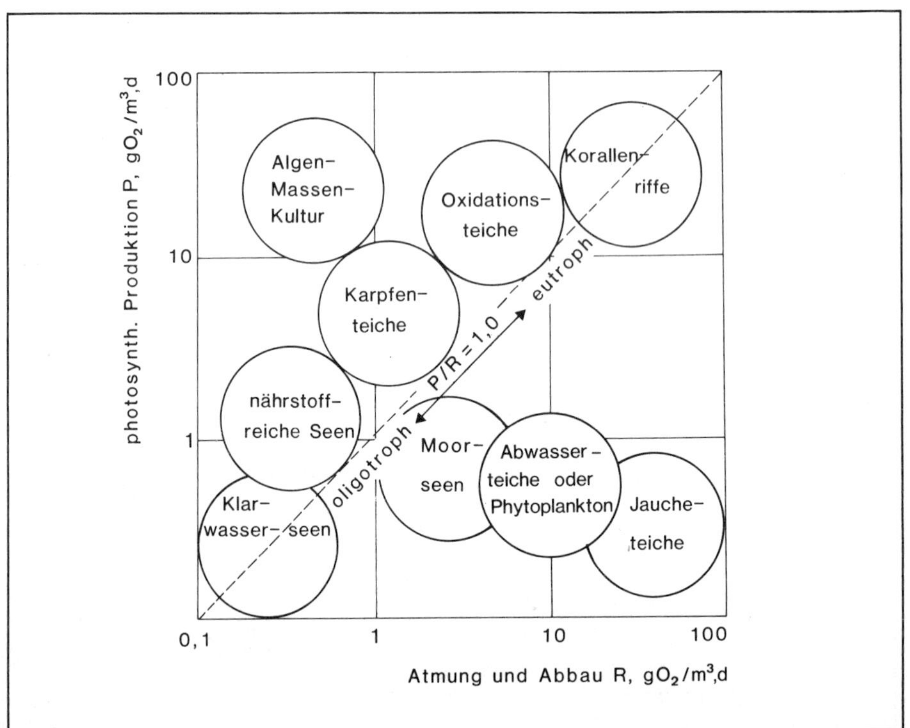

Abb. 114. Verhältnis von Produktion und Abbau in unterschiedlichen aquatischen Systemen (nach Daten von Odum)

wird Phosphor zurückgelöst und damit beschleunigt sich der Vorgang der Eutrophierung.

2.4 Schutz stehender Gewässer

Jede Zufuhr von Abwasser, gereinigt oder ungereinigt, zu stehenden Gewässern erhöht den Gesamtnährstoffgehalt und beschleunigt den natürlichen Alterungsprozeß. Abwasser darf deshalb nicht in natürliche Seen eingebracht werden, auch dann nicht, wenn es frei von fäulnisfähigen organischen Substanzen ist, da es dann immer noch anorganische Nährstoffe enthält.

Die Lösung des Problems besteht darin, das gereinigte Abwasser in Ringleitungen um den See zu sammeln und erst unterhalb des Sees in Flüsse einzuführen. Eine andere Art ist die Elimination von Phosphaten durch chemische Behandlungsmethoden.

In tropischen Gewässern ist oft ein anderer Ansatz ökologisch sinnvoller. Da viele tropische Gewässer außergewöhnlich nährstoffarm sind, ist die Zufuhr von Abwasser ein Stimulans zur Erhöhung der Produktivität zunächst an Fischnährtieren und in Folge davon auch an Fischen. Da viele tropische Fische auch geringe Sauerstoffkonzentrationen ertragen, können auf diese Weise vor allem Staugewässer zu wertvollen Nahrungsmittelproduzenten werden.

2.5 Nutzung stehender Gewässer zur Abwasserbehandlung

Die richtige Bewertung der ökologischen Zusammenhänge erlaubt eine vielfältige Anwendung stehender Gewässer zur Abwasserreinigung. Und es ist auch eine große Vielfalt von Verfahren entwickelt worden, die z. T. Kopien solcher natürlicher Lebensräume sind.

Wir kennen sie als Abwasserteiche auf anaerober oder aerober Basis zur Behandlung von Rohabwasser, als Fischteiche zur wirtschaftlichen Nutzung eines Teils der Abwassernährstoffe oder als Schönungsteiche zur Elimination der Restverschmutzung. Weiterhin gibt es Kopien der Vorgänge im Uferbewuchs als aquatische Filtrationsverfahren. Und schließlich gibt es zahlreiche Übergänge zwischen diesen geschilderten Grundtypen.

Teichverfahren sind besonders gut anwendbar bei saisonalem Abwasseranfall auch in wärmeren Klimazonen. Sie finden breite Beachtung in tropischen Ländern (auch wegen des geringen technischen Aufwands). Auch im Süden und Südwesten der Vereinigten Staaten haben sie eine große Popularität.

Allgemeingültige Bemessungsdaten sind für keines der Verfahren zu geben, weil sich bei diesen ökologisch, nicht technologisch geprägten Systemen die lokalen ökologischen Parameter, vor allem das Klima, als dominierend erweisen.

2.5.1 Abwasserteiche

Die zur Reinigung des Abwassers führenden Prozesse sind sowohl aerober als auch anaerober Natur. Schlamm setzt sich ab und geht in anaerobe Zersetzung über. Dabei freiwerdende Säuren und Methan gelangen in das darüber stehende Abwasser. Auch dieses kann noch in einer je nach lokaler Situation unterschiedlichen Mächtigkeit anaerob bleiben. Die obersten Schichten dagegen sind aerob: Sauerstoff gelangt in das Abwasser sowohl durch Diffusion von der Oberfläche als auch durch die photosynthetische Fähigkeit von Algen (zunächst meist Blaualgen). In diesen obersten Schichten findet der oxidative Abbau sowohl der Inhaltsstoffe des Wassers statt als auch der aus dem Sediment und den tieferen Wasserschichten aufsteigenden Säuren und des Methans.

Die Reinigungsleistung, ausgedrückt als Reduktion des BSB_5, hängt ab von der Belastung. Nach Erfahrungen in Indien ist diese Belastung nicht auf die Fläche oder das Volumen des Teiches zu beziehen, sondern auf die Menge an verfügbarem Sauerstoff (Abb. 115). Vergleicht man diese Zahlen

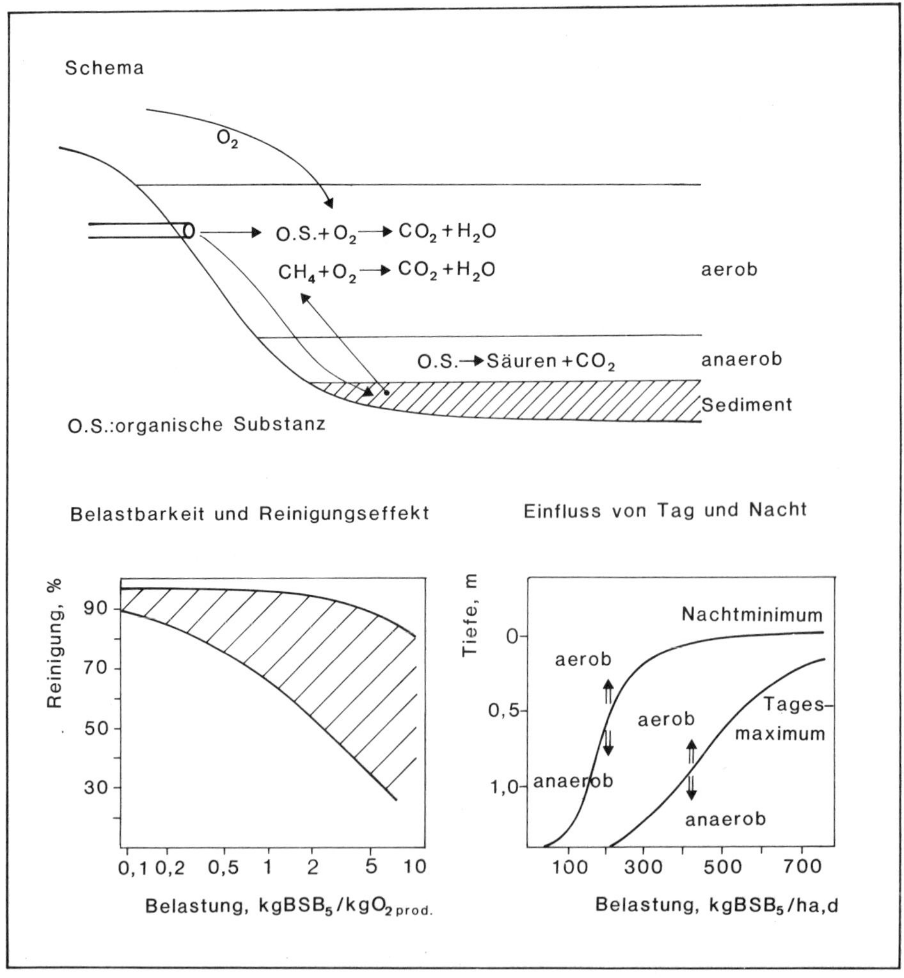

Abb. 115. Reinigungsvorgänge in Abwasserteichen und ihre Belastbarkeit (Erfahrungswerte aus Indien)

mit den Ergebnissen der Belebtschlammtechnologie, kommt man ungefähr auf die gleichen Werte. Es liegt daher nahe, solche Anlagen mit einem technischen Belüftungsgerät zu versehen.

Da ein wesentlicher Anteil des Sauerstoffs aus der Photosynthese resultiert, wird der Vorgang um so schneller, je mehr Wasser mit Licht versorgt wird, d. h. je flacher der Teich ist.

Die Grenzschicht zwischen anaeroben und aeroben Zonen wandert entsprechend der Veränderung der Lichtmenge tagsüber nach unten und nachts nach oben. Die Teiche sollen deswegen flach sein und nur in Ausnahmefällen eine Gesamttiefe von 2,5 m überschreiten.

Gesamtaufenthaltszeiten für kommunale Abwässer werden unter tropischen Bedingungen zwischen 5 und 10 Tagen liegen, in kälteren Gebieten und bei hohen Schmutzstoffkonzentrationen werden Behandlungszeiten von einem Monat erforderlich.

Die Reinigungsleistung beschränkt sich auf die Oxidation der gelösten organischen Substanz. Ein Teil der gebildeten Biomasse (Bakterien und Algen) wird im Durchlaufbetrieb ausgeschwemmt. Das behandelte Abwasser enthält außerdem anorganische Nährsalze als Ergebnis der Oxidation. Die Einbringung in natürliche Gewässer ist deshalb mit einer Verschlechterung der Wasserqualität verbunden. Jedoch eignet sich der Ablauf gut für Bewässerungszwecke.

Die Keimgehalte der Abläufe sind abhängig von der Aufenthaltszeit. Eine Reduktion der Gesamtkeimzahl ist weit über 99% hinaus möglich.

Die abgelagerten Sedimente werden je nach Bedarf entfernt.

2.5.2 Fischteiche

Fischteiche sind stärker bewirtschaftete Teiche als Abwasserteiche. Ziel der Verfahren ist nicht mehr nur die Behandlung des Abwassers, sondern eine Umwandlung von Schmutzstoffen in Fischfleisch (Abb. 116). Da der Teich nicht nur primäre Abbaureaktionen garantiert, sondern auch den ökologischen Ansprüchen der Fische genügen muß, sind die von den Fischen verlangten ökologischen Bedingungen als Richtwerte für Bemessung und Betrieb der Verfahren anzusetzen.

Dies bedeutet für die Fische der gemäßigten Zonen als wichtigstes Kriterium einen Sauerstoffgehalt von in der Regel mindestens 4 mg/l. Für manche tropische Fische kann dieser Wert auf 2 mg/l abgesenkt werden.

Aus der Sicherung des Mindestsauerstoffgehalts folgt für die Bedingungen der gemäßigten Zonen:

- Fischteiche dürfen nur als zweite oder dritte Reinigungsstufen verwendet werden;
- im Notfall ist das Abwasser entsprechend mit Frischwasser zu verdünnen, damit die BSB_5-Konzentration nicht über 50 mg/l liegt;
- Fischteiche müssen flach sein.

Fischteiche lassen sich in gemäßigten Klimazonen nicht über das ganze Jahr betreiben. Da der Fisch im Winter keine Nahrung aufnimmt, müssen die

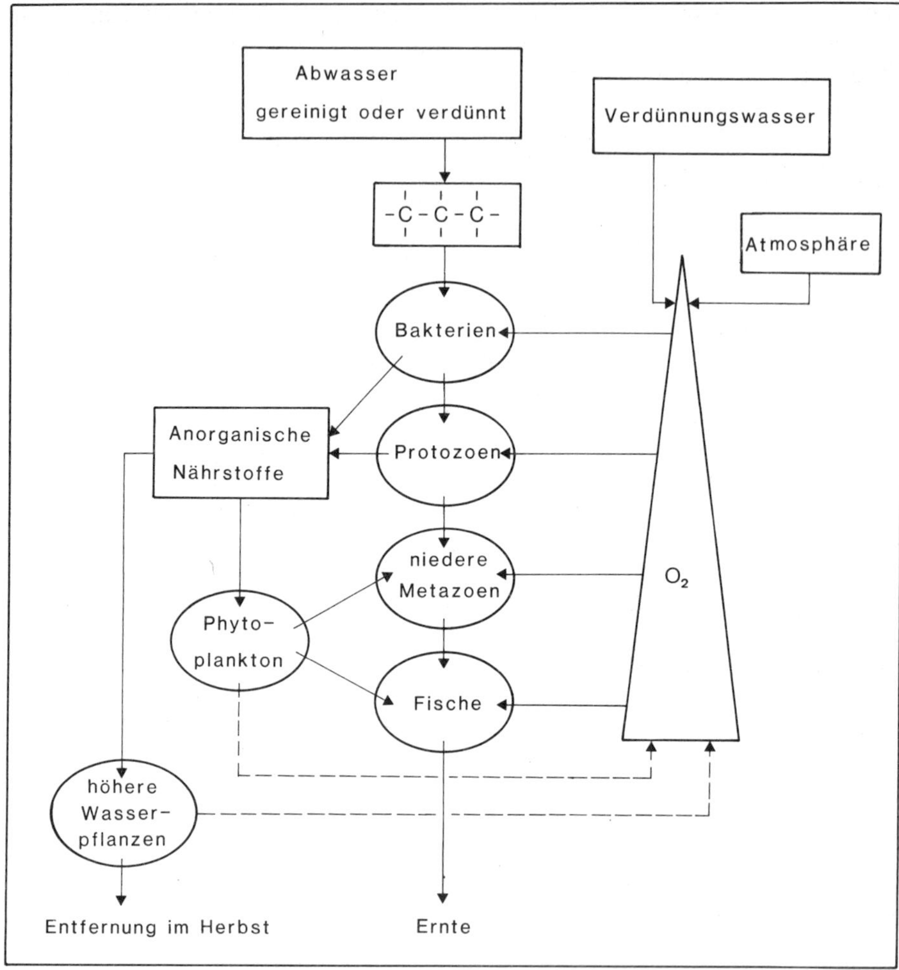

Abb. 116. Stofftransportvorgänge in einem Fischteich

Teiche im Herbst abgefischt werden. Es sind daher Überwinterungsteiche vorzusehen. Desgleichen muß das Abwasser über diese Jahreszeit anderswie behandelt oder gespeichert werden. Die Teiche selbst können während der kalten Jahreszeit von Pflanzen und Schlamm gereinigt werden. Es sind außerdem Bekämpfungsmaßnahmen gegen Fischparasiten vorzunehmen. Als Besatzfische eignen sich Karpfen und Schleien. Die Aufenthaltszeit des Abwassers muß etwa 20 bis 30 Stunden betragen. Je Hektar Teichfläche können etwa 2000 Einwohnergleichwerte (vorgeklärtes Abwasser) angeschlossen werden. Die Produktion beträgt je Hektar und Jahr etwa 500 kg Fischfleisch bzw. 0,25 kg/EGW, Jahr.

Der Reinigungseffekt solcher Teiche ist im Vergleich zu anderen Verfahren sehr hoch; nur durch die landwirtschaftliche Abwasserverwertung wird Gleiches erreicht. Das abfließende Abwasser hat nicht nur einen ausgesprochen niedrigen BSB (hauptsächlich aus der endogenen Atmung noch vorhandener Bakterien), sondern auch Stickstoff und Phosphor werden weitgehend eliminiert. Obwohl Fischteiche heute in Mitteleuropa als biologische Hauptstufe praktisch keine Rolle mehr spielen, könnten sie, den technischen Verfahren nachgeschaltet, als letzte Reinigungselemente wesentlich zum Schutz der Vorfluter beitragen. Bei richtiger Bemessung können sie auch für den Zweck der Naherholung dienen.

Seinen Ursprung hat das Fischteichverfahren in Südostasien, wo heute noch die Schweine- und Entenställe direkt über der Wasserfläche eines Teiches angebracht sind.

Dank der höheren Temperaturen dort, können je Jahr zwei bis drei Fischernten erzielt werden.

Hygienische Gefahren können bei diesem Vorgehen aus dem direkten Kreislauf zwischen Abfall und Nährlösung resultieren.

2.5.3 Schönungsteiche

Schönungsteiche haben die Aufgabe, die Qualität des bereits behandelten Abwassers zu heben. Darunter versteht man die Reduktion des Rest-BSB_5 durch Verminderung der Keimzahl, durch Nitrifikation sowie durch die Verminderung des Anteils schwer abbaubarer Substanzen, die in technologisch geprägten Klärelementen nicht eliminierbar sind.

Weiterhin gehört oft die Elimination pflanzlicher Nährstoffe durch Umwandlung in pflanzliche Biomasse dazu.

Diese Aufgabenstellung verlangt in biologischer Sicht eine sehr diverse Lebensgemeinschaft pflanzlicher und tierischer Mikroorganismen. In technischer Sicht gelten die allgemeinen Bedingungen für Teiche, nämlich: geringe Tiefe zur Sicherung eines ausreichenden Lichtklimas bis zum Teichboden, große Oberfläche und ungehinderter Zutritt von Wind zur Verbesserung des Gasaustausches mit der Atmosphäre.

Positive Erfahrungen aus Zonen mit gemäßigtem Klima wurden vor allem an den Ruhrstauseen und am Elster Stausee gemacht.

2.5.4 Wasserpflanzenfilter

Eine Kopie der Vorgänge in den Uferzonen stehender Gewässer sind die Wasserpflanzenfilter: In einem sehr flachen Weiher werden in der Regel einheimische Wasserpflanzen angesiedelt (Binsen, Schilf, Rohrkolben für gemäßigte Zonen; Wasserhyazinthen, Wasserlinsen in tropischen und subtropischen Gebieten). Der Aufwuchs an Mikroorganismen auf Wurzeln und Stengeln dient als biologischer Filter. Die Einrichtung gleicht in der Funktion einem Tropfkörper, bei dem anstelle des inerten Füllmaterials Pflanzen verwendet werden.

Die Reinigungsmechanismen sind die gleichen: Organische Substanzen werden durch Bakterien metabolisiert. Erweitert ist dieses Verfahren jedoch dadurch, daß es über die Sekundärreaktionen hinaus auch wieder zum Aufbau von Biomasse führen kann. Dies liegt innerhalb der technischen Gestaltungsmöglichkeiten, indem entweder ein einziger großer Teich nur gering belastet, und dadurch eine sehr diverse Lebensgemeinschaft garantiert wird oder, indem das Verfahren in hintereinander geschaltete Becken biologisch aufgetrennt wird, die dann jeweils stärker belastet werden können. Als zusätzliche Mechanismen der Reinigung kommen hinzu: Die Ausfaulung von Sedimenten, die Denitrifikation und auch die Elimination von Schwermetallen durch chemische Reaktionen sowie durch Adsorption an bzw. Aufnahme in das biologische Material.

Abbaugeschwindigkeiten und Reinigungseffekte sind stark von der Temperatur abhängig. Die Verfahren eignen sich deshalb besonders für Gebiete mit gleichmäßigem, warmem Klima und können dort auch zur Behandlung ungeklärter Abwässer Verwendung finden.

Im gemäßigten Klima können sie saisonal oder zur Schönung von behandeltem Abwasser verwendet werden.

Die erzielbaren Reinigungseffekte können sich sowohl hinsichtlich des BSB als auch der Elimination von Schwebstoffen sowie eutrophierender Substanzen mit technisch geprägten Verfahren messen.

3 Fließgewässer

3.1 Die ökologische Situation

Fließgewässer sind ein völlig anderes ökologisches System als stehende Gewässer. Ist es in letzteren der Faktor Lichteinstrahlung, der das System beherrschte, so ist es bei Fließgewässern die Strömung. Fließgewässer haben deshalb auch keine Schichtung der Wassermassen.

Ein weiterer wichtiger Unterschied ist die Veränderlichkeit und auch aktuelle Veränderung des ökologischen Systems über den Fließweg, die sich vor allem ausdrückt als Veränderung der Temperatur, des Geschiebes und der Geschwindigkeit. Hieraus resultiert der jeweilige biologische Zustand. Ein Fließgewässer ist in technologischer Betrachtung als Kombination aus zwei Reaktortypen zu verstehen. Ein horizontal durchflossener Festbettreaktor mit den Organismengesellschaften am Ufer und Flußsohle sowie ein längsdurchströmter offener Reaktor (ohne Rückführung) in der fließenden Welle.

Dies alles hat seine Auswirkungen auf die Nutzung von Fließgewässern zur Behandlung bzw. zum Abtransport von Abwässern.

Die Strömungsgeschwindigkeit hat direkten und indirekten Einfluß auf die Ökologie. Sie ist der wesentliche Faktor und bestimmt die Qualität anderer Faktoren.

Zunächst ist die Strömungsgeschwindigkeit verantwortlich für den Geschiebetransport. Der Oberlauf der meisten Flüsse in Bergen und Hügeln hat erodierenden Charakter. Im Flußbett bleiben große Kiesel, die sich als „Hartbrettböden" nur für die Ansiedlung dazu speziell befähigter Organismen eignen. Die Lebensgemeinschaft von Oberläufen mit erodierendem Charakter besteht aus Käfern und Insektenlarven mit starken Klammerorganen oder Saugnäpfen. Die Bildung von Moospolster erlaubt auch die Ansiedlung mikroskopischer Formen. Das Wasser selbst ist Lebensraum nur für einige wenige starke Schwimmer, zu denen die Forelle gehört.

Grundlage der Ernährung all dieser Organismen sind primär die im Quellwasser enthaltenen Nährsalze, die von Quellmoosen und Fadenalgen zu organischer Substanz umgeformt werden. Sie ist die Nahrung für die lokal damit verbundenen tierischen Bewohner dieses pflanzlichen Bewuchses.

Ein Teil des Bewuchses oder der damit verbundenen Fresser wird abgeschwemmt und dient, mit Insekten, die aus der Luft und den terrestrischen Lebensräumen kommen, den schwimmenden oder festsitzenden Räubern als Nahrung. Die Nahrungssuche dieser tierischen Formen kann aktiv sein (Forelle) oder passiv (Sieben des Wassers durch Köcherfliegenlarven). Diese Lebensgemeinschaft kann auch in oberen sedimentierenden Teilabschnitten eines Flusses noch vorhanden sein, wenn das Sediment aus Kies mit geringerem Korndurchmesser stammt.

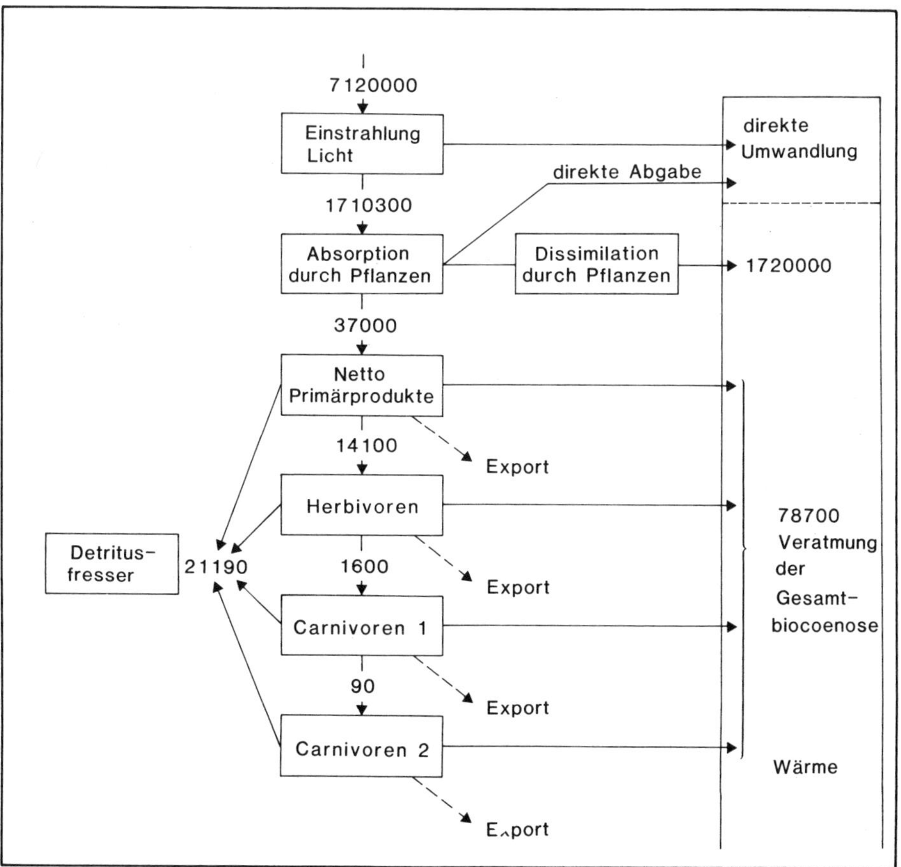

Abb. 117. Energieübertragung in einer Lebensgemeinschaft am Beispiel Silver Springs nach Daten von Odum (Dimension kJ/m^2, Jahr)

In den Unterläufen jedoch kommt es durch Sedimentation der feinsten Partikel, darunter auch von Schlammpartikeln, zur Bildung von Weichbettböden, die besiedelt werden von schlammbewohnenden Würmern (der Schlammröhrenwurm „Tubifex"), Muscheln, Köcherfliegenlarven und anderen Insekten.

Über solchen Weichbettböden ist dann auch das Wasser mit einem speziellen Flußplankton besiedelt, in dem, ähnlich wie im See, eine Produktion von Biomasse stattfindet.

Der Sauerstoffgehalt wird in natürlichen Flüssen vornehmlich bedingt durch die Strömung. Frisches Quellwasser muß von der Atmosphäre her mit Sauerstoff angereichert werden. Die Geschwindigkeit dieses Sauerstoffeintrages hängt von der Strömungsgeschwindigkeit ab.

Sauerstoffverbrauch entsteht durch Abbaureaktionen. Die Auffüllung des Fehlbetrages geschieht im Oberlauf wieder durch Turbulenz, im Unterlauf auch teilweise durch das pflanzliche Plankton.

Für Fließgewässer, denen Abwasser zugeführt wird, ist die Erfassung der Sauerstoffkonzentration über den Fließweg (Sauerstoffganglinie) heute das maßgebliche Kriterium für die Beurteilung der Wasserqualität.

Die Temperatur zeigt mit zunehmender Entfernung von der Quelle starke jahreszeitliche Schwankungen. Während an der Quelle die Temperatur des Grundwassers vorliegt, bewirken Gasaustausch und Kontakt mit der Atmosphäre mit zunehmender Entfernung von der Quelle eine mit Verzögerung stattfindende Angleichung der Wassertemperaturen an die Lufttemperatur.

Die Produktivität von Fließgewässern ist prinzipiell eine Funktion des Nährstoffimports von benachbarten terrestrischen Lebensräumen. Das beginnt bereits beim Grundwasser, das in seinem Chemismus in etwa eine Kopie der chemischen Zusammensetzung des Bodens ist, aus dem es stammt. Auch in seinem weiteren Verlauf erhält der Fluß immer wieder seine Nährstoffe durch Import von außen. Dies geschieht vor allem bei der Zufuhr von Abwasser. Der Gehalt an Biomasse und das vorhandene Produktionspotential steigt mit der Länge des zurückgelegten Weges an.

Die Verteilung der Produktion auf die verschiedenen biologischen Elemente einer Lebensgemeinschaft unterliegt den früher beschriebenen Gesetzmäßigkeiten über den Stofftransport innerhalb von biologischen Systemen. Odum hat ein derartiges System berechnet (Abb. 117). Es zeigt, daß der überwiegende Anteil in Pflanzenmasse fixiert ist und nur verschwindend geringe Anteile auf die Endglieder der Freßkette weitergetragen werden.

3.2 Fließgewässer und Abwasser

3.2.1 Grundsätzliches

Die Zufuhr von Abwasser, gereinigt oder ungereinigt, erhöht in allen Fällen den Nährstoffgehalt und damit das Produktionspotential. Eine Erhöhung desselben wirkt sich wieder auf die Sauerstoffkonzentration aus; da diese auf die Zusammensetzung der Lebensgemeinschaft wirkt, gelten Sauerstoffkonzentration und Sauerstoffganglinie als maßgebliches Kriterium für die Gesundheit bzw. die Selbstreinigungskraft bzw. auch für die Belastbarkeit eines Flusses mit Abwasser.

Eine Wirkung auf diesen Parameter hat auch die Temperatur. Die Temperaturerhöhung durch Einleitung von Kühlwässern erhöht die Reaktionsgeschwindigkeit der Mikroorganismen, reduziert aber gleichzeitig auch den Sauerstoffsättigungswert, also die Menge des verfügbaren Sauerstoffs.

Neben den Faktoren Nährstoff und Temperatur gibt es auch noch andere Faktoren von Bedeutung: das sind vornehmlich nichtabbaubare oder schwerabbaubare organische Stoffe sowie toxisch wirkende Substanzen.

Zu diesen toxischen Stoffen zählen Schwermetalle, die sich in den Sedimenten anreichern, aber auch Pesticide, die mit dem Wasser abfließen.

Die Betrachtung des Flusses als ideale Selbstreinigungsstrecke, wie sie Pettenkofer vor mehr als hundert Jahren sah, hat also eine Reihe von neuen Facetten erhalten, die den Fluß als Reinigungselement stark in Frage stellen.

3.2.2 Die Sauerstoffganglinie

Die Sauerstoffganglinie ist der direkte Ausdruck der Gesamtheit physikalischer, chemischer und biologischer Reaktionen, die wir als Selbstreinigung zusammenfassen.

Abbildung 118 zeigt die Zusammenhänge: In einem ungestörten System liegt der Sauerstoffgehalt beim Sättigungswert. Die Zufuhr von organischer Substanz führt zu notwendigen Abbaureaktionen mit einem Sauerstoffverbrauch, der weit über dem physikalischen Sauerstoffeintrag liegen kann. Nach dem Ende der Primärreaktion folgen die Sekundärreaktionen (Elimination der Bakterien, Nitrifikation), die ebenfalls den Sauerstoffgehalt noch so beanspruchen, daß der physikalische Eintrag nicht ausreicht, um das Defizit abzudecken. Mit dem Auslaufen der Nitrifikation beginnt dann die Bildung neuer organischer Substanz durch pflanzliche Mikroorganismen, die zu einer Übersättigung des Wassers mit Sauerstoff führen kann.

Wird anstelle organischer Verschmutzung gereinigtes Abwasser zugegeben, entfällt der erste Abschnitt und beginnt die Veränderung der Sauerstoffganglinie, je nach örtlichen Verhältnissen und dem Grad der Reinigung innerhalb der Kläranlage, mit einem Impuls auf den pflanzlichen Teil der Lebensgemeinschaft.

In einem Gewässer sind die Ganglinien natürlich nicht so ideal, weil die Einstellungsstellen in unterschiedlichen Abständen liegen, die Verschmutzung des Abwassers unterschiedlich ist und sich die Abschnitte überlappen und zu neuen Systemen integrieren.

Die mathematische Beschreibung solcher Sauerstoffganglinien und, wenn möglich, ihre Vorausberechnung haben deshalb bei Ingenieuren seit langer Zeit großes Interesse gefunden. Vorausberechnungen sind vor allem dann von Bedeutung, wenn an einem mit Abwasser belasteten Fluß größere wasserbauliche Maßnahmen erfolgen sollen (wie z. B. die Anlage eines Stauwehrs, eine Flußbegradigung, die Einleitung von Kühlwässern oder gar die

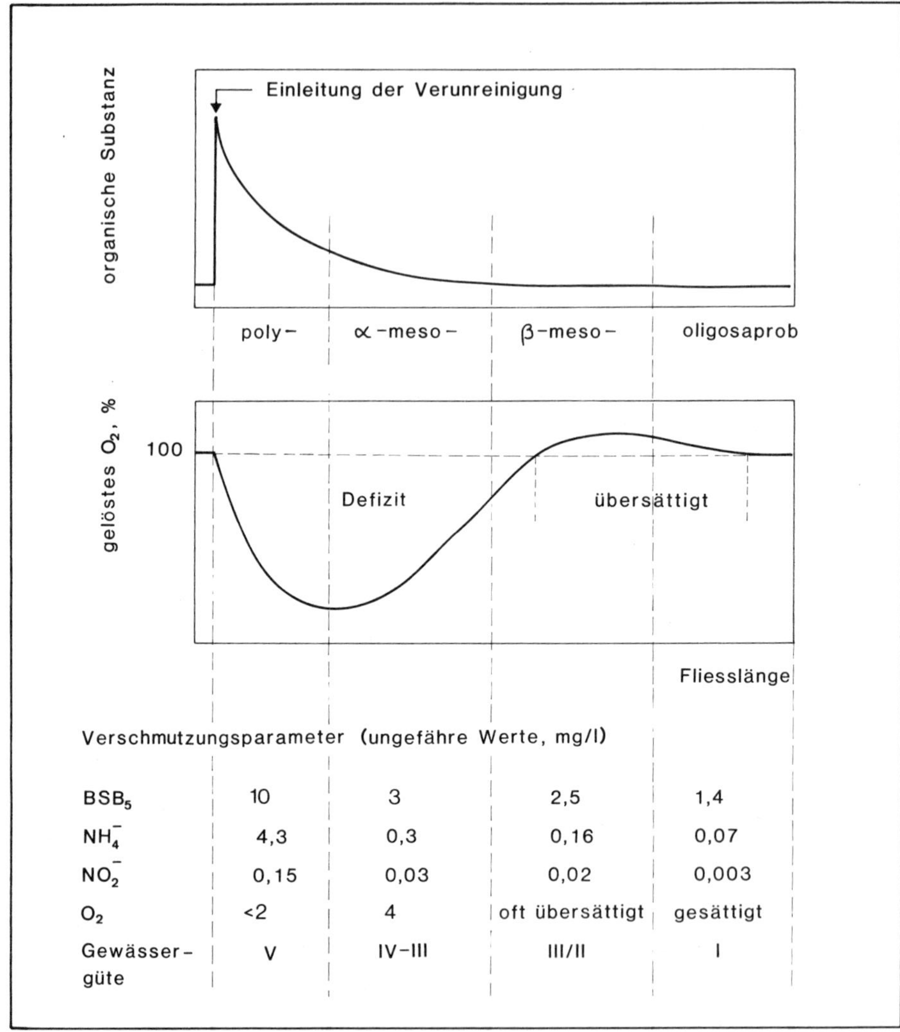

Abb. 118. Sauerstoffganglinie und Selbstreinigung in einem Fließgewässer

Anlage eines Stausees), um die möglichen Folgen auf die Selbstreinigung und damit auf die Wasserqualität vorher abschätzen zu können. Je nach Ergebnis kann dann die für den Fluß beste Lösung technisch realisiert werden.

Für die Berechnung der Selbstreinigungsvorgänge gibt es zwei grundsätzlich unterschiedliche Ansätze und eine Reihe von Möglichkeiten, die dazwischen liegen (Abb. 119).

Die Black-box-Methode geht im einfachen Fall von Erfahrungswerten aus, in denen die Abbaureaktion (O_2-Verbrauch) mit Hilfe einer Reaktion

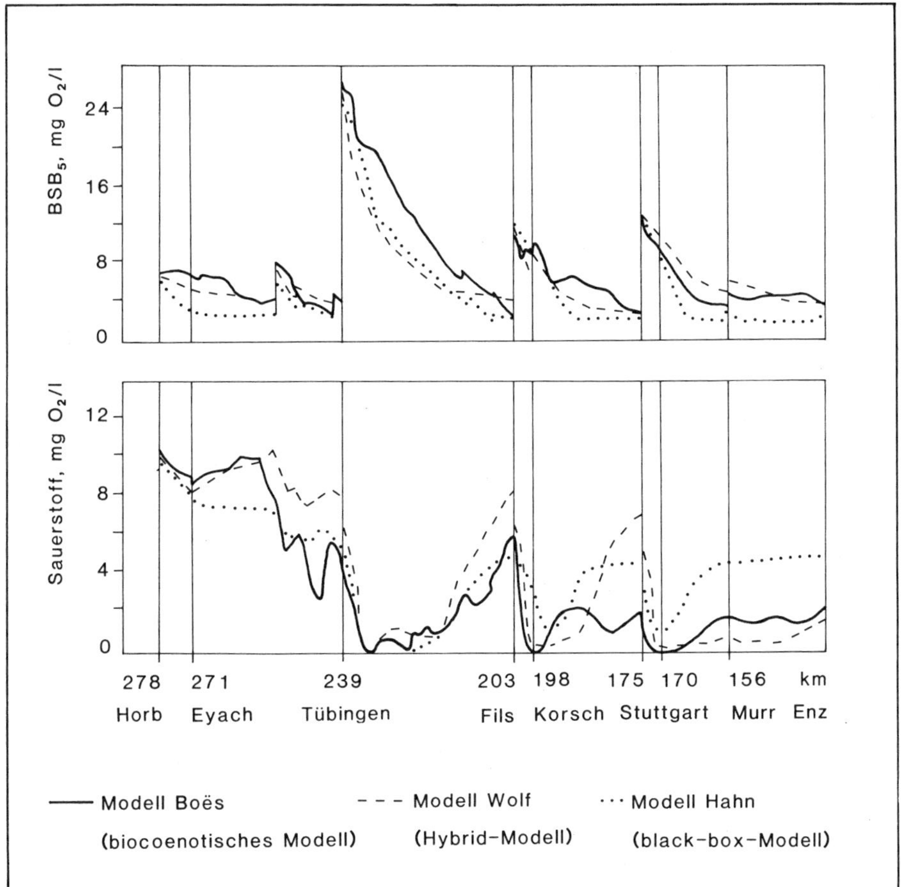

Abb. 119. Sauerstoffganglinien im Neckar; berechnet mit unterschiedlichen Modellen

erster Ordnung beschrieben wird, wobei die Reaktionskonstanten in Abhängigkeit von Temperatur und örtlicher Situation gewählt werden. Dieser Abbaureaktion wird ein physikalischer Sauerstoffeintrag, ebenfalls unter Verwendung einer Reaktion erster Ordnung, aufgelagert. Ein Flußabschnitt wird so über seinen Längsverlauf beschrieben.

Die biologisch begründeten Methoden gehen von den kinetischen Ansätzen nach Michaelis/Menten und Monod aus und verbinden die verschiedenen Elemente der Biocoenosen über den Stoff- und Energietransport zu Systemen. In diese biologischen Systeme werden auch physikalische Austauschreaktionen (Stoffaustausch zwischen Wasser und Atmosphäre bzw. zwischen Wasser und Sediment) mit eingebaut.

Die Gesamtheit eines solchen biologischen Systems läßt sich natürlich nicht in voller Differenziertheit mathematisch darstellen. Es müssen immer Organismen bzw. Faktoren zu Gruppen zusammengefaßt werden.

Zwischen diesen Methoden liegen solche, in denen das Verfahren nach dem Black box-Prinzip durch die Einführung eigener Termini für separate biologische oder physikalische Faktoren (wie z. B. die Nitrifikation oder die pflanzliche Bioproduktion) mit Hilfe empirischer Gleichungen erweitert wird.

XIII Anaerobe technische Verfahren

1 Einführung

Anaerobe Verfahren zur Behandlung von Abfallstoffen gehören mit zu den ältesten Verfahren überhaupt. In der Technologie der Abwasserbehandlung beschränkte sich ihre Anwendung für fast einhundert Jahre jedoch nur auf die Behandlung der im Vorklärbecken anfallenden Schlämme, später auch der biologischen Schlämme aus Belebtschlammanlagen oder Tropfkörpern, wobei die Ziele darin bestanden, Methan zu erzeugen, die Entwässerbarkeit zu verbessern und damit das Volumen zu vermindern und als erstes wesentliches Ziel, pathogene Bakterien und die Dauerstadien von Eingeweidewürmern abzutöten.

Nachdem in den letzten Jahren auch wesentliche Erkenntnisse zur Biochemie der Vorgänge und deren technologischer Verwendung gewonnen wurden, hat sich das Aufgabenfeld wesentlich erweitert. Nach wie vor ist zwar die

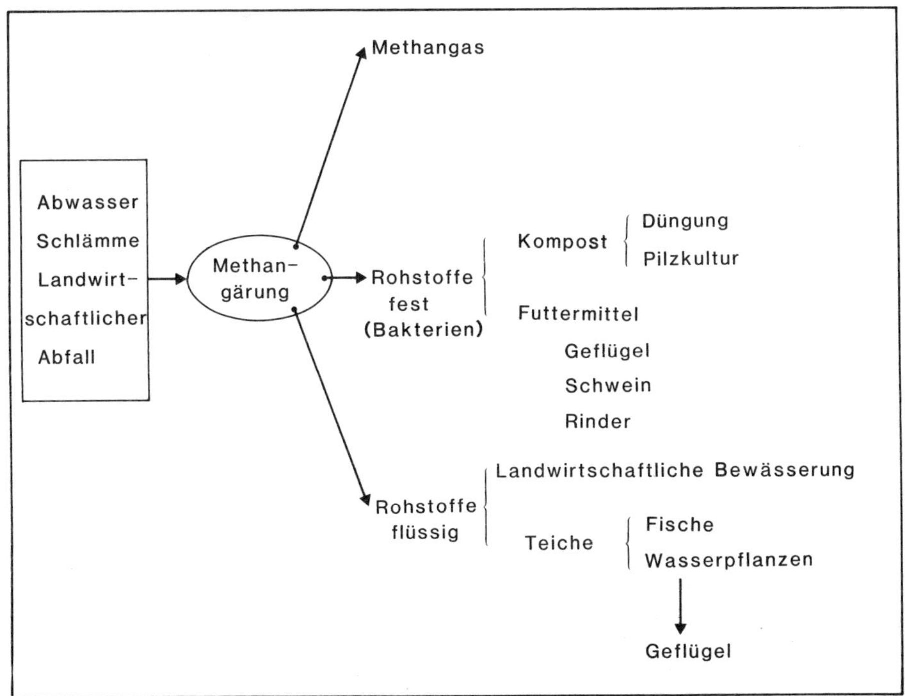

Abb. 120. Ökologisch-ökonomische Integration von Verfahren der Methangärung

Methangärung die hauptsächliche Technologie, die Anwendung beschränkt sich aber nicht mehr allein auf Abwasserschlämme, sondern hat sich ausgedehnt auf Abwässer mit hoher Schmutzstoffkonzentration. Es werden außerdem landwirtschaftliche Abfälle wie Stroh oder solche aus der landwirtschaftlichen Industrie durch Methangärung behandelt. Neben dem Gas sind auch die nicht abgebauten Reststoffe wertvolle Produkte. Sie finden

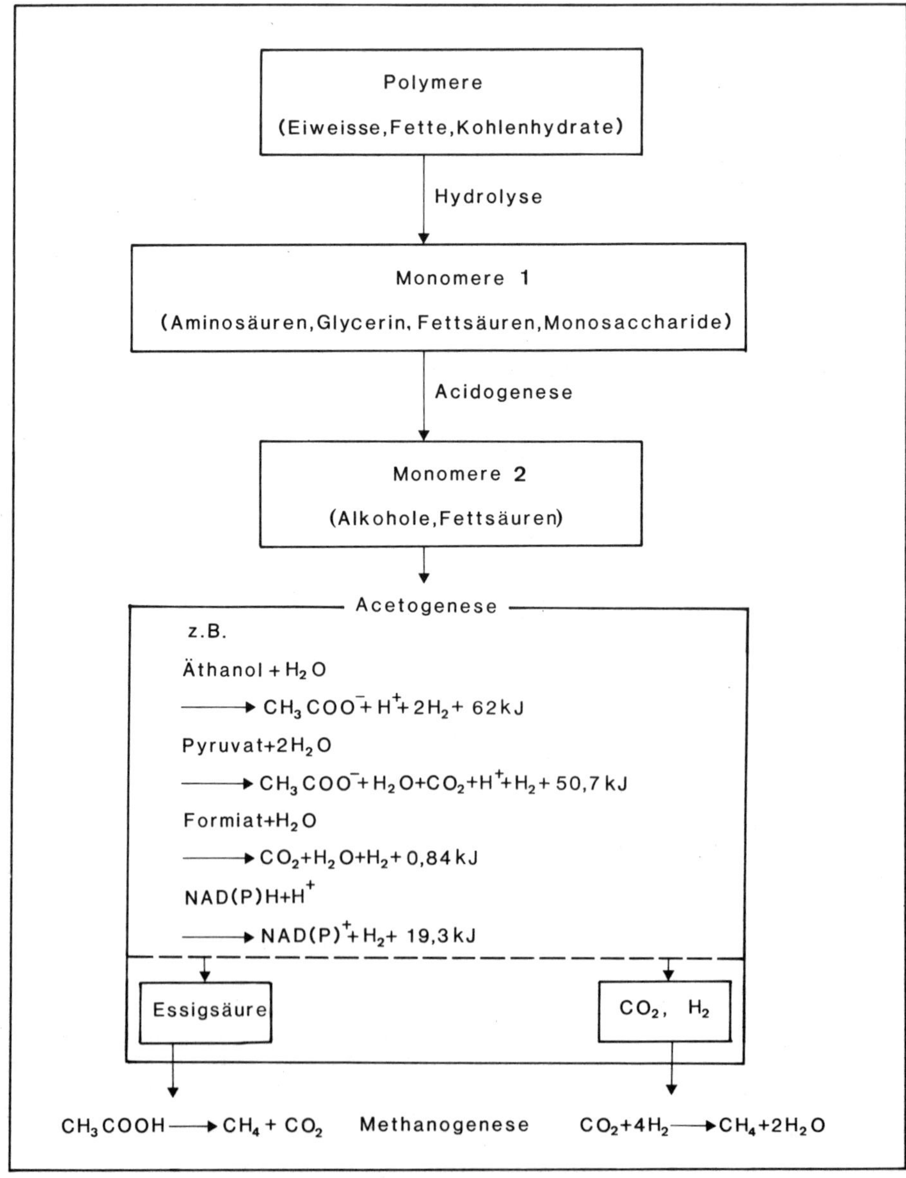

Abb. 121. Methanbildung aus unterschiedlichen Ausgangsstoffen (versch. Quellen)

Verwendung als Viehfutter oder als Substrat für die Erzeugung von Speisepilzen (Abb. 120).

2 Mikrobiologie und Biochemie der Methangärung

Der Gesamtablauf der Methangärung setzt sich aus mehreren Teilreaktionen zusammen, an denen unterschiedliche Bakterien beteiligt sind (Abb. 121).

Zunächst werden von meist fakultativen Anaerobiern die polymeren Substanzen, Eiweiße, Fette und Kohlenhydrate, hydrolysiert und in ihre

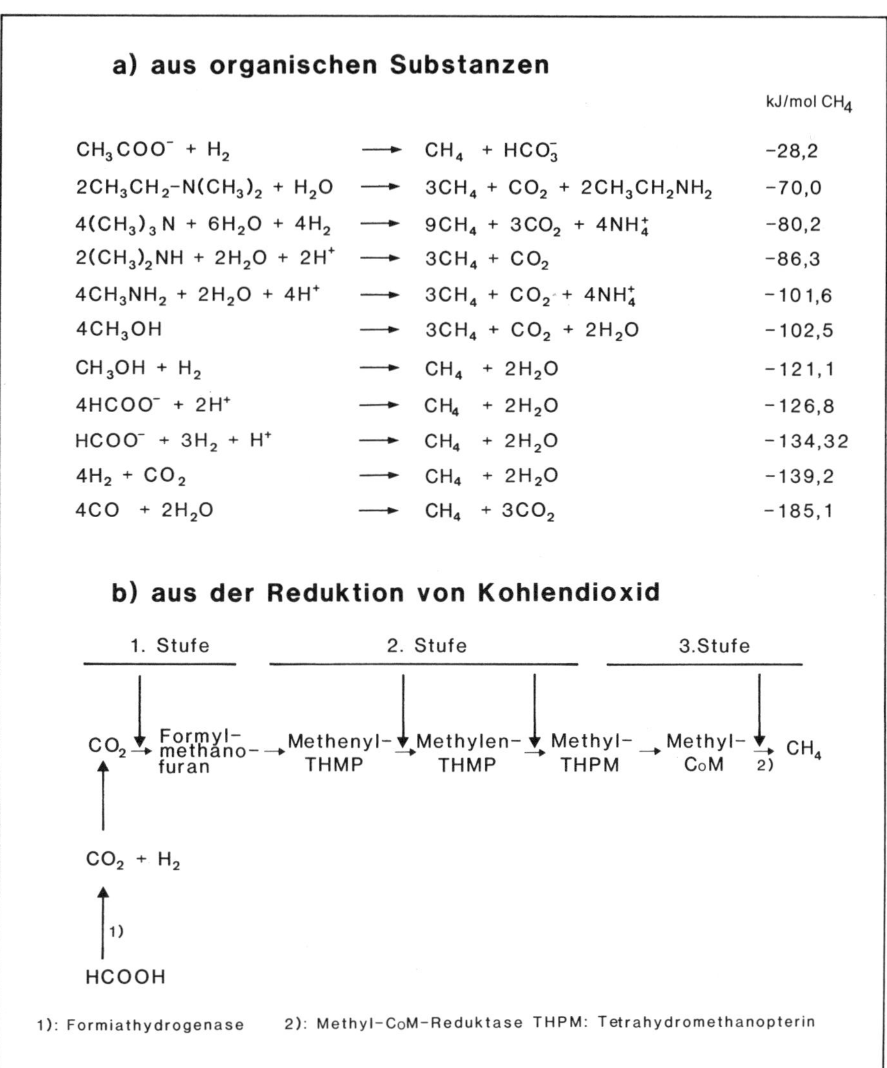

Abb. 122. Energetik der Methanbildung aus Säuren und durch Reduktion des Kohlendioxids

monomeren Bausteine (Aminosäuren, Glyzerin, Fettsäuren und Monosaccharide) zerlegt (Acidogenese). Im weiteren Geschehen werden diese Monomeren zu Essigsäure metabolisiert (Acetogenese). Dabei entstehen als Nebenprodukte auch Kohlendioxid und elementarer Wasserstoff.

Im dritten Abschnitt wird nun die Essigsäure durch entsprechende Spezialisten zu Methan fermentiert und auf dem anderen Weg, ebenfalls durch Spezialisten, das Kohlendioxid zu Methan reduziert.

Eine Massenbilanz zeigt, daß ungefähr 72% des Methans über die Essigsäure produziert werden; 28% entstehen auf dem Weg der Reduktion von Kohlendioxid.

Die Reaktionsgleichungen sowie die Energiebilanz aus der jeweiligen Reaktion sind in Abb. 122 dargestellt.

Die Umsetzung der Gärungsprodukte aus den ersten Teilreaktionen zu Essigsäure (Acetogenese) ist eine endergonische Reaktion, d. h. sie verläuft nur unter Energiezufuhr, wie hier für die Propionsäure und die Buttersäure gezeigt wird:

$$CH_3\,CH_2\,COOH + 2\,H_2O \rightarrow CH_3\,COOH + CO_2 + 3\,H_2 \qquad \Delta G = +76{,}5\ \text{KJ/Mol}$$

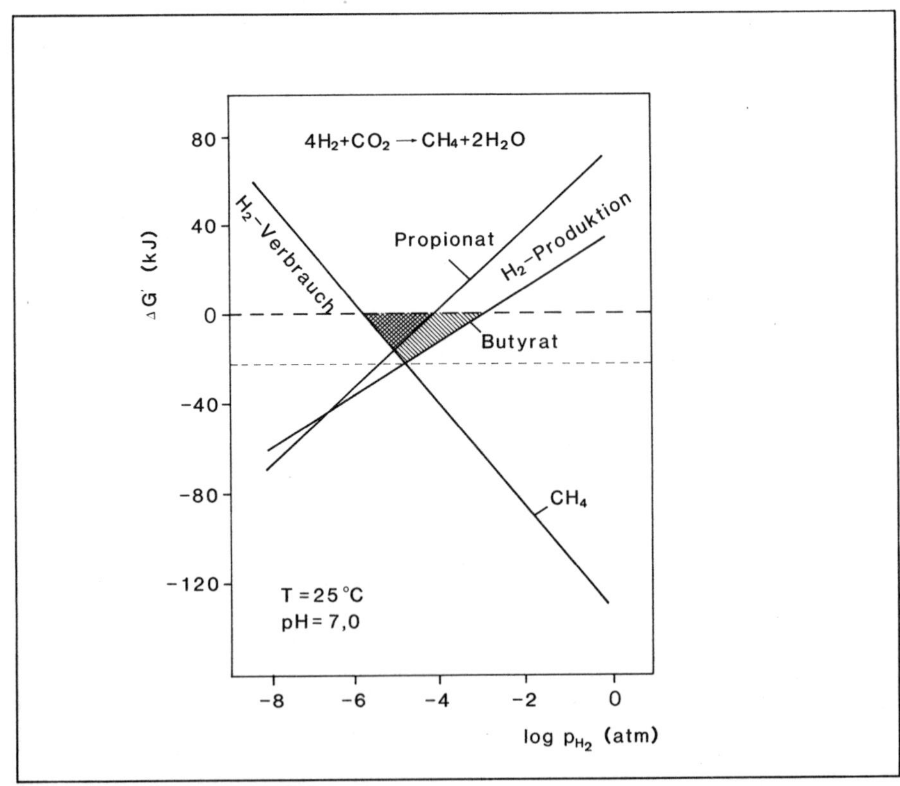

Abb. 123. „Thermodynamisches Fenster" nach McInerney

Tabelle 20. Methanbildner und ihre ökologischen Ansprüche

Genus	Species	Substrat	Temperatur °C	pH
Methanobacterium	M. Formicium	H_2, HCOOH	37—45	6,6—7,8
	M. Bryantii	H_2	37—39	6,9—7,2
	M. Thermoautotr.	H_2	65—70	7,2—7,6
Methanobrevibacter	M. Ruminantium	H_2, HCOOH	37—39	6,3—6,8
	M. Arboriphilus	H_2	37—39	7,5—8,0
	M. Smithii	H_2, HCOOH	37—39	6,9—7,4
Methanococcus	M. Vannielii	H_2, HCOOH	36—40	6,7—7,4
	M. Voltae	H_2, HCOOH	36—40	6,7—7,4
Methanomicrobium	M. Mobile	H_2, HCOOH	40	6,1—6,9
Methanogenium	M. Cariaci	H_2, HCOOH	20—25	6,8—7,3
	M. Marisnigri	H_2, HCOOH	20—25	6,2—6,6
Methanospirillum	M. Hungarei	H_2, HCOOH	20—40	6,8—7,5
Methanosarcina	M. Barkeri	H_2, CO CH_3OH, CH_3COOH CH_3NH_2, $(CH_3)_2NH$ $(CH_3)_3N$	35—40	6,7—7,2
Methanothrix	M. Soehngenii	CH_3COOH		

bzw.

$$CH_3(CH_2)_2\,COOH + 2\,H_2O \rightarrow 2\,CH_3\,COOH + 2\,H_2 \qquad \Delta G = +48{,}1\ \text{KJ/Mol.}$$

Diese Reaktionen können nur dann frei ablaufen, d. h. exergonisch werden, wenn der entstehende Wasserstoff laufend aus der Reaktion entfernt wird, d. h. sein Partialdruck im Milieu entsprechend niedrig gehalten wird (ca. 10^{-5} atm = 10^{-5} bar), und dies erfolgt durch die Reduktion von Kohlendioxid zu Methan (Abb. 123). Um diese Reaktion aber ungehindert ablaufen zu lassen, ist ein enger räumlicher Kontakt zwischen den beteiligten Bakterienarten nötig. Wird dieser Verbund z. B. durch starke Turbulenz aufgebrochen, kommt es zur Anreicherung von Fettsäuren, und die Methanbildung bricht zusammen.

Methanbildner gehören zu den ältesten Bakterienformen überhaupt. Sie werden in acht Gattungen eingereiht. Die von ihnen jeweils verwertbaren Substrate und ihre ökologischen Ansprüche an Temperatur und pH-Wert sind in Tab. 20 zusammengefaßt.

3 Kinetik

Für anaerobe bakterielle Lebensgemeinschaften gelten die gleichen Gesetzmäßigkeiten wie aerobe. Die Verwertung der Nährstoffe erfolgt über eine vielgliedrige Reaktionskette physikalischer und biochemischer Reaktionseinheiten. Für gelöste Stoffe unterliegt die Kinetik ebenfalls den Gesetzmäßigkeiten der Enzymchemie und kann für definierbare Systeme mit Hilfe der Michaelis/Menten-Kinetik beschrieben werden. Die Wachstumskinetik

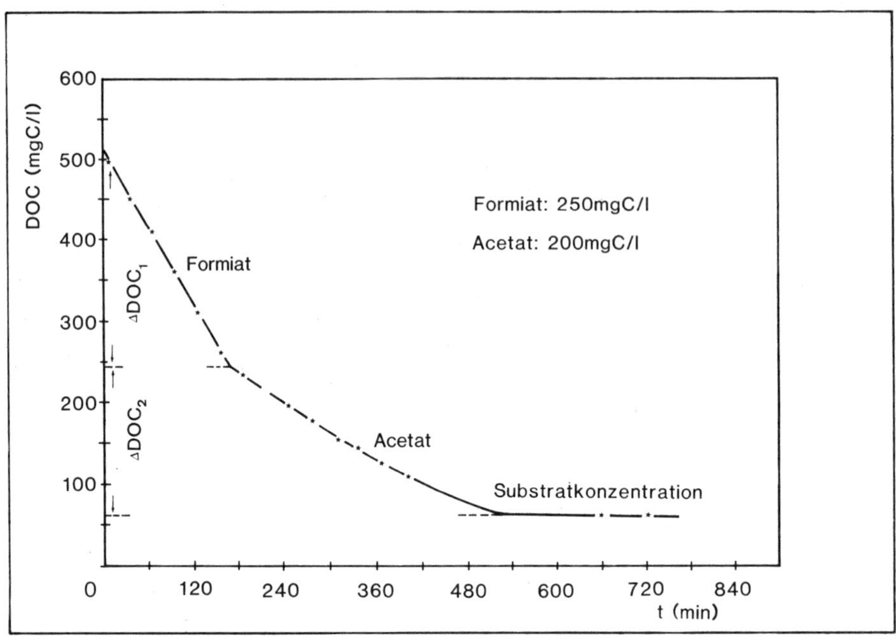

Abb. 124. Sequentieller Abbau von Formiat und Acetat (Hubert)

unterliegt ebenfalls diesen Gesetzmäßigkeiten und könnte für ideale Systeme mit Hilfe der Monod-Kinetik erfaßt werden.

Die Praxis kennt jedoch keine idealen Verhältnisse. Und trotzdem sind die kinetischen Hintergründe zu erfassen. Abbildung 124 zeigt deutlich, daß bei gleichzeitiger Vorgabe eines einfachen Substratgemisches aus Acetat und Formiat der Abbau beider Substanzen mit unterschiedlicher Geschwindigkeit verläuft und einer Entmischung (die in diesem Fall sogar einer Diauxie ähnelt) gleicht.

Auch für kompliziertere Substratgemische sind die linearen Teilstücke der Gesamtreaktion und die Übergangsstellen deutlich zu erkennen (Abb. 125). Dies gilt nicht nur für die DOC-Abnahme, sondern auch für die Kurve der gebildeten Gasmenge.

Für solche Fälle lassen sich die für die einzelnen Teilstücke gültigen Reaktionskonstanten noch bestimmen. Schwieriger ist die Bestimmung der Monod-Konstanten, undzwar aus den gleichen Gründen wie für die aeroben Systeme dargestellt. Wenn in der Literatur trotzdem solche Werte erscheinen, sind sie kritisch zu werten. Beispiele sind in Tab. 21 und Abb. 126 enthalten. Die Werte für die maximale Wachstumsrate können zwar noch angenähert richtig sein. Die K_S-Werte sind jedoch eindeutig zu hoch für Reaktionen, die der Enzymchemie unterliegen. Sie kommen in dieser Höhe deswegen zustande, weil sie auf der Basis der Gesamtkurven ermittelt wurden und nicht für die einzelnen Teilstücke und weil die Ermittlung der Nährstoffkonzentrationen über den Summenparameter CSB erfolgte.

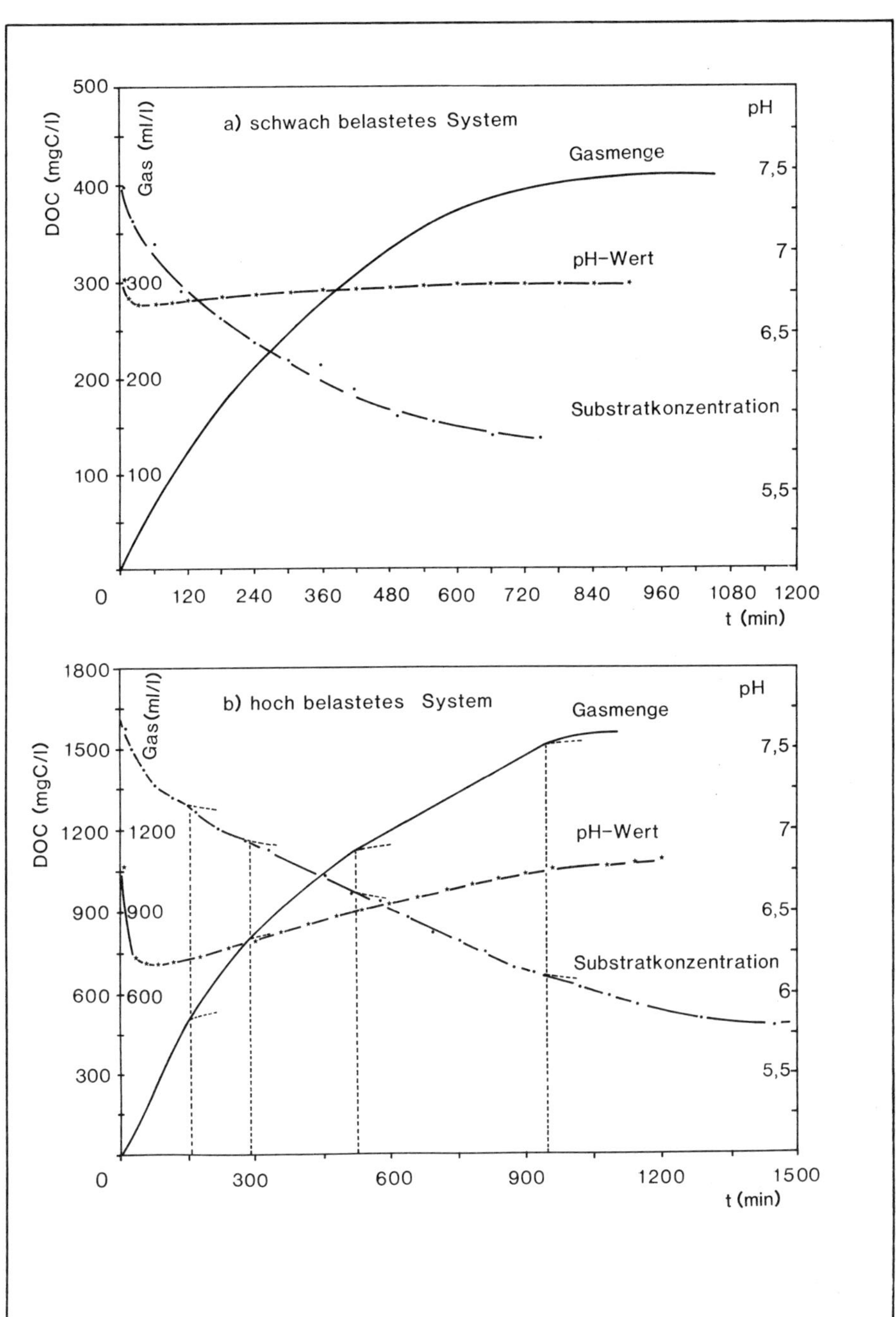

Abb. 125. Sequentieller Abbau des Stoffgemisches Melasse

Tabelle 21. Wachstumsparameter für Methanothrix und Methanosarcina

Organismus	Temperatur (°C)	μ_{max} (1/d)	K_S (mg CSB/l)	Quelle
Methanothrix soehngenii	37	0,08—0,13	30	Huser, 1981
Methanosarcina barkeri	35		320	Huser, 1981
	35	0,414	166	Lin, 1986
	35		395	Noike, 1985
Stamm 227	35	0,44	250	Smith, 1980
Stamm 227	35	0,504		Yang, 1987
Stamm S6	35	0,528		Yang, 1987
Stamm MS	35	0,456		Yang, 1987

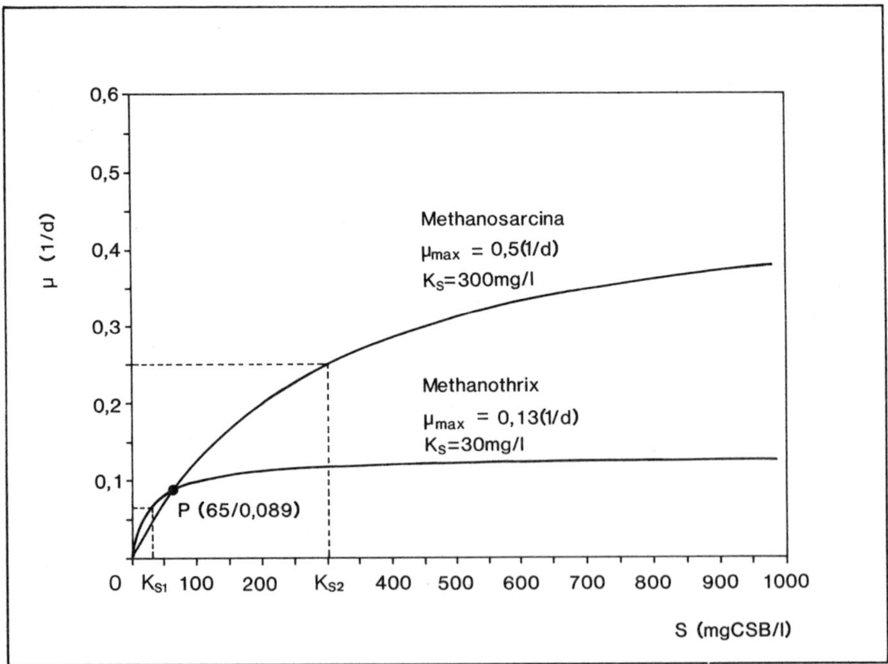

Abb. 126. Wachstumsparameter von Methanosarcina und Methanothrix (Quelle siehe Tab. 21)

4 Produktmengen der Methangärung

Schon sehr frühzeitig war man an der Berechnung der möglichen Methanproduktion interessiert. Das Problem wurde sowohl von der theoretischen Seite her wie auch durch praktische Beobachtungen bearbeitet. Tabellen 22 und 23 enthalten sehr frühe Angaben, die sowohl den theoretischen Ansatz wie auch Betriebsergebnisse aus praktischen Anlagen zeigen.

Tabelle 22. Kenndaten für die Methanbildung

a) Reinsubstanzen

	Produkte (mol)			
Ausgangssubstanzen	CH_4	CO_2	H_2O	NH_3
Kohlendioxid + 4 H_2	1	1		
Essigsäure	1	1		
Ameisensäure	0,25	0,75	0,5	
Methanol	0,75	0,25	0,5	
Methylamin + 0,5 H_2O	0,75	0,25		1
Dimethylamin + H_2O	1,5	0,5		1
Trimethylamin + 1,5 H_2O	2,25	0,75		1

b) Summenformeln

Kohlenhydrate (allg. Form): $(C_6H_{10}O_5)_m + m\,H_2O \rightarrow 3\,m\,CH_4 + 3\,m\,CO_2$

Fettsäuren (Beispiel): $4\,C_{15}H_{26}O_6 + 22\,H_2O \rightarrow 37\,CH_4 + 23\,CO_2$

Eiweiß (Beispiel): $6\,CH_3\,CHOH\,CHNH_2\,COOH + 6\,H_2O \rightarrow 12\,CH_4 + 12\,CO_2 + 6\,NH_3$

c) Zusammensetzung von Faulgas und spezifische Gasmenge

Kohlenhydrate: 50% CH_4; 50% CO_2; 790 ml/g

Fette: 68% CH_4; 32% CO_2; 1250 ml/g

Eiweiße: 71% CH_4; 29% CO_2; 704 ml/g

Tabelle 23. Gasausbeute und Zusammensetzung in kommunalen Kläranlagen

	Org. Subst. zugeführt ml Gas/g	Org. Subst. abgebaut ml Gas/g	CH_4 %	CO_2 %
Baden-Baden	483	631	61,8	38,2
Essen-Frohnhausen	442	650	69,4	30,6
Berlin	383	1250	73,7	26,3
München	410	800	77,8	22,2
Karlsruhe	—	960	70,0	30,0

Praxisnah ist auch die Berechnung der möglichen Gaserzeugung auf der Basis der Oxidierbarkeit je Mengeneinheit an Ausgangssubstanz (Abb. 127). Ameisensäure wird danach nur zu einem geringen Anteil zu Methan metabolisiert. Je höher jedoch der relative Sauerstoffbedarf ist, d. h. je reduzierter die organische Nährsubstanz ist, umso höher ist auch der Anteil an Kohlenstoff, der zum Schluß als Methan erscheint.

5 Temperatur und pH-Wert

Wie bei allen enzymatisch gesteuerten Prozessen spielen Temperatur und pH-Wert auch hier eine wichtige Rolle.

Es sind heute zwei Temperaturbereiche bekannt, unter denen die Methanbildung abläuft. Der eine hat sein Optimum bei 35 bis 37 °C (mesophiler Bereich).

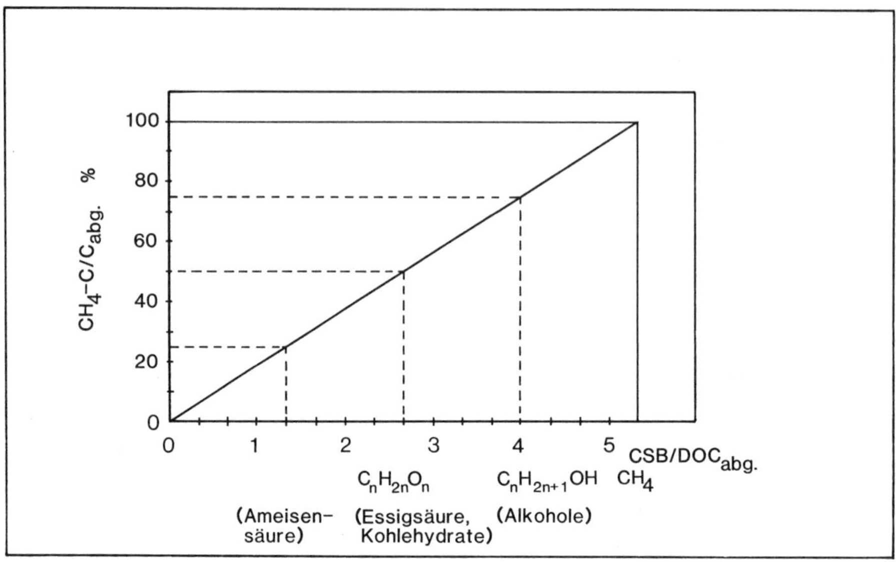

Abb. 127. Methanproduktion aus organischen Stoffen unterschiedlichen Oxidationsgrades (Hubert)

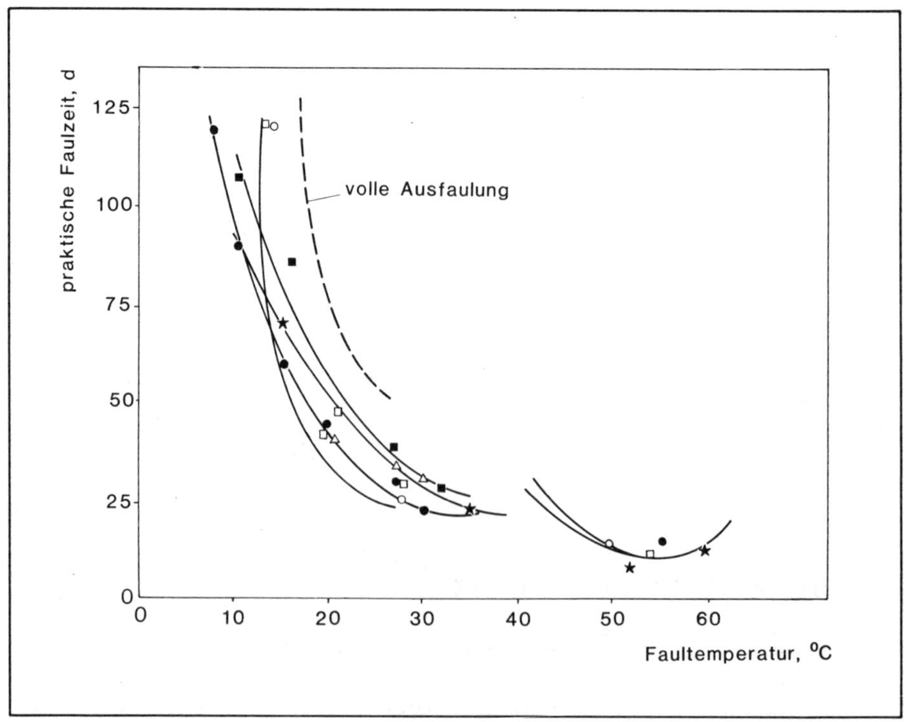

Abb. 128. Temperaturabhängigkeit der Schlammfaulung (nach Imhoff und anderen Quellen)

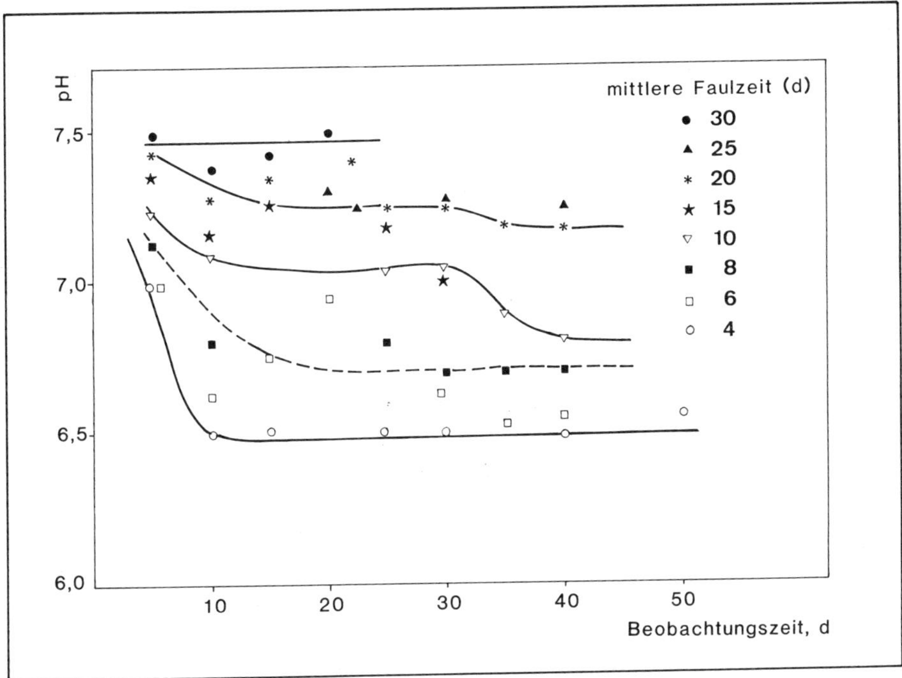

Abb. 129. Zusammenhang zwischen Belastung und pH-Wert

Der andere bei Temperaturen um 55 bis 60 °C (thermophiler Bereich). Nur über den ersten liegen genügend Informationen vor, um ihn technisch nutzen zu können (Abb. 128). Im allgemeinen werden als Betriebstemperatur 33 bis 35 °C bevorzugt, um auf der sicheren Seite zu liegen.

Als optimaler pH-Bereich gilt für die Methanisierung ein leicht alkalisches Milieu. Doch lassen sich stabile Betriebszustände auch im leicht sauren Bereich bis pH = 6,5 einstellen (Abb. 129).

6 Anaerobe alkalische Schlammfaulung

6.1 Schlammanfall und Ziele der Behandlung

Schlamm fällt in Kläranlagen in zwei Formen an, nämlich als Vorklärschlamm in den mechanischen Reinigungsstufen und als biologischer Schlamm aus den aeroben Behandlungselementen. Beide Schlämme sind wasserreich, reich an fäulnisfähigem organischen Material, und bei kommunalem Vorklärschlamm auch noch reich an Wurmeiern und pathogenen Bakterien. Der Feststoffgehalt des Schlamms je Einwohner und Tag liegt für Absetzanlagen (Vorklärschlamm) bei 54 g, für biologische Anlagen, je nach Mineralisierungsgrad, bei 10 bis 30 g. Die Wassergehalte schwanken zwischen 95 bis 98% bei Vorklärschlamm und 98 bis 99,5% bei biologischem Schlamm.

Ziele der Schlammbehandlung sind: Reduktion des Volumens durch Entwässerung, Verminderung der Fäulnisfähigkeit und Verbesserung der hygienischen Beschaffenheit. Dieses Ziel läßt sich durch eine anaerobe Behandlung erreichen, wobei die Gewinnung von Methan nicht der Sinn des Verfahrens, sondern nur ein vorteilhafter Nebeneffekt ist.

6.2 Technologie der Schlammbehandlung

Bevorzugter Reaktortyp ist ein semikontinuierlich beschickter Fermenter mit folgender Betriebsweise: Der Reaktorinhalt wird beständig oder in bestimmten Zeitintervallen umgewälzt, um die an den Feststoffen sitzenden Bakterien beständig mit den bei der Säurebildung entstehenden Produkten in Kontakt zu bringen. Täglich einmal, manchmal zweimal, wird die Durchmischung eingestellt, Feststoffe trennen sich von Schlammwasser durch Sedimentation, sedimentierter Schlamm bzw. Schlammwasser werden getrennt abgezogen und das dadurch freiwerdende Volumen mit Frischschlamm wieder aufgefüllt. Der abgezogene Schlamm geht zur weiteren Eindickung; das Schlammwasser muß wegen seines hohen Gehalts an gelösten organischen Stoffen in ein aerobes Verfahrenselement zurückgeführt werden.

Die Behandlungszeit richtet sich nach dem angestrebten Behandlungsziel: Kann die Hygienisierung auch auf anderem Weg erreicht werden und ist wesentliches Ziel der Behandlung lediglich die Verminderung der Fäulnisfähigkeit, sind Belastungen von mehreren Kilogramm organischer Substanz je Kubikmeter Reaktorvolumen und Tag möglich. Der organische Anteil des ausgefaulten Schlamms stellt sich auf etwa 45% ein.

Bei üblicher Zusammensetzung des Frischschlamms entspricht eine Belastung von 4 kg organischer Substanz je Kubikmeter Faulraum und Tag etwa einer mittleren Faulzeit von sechs Tagen. Innerhalb des technologisch üblichen Belastungsbereichs hat die Höhe der Belastung keinen Einfluß auf die Gaserzeugung und auf die Gaszusammensetzung: Je Gramm abgebauter organischer Substanz werden etwa 1 l Faulgas mit etwa 75% Methan gebildet (Abb. 130).

Der pH-Wert des ökologischen Systems zeigt eine deutliche Abhängigkeit (Abb. 129). Mit erhöhter Belastung bzw. Verkürzung der Aufenthaltszeit stellt sich ein auf einem niedrigerem pH-Wert fixiertes Gleichgewichtssystem zwischen Säure- und Methanbildnern ein, das zwar nicht den Faulprozeß stört, jedoch im praktischen Betrieb zu unangenehmen Begleiterscheinungen führt, weil im sauren Bereich der gebildete Schwefelwasserstoff als Gas verbleibt und nicht als Eisensulfid fixiert wird: Der Ablauf stinkt. Optisch ist diese Störung ebenfalls erkennbar: Der Schlamm hat nicht mehr die für alkalische Bedingungen typische tiefe, schwarze Farbe des Eisenoxids, sondern ist grau.

Eine wichtige Rolle für den Betrieb spielt die Temperatur: Will man eine Ausfaulung bis nahe zur technischen Faulgrenze in möglichst kurzer Zeit erzielen, sind die Reaktoren zu beheizen. In der Praxis werden heute Temperaturen um 33 bis 35 °C angewandt. Diese liegen kurz unterhalb des bio-

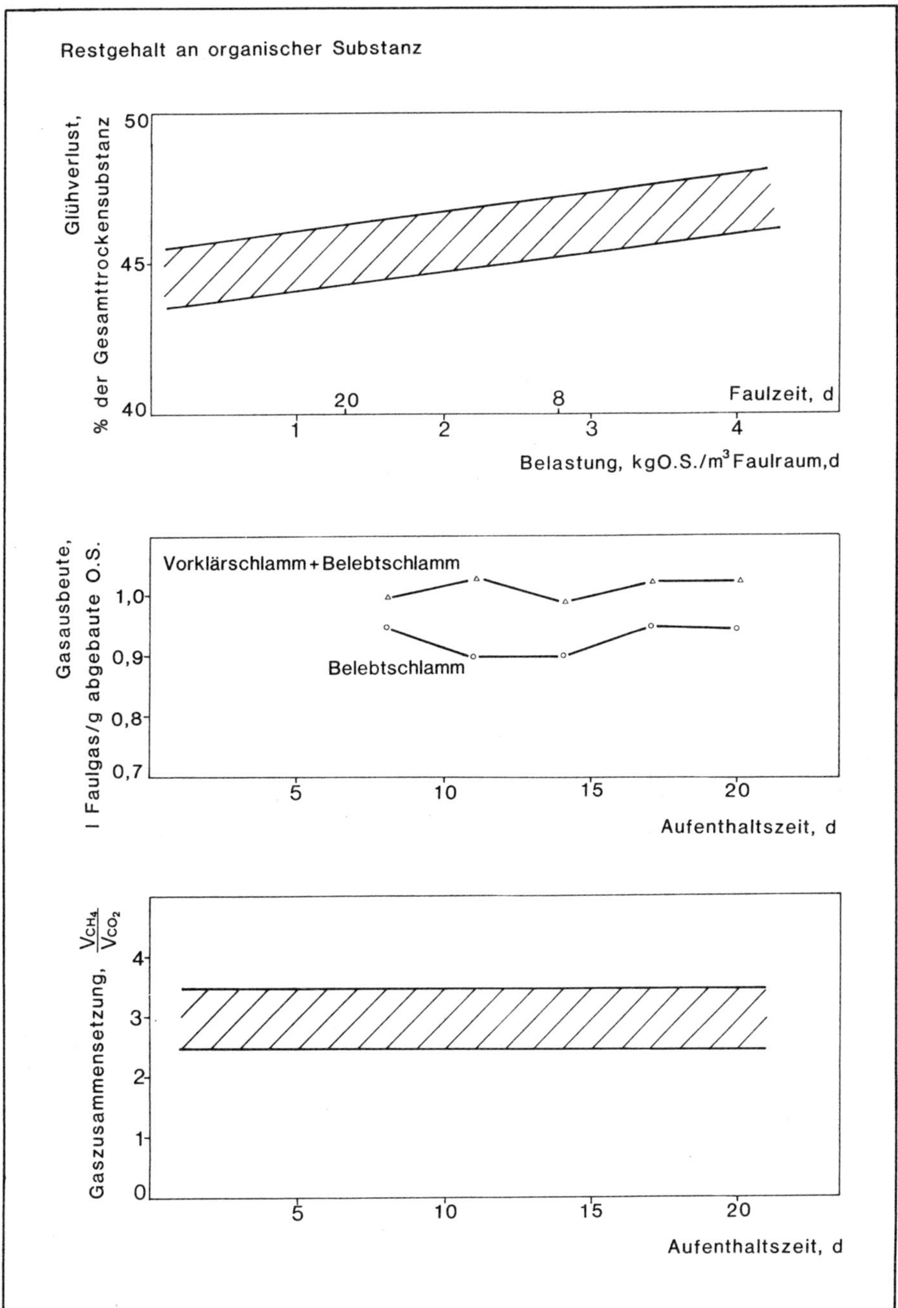

Abb. 130. Kenndaten zur Ausfaulung von Klärschlamm in Abhängigkeit von der Belastung

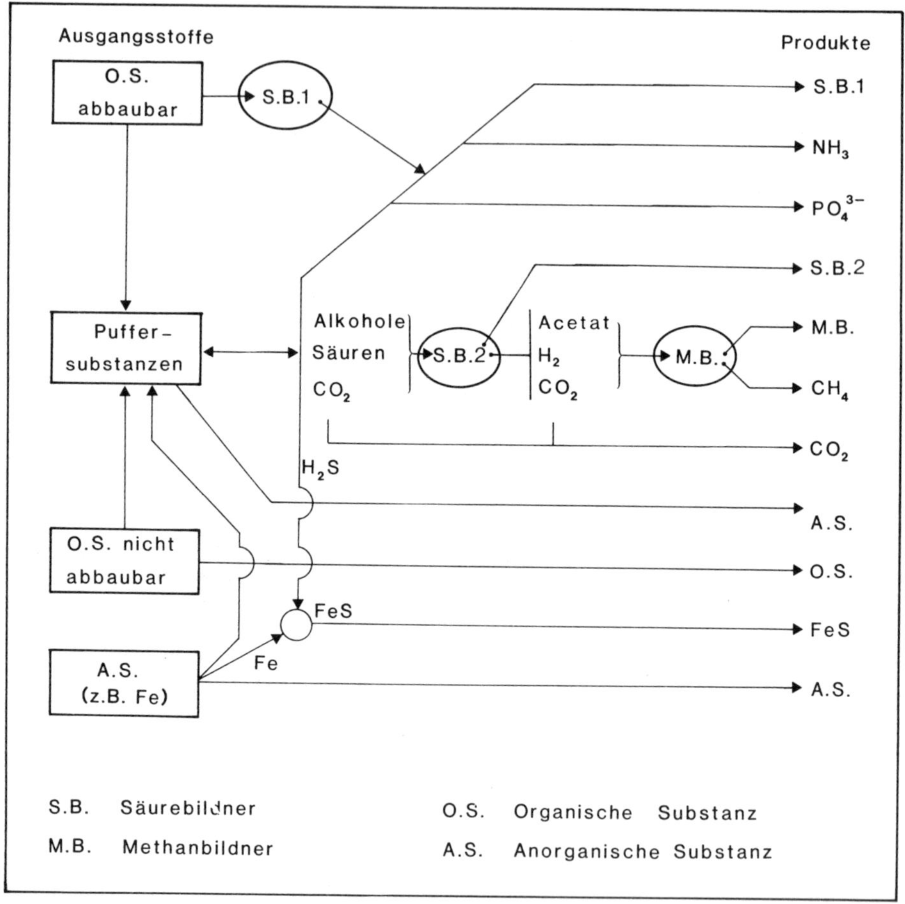

Abb. 131. Biologische und chemische Mechanismen bei der anaeroben alkalischen Faulung

logischen Optimums. Die in Abb. 128 angegebenen Erfahrungswerte werden heute unterschritten. Die meisten der Anlagen arbeiten bei 30 bis 35 °C mit Aufenthaltszeiten um 10 Tage.

Das ökologische Gesamtsystem der Schlammfaulung ist äußerst vielgestaltig und enthält neben den biologischen auch rein chemische Komponenten. Der Schlamm selbst, also sowohl die nicht abgebauten wie auch die nicht weiter abbaubaren Substanzen, dienen als pH-Puffer bei geringeren Störungen (Abb. 131). Eine ähnliche Wirkung üben auch anorganische Substanzen aus.

Schließlich ist festzuhalten, daß zu den Produkten des Gesamtvorgangs ja nicht nur die Gase gehören, sondern auch nicht abgebaute organische Substanzen, in Lösung gegangene Säuren, der ebenfalls in großer Menge in Lösung gegangene Ammoniak sowie die Phosphate.

Die Ausfaulung partikulärer Substanz führt also im Endeffekt auch zu einer Rücklösung von Substanzen und verlangt deshalb eine anschließende Weiterbehandlung der Produkte.

Störungen des Faulprozesses sind das Ergebnis eines Ungleichgewichts zwischen Säurebildnern und Methanbildnern. Sie äußern sich durch starkes Absinken des pH-Wertes, Geruchsbelästigungen sowie Anstieg des CO_2-Anteils und können verursacht sein durch Einbringen toxischer Substanzen oder Absinken der Temperatur. Gegenmaßnahmen sind Reduktion der Belastung (Verminderung des Nahrungsangebots für die Säurebildner) und Erhöhung bzw. Stabilisierung des pH-Wertes (Zugabe dosierter Mengen an Kalkmilch).

6.3 Behandlung der Produkte

Schlammwasser, reich an organischer Substanz, muß in ein aerobes Verfahren zurückgeführt werden. Die Entgiftung und Entfernung des Ammoniaks kann über Nitrifikation und anschließende Denitrifikation erfolgen. Phosphor kann nur durch Fällung oder biologische Fixierung durch autotrophe Organismen (Schönungsteiche, Fischteiche, landwirtschaftliche Nutzung) entfernt werden.

Für den abgezogenen Schlamm gibt es eine breite Palette von Behandlungsverfahren. Häufig wird eine chemische Konditionierung angewandt, auf die in der Regel eine mechanische Entwässerung folgt. Der Schlammkuchen sollte, wenn möglich, kompostiert und landwirtschaftlich genutzt werden. Wo dies nicht möglich ist, wird er verbrannt oder mit Hausmüll zusammen deponiert.

7 Anaerobe Behandlung konzentrierter Abwässer

Im Sinne einer wirtschaftlicheren und auch ökologisch sinnvolleren Denkweise geht man dazu über, hoch konzentrierte Abwässer nicht mehr aerob, sondern anaerob zu behandeln. Die Mindestkonzentration, bei der eine anaerobe Behandlung ökonomischer ist als die aerobe, liegt bei etwa 1000 bis 1500 mg/l BSB_5.

Vor allem eigenen sich dazu Abwässer der lebensmittelverarbeitenden Industrie wie solche aus Zuckerfabriken, Molkereien, Konservenfabriken und dgl.

7.1 Reaktorsysteme

Prinzipiell lassen sich dieselben Reaktortypen verwenden wie sie auch für aerobe Verfahren gelten. Die Entwicklung scheint auch hier noch nicht abgeschlossen. In der Praxis, noch mehr im Labor, werden folgende Technologien untersucht (Abb. 132).

Anaerobes Belebtschlammverfahren. Es handelt sich beim anaeroben Verfahren wie beim aeroben um einen Rührkesselreaktor mit kontinuierlicher Abwasserzugabe, einem Nachklärbecken und einer Schlammrückführung zur Beimpfung des zufließenden Abwassers. Der Verfahrenweise entspre-

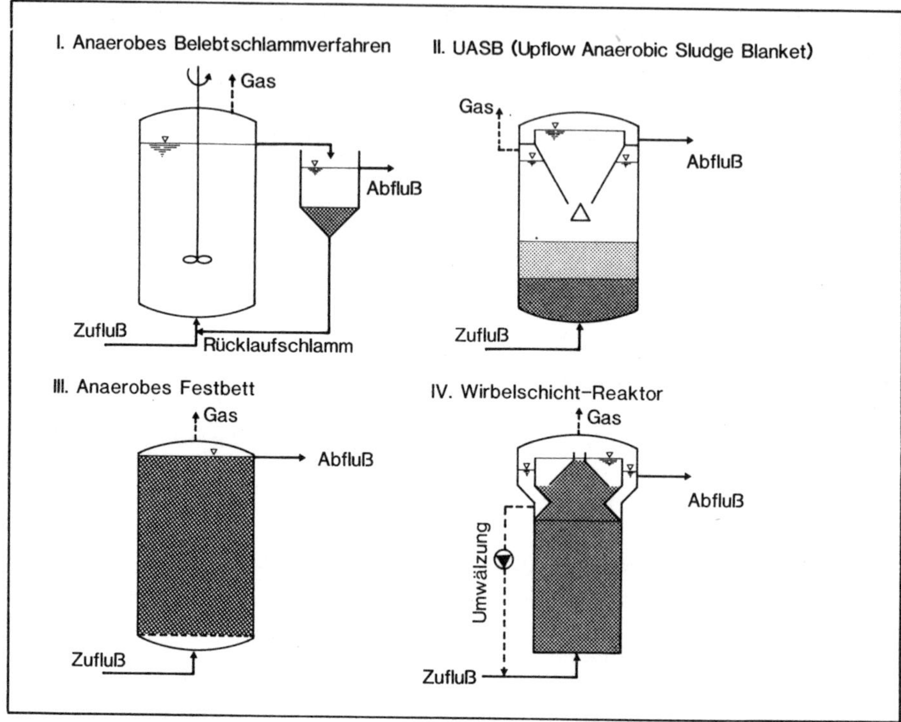

Abb. 132. Fermentertypen zur Methangärung

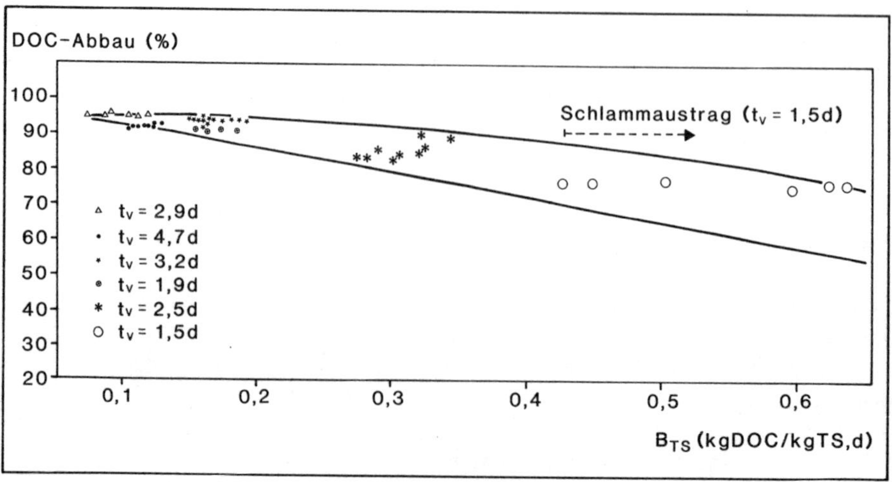

Abb. 133. Schlammbelastung und DOC-Elimination (Zellstoffabwasser)

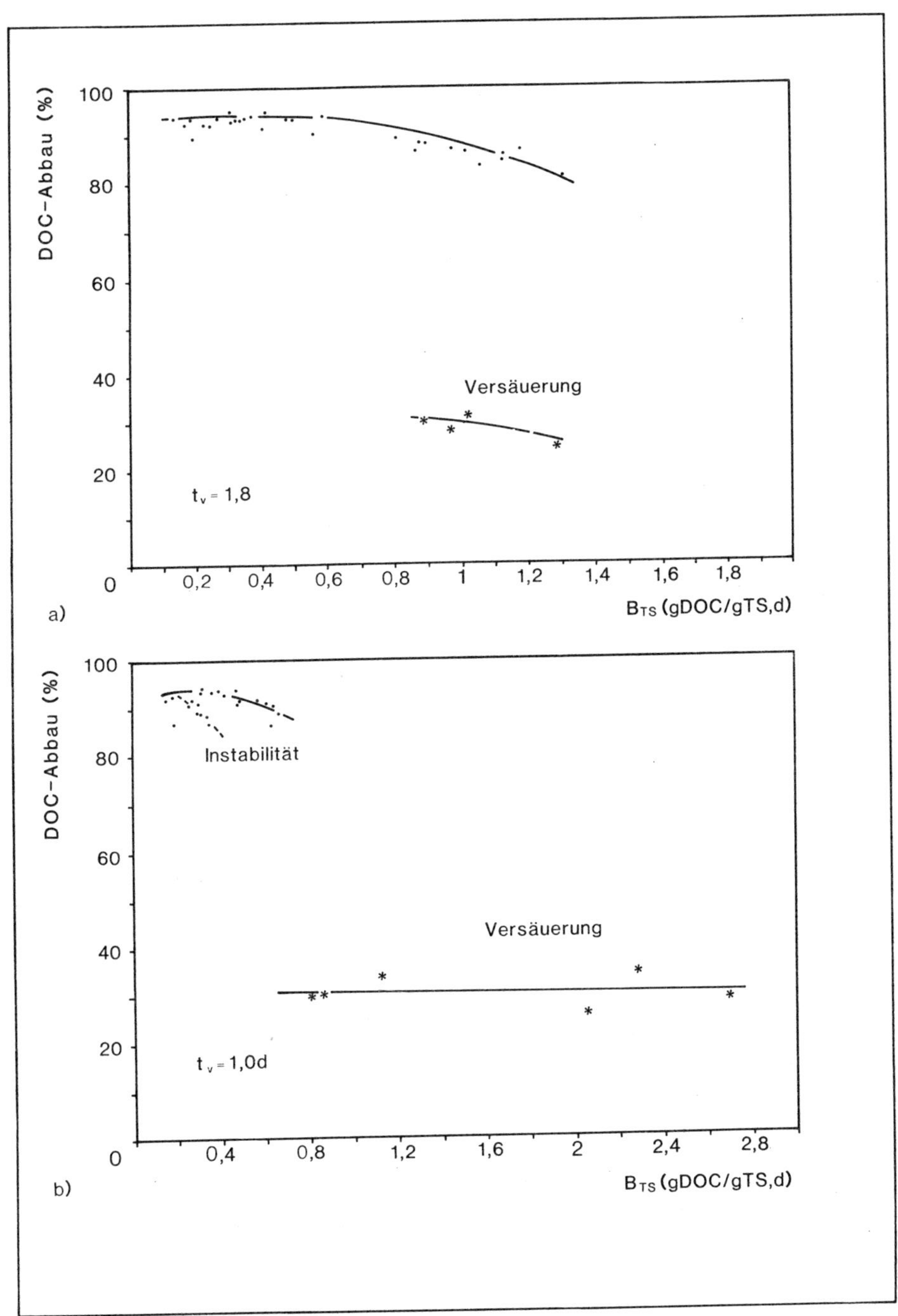

Abb. 134. Schlammbelastung und DOC-Elimination (Abbau von Melasse) bei unterschiedlicher hydraulischer Belastung (Hubert)

chend gelten auch hier Parameter wie Schlammalter, Schlammbelastung und dgl. als die wichtigsten Größen für die Steuerung des Betriebes.

UASB (Upflow Anaerobic Sludge Blanket). Das Verfahren ähnelt einem Belebtschlammverfahren, bei dem die Durchmischung jedoch nicht mechanisch erfolgt, sondern durch die Einbringung des Abwassers in den Bodenteil. Das aufströmende Abwasser hält die Biomasse in Schwebe und gibt beim Passieren durch die Schlammdecke seine Nährstoffe an die Bakterien ab.

Eventuell mitgerissene Bakterienflocken werden in den Absetzrinnen am oberen Ende sedimentiert und fallen in den Reaktor zurück.

Festbettreaktoren. Bei den Festbettreaktoren handelt es sich um anaerobe Tropfkörper, wobei die Bewuchsflächen wie bei aeroben Tropfkörpern aus festem Füllmaterial wie auch aus Kunststoffkörpern bestehen können. Die Reaktoren werden von unten nach oben durchflossen.

Wirbelschichtreaktoren. Bei den Wirbelschichtreaktoren wird versucht, leichtes Material wie Aktivkohle, inertes Material wie Sand, feinkörnige Kunststoffe oder Tonkügelchen als Trägermaterial für den biologischen Bewuchs zu verwenden.

Damit wird, ähnlich wie beim Festbettreaktor, ein Ausschwemmen der Biomasse mit der Notwendigkeit einer Schlammrückführung vermieden und gleichzeitig, wie beim Belebtschlammverfahren, die Möglichkeit einer sehr großen relativen Oberfläche geschaffen. Als wesentliche Bemessungsgröße dient, wie bei den Festbettreaktoren, die Raumbelastung.

7.2 Betrieb anaerober Belebtschlammanlagen

Mehr als bei aeroben Verfahren hat hier die Zusammensetzung der „Nährlösung" Abwasser einen Einfluß auf die Reaktionsgeschwindigkeit und die Leistungsfähigkeit der Reaktoren. Deshalb können die folgenden Angaben nur generelle Leitlinien sein, deren Übertragung auf andere Abwasserarten in jedem Fall zu überprüfen ist.

7.2.1 Schlammbelastung und Reinigungsleistung

Es ergeben sich analoge Verhältnisse zu den aeroben Verfahren. Die Reinigungsleistung, hier die Abnahme an gelöstem organischem Kohlenstoff, ist eine Funktion der Schlammbelastung. Bei Zellstoffabwasser als Nährlösung ist eine DOC-Abnahme um 90% möglich bis $B_{TS} = 0,4$. Eine Reinigung von 80 bis 90% wird erreicht bei B_{TS} 0,4 bis 0,6 (Abb. 133). Ähnliche Werte ergeben sich für Melasse (Abb. 134a, b). Es kommt jedoch eine zweite Steuergröße hinzu, nämlich die der hydraulischen Raumbelastung. Dies wird verdeutlicht bei den Versuchen mit Melasse: Für eine gewünschte DOC-Elimination von 92% steigt die zulässige Schlammbelastung mit der hydraulischen Belastung zunächst an und erreicht bei $B_{TS} = 0,6$ optimale Bedingungen. Von diesem Punkt an steigt zwar die zulässige B_{TS} noch weiterhin an, die Reinigungsleistung nimmt jedoch stark ab, da die Methanbildung abnimmt und der Prozeß einer reinen Versäuerung zustrebt (Abb. 135).

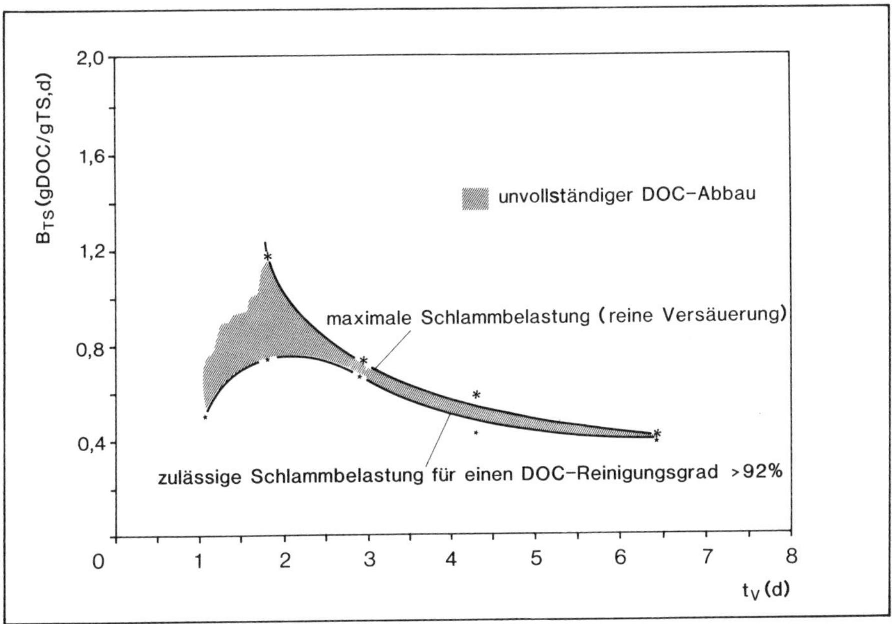

Abb. 135. Betriebsstabilität einer anaeroben Belebtschlammanlage in Abhängigkeit von Schlammbelastung und hydraulischer Belastung (Hubert)

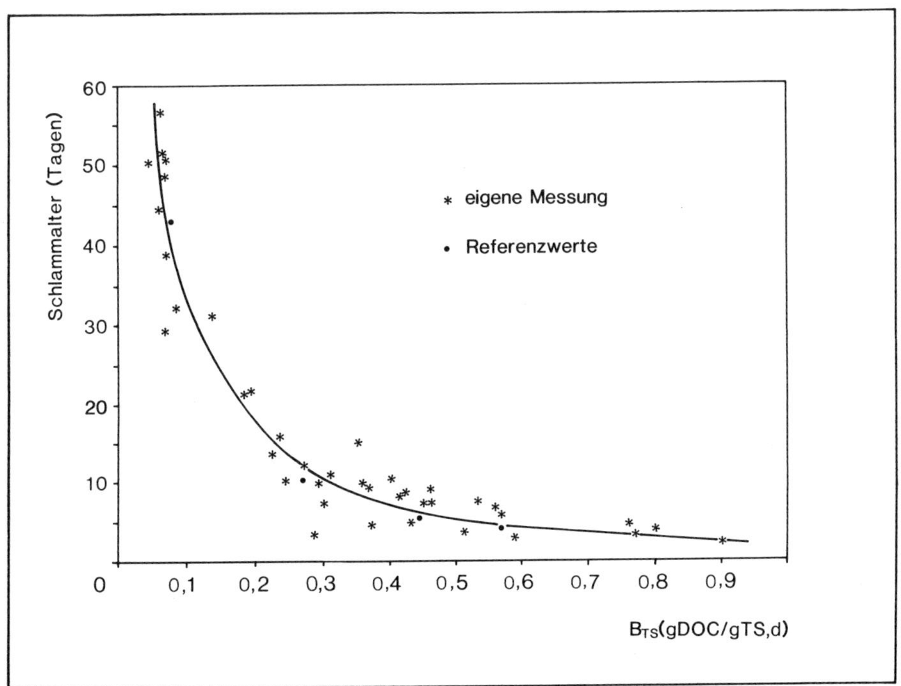

Abb. 136. Schlammalter und Schlammbelastung

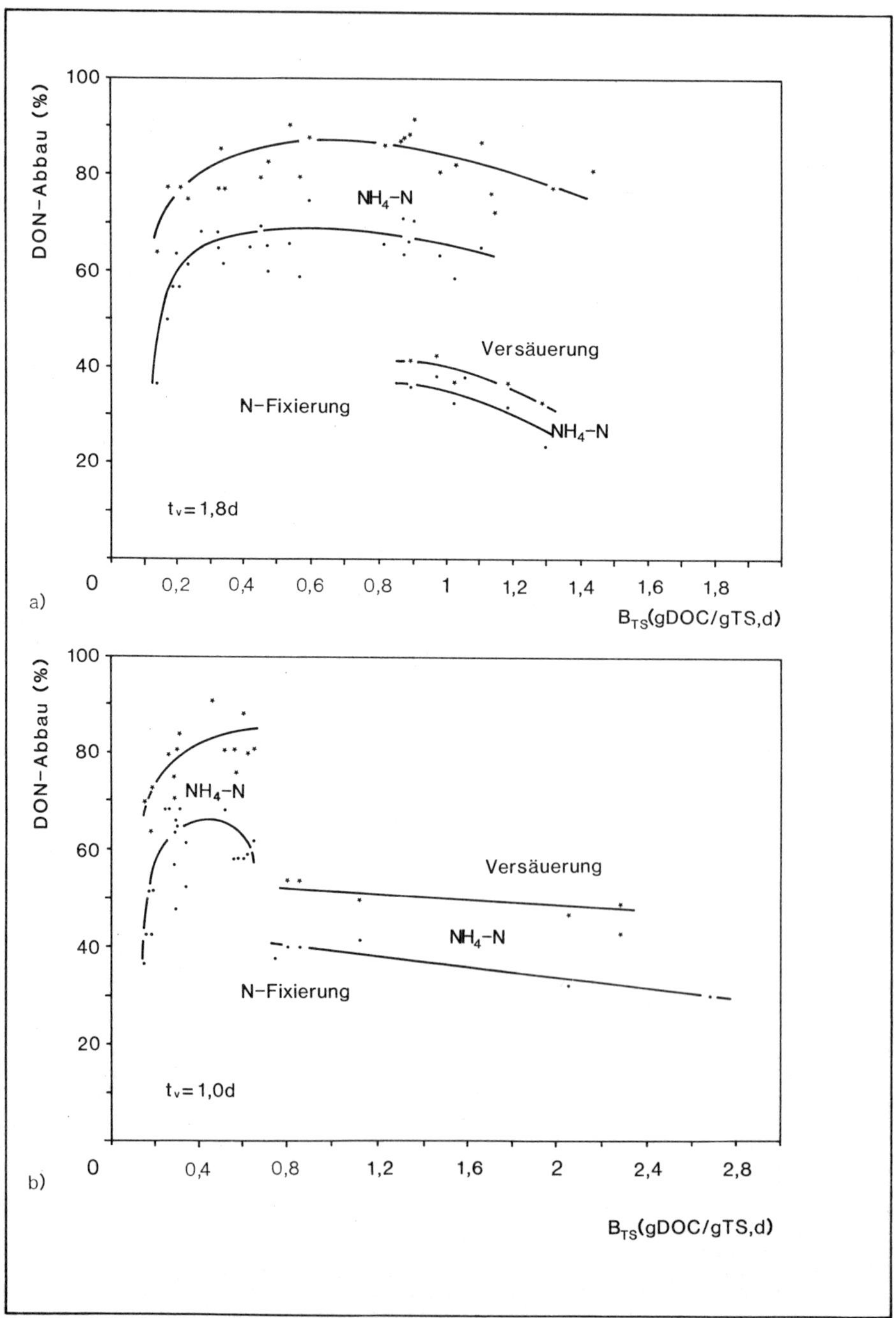

Abb. 137. Schlammbelastung und Metabolismus des Stickstoffs (Hubert)

7.2.2 Schlammbelastung und Schlammalter

Die Ursache für den Rückgang der Methanbildung ist im Schlammalter zu suchen. Methanbildner vermehren sich viel langsamer als Säurebildner. Die Biocoenose wird deshalb mit höherem B_{TS} und der Notwendigkeit des Abzugs von Schlamm mehr und mehr an Methanbildnern verarmen und zu einer Mischbiocoenose von Säurebildnern werden (Abb. 136). Auch hier ist eine Analogie zu den aeroben Verfahren zu finden, bei denen mit abnehmendem Schlammalter die Nitrifikanten verschwinden.

7.2.3 Stickstoffbilanzen und Biomassenzuwachs

Eiweißverbindungen werden abgebaut, ihre Kohlenstoffketten zu Säuren und Methan verarbeitet, der Stickstoff zum Teil in Biomasse fixiert, zum Teil als NH_3 freigesetzt. Abbildung 137a, b gibt wesentliche Informationen über den Anteil der einzelnen N-Fraktionen in Abhängigkeit der Schlammbelastung am Beispiel der anaeroben Behandlung von Melasse. Auch hier gilt selbstverständlich, daß die jeweiligen Mengenverhältnisse, vor allem die Fixierung von Stickstoff in Biomasse, vom C:N-Verhältnis der Nährlösung abhängt. Wie bei aeroben Bakterien ist das Verhältnis in den Zellen etwa 3:1 bis 4:1. Der Überschuß an Stickstoff muß bei weitgehendem Abbau als NH_3 erscheinen. Die Darstellungen zeigen neben einem Rest an nicht ab-

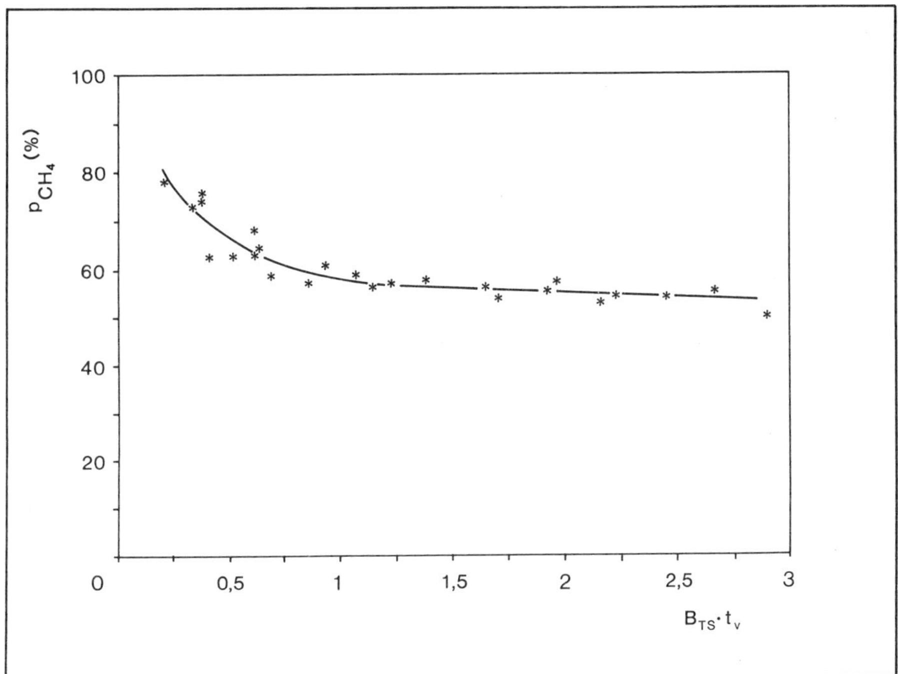

Abb. 138. Schlammbelastung und Gasqualität

gebautem organischem N ein Optimum der bakteriellen Fixierung, je nach hydraulischer Belastung, im Bereich von $B_{TS} = 0{,}3$ bis 0,8; in Bereichen also, die ein mittleres Schlammalter von etwa 2 bis 10 Tagen bedingen. Bei höheren Belastungen nimmt der Anteil an nicht abgebauten Verbindungen zu, bei geringeren Belastungen tritt anscheinend Nährstoffmangel auf, der zunehmend und wahrscheinlich am stärksten die Säurebildner zur endogenen Veratmung ihrer Körpersubstanz zwingt.

7.2.4 Schlammbelastung und Gaszusammensetzung

Von ökonomischer Bedeutung ist der Anteil an Methan im Gas. Dieser ist abhängig vom Grad der Ausfaulung und dem pH-Wert, beides wieder sind Folgen der Schlammbelastung und der hydraulischen Belastung. Abbildung 138 zeigt, wie mit steigender Belastung der Methananteil von etwa 80% auf

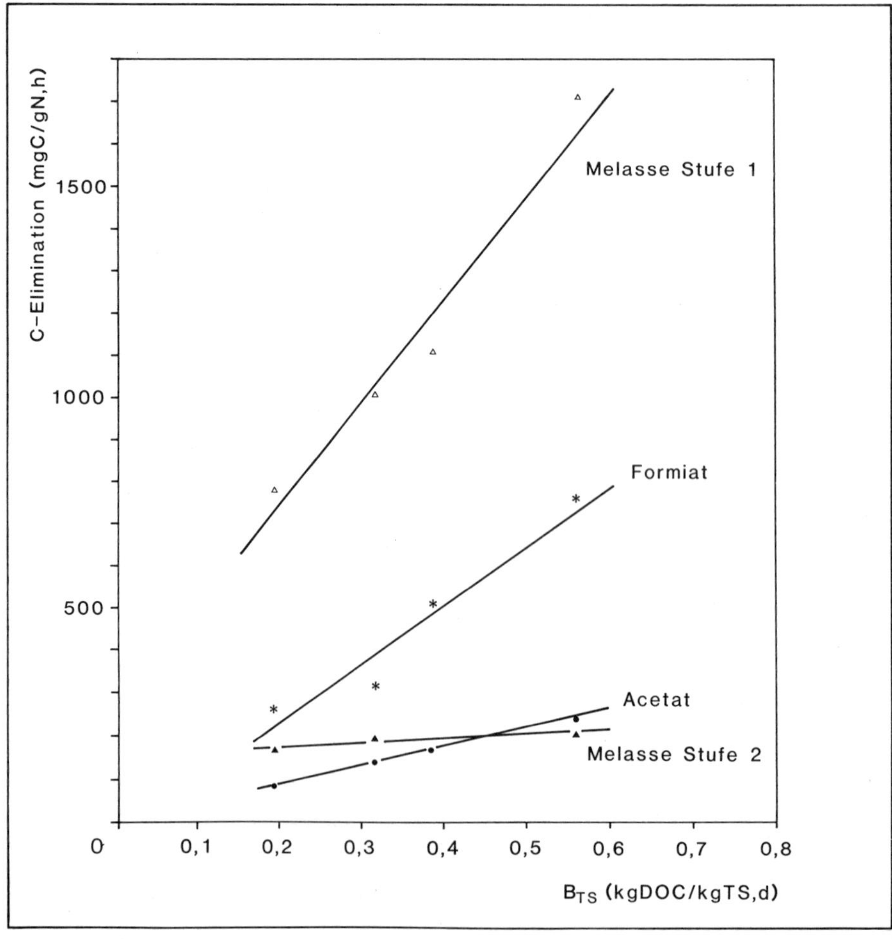

Abb. 139. Schlammbelastung und Eliminationsgeschwindigkeit für verschiedene organische Säuren (Hubert)

60% absinkt und sich langsam in einem Bereich zwischen 50 und 60% einpendelt.

7.2.5 Aktivität der anaeroben Biocoenose

Die Grundlagen der Kinetik wurden bereits in Abschnitt XIII.3 besprochen. Im praktischen Betrieb läßt sich die Kinetik in der Regel als Gasproduktion je Zeiteinheit und Menge an Biomasse darstellen. Für einen eingefahrenen stabilen Betriebszustand bleibt dabei die Aktivität konstant, weil auch die Zusammensetzung der Biocoenose relativ stabil ist. Für unterschiedliche Belastungen, also mit steigendem oder fallendem B_{TS}, verändert sich jedoch die Zusammensetzung der Lebensgemeinschaft, und die Aktivität verändert sich mit ihr. Abbildung 139 zeigt dafür Beispiele.

Die Abbildung zeigt jedoch auch, welche Unterschiede in der Abbaugeschwindigkeit zwischen einzelnen Substraten bestehen können. Formiat wird viel schneller eliminiert als Acetat. Noch höher ist die Abbaugeschwindigkeit für einen Teil der Substanzen im Substanzgemisch Melasse. Sie beträgt mehr als das Doppelte gegenüber der für Acetat und fast das Achtfache von der von Formiat.

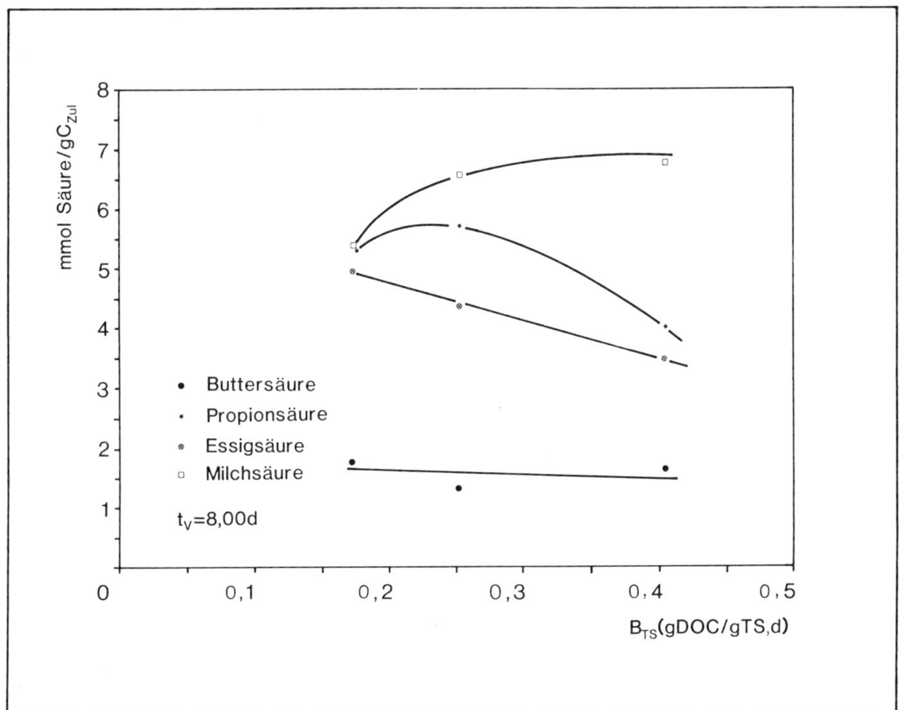

Abb. 140. Schlammbelastung und Säurespektrum (Hubert)

Wie sehr die Schlammbelastung auf die Zusammensetzung der Biocoenose auswirkt, zeigt auch Abb. 140. Das Säurespektrum, d. h. die Bildung und der Abbau von Säuren, kann als direkter Ausdruck, als Integral von Biocoenose und Biotop, gewertet werden. Hier ist es vor allem die Abnahme von Essigsäure sowie die Zunahme der Milchsäure, die steigendes B_{TS} charakterisieren.

8 Weitergehende Behandlung

Faulwasser aus den genannten anaeroben Anlagen hat auch bei 80 bis 90%iger Elimination des BSB_5 immer noch Restverschmutzungen, die häufig über den Werten eines unbehandelten kommunalen Abwassers liegen. Dieses Abwasser muß also aerob weiterbehandelt werden. Da die Restverschmutzung an abbaubarer Substanz aus Alkoholen und Säuren besteht, ist meist eine gute Abbaubarkeit gegeben und die Zumischung zu kommunalen Abwässern problemlos möglich.

XIV Klärsysteme

1 Grundlagen

Systeme zur Abwasserreinigung erfüllen für den „Organismus Ökonomie" die gleiche Funktion wie die Nierenorgane für einen lebenden Organismus. Sie sind Instrumente, die innerhalb eines Systems schädliche Abfallprodukte beseitigen und entgiften. Im Gegensatz zu Nierenorganen haben Klärsysteme aber darüber hinaus noch die Funktion, diese Abfälle von ökonomischen Teilsystemen in Rohstoffe für andere ökonomische oder ökologische Teilsysteme umzuwandeln. Auf der einen Seite sind Klärsysteme also die letzten „Filter", die Abfälle passieren, bevor sie in die Umwelt entlassen werden, sie sind jedoch gleichzeitig auch die Eingangstore und integrale Teile der umgebenden ökologischen Systeme.

Jedes Klärsystem spielt daher eine zentrale Mittelrolle der Integration von Ökonomie und Ökologie. Und jedes Klärsystem muß deshalb in die jeweils gegebenen örtlichen Bedingungen der Ökonomie und Ökologie eingepaßt sein. Klärsysteme können daher nicht nach Schablone gebaut werden.

Im folgenden werden noch einige Informationen zur Integration von Einzeltechnologien zu solchen Klärsystemen gegeben. Als generelle Leitlinie gelten dabei:

- Abwasserbehandlung beginnt nicht in einer Kläranlage, sondern am Ort der Abwasserentstehung. Dort sind Techniken zu entwickeln, die wenig Abwasser entstehen lassen und auch wenig Verschmutzung in das Brauchwasser bringen.
  Dies gilt vor allem für industrielle und gewerbliche Abwässer. Die Mischung erschwert meist die gezielte Behandlung mit physikalischen, chemischen und biologischen Methoden.
- Fäulnisfähige organische Substanzen sollen, wenn sie in großer Konzentration vorliegen, als Rohstoff zur Methangewinnung oder zur Gewinnung von Zellproteinen angesehen werden.
  In geringerer Konzentration vorliegend können sie durch bakterielle Assimilation aufkonzentriert und dann zur Methangewinnung, als Futtermittel oder als organischer Dünger angesehen werden.
  Keinesfalls sollte die aerobe Mineralisierung mit anschließender Abgabe an Oberflächengewässer Ziel der Behandlung sein.
  Wo Mineralisierung notwendig ist, sollte die anschließende Verwertung des Abwassers zur Düngung von Fischteichen oder landwirtschaftlichen Nutzflächen angestrebt werden.
- Auch der Wert des Wassers ist in die Überlegungen einzubeziehen; sei es für Grundwasseranreicherung, für Bewässerung von landwirtschaftlichen Nutzflächen oder für die Schaffung von künstlichen Seen, die der Fischzucht oder der Erholung dienen.

2 Einzelziele der Abwasserbehandlung

Für die Diskussion der Integration von Einzelelementen zu Klärsystemen ist es erforderlich, noch einmal auf die Teilaufgaben der Abwasserbehandlung einzugehen.

Gesamtziel ist es, den Lebensraum des Menschen von den eigenen Stoffwechselprodukten zu entgiften, wobei Stoffwechselprodukte sowohl die des Menschen direkt sein können als auch die seiner Ökonomie.

Die umweltgefährdenden Stoffe dabei sind:

- pathogene Keime und Parasiten,
- toxische Substanzen für Mensch, Tier und Vegetation,
- Substanzen, die die natürlichen Gleichgewichte in Lebensräumen stören, sei es als Anreicherung organischer oder anorganischer Stoffe und
- Stoffe, die die Nutzungspotentiale von Lebensräumen vermindern.

Hinter diesen summarischen Aussagen verbergen sich vor allem

- Schutzmaßnahmen vor Infektionskrankheiten und Parasiten, die durch Wasser übertragen werden können;
- die Entfernung von Schwermetallen und anderer giftiger Chemikalien aus Abwasser;
- die Oxidation sauerstoffzehrender Substanzen oder ihre Umwandlung in Organismenmasse, die dann aus dem Abwasser entfernt werden;
- die Entnahme eutrophierender Substanzen wie Stickstoff und Phosphor.

Alle diese Aufgaben, die z. T. völlig unterschiedliche Technologien erfordern, sind durch ökonomisch und ökologisch sinnvolle Integration dieser Technologien zu Systemen zu erfüllen.

3 Möglichkeiten der biologischen Klärelemente

Im folgenden werden die Möglichkeiten der biologischen Klärelemente als Teil von Systemen diskutiert.

3.1 Die Belebtschlammtechnologie

Das aerobe Belebtschlammverfahren in einer Vielzahl von Variationen ist die heute weitest verbreitete Technologie zur Behandlung kommunaler und industrieller Abwässer.

Die Vorteile liegen in der relativ einfachen technischen Struktur, der großen Anpassungsfähigkeit an wechselnde Bedingungen und der Betriebsstabilität über einen großen Bereich der Mineralisierung organischer Substanz. Diese erlaubt, als ein Extrem, die vollständige Mineralisierung der gebildeten Schlämme, auf der anderen Seite aber auch eine weitgehende Umwandlung der gelösten organischen Substanz in Biomasse.

1. Herkömmlich:
(einstufig mit Vorklärung) Schwachlastverfahren

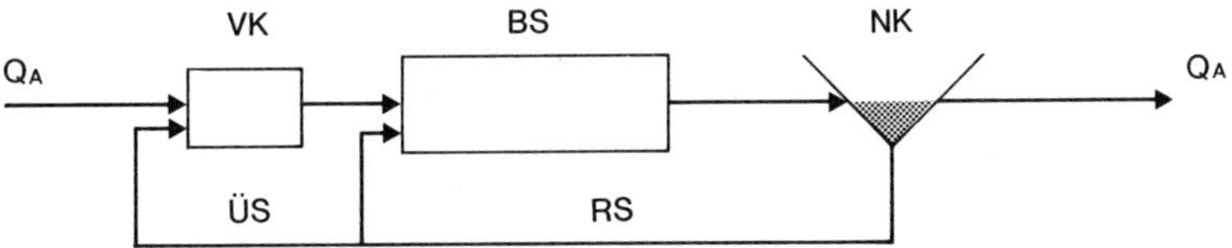

2. Ohne Vorklärung mit Festbettreaktor als zweite Stufe

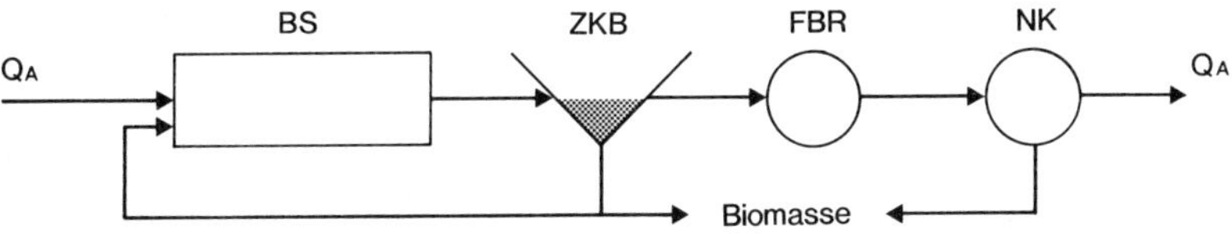

3. Ohne Vorklärung mit simultaner P-Fällung

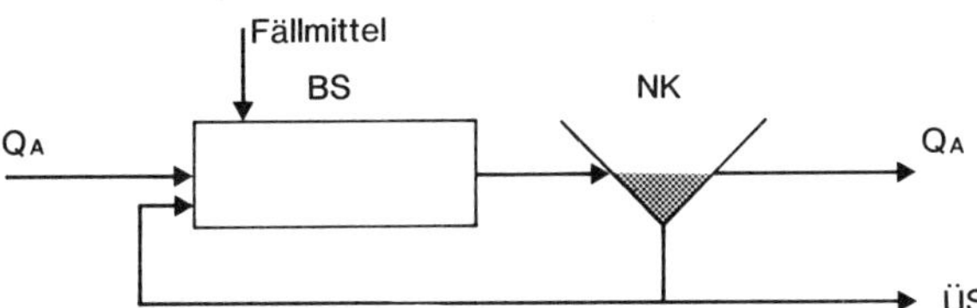

4. Angepaßter Betrieb an wechselnde Abwassermengen

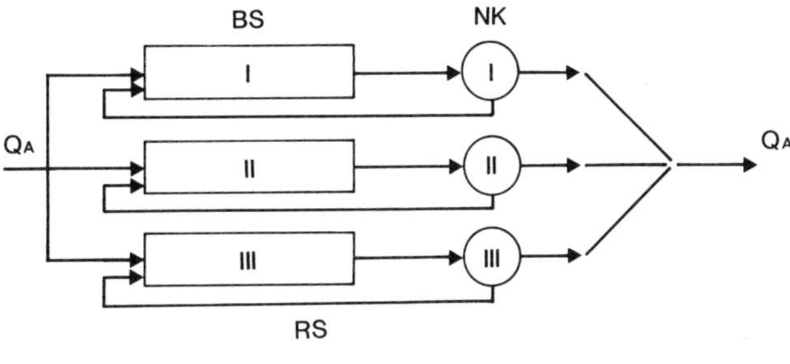

Abb. 141. Gestaltungsmöglichkeiten für das Belebtschlammverfahren

In Verbindung damit ist die N-Elimination möglich. Es kann bei schwacher Belastung die Nitrifikation im Belebtschlammbecken selbst erfolgen und durch Rückführung und Mischung mit frischem Abwasser (dann ohne Belüftung) die Denitrifikation erreicht werden; es kann aber auch im Anschluß an ein spezielles Nitrifikationselement (z. B. Tropfkörper) erneut ein Belebtschlammverfahren zur Denitrifikation verwendet werden.

Bei entsprechender Gestaltung ist es nicht nur möglich, sondern für die Stabilität des Verfahrens sogar vorteilhaft, auf ein Vorklärbecken zur Entnahme des Primärschlamms zu verzichten. Dies ist sowohl vorteilhaft bei angestrebter vollständiger Mineralisierung der organischen Substanz, wie auch bei hochbelasteten Verfahren. Ist das Schlammalter geringer als ein Tag, hat dieser Schlamm keinen wesentlichen Sauerstoffbedarf und kann mit dem biologischen Schlamm zusammen abgezogen und weiterbehandelt werden.

Auch die Integration der Phosphatelimination in die Belebtschlammtechnologie als Fällung ist möglich.

Besonders ökonomisch ist jedoch die Kombination von hochbelastetem Belebtschlammverfahren zur Produktion von Biomasse mit nachgeschaltetem Festbettreaktor zur Nitrifikation und Schönung.

Auch die Parallelschaltung von mehreren Belebtschlammanlagen, die in Abhängigkeit der Schwankungen der Abwassermenge in Betrieb genommen oder abgeschaltet werden, erhöht die Wirtschaftlichkeit solcher Systeme.

Abbildung 141 zeigt einige der Möglichkeiten zur Gestaltung und Integration.

3.2 Aerobe Festbettreaktoren

Bei den aeroben Festbettreaktoren, die die ältesten der aeroben Verfahren überhaupt sind, hat sich in jüngster Zeit ein beträchtlicher Wandel in der Auffassung aber auch der Technologie entwickelt.

3.2.1 Brockentropfkörper

Brockentropfkörper sind ideale Werkzeuge zur Schönung des Wassers, d. h. zur Nitrifikation, zur Elimination von Bakterien und nicht absetzbaren Mikroflocken, da sie die Ansiedlung von Organismen mit langer Generationszeit erlauben. Aus dem gleichen Grund sind sie auch bestens geeignet zum Abbau von Substanzen, für die Bakterien eine lange Adaptationszeit benötigen und/oder nur ein langsames Wachstum erlauben. Sie sind die ideale zweite Stufe.

Obwohl früher häufig benutzt als erste und einzige Stufe zur Elimination gelöster organischer Substanz, sollen sie dafür heute nicht mehr vorgeschlagen werden. Die Schwierigkeit, den Zuwachs an Biofilm und die Ausschwemmung an Biofilm im Gleichgewicht zu halten, ist vor allem bei wechselnden Abwassermengen und Frachten sehr groß. Es kommt deshalb oft zur Ansammlung großer Mengen an organischem Material, das zu Verstopfung führt und die Leistungsfähigkeit der Technologie stark vermindert.

3.2.2 Kunststofftropfkörper

Die Lamellen und Waben, aus denen die innere Oberfläche der Kunststofftropfkörper gebildet wird, haben eine wesentlich größere Porenweite, erlauben eine höhere Durchflußgeschwindigkeit und bewirken damit eine höhere Spülkraft. Der Biofilm ist dünner, die Verstopfungsgefahr ist geringer.

Anwendung können solche Reaktortypen vor allem dort finden, wo hochkonzentrierte Abwässer anfallen, die bei der Belebtschlammtechnologie zu Blähschlamm führen würden.

3.2.3 Tauchkörper

Festbettreaktoren, mit künstlicher Belüftung unter Wasser eingebaut, eignen sich zur Schönung, ähnlich wie Brockentropfkörper. Ihre Vorteile gegenüber Brockentropfkörpern sind, daß sie verstopfungsfrei arbeiten, also zwischen vorausgehendem Belebtschlammverfahren und Tauchkörpern nicht unbedingt ein Absetzbecken zwischengeschaltet sein muß, und daß sie, je nach innerer Oberfläche, eine zwei bis drei mal so hohe Leistungsfähigkeit bei der Nitrifikation und dem Abbau der Restverschmutzung besitzen.

Der nahtlose Übergang zwischen den beiden Elementen bei der Kombination von Belebtschlammverfahren und Tauchkörper erlaubt auch eine verbesserte Anpassung an Schwankungen in der Abwassermenge bzw. N-Fracht.

3.2.4 Scheibentauchkörper

Die Scheibentauchkörper haben die gleichen Vorteile wie die Tauchkörper selbst in ihrer Anpassungsfähigkeit und Stabilität, bedürfen keiner künstlichen Belüftung, haben jedoch eine geringere Leistungsfähigkeit.

Ihr besonderer Vorteil liegt in der Behandlung kleinerer Abwassermengen aus Gewerbe und Industrie, vor allem auch bei Stoffgemischen mit unterschiedlicher Abbaubarkeit der Einzelsubstanzen. Bei längsdurchströmten Systemen wird sich dann eine Reaktionskette aus Einzelbiocoenosen einstellen, die jeweils am besten an ihre Aufgabe angepaßt sind.

3.3 Ökologisch geprägte Systeme

Unter ökologisch geprägten Systemen sind die Möglichkeiten erfaßt, die, räumlich und zeitlich nicht konzentriert, auf bestehende natürliche oder bewirtschaftete Lebensräume zurückgreifen oder diesen ähnlich gestaltet sind. Sie umfassen alle Verfahren, bei denen terrestrische oder aquatische Systeme einbezogen oder dafür speziell gestaltet sind.

3.3.1 Terrestrische Systeme

Terrestrische Systeme sind in großer Vielfalt anwendbar. Die Spannweite reicht von der landwirtschaftlichen Abwasserverwertung bis zur Nutzung eines Bodenfilters zur Restreinigung, bevor das Wasser ins Grundwasser gelangt.

Je nach Zielstellung ist dabei, wie angedeutet, der Grad der Vorbehandlung gänzlich unterschiedlich.

Bei der landwirtschaftlichen Nutzung, die im übrigen natürlich in den landwirtschaftlichen Bewirtschaftungsplan einzupassen ist (die Landwirtschaft ist also die dominierende Größe), ist vor allem auf die Sicherung der Hygiene zu achten; am besten eignet sich also Abwasser, das zumindest mechanisch, noch besser auch biologisch vorbehandelt ist, sofern pathogene Keime oder Eier von Eingeweidewürmern vorhanden sind. Das Abwasser darf außerdem keine Chemikalien enthalten, die den Boden oder die Pflanzen vergiften.

Darüber hinaus ist darauf zu achten, wie auch bei der Versickerung selbst, daß keine toxischen oder im weitestgehenden Sinne umweltrelevanten Stoffe ins Grundwasser gelangen.

Auf Vorreinigung kann weitgehend verzichtet werden, wenn das Abwasser aus der Landwirtschaft selbst oder aus der Verarbeitung landwirtschaftlicher Produkte allein stammt.

3.3.2 Aquatische Systeme

Bei den aquatischen Systemen ist die Vielfalt genauso groß wie bei den terrestrischen. Es kann sich auf der einen Seite um anaerobe Abwasserteiche handeln, es können Teiche gemeint sein, in denen das Abwasser allmählich verdunstet, es kann sich aber auch um Teiche handeln, die mäßig oder schnell durchflossen werden. Als weitere Variante steht die Vielfalt der biologischen Nutzung zur Diskussion, die nicht nur ein Nebenziel sein, sondern sogar gleichrangig neben der Abwasserreinigung stehen kann. Es lassen sich sowohl Fische produzieren als auch Wassergeflügel oder Schilf; ebenso Wasserhyazinthen, die entweder direkt als Grünfutter Verwendung finden oder zur Methangärung bzw. zur Kompostierung verwendet werden können.

Je nach örtlicher Situation, vor allem in Entwicklungsländern, können die Ziele völlig unterschiedlich gesetzt und die entsprechenden Technologien entwickelt werden.

Grundsätzlich ist darauf zu achten, daß, als erstes Ziel, genau wie bei den terrestrischen Verfahren, die hygienische Unbedenklichkeit garantiert ist. Dies gilt vor allem für Entwicklungsländer. Zweites Ziel muß dann sein, einen ökonomischen Nutzen anzusteuern, denn gerade in Entwicklungsländern soll die Abwasserbehandlung mit einem möglichst geringen Aufwand realisiert werden.

3.4 Anaerobe Verfahren

Anaerobe Verfahren fanden früher ihre häufigste Anwendung zur Behandlung von Klärschlämmen, heute werden sie zunehmend zur Behandlung von Abwässern mit hohen Konzentrationen an organischer Verschmutzung gebraucht. Bei der Behandlung der Schlämme sind Hauptziele die Hygienisierung und die Verbesserung der Entwässerbarkeit. Ein Nebenziel ist die Gewinnung von Methan. Methangewinnung ist auch ein wichtiges Nebenziel bei der Behandlung konzentrierter Abwässer. Sie ist in dieser Form kostengünstiger, vor allem auch betriebssicherer als die aerobe Behandlung. Außerdem lassen sich die festen Reaktionsprodukte, die Bakterien, als Futtermittel verwerten. Sowohl die Schlammbehandlung als auch die Methanisierung hochkonzentrierter Abwässer werden weiterhin die Hauptanwendungsgebiete der anaeroben Verfahren sein.

Als solche sind sie entweder als Folgeelemente hochbelasteter biologischer Verfahren oder von Absetzbecken oder als Vorstufen für eine nachfolgende biologische Behandlung einsetzbar.

4 Physikalische Klärelemente

In allen Klärsystemen sind auch physikalische Elemente enthalten mit den verschiedensten Aufgaben (Abb. 142).

Rechen schützen kommunale Kläranlagen vor sperrigen Stoffen.

Siebe unterschiedlicher Maschenweite können zur Vorklärung oder auch zur Nachklärung dienen.

Sedimentationsverfahren findet Verwendung zur Abscheidung von Sand (Sandfänge um Pumpen vor Verschleiß zu schützen) oder zur Entnahme feinkörniger organischer Partikel. Sie werden zur Vorklärung vor biologischen Elementen eingesetzt oder zur Nachklärung, nachdem durch biologische Prozesse gelöste Substanzen in partikuläre Substanzen umgewandelt sind.

Flotationsverfahren werden angewandt zur Separierung spezifisch leichter Substanzen von spezifisch schweren in den Fettfängen, oder in Form der Anlagerung von spezifisch leichten Substanzen an spezifisch schwerere, um diese zum Aufschwimmen zu bringen, so z. B. die Entspannungsflotation zur Trennung von Bioschlamm in der Nachklärung.

Adsorptionsverfahren finden keine gezielte Anwendung in der Abwassertechnik. Sie sind jedoch feste Bestandteile der Aufbereitung von Wasser in Trinkwasserwerken und sind dann notwendig, wenn die Wasserquelle verschmutzt ist.

Umkehrosmose und Ionenaustausch als Verfahren zur Elimination mineralischer Bestandteile finden in der Aufbereitung kommunaler Abwässer wohl auch in Zukunft keine Anwendung. In industriellen Abwässern, auch zur Rückgewinnung wertvoller Rohstoffe, werden sie jedoch an Bedeutung gewinnen.

5 Chemisch-physikalische und chemische Verfahren

Flockungs-, Fällungsverfahren haben eine weite Anwendung gefunden zur Elimination gelöster Phosphate. Sie sind in vielen Ländern vorgeschrieben, wenn das gereinigte Abwasser in ein stehendes Gewässer eingeleitet wird, um die Eutrophierung zu verhindern.

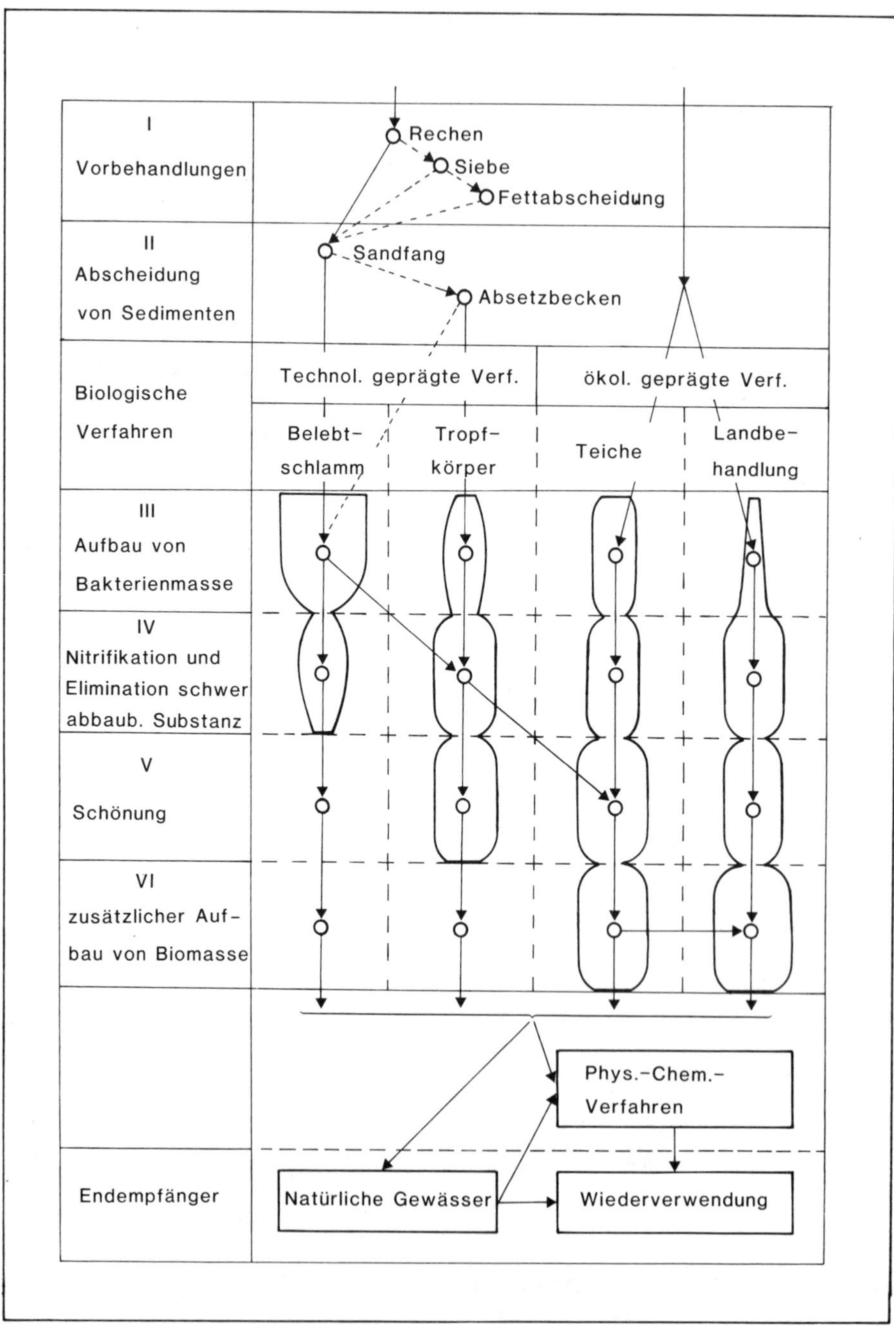

Abb. 142. Aufbau von Klärsystemen

Chemische Oxidation mit Hilfe von Chlor in verschiedener Form wird angewandt zur Vernichtung pathogener Keime oder besonders resistenter organischer Komponenten. Möglich sind sie aber nur, wenn die zu oxidierenden Schmutzstoffe nur in ganz geringer Konzentration vorliegen, da sonst sehr große Mengen an Chlor verbraucht werden und im behandelten Abwasser große Mengen chlorierter Kohlenwasserstoffe entstehen.

6 Beispiele für Verfahrenskombinationen

6.1 Die klassische Kombination von Klärelementen für kommunale Abwässer

Aufgaben sind der Abbau des BSB_5 auf Werte unter 20 mg/l, die Verringerung des CSB unter 60 mg/l, weitgehende Nitrifikation.
Die Anlage besteht aus (Abb. 143)

1. Vorreinigung mit Rechen, Sandfang und Fettfang mit dem Ziel, die folgenden Elemente vor Störungen zu schützen. Ein Vorklärbecken ist nicht vorgesehen.
2. einer hochbelasteten Belebtschlammanlage mit einer Schlammbelastung von $B_{TS} \approx 1{,}0$. (Damit wird der BSB_5 auf Werte um 25 bis 30 mg/l gebracht; der CSB-Ablauf beträgt etwa 120 bis 140 mg/l).
3. einem Tropfkörper zur Schönung. Die NH_4-N-Werte sind kleiner als 5 mg/l, da eine fast vollständige Nitrifikation stattfindet. (Die BSB-Werte fallen unter 10 mg/l, die des CSB liegen unter 60 mg/l).

Der Mischschlamm aus dem Zwischenklärbecken und dem Nachklärbecken wird in einen Faulturm gebracht und dort anaerob weiterbehandelt. Der aus-

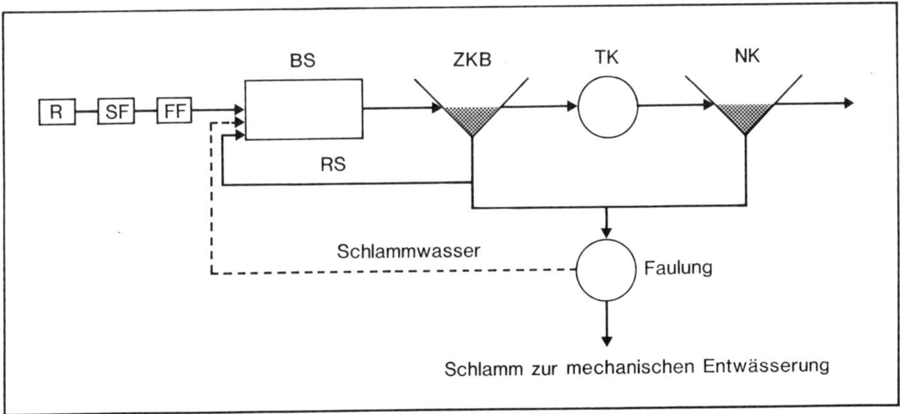

Abb. 143. Zweistufige biologische Anlagen mit Nitrifikation und den vorgeschalteten physikalischen Elementen Rechen (R), Sandfang (SF), Fettfang (FF); aber ohne Vorklärbecken.

gefaulte Schlamm wird unter Zusatz von Flockungshilfsmitteln in Pressen entwässert und auf Deponien gebracht oder verbrannt.

6.2 Anlagen mit Denitrifikation

Ist die Denitrifikation gefordert, muß ein Teil des nitrathaltigen Abwassers als Sauerstoffträger erneut mit frischem Abwasser in Kontakt gebracht werden. Dazu gibt es eine Reihe von technologischen Möglichkeiten, die heute nur zum Teil realisiert werden (Abb. 144):

a) Schwachlastanlagen. Die häufigste Form ist der Betrieb einer schwachbelasteten Anlage mit Nitrifikation und Rückführung eines Teils des nitrifizierten Abwassers und Mischung mit Rohabwasser in einer anoxischen Vorstufe vor der belüfteten Belebtschlammanlage. Das Rückführungsverhältnis bestimmt den Grad der Denitrifikation. Er läßt sich aus dem Mischungsverhältnis errechnen (50% bei 1:1; 66,6% bei 2:1 usw.).

b) Teilstromverfahren. Dabei wird das Abwasser in Teilströme aufgeteilt. Der erste Teilstrom durchläuft Einheiten zur BSB-Elimination und Nitrifikation, und erst nach Durchlaufen dieser Elemente wird der zweite Teil-

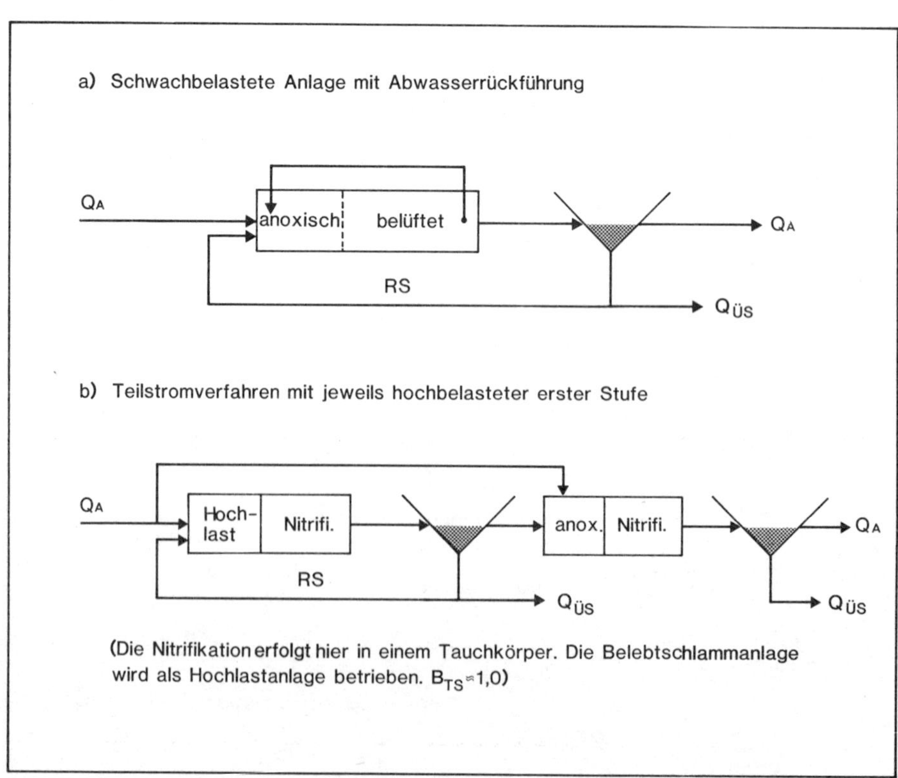

Abb. 144. Beispiele für biologische Anlagen zur Denitrifikation

strom zugemischt, um in einer anoxischen Zone das zuerst gebildete Nitrat zu eliminieren. Darauf erfolgt erneut die Nitrifikation des Stickstoffs aus dem zweiten Teilstrom.

6.3 Anlagen mit Phosphatelimination

Da mit biologischen Reaktionen die Phosphatmengen nur beschränkt eliminiert werden können, sind hier physikalisch-chemische Methoden zusätzlich erforderlich.
Die Fällung des Phosphats kann prinzipiell an drei Stellen geschehen:

- als Vorfällung noch im Zulauf zu einem Vorklärbecken (Dabei werden auch gelöste Stoffe mit ausgefällt, und die Belastung der Biologie wird verringert.),
- als Simultanfällung in einer Belebtschlammanlage oder
- als Nachfällung im Ablauf der Belebtschlammanlage und Sedimentation des Schlammes mit dem biologischen Schlamm im Nachklärbecken.

Damit werden Restkonzentrationen an Phosphat-P von 1 bis 2 mg/l erreicht.

Ist eine weitere Verminderung notwendig, kann diese nur in einem Schönungsteich oder durch eine dem Klärsystem nachgeschaltete Flockungsfiltration erfolgen. Dies ist eine chemische Fällung mit anschließendem feinkörnigem Sandfilter.

Für lange Laufzeiten des Sandfilters ist eine vollständige vorherige Nitrifikation des Abwassers und weitgehende Elimination biologischen Materials erforderlich.

6.4 Industrieabwasser in den Trockentropen

Abwässer mit hohen Konzentrationen organischer Substanz sollen über die Methangärung der Energiegewinnung dienen.

Als Alternative bietet sich die aerobe Behandlung mit der Bildung von Biomasse an, die vom Abwasser abgetrennt als Viehfutter oder mit dem Abwasser zusammen zur Beschickung von Fischteichen verwendet wird.

6.5 Kommunalabfälle in den Trockentropen

In der Regel gibt es keine Kanalisation. Sie kann wegen Wassermangel meist auch nicht eingeführt werden. Abfälle werden in Latrinen gesammelt, wo sie aufgrund hoher Temperaturen rasch abgebaut werden. Eine direkte landwirtschaftliche Verwertung oder die Zugabe zu Fischteichen ist nicht möglich wegen der hohen Infektionsrate der Bevölkerung mit Darmparasiten.

6.6 Abwasser in den Feuchttropen

Wo der Wasserverbrauch keine Rolle spielt, kann und soll Kanalisation eingeführt werden. Auf diese Weise können die Abfälle aus dem engeren Siedlungsgebiet entfernt werden. Erstes Ziel der Behandlung ist die Elimination und Abtötung der zahlreichen parasitären und pathogenen Keime. Eine Sedimentation (Abtrennung des Schlamms mit den Keimen) und eine ausreichende biologische Behandlung desselben sind notwendige Vorstufen, bevor Abwasser oder Schlamm den öffentlichen Gewässern, den landwirtschaftlichen Flächen oder den Fischteichen zufließt.

7 Schlußbetrachtung

Wie im Text schon mehrfach ausgedrückt, sind Abwässer und Abfälle negative Produkte der menschlichen Aktivitäten. Nicht durch ihre Existenz, sondern durch ihre Massierung auf engem Raum werden sie zur Gefahrenquelle.

Da die Naturkräfte am Platz dieser Konzentrierung stark eingeschränkt sind, kann ihre Verarbeitung nicht der Natur überlassen bleiben, sondern hat mit technischen Mitteln zu erfolgen. Dazu haben die Ingenieurwissenschaften ein weites Instrumentarium zur Verfügung gestellt, das in den meisten Fällen ebenfalls nichts anderes ist, als in Zeit und Raum konzentrierte Kräfte der Natur.

Jede zunehmende Konzentration der Technik ist mit erhöhtem Aufwand an Energie verbunden.

Darum muß es Ziel jeder Abwasserreinigung sein, auf der Basis der gegebenen ökologischen Situation dasjenige Instrumentarium zu einem System zu verbinden, das bei größtmöglicher Sicherheit mit dem geringsten Aufwand an Energie verbunden ist.

Dies zu erreichen bedarf es der engen Zusammenarbeit von Naturwissenschaften und Ingenieurfächern, der Physiker, Chemiker, Biologen auf der einen Seite und der Bau- und Verfahrensingenieure auf der anderen Seite.

Literaturverzeichnis

Im Text erwähnte Literatur

Bergeron, Ph.: Untersuchungen zur Kinetik der Nitrifikation. Karlsruher Berichte Heft 12, 1978. Institut für Ingenieurbiologie und Biotechnologie des Abwassers, Universität Karlsruhe

Böhnke, B.: Wassergütewirtschaft im Rahmen unserer Gesellschaft und weiterer Entwicklungstrend. Gewässerschutz, Wasser, Abwasser, Band 10; Institut für Siedlungswasserwirtschaft der Techn. Hochschule Aachen

Bukau, F.: Stofftransport und Stoffabbau in einem Modelltropfkörper mit laminarem Flüssigkeitsfilm; Institut für Ingenieurbiologie und Biotechnologie des Abwassers, Universität Karlsruhe, 1971

Göbel-Meurer, H.: Der Einfluß von pH-Wert und Temperatur auf die Kinetik mikrobieller Systeme am Beispiel von Sporosarcina ureae. Karlsruher Berichte zur Ingenieurbiologie, Heft 15, 1980; Institut für Ingenieurbiologie und Biotechnologie des Abwassers, Universität Karlsruhe

Gotaas, H. B.: Effect of Temperature on Biochemical Oxidation of Sewage. Sewage Works J. 20 (1948). Federation of Sewage Works Associations

Hubert, H.: Die Leistungsfähigkeit und Stabilität des anaeroben Belebtschlammverfahrens. Karlsruher Berichte zur Ingenieurbiologie, 1988

Laubenberger, G.: Struktur und physikalisches Verhalten der Belebtschlammflocke. Karlsruher Berichte zur Ingenieurbiologie, Heft 3, 1970

McInerney; Bryant, M. P.: Metabolic stages and energetics of microbial anaerobic digestion. Proc. First Int. Symp. Anaerobic Digestion. University College. Cardiff, Wales, 1979.

Schoberth, S. M.: Anaerobe Prozeßführung — Grundsätzliche mikrobiologische Überlegungen. 11. Abwassertechn. Seminar: Biologische Stabilisierung von Schlämmen und hochkonzentrierten Abwässern. Berichte aus Wassergütewirtschaft und Gesundheitsingenieurwesen Nr. 33; Institut für Bauingenieurwesen, Techn. Universität München

Viehl, K.: Einfluß der Temperatur und der Jahreszeit auf die Reinigungswirkung eines Stausees. Vom Wasser 12 (1937)

Wilderer, P.: Reaktionskinetik in der biologischen Abwasseranalyse. Karlsruher Berichte zur Ingenieurbiologie, Heft 8, 1976. Institut für Ingenieurbiologie und Biotechnologie des Abwassers, Universität Karlsruhe

Wolff, E.: Der Einfluß der Temperatur auf die Selbstreinigung und deren Indikatororganismen in einem Modellfließgewässer. Karlsruher Berichte zur Ingenieurbiologie, Heft 14, 1979

Literatur zum vertiefenden Studium

Ökologie

Elton, Ch. (1966): Animal Ecology. London: Methnen

De Santo, R. S. (1978): Concepts of Applied Ecology. Berlin, Heidelberg, New York: Springer

Kühnelt, W. (1970): Grundriß der Ökologie. Jena: G. Fischer

Liebmann, H.: Handbuch der Frischwasser- und Abwasserbiologie Bd. 1 (1962, 2. Aufl.), Bd. 2 (1960). München: Oldenbourg

Odum, E. P. (1971): Fundamentals of Ecology. Philadelphia: Saunders

Ruttner, F. (1962): Grundriß der Limnologie. Berlin: W. de Gruyter

Schwoerbel, J. (1981): Einführung in die Limnologie. Stuttgart: G. Fischer

Walter, H. (1973): Die Vegetationszonen der Erde in ökophysiologischer Betrachtung. Bd. 1: Die tropischen und subtropischen Zonen; Bd. 2: Die gemäßigten und arktischen Zonen. Jena: G. Fischer

Mikrobiologie

Atlas, R. M.; Bartha, R. (1981): Microbial Ecology: Fundamentals and Applications. Reading, Mass.: Addison-Wesley

Gaudy, F. G.; Gaudy, E. T. (1980): Microbiology for Environmental Scientists and Engineers. New York: McGraw-Hill

Habeck-Tropfke, H. H. (1980): Abwasserbiologie. Düsseldorf: Werner-Ingenieur-Texte

Matthes, D.; Wenzel, F. (1966): Wimpertiere. Stuttgart: Franckh'sche Verlagshandlung

Schlegel, H. G. (1985): Allgemeine Mikrobiologie. Stuttgart: Thieme

Streble, H.; Krauter, D. (1981): Das Leben im Wassertropfen. Stuttgart: Franckh'sche Verlagshandlung

Biochemie

Buddecke, E. (1971): Grundriß der Biochemie. Berlin: de Gruyter

Karlson, P. (1980): Kurzes Lehrbuch der Biochemie. Stuttgart, New York: Thieme

Lehninger, A. L. (1970): Biochemistry. New York: Worth Publ.

Segel, I. H. (1975): Enzyme Kinetics. New York: Wiley

Stanier, R. Y.; Doudoroff, M.; Adelberg, E. A. (1975): General Microbiology. London: Macmillan Press

Wasser- und Abwasseranalyse

Gesellschaft Deutscher Chemiker (1981): Deutsche Einheitsverfahren zur Wasser-, Abwasser- und Schlammuntersuchung. Weinheim: Verlag Chemie

Höll, K. (1979): Wasser-Untersuchung, Beurteilung, Aufbereitung, Chemie, Bakteriologie, Virologie, Biologie. Berlin, New York: de Gruyter

Sontheimer, H.; Spindler, P.; Rohmann, V. (1980): Wasserchemie für Ingenieure. Frankfurt: ZfGW-Verlag

US Public Heath Assoc. (1981): Standard Methods for the Examination of Water and Wastewater. Washington DC: WPCF

Naturnahe Abwasserreinigungsverfahren

Stephenson, M. et al. (1980): The Use and Potential of Aquatic Plants for Wastewater Treatment; App. A.: The Environmental Requirements of Aquatic Plants. Sacramento, Calif.: Calif. State Water Resources Control Board

USEPA (1981): Process Design Manual for Land Treatment of Municipal Wastewater. Washington DC: Environmental Protection Agency

Aerobe technische Reinigungsverfahren

Abwassertechnische Vereinigung (1982): Lehr- und Handbuch der Abwassertechnik, Bd. II; Berlin, München: Ernst & Sohn

Imhoff, K. (1976): Taschenbuch der Stadtentwässerung. München, Wien: Oldenbourg

Metcalf and Eddi, Inc. (1979): Wastewater Engineering: Treatment, Disposal, Rense New York: McGraw-Hill

Schroeder, E. D. (1977): Water and Wastewater Treatment. New York: McGraw-Hill

Anaerobe Verfahren

Maurer, M.; Winkler, J. P. (1980): Biogas. Karlsruhe: C. F. Müller

Roediger, H. (1967): Die anaerobe alkalische Schlammfaulung. München, Wien: Oldenbourg

Sixt, H. (1979): Reinigung organisch hochverschmutzter Abwässer mit dem anaeroben Belebungsverfahren am Beispiel von Abwässern der Nahrungsmittelherstellung. Institut für Siedlungswasserwirtschaft der Universität Hannover

Bioreaktoren

Atkinson, B. (1974): Biochemical Reactors. London: Pion Lim.

Bailey, J. E.; Ollis, D. F. (1977): Biochemical Engineering Fundamentals. New York: McGraw-Hill

Grady, C. P. L.; Lim, H. C. (1980): Biological Wastewater Treatment. New York, Basel: Dekker

Malek, I.; Fencl, Z. (1966): Theoretical and Methodological Basis of Continous Culture of Microorganismus. New York, London: Academic Press

Moser, A. (1981): Bioprozeßtechnik. Wien, New York: Springer

Abwassertechnik: Schriftenreihen der Hochschulinstitute

Wasser und Abwasser in Forschung und Praxis. Institut für Siedlungswasserwirtschaft der Universität Karlsruhe, Erich Schmidt Verlag

Gewässerschutz-Wasser-Abwasser. Institut für Siedlungswasserwirtschaft der Rhein.-Westf.-Techn. Hochschule Aachen; Vertriebsgesellschaft zur Förderung der Siedlungswasserwirtschaft an der RWTH Aachen e. V.

Veröffentlichungen des Institutes für Siedlungswasserwirtschaft der Techn. Hochschule Hannover. Eigenverlag des Instituts für Siedlungswasserwirtschaft der T. H. Hannover

Berichte aus Wassergütewirtschaft und Gesundheitsingenieurwesen; Technische Universität München; Gesellschaft zur Förderung des Lehrstuhls für Wassergütewirtschaft und Gesundheitsingenieurwesen der Techn. Universität München

Schriftenreihe WAR. Institut für Wasserversorgung, Abwasserbeseitigung und Raumplanung der Techn. Hochschule Darmstadt; Verein zur Förderung des Instituts für Wasserversorgung, Abwasserbeseitigung und Raumplanung der Techn. Hochschule Darmstadt e. V.

Stuttgarter Berichte zur Siedlungswasserwirtschaft. Forschungs- und Entwicklungsinstitut für Industrie- und Siedlungswasserwirtschaft sowie Abfallwirtschaft e. V. Stuttgart; Kommissionsverlag R. Oldenbourg, München

Berichte zur Abwassertechnischen Vereinigung e. V. Gesellschaft zur Förderung der Abwassertechnik e. V., St. Augustin

Wiener Mitteilungen; Wasser-Abwasser-Gewässer; Techn. Universität Wien; Herausgeber: Techn. Universität Wien, Institut für Wassergüte und Landschaftswasserbau

ÖWWV: Schriftenreihe des Österreichischen Wasserwirtschaftsverbandes; Kommissionsvertrieb Bokmann Druck, Wien

Karlsruher Berichte zur Ingenieurbiologie. Institut für Ingenieurbiologie und Biotechnologie des Abwassers, Universität Karlsruhe; Verlag: Institut für Ingenieurbiologie und Biotechnologie des Abwassers, Universität Karlsruhe

Sachverzeichnis

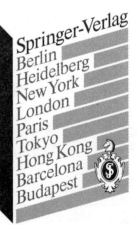